环境工程实用技术丛书

给水厂改造与运行管理技术

JISHUICHANG GAIZAO YU YUNXING GUANLI JISHU

李鑫玮 汪 力 主编

化学工业出版社
·北 京·

内容简介

本书内容涵盖了与给水厂生产运行相关的基本知识、水质标准与化验管理、取水与输配水、常规处理工艺与运行管理、消毒技术、深度处理技术、典型水质指标的控制方法、设备设施管理、仪表与自动控制、安全管理和综合管理的基本知识和技术操作要求，针对典型问题还提供了一些实际案例和方法。

本书内容丰富，可操作性强，可供给水厂技术人员、管理人员阅读，也可作为给水厂职工岗位培训用书，还可供高等院校相关专业师生参考。

图书在版编目（CIP）数据

给水厂改造与运行管理技术/李鑫玮，汪力主编．—北京：化学工业出版社，2023.9

（环境工程实用技术丛书）

ISBN 978-7-122-43693-1

Ⅰ.①给…　Ⅱ.①李…②汪…　Ⅲ.①水厂-技术改造②水厂-运营管理　Ⅳ.①TU991.6

中国国家版本馆CIP数据核字（2023）第112267号

责任编辑：左晨燕　　装帧设计：史利平
责任校对：李雨晴

出版发行：化学工业出版社（北京市东城区青年湖南街13号　邮政编码100011）
印　　装：北京科印技术咨询服务有限公司数码印刷分部
787mm×1092mm　1/16　印张19¼　字数467千字　2024年1月北京第1版第1次印刷

购书咨询：010-64518888　　售后服务：010-64518899
网　　址：http://www.cip.com.cn
凡购买本书，如有缺损质量问题，本社销售中心负责调换。

定　　价：138.00元

前 言

饮用水安全直接关系到我国经济社会发展和广大人民群众的身体健康。长期以来，按照党中央、国务院的部署，相关部门及单位把饮用水安全保障工作摆在突出重要位置，工程建设速度显著加快、运行管理水平持续提升，取得了明显成效。截至 2021 年底，全国城市和县城供水综合生产能力达 $3.87\times10^{8}m^{3}/d$，有效保障了居民正常用水安全，支撑了城镇化和社会经济发展。

我国《生活饮用水卫生标准》(GB 5749—2022) 已于 2023 年 4 月 1 日正式实施，新标准更加关注感官指标、有机物、微生物及消毒副产物的有效控制，以及从源头到龙头全过程的水质保障，这对饮用水安全保障工作提出了新的要求。很多省市已明确提出升级改造工艺老化的给水厂、提高设施净水能力的政策和要求，确保全面、稳定地达到安全饮用的水质目标。针对饮用水标准提出的新要求、水源格局和原水水质特征的新变化、净水技术设备的新发展，给水厂在“混凝-沉淀-过滤-消毒”传统工艺基础上，对于深度处理、扩容改造、技术设备换代、应急处理等方面有了新的需求。给水厂的运行维护管理水平也是供水安全的重要保证，涉及水质检测监测、设备资产管理、人员技术水平、节能降耗、安全管理等多方面。随着近年来新一代信息技术的快速发展，给水厂传统的生产方式也在发生改变，在线监测、智能控制、科学管理已逐步实现，推动供水行业的转型升级和高质量发展。

本书基于编者多年来的实际工作经验，结合了当前的给水技术进展和发展趋势，将给水工程从业者经常遇到的各种问题以问答的形式进行了整理汇编，从实用的角度，汇总了给水厂运行管理、技术改造、工艺优化中的代表性技术问题和解决方法。内容涵盖了与给水厂生产运行相关的基本知识、水质标准与化验管理、取水与输配水、常规处理工艺与运行管理、消毒技术、深度处理工艺、典型水质指标的控制方法、设备与设施、仪表与自动控制、安全管理和综合管理的基本知识和技术操作要求，针对典型问题还提供了一些实际案例和方法。

本书由北控水务集团有限公司李鑫玮、汪力主编，参与编写的其他人员有：李晓敏、赵潇然、张琛、曾扬。由于编者水平有限，编写经验不足，书中的不足之处在所难免，敬请各位专家和读者批评指正。

编者
2023.1

目录

一、基本知识 1

1. 给水工程的任务、内容和意义是什么? …… 1
2. 给水系统的组成包括什么? …… 1
3. 给水厂的供水方式和服务对象有哪些? …… 1
4. 给水厂的设计步骤和要求是什么? …… 2
5. 给水厂的选址应注意什么? …… 2
6. 给水厂的平面布置应注意什么? …… 3
7. 给水厂的高程布置应注意什么? …… 3
8. 给水厂设计规模是如何确定的? …… 4
9. 给水厂的生产和管理任务是什么? …… 4
10. 给水厂运行管理的具体内容有哪些? …… 4
11. 给水厂调试的目的和内容是什么? …… 5
12. 什么情况下要进行给水厂的扩建或改造? …… 5
13. 给水厂改造要注意哪些原则? …… 6
14. 给水厂的工艺改造有哪几种方法? …… 7
15. 给水处理的具体内容包括哪些? …… 7
16. 我国现行常用的供水法规有哪些? …… 8

二、水质标准与化验管理 10

17. 我国现行常用的安全饮用水相关标准有哪些? …… 10
18. 生活饮用水水源的水质有什么要求? …… 11
19. 我国《生活饮用水卫生标准》(GB 5749)的修订重点是什么? …… 11
20. 国际上饮用水水质标准的现状如何? …… 12
21. 水质标准发展的趋势是什么? …… 13
22. 给水厂水质管理的机构、职责是什么? …… 14
23. 给水厂水质管理的主要内容是什么? …… 14
24. 给水厂水质检测的主要内容有哪些? …… 15
25. 什么是水质检测质量控制? 其影响因素有哪些? …… 16

26. 常用的水质检测质量控制方法有哪些? …… 17
27. 给水厂化验室如何分级? …… 18
28. 给水厂化验室的配置要求是什么? …… 19
29. 化验室安全操作规程有哪些? …… 20

三、取水与输配水 22

30. 什么是取水许可制度? …… 22
31. 给水水源的种类有哪些?其各自有什么特点? …… 22
32. 给水水源选择的原则是什么? …… 23
33. 什么是备用水源和应急水源? …… 23
34. 我国的饮用水水源现状如何? …… 24
35. 水源污染给城市给水处理带来哪些困难? …… 24
36. 南水北调工程的主要内容和对城市供水的意义是什么? …… 25
37. 给水水源的保护措施有哪些? …… 25
38. 饮用水水源保护区的设置与管理要求有哪些? …… 26
39. 地表水源保护区的防护规定有哪些? …… 27
40. 地下水源保护区的防护规定有哪些? …… 27
41. 怎样进行地表水源的管理? …… 28
42. 怎样进行地下水源的管理? …… 29
43. 地表水源易出现的水质问题有哪些? …… 29
44. 地下水源易出现的水质问题有哪些? …… 30
45. 地表水取水构筑物有哪些形式?各自的特点是什么? …… 31
46. 地下水取水构筑物有哪些形式?各自的特点是什么? …… 31
47. 地表水的取水口应如何设置? …… 32
48. 什么是原水水质预警? …… 32
49. 水源水质在线监测的指标有哪些? …… 33
50. 给水厂的水量调节设施有哪些? …… 33
51. 调节泵站的设置条件有哪些? …… 34
52. 原水输水管(渠)的设置有什么要求? …… 34
53. 输配水管道的线路应如何选择? …… 35
54. 输配水管道布置有什么要求? …… 35
55. 供水管网的功能要求是什么? …… 36
56. 供水管网系统有哪些类别? …… 36
57. 供水管网的管材类别有哪些? …… 37
58. 怎样测定管网的水压? …… 38
59. 怎样测定管网的流量? …… 38
60. 管网水质在线监测有哪些要求? …… 39
61. 供水管网改扩建优化设计的目标有哪些? …… 39
62. 出厂水到龙头水的过程中水质可能发生什么变化?如何控制? …… 40

63. 什么是给水系统优化调度? …… 40
64. 实现给水系统优化运行的基本调控方式有哪些? …… 41
65. 优化供水调度系统的应用技术有哪些? …… 41
66. 城市给水管网调度的发展前景是什么? …… 42

四、常规工艺与运行管理 43

67. 常规的水处理工艺有哪些? …… 43
68. 什么是预处理技术? 常见的预处理技术有哪些? …… 44
69. 什么情况需设置预沉设施? 有哪些预沉方式? …… 44
70. 什么是化学预氧化? 常见技术有哪些? …… 44
71. 预氯化的作用和特点是什么? …… 45
72. 二氧化氯预氧化的作用和特点是什么? …… 45
73. 臭氧预氧化的作用和特点是什么? …… 45
74. 过氧化氢预氧化的特点是什么? …… 46
75. 高铁酸盐复合药剂预氧化的特点是什么? …… 47
76. 高锰酸钾预氧化的作用和特点是什么? …… 47
77. 什么是生物预处理? 常见技术有哪些? …… 48
78. 生物预处理技术的处理对象和特点是什么? …… 48
79. 生物预处理工艺的注意事项是什么? …… 49
80. 弹性填料生物预处理的特点是什么? …… 50
81. 颗粒填料生物预处理的特点是什么? …… 50
82. 如何选择颗粒填料? …… 50
83. 悬浮填料生物预处理的特点是什么? …… 51
84. 常用的吸附预处理技术有哪些? …… 51
85. 混凝的机理是什么? …… 51
86. 常用的混凝剂有哪些? …… 52
87. 新型的混凝剂有哪些? …… 53
88. 如何选择混凝剂? …… 54
89. 硫酸铝做混凝剂时的使用特点和适用范围有哪些? …… 54
90. 三氯化铁做混凝剂时的使用特点和适用范围有哪些? …… 55
91. 聚合氯化铝(PAC)做混凝剂时的使用特点和适用范围有哪些? …… 55
92. 常用的助凝剂有哪些? …… 55
93. 聚丙烯酰胺作为助凝剂的注意事项有哪些? …… 56
94. 混合工艺的种类和基本特点是什么? …… 56
95. 水泵混合的特点和适用范围是什么? …… 57
96. 管式静态混合器的特点和适用范围是什么? …… 57
97. 扩散混合器的特点和适用范围是什么? …… 57
98. 跌水(水跃)混合的特点和适用范围是什么? …… 58
99. 机械混合的特点和适用范围是什么? …… 58

100. 絮凝工艺的种类及其特点是什么? …… 58
101. 影响混凝沉淀效果的主要因素有哪些? …… 60
102. 影响混凝剂投加量的因素有哪些? …… 61
103. 如何确定混凝剂的投加量? …… 62
104. 如何根据矾花凝结情况判断投加混凝剂量是否准确? …… 62
105. 在投加混凝剂的操作管理中应注意什么? …… 63
106. 混凝剂的投加方式有哪些? …… 63
107. 药剂自动投加控制方式有哪些? …… 64
108. 混凝搅拌试验的作用是什么? 如何开展? …… 65
109. 什么是强化混凝技术? …… 65
110. 强化混凝的方法有哪些? …… 66
111. 絮凝池的管理要点是什么? …… 66
112. 沉淀工艺的种类及其特点是什么? …… 66
113. 平流沉淀池的运行管理需注意什么问题? …… 67
114. 斜管(板)沉淀池的运行管理需注意什么问题? …… 68
115. 目前我国平流沉淀池的主要问题有哪些? …… 68
116. 如何进行平流沉淀池的改造? …… 68
117. 高密度沉淀池的原理和特点是什么? …… 69
118. 澄清工艺的种类及其特点是什么? …… 70
119. 机械搅拌澄清池运行应注意哪些问题? …… 72
120. 水力循环澄清池运行前应注意哪些问题? …… 73
121. 水力循环澄清池初次运行时应注意哪些问题? …… 73
122. 水力循环澄清池正常运行时应注意哪些问题? …… 74
123. 水力循环澄清池存在哪些问题? 其技术改进措施是什么? …… 74
124. 脉冲澄清池运行应注意哪些问题? …… 75
125. 气浮工艺的原理及特点是什么? …… 76
126. 气浮工艺在给水厂怎样应用? …… 76
127. 气浮池的布置形式有哪些? …… 76
128. 过滤的原理是什么? …… 77
129. 滤池在给水厂的作用和主要类型是什么? …… 77
130. 什么是快滤池? 特点是什么? …… 78
131. 快滤池运行前的准备工作和试运行要点有哪些? …… 78
132. 快滤池的运行要点有哪些? …… 79
133. 双层滤料滤池的特点是什么? …… 79
134. 多层滤料滤池的特点是什么? …… 80
135. V 型滤池的特点是什么? …… 80
136. 虹吸滤池的特点是什么? …… 81
137. 翻板滤池的特点是什么? …… 82
138. 无阀滤池的特点是什么? …… 83
139. 滤池的滤速应如何设置? …… 83

140. 什么是等速过滤和等水头过滤？如何选用？ …… 83
141. 滤池有哪些反冲洗方式？如何选用？ …… 84
142. 如何设置滤池反冲洗周期？ …… 84
143. 滤料及滤层的要求有哪些？ …… 85
144. 承托层有哪些要求？ …… 86
145. 滤池日常维护保养项目包括哪些？ …… 86
146. 什么是强化过滤？ …… 86
147. 什么是微絮凝过滤？其特点是什么？ …… 87
148. 清水池的功能和组成是什么？ …… 87
149. 清水池的设计和运行应注意什么？ …… 88
150. 清水池该如何管理？ …… 88
151. 清水池消毒时间 T 如何计算？ …… 88
152. 各处理单元对 pH 值的要求是什么？ …… 89
153. 什么是水质生物稳定性？影响因素有哪些？ …… 90
154. 什么是水质稳定处理？ …… 90
155. 给水厂生产过程检测项目有哪些？ …… 91
156. 给水厂哪些环节需要制定水质指标内控值？ …… 92
157. 给水厂水质在线监测的要求是什么？ …… 92
158. 什么是自用水率？如何降低自用水率？ …… 92
159. 什么是排泥水？ …… 93
160. 排泥水的处理方法有哪些？ …… 93
161. 给水厂污泥怎样处理？ …… 94
162. 污泥的预处理方法有哪些？ …… 94
163. 污泥调理剂的应用特点和注意事项有哪些？ …… 94
164. 污泥脱水设备的特点和运行注意事项有哪些？ …… 95
165. 板框压滤机的运行和维护要点是什么？ …… 95
166. 离心脱水机的运行和维护要点是什么？ …… 96
167. 给水厂污泥处理后如何处置或利用？ …… 97
168. 出厂水压力如何确定？ …… 97
169. 给水厂节能降耗的关键环节和措施是什么？ …… 98
170. 常规净水工艺有什么局限性？ …… 98
171. 什么是 BIM？在给水厂建设中怎样应用？ …… 99
172. 装配式一体化设备水厂是什么？ …… 100
173. 疫情防控期间给水厂运行管理应注意哪些方面？ …… 100
174. 给水厂碳排放环节有哪些？ …… 101
175. 给水厂的碳减排措施有哪些？ …… 102

五、消毒技术 …… 103

176. 给水厂为什么必须要有消毒工艺？其作用机理是什么？ …… 103

177. 给水厂消毒有哪些方法? …… 103
178. 氯消毒的原理和特点是什么? …… 104
179. 影响氯消毒效果的因素有哪些? …… 105
180. 为什么要用 CT 值作为氯消毒设计和运行的依据? …… 106
181. 氯相关的消毒方法有哪些? …… 106
182. 液氯消毒有哪些优缺点? …… 107
183. 如何选择加氯点? …… 107
184. 常用的加氯设备有哪些? …… 108
185. 氯化消毒副产物有哪些? 防治措施有哪些? …… 108
186. 饮用水的氯消毒效果如何表示? …… 109
187. 余氯的测定方法有哪些? …… 109
188. 次氯酸钠消毒有哪些优缺点? …… 110
189. 次氯酸钠消毒剂的产生方式有哪些? …… 110
190. 氯胺消毒有哪些优缺点? 一般什么情况下采用? …… 111
191. 二氧化氯消毒的原理是什么? …… 111
192. 二氧化氯消毒有哪些优缺点? …… 112
193. 二氧化氯制取方式有哪些? …… 112
194. 二氧化氯消毒应注意哪些问题? …… 113
195. 臭氧消毒的机理是什么? …… 113
196. 臭氧消毒的优缺点是什么? …… 114
197. 臭氧发生器的气源系统有哪些? 各自特点是什么? …… 114
198. 臭氧接触反应装置该如何选择? …… 115
199. 紫外线消毒的原理是什么? …… 115
200. 紫外线消毒方法和设备特点有哪些? …… 116
201. 紫外线消毒的优缺点有哪些? …… 117
202. 影响紫外线消毒的因素有哪些? …… 117
203. 紫外线消毒的应用情况如何? …… 118
204. 紫外-氯联合消毒有什么特点? …… 118
205. 各种消毒方法在我国给水厂中的应用情况如何? …… 119

六、深度处理技术 —— 120

206. 饮用水深度处理的目的和解决的主要水质问题是什么? …… 120
207. 常见的深度处理技术有哪些? …… 120
208. 饮用水深度处理工艺的选择原则是什么? …… 121
209. 什么是光催化氧化技术? …… 121
210. 什么是曝气吹脱技术? …… 122
211. 臭氧在饮用水深度处理技术中的应用如何? …… 122
212. 臭氧在应用中应注意哪些问题? …… 123
213. 活性炭吸附的去除对象有哪些? 影响吸附效果的主要因素是什么? …… 123

214. 粉末活性炭在饮用水处理中有什么应用? …… 124
215. 颗粒活性炭在饮用水处理中有什么应用? …… 124
216. 如何选择活性炭? …… 125
217. 如何判断活性炭的使用效果? …… 125
218. 活性炭的再生方法有哪些? …… 126
219. 活性炭吸附池在应用中应注意哪些问题? …… 126
220. 什么是生物活性炭技术? …… 127
221. 生物活性炭滤池在应用中应注意哪些问题? …… 127
222. 什么是臭氧-生物活性炭技术? …… 128
223. 典型的臭氧-生物活性炭饮用水深度处理工艺流程有哪些? …… 128
224. 臭氧-活性炭处理工艺流程中各部分操作的作用是什么? …… 129
225. 膜技术的原理是什么? …… 129
226. 膜分离技术有哪些特点? …… 130
227. 常用的膜技术和工艺主要有哪些? …… 130
228. 常用和新型的膜材料有哪些? …… 131
229. 膜处理工艺系统包括哪些基本子系统? …… 131
230. 膜系统的设计特点和要求是什么? …… 132
231. 膜组件有哪些形式? …… 132
232. 压力式和浸没式膜组件的特点分别是什么? …… 133
233. 膜技术应用于饮用水处理有哪些困难? …… 134
234. 微滤膜技术在饮用水处理中的应用情况如何? …… 134
235. 超滤技术在饮用水处理中的应用情况如何? …… 135
236. 纳滤技术在饮用水处理中的应用情况如何? …… 136
237. 反渗透技术在饮用水处理中的应用情况如何? …… 137
238. 反渗透技术在饮用水处理中的应用还存在哪些问题? …… 137
239. 防止膜污染的措施有哪些? …… 138
240. 紫外线在深度处理中有什么应用? …… 139

七、典型水质指标的控制方法 —— 141

241. 色度的来源和处理方法是什么? …… 141
242. 原水异味的控制处理方法有哪些? …… 141
243. 原水 pH 值异常的控制处理方法有哪些? …… 143
244. 原水铁和锰超标的处理方法有哪些? …… 144
245. 除铁除锰效果的影响因素有哪些? …… 147
246. 饮用水除氟的方法有哪些? …… 148
247. 活性氧化铝除氟的影响因素有哪些? …… 148
248. 饮用水除砷的方法有哪些? …… 149
249. 什么是高锰酸盐指数? 怎样控制? …… 149
250. 原水氨氮超标的处理方法有哪些? …… 150

251. 出厂水残余铝的控制方法有哪些? …… 151
252. 原水藻类数量增高的处理方法有哪些? …… 151
253. 微囊藻毒素-LR 怎样去除? …… 152
254. 低温低浊水的特点是什么?怎样处理? …… 152
255. 什么是高浊度水?其处理工艺特点是什么? …… 153
256. 总大肠菌群和菌落总数怎样控制? …… 154
257. 什么是“两虫”?怎样去除? …… 154
258. 水蚤类浮游动物怎样去除? …… 155
259. 土臭素和 2-甲基异莰醇是什么? …… 156
260. 土臭素和 2-甲基异莰醇的去除方法有哪些? …… 156
261. 硬度高的原水怎样处理? …… 157
262. 原水氯化物超标怎样处理? …… 157
263. 硝酸盐和亚硝酸盐如何去除? …… 158
264. 典型农药及杀虫剂的去除方法有哪些? …… 159
265. 有毒有害金属污染物怎么应急处理? …… 161
266. 典型非金属毒理指标如何去除? …… 164
267. 有毒有机污染物怎样去除? …… 165
268. 消毒副产物是什么?怎样控制和去除? …… 166
269. 阴离子合成洗涤剂怎样去除? …… 168
270. 氰化物与氯化氰怎样处理? …… 169
271. 丙烯酰胺如何控制? …… 169
272. 硫酸盐与硫化物如何去除? …… 169
273. 放射性物质是什么?怎样去除? …… 170

八、设备设施管理 …… 172

274. 设备管理的内容有哪些? …… 172
275. 设备前期管理包括哪些内容? …… 172
276. 设备运行值班管理包括哪些内容? …… 172
277. 设备操作技术规程包括哪些内容? …… 173
278. 设备巡检管理包括哪些内容? …… 173
279. 设备维护保养的工作范围及实施要点有哪些? …… 174
280. 设施维护保养包括哪些类别? …… 175
281. 设备润滑管理的要点有哪些? …… 175
282. 设备防腐管理的要点有哪些? …… 176
283. 设备维护保养的检查与考核包括哪些内容? …… 176
284. 设备安全经济运行管理包括哪些内容? …… 176
285. 设备维修的主要类别有哪些? …… 177
286. 设备日常维修的工作要点有哪些? …… 177
287. 设备维修的成本控制、检查与考核有哪些要点? …… 177

288. 设备委外维修（服务）管理有哪些要点？ …… 178
289. 设备大修管理实施有哪些要点？ …… 178
290. 设备新增重置改造的条件和管理内容有哪些？ …… 179
291. 设备新增重置改造年度计划的编制要点有哪些？ …… 179
292. 设备新增重置改造项目的实施要点有哪些？ …… 180
293. 设备新增重置改造项目的验收与评价要点有哪些？ …… 181
294. 设备新增重置改造项目的安全管理要点有哪些？ …… 181
295. 设备停用管理要点有哪些？ …… 182
296. 设备工单管理的要点有哪些？ …… 182
297. 设备工单绩效考核包含哪些内容？ …… 183
298. 设备设施的固定资产管理包括哪些内容？ …… 183
299. 水厂常用的物资主要有哪些类别？ …… 184
300. 物资库存管理有哪些要点？ …… 184
301. 物资的入库验收要点有哪些？ …… 185
302. 库房管理包括哪些内容？ …… 186
303. 设备备件管理包括哪些内容？ …… 187
304. 物资的账务管理要点是什么？ …… 188
305. 设备供应商评价应该注意哪些事项？ …… 188
306. 设备信息管理包括哪些内容？设备档案应该涵盖哪些信息？ …… 189
307. 设备现场标识标牌应包含哪些信息？ …… 189
308. 设备月度管理分析有哪些要点？ …… 190
309. 如何编制设备操作维护规程？ …… 190
310. 取水构筑物日常维护保养项目包括哪些？ …… 190
311. 配药间的运行操作要点有哪些？ …… 191
312. PAC 投加的操作要点有哪些？ …… 191
313. PAC 投加计量泵日常维护保养项目包括哪些？ …… 192
314. 投加液氯的操作要点有哪些？ …… 192
315. 加氯机日常维护保养项目包括哪些？ …… 194
316. 投加二氧化氯的操作要点有哪些？ …… 195
317. 二氧化氯发生器日常维护保养项目包括哪些？ …… 196
318. 混凝沉淀设施日常维护保养项目包括哪些？ …… 197
319. 滤池投入操作的要点有哪些？ …… 197
320. 滤池强制手动反冲洗的操作要点有哪些？ …… 198
321. 电气设备日常维护保养项目包括哪些？ …… 198
322. 常用泵类设备有哪些？各类泵的工作过程特点是什么？ …… 199
323. 给水泵站有哪些类型？ …… 200
324. 取水泵站、送水泵站、加压泵站各有什么特点？ …… 200
325. 水泵设备的能效如何评估？ …… 202
326. 水泵机组和运行方式的经济性评价标准有哪些？ …… 203
327. 水泵运行低效时应从哪些方面进行分析？ …… 204

328. 水泵优化运行应从哪些方面入手? …… 204
329. 如何更好地控制泵站前池水位? …… 205
330. 选泵的主要依据是什么? …… 205
331. 选泵的要点是什么? …… 206
332. 选泵时还需考虑的其他因素有哪些? …… 207
333. 选泵后应怎样进行校核? …… 207
334. 泵站设计存在的常见问题有哪些? …… 208
335. 泵站中调速泵的配置可以参考哪些因素? …… 208
336. 水泵吸水管的设计安装有什么要求? …… 209
337. 电动机的关键参数有哪些? …… 209
338. 如何选择给水泵站中的电动机?电动机与水泵机组如何匹配? …… 209
339. 阀门选择如何与水泵更好匹配? …… 210
340. 水泵维护维修对效率有什么影响? …… 211
341. 泵站节能的方法有哪些? …… 211
342. 泵站调度包括哪些内容?调度准则是什么? …… 212
343. 什么是汽蚀?怎样防止汽蚀? …… 213
344. 什么是水锤?其产生的原因是什么? …… 214
345. 水锤的危害有哪些? …… 214
346. 停泵水锤的特点是什么? …… 215
347. 消除或减小水锤危害的方法有哪些? …… 215
348. 水锤防护中如何选择阀门? …… 216
349. 复合式排气阀和泄压阀在水锤防护中的作用如何? …… 218
350. 如何选择给水泵站中变配电系统的负荷等级? …… 218
351. 如何选择给水泵站中变配电系统的电压? …… 219
352. 如何选择给水泵站中变电所的类型? …… 219
353. 如何配置变电所的位置和数目? …… 220
354. 泵站完好的标准是什么? …… 220
355. 泵站日常维护保养项目包括哪些? …… 221
356. 泵站主水泵运行管理有何要求? …… 222
357. 泵站主电动机运行管理有何要求? …… 222
358. 泵站工程管理有何要求? …… 223
359. 泵站科学试验与技术档案管理有何要求? …… 223
360. 设备档案包括哪些内容? …… 224
361. 泵站的运行日志应包括哪些内容? …… 225
362. 交接班制度包括哪些内容? …… 225
363. 泵站值班班长或值班负责人、值班员的工作标准包括哪些内容? …… 226
364. 水厂设备运行管理中设备使用人员的职责是什么? …… 227
365. 水厂设备运行管理中对设备使用人员的“三好”“四会”要求是什么? …… 228
366. 如何对设备使用人员进行培训? …… 228

九、仪表与自动控制 229

367. 常见给水过程检测仪表有哪些？ …… 229
368. 仪表该如何配置？ …… 229
369. 仪表该如何维护？ …… 230
370. 在线浊度仪日常维护保养项目包括哪些？如何进行？ …… 230
371. 在线余氯/二氧化氯仪日常维护保养项目包括哪些？如何进行？ …… 231
372. 在线 pH 计日常维护保养项目包括哪些？如何进行？ …… 231
373. 仪表校验管理有哪些要点？ …… 231
374. 若水厂流量计无拆卸检定的条件，如何检定保证准确性？ …… 232
375. 如何确定给水厂自动化控制系统建设的目标、定位？ …… 232
376. 给水厂自动控制系统的设计原则是什么？ …… 232
377. 给水厂自动化控制系统的主要功能有哪些？ …… 233
378. 给水厂自动控制系统的类型有哪些？ …… 233
379. SCADA 系统的基本特点是什么？ …… 234
380. DCS 系统的基本特点是什么？ …… 234
381. IPC + PLC 系统的基本特点是什么？ …… 235
382. 给水厂自动控制系统的系统结构一般是怎样的？ …… 235
383. 给水厂的自控硬件配置应满足哪些要求？ …… 236
384. 给水厂的安防系统应满足哪些要求？ …… 236
385. 给水厂自动控制在我国的应用现状如何？ …… 237
386. 给水厂的单项构筑物自动控制包括哪些内容？ …… 237
387. 取水泵房自动化控制的内容是什么？ …… 238
388. 沉淀池及澄清池自动化控制的内容是什么？ …… 238
389. 滤池及反冲洗站自动化控制的内容是什么？ …… 238
390. 混凝剂投加自动化控制的内容是什么？ …… 239
391. 加氯自动化控制的内容是什么？ …… 239
392. 二级泵房自动化控制的内容是什么？ …… 240
393. 给水厂自动化管理有何要求？ …… 240
394. 给水厂自动化的发展方向是什么？ …… 240
395. 怎样选择水厂自动化设备？ …… 241

十、安全管理 243

396. 给水厂安全管理的主要内容是什么？ …… 243
397. 给水处理所用化学处理剂有哪些要求？ …… 243
398. 给水处理药剂及材料管理的主要内容有哪些？ …… 244
399. 加药间中药剂的储藏应注意什么问题？ …… 244
400. 加氯间的岗位职责是什么？ …… 245
401. 加药间的岗位职责是什么？ …… 245

402. 加药间及药库布置的要求有哪些? …… 245
403. 加药间的管理制度有哪些? …… 246
404. 氯库及加氯间的布置要求有哪些? …… 247
405. 氯库安全注意事项有哪些? …… 247
406. 液氯系统的设计应符合哪些规定? …… 248
407. 加氯机的安全操作规程是什么? …… 248
408. 氯瓶储存、运输、吊装应注意哪些问题? …… 248
409. 使用液氯时应注意什么问题? …… 249
410. 液氯使用过程中遇到特殊情况应如何处理? …… 250
411. 二氧化氯的储存、运输有哪些安全要求? …… 250
412. 二氧化氯使用的安全要求有哪些? …… 251
413. 高压气体使用的安全要求有哪些? …… 251
414. 气瓶的充装、使用要求有哪些? …… 251
415. 使用氧气有哪些安全注意事项? …… 252
416. 设备安全管理包括哪些内容? …… 252
417. 发生设备事故以后处理程序应注意哪些事项? …… 252
418. 供水突发事件包含哪些类型? …… 253
419. 给水厂供水应急预案编制的目的和原则是什么? …… 253
420. 突发性水源水质污染的应急预案要点是什么? …… 254
421. 为了完善应急管理，给水厂应开展哪些准备工作? …… 254
422. 给水厂的日常环境风险有哪些? …… 255
423. 给水厂检修作业风险分析与安全控制措施有哪些? …… 255
424. 泵站安全管理有何要求? …… 256
425. 泵站安全运行有何要求? …… 257
426. 泵站安全技术规程包括哪些内容? …… 258
427. 泵站安全维修有何要求? …… 258
428. 泵站事故处理应遵守哪些要求? …… 259
429. 给水厂站电气安全管理有何要求? …… 259

十一、综合管理 …… 261

430. 给水厂机构的设置原则是什么? …… 261
431. 给水厂机构的设置形式有哪些? …… 261
432. 给水厂的规章制度有哪些? …… 262
433. 供水企业成本包括哪些方面? …… 262
434. 供水企业供水成本的控制有哪些手段? …… 262
435. 城市供水企业有哪些收费模式? …… 263
436. 我国现行水价有哪些类别? 什么是阶梯式水价? …… 263
437. 给水厂的资金由哪些部分构成? …… 264
438. 给水厂固定资金的特点和管理要点是什么? …… 265

439. 给水厂流动资金的特点和管理要点是什么？ …… 265
440. 给水厂统计工作的原则和任务是什么？ …… 266
441. 给水厂统计工作的程序和内容是什么？ …… 266
442. 给水厂仓储管理的主要内容是什么？ …… 266
443. 给水厂采购管理的主要内容是什么？ …… 267
444. 给水厂风险管理包含哪些内容？ …… 267
445. 给水厂技术管理人员有哪些主要工种？ …… 267
446. 给水厂行政管理的主要内容有哪些？ …… 268
447. 给水厂档案如何管理？ …… 269
448. 给水厂运营应该取得哪些必要证件？ …… 269
449. 什么是水资源费和水资源税？ …… 270

附录 …… 271

附录一　生活饮用水卫生标准（GB 5749—2022） …… 271
附录二　城市供水水质标准（CJ/T 206—2005） …… 278
附录三　城市供水条例 …… 284
附录四　城镇供水价格管理办法 …… 287

基本知识

1 给水工程的任务、内容和意义是什么?

给水工程是向用水单位供应生活、生产等用水的工程，其任务是在经济合理的原则下，满足用户对水量、水压、水质和安全供水的要求。

给水工程的主要内容包括取水工程、净水工程、输配水工程。

在国民经济生活中的意义为：保证和提高人民的生活水平、健康水平；保证工业建设；保证农业生产、军事需要、消防需要。

2 给水系统的组成包括什么?

由取水、输水、水处理和配水等设施组成的一系列工程的组合称为给水系统，也称供水系统。一般由以下部分组成：

① 取水构筑物，即从地表水源或地下水源取水的构筑物。

② 输水管（渠），即将取水构筑物取集的原水送入水处理构筑物的管（渠）设施。

③ 水处理构筑物，即对原水进行处理，以达到用户对水质要求的各种构筑物，通常把这些构筑物布置在水厂内。

④ 调节及增压构筑物，即用来储存和调节水量、保证水压的构筑物，如清水池、水塔、泵站等，一般设在水厂内，也可在厂内外同时设置。

⑤ 配水管网，即将处理后达到要求的水送至用户的管道及附属设施。

3 给水厂的供水方式和服务对象有哪些?

按供水方式，给水厂可分为自流系统（重力供水）、水泵供水系统（压力供水）和混合供水系统。

按使用目的，给水厂的产水可用于生活用水、生产给水和消防给水系统，服务对象可分为城镇给水和工业给水系统。

绝大多数城市采用统一给水系统，即用同一系统供应生活、生产和消防等各种用水。但应注意，工业用水的水质和水压要求有其特殊性，一般由有关工业部门或使用单位进行要求。如食品饮料、纺织造纸、锅炉补给、电子工业等用水种类繁多，水质要求各不相同。水质要求高的工艺用水，不仅要求去除水中悬浮杂质和胶体杂质，而且还需要不同程度地去除水中的溶解杂质。在工业用水的水质和水压要求与生活用水不同的情况下，有时可根据具体条件，除考虑统一给水系统外，还采用分质、分压等给水系统。

4 给水厂的设计步骤和要求是什么?

按照国家基本建设程序的要求，水厂设计应经历项目建议书、工程可行性研究、初步设计和施工图设计等阶段。

①项目建议书是工程可行性研究的依据，一般包括以下内容：建设目的和必要性；建设规模、地点和主要工艺；投资估算和资金筹措设想；建设进度安排等。

② 工程可行性研究是进行初步设计的依据，主要确定工程建设规模、取水水源、水厂位置和供水系统布置等，主要包括以下内容：项目背景和需求分析；工程规模、目标和内容；工程方案和评价；投资估算和资金筹措；工程效益分析；环境影响评价、劳动保护、水资源论证等方面的意见等。

③ 初步设计的主要内容是明确工程规模、厂址选择、总体及平面布置、工艺流程、高程布置、主要工程的建筑和结构、供电方式、仪表及自控等，确定征地范围和数量，深化设计方案，其深度应能控制工程投资，满足编制施工图设计、主要设备订货、招标及施工准备的要求。要提供的设计文件应包括设计说明书、设计图纸、主要工程数量、主要材料设备数量和工程概算。

④ 施工图应根据审查批准之后的初步设计进行编制，主要任务是将确定了的工艺、结构、功能要求体现为可施工操作的图纸。设计文件应包括设计说明书、设计图纸、工程数量、材料设备表、施工图预算，应能满足施工招标、施工安装、材料设备订货、非标设备制作，并可以作为工程验收依据。

5 给水厂的选址应注意什么?

水厂的选址应符合城镇总体规划和相关专项规划，通过技术经济比较确定，并应满足下列条件：

① 给水系统布局合理；

② 不受洪涝灾害威胁，有较好的排水条件；

③ 工程地质条件良好；

④ 有便于远期发展控制用地的条件；

⑤ 有良好的环境卫生，并便于设立防护地带；

⑥ 少拆迁，不占或少占农田；

⑦ 有方便的交通、运输和供电条件；

⑧ 尽量靠近主要用水区域。

当取水地点距离用水区较近时，水厂一般设置在取水构筑物附近，通常与取水构筑物建在一起。当取水地点距离用水区较远时，厂址可以选择在取水构筑物附近，也可以设置在离用水区较近的地方，两种方式各有优缺点，需综合考虑各种因素并通过技术经济比较确定。

对于高浊度水源，可将预沉构筑物与取水构筑物建在一起，水厂其余部分设置在主要用水区附近。

6 给水厂的平面布置应注意什么?

当水厂的主要构筑物的流程布置确定以后，即可进行整个水厂的总平面设计，将各项生产和辅助设施进行组合布置，布置时应注意下列要求。

(1) 按照功能，分区集中

一般水厂可分为生产区、附属生产建筑物区和生活区。将工作上有直接联系的辅助设施尽量靠近，方便管理。

生产区是水厂布置的核心，除按系统流程布置要求外，还应对有关附属生产构筑物进行合理安排。加药间应尽量靠近投加点，一般可设置在沉淀池附近并相对集中。冲洗泵房和鼓风机房宜靠近滤池布置，以减少管线长度并便于操作管理。当采用投加臭氧时，臭氧车间应接近臭氧接触池，采用外购纯氧作为臭氧发生气源时，纯氧储罐位置还应符合消防要求。

附属生产建筑物区包括维修车间、仓库等，应结合生产要求布置，并宜集中布置和适当合建。

生活区包括办公楼、宿舍、食堂厨房、锅炉房等生产管理建筑物和生活设施，宜与生产构筑物分开并集中布置，尽量布置在厂区大门附近。化验室可设在生产区，也可设在生活区的办公楼内。

(2) 注意净水构筑物扩建时的衔接

一般可逐组扩建，但二级泵房、加药间及某些辅助设施，不宜分组过多，一般一次建成。在布置平面时，应慎重考虑远期净水构筑物扩建后的整体性。

(3) 考虑物料运输、施工和消防要求

主要构筑物附近必须有道路到达，为了满足消防要求和避免施工的影响，建筑物之间必须留有一定间距。

(4) 因地制宜和节约用地

水厂布置应避免点状分散，以减少道路、少用土地。应根据地形，尽量采用组合或合并的方式布置构筑物或辅助建筑物，便于操作联系和节约造价。

7 给水厂的高程布置应注意什么?

水厂的高程布置应根据确定的净水工艺的水力流程、厂址地形、地质条件、周围环境以及进厂水位标高确定。

净水构筑物之间水流尽量采用重力流。高程布置受流程限制，处理构筑物中的水头损失与构筑物形式和构造有关，各构筑物之间的高差应按流程计算决定并留有合理的余量，减少无谓的水头和能耗。应充分利用原有地形条件，降低水头损失，减少土方挖填方量。当地形有自然坡度时，有利于高程布置；当地形平坦时，高程布置中既要避免清水池埋入地下过深，也应避免絮凝沉淀池或澄清池在地面上过高而增加造价，尤其当地质条件差、地下水位高时。

比如山东省潍坊市昌乐县的城南水厂工程，充分利用了地形地势特点，原水自高崖水库至城南水厂，经过处理后由水厂至用户，全部采用重力输水方式，大大节约了水资源和电能，提高了供水的安全性和可靠性。这是国内为数不多的靠重力自流实现原水远距离输送—水质净化处理—净水配送至用户全过程的供水工程。

8 给水厂设计规模是如何确定的?

城镇给水系统建设时，首先要确定该系统在设计年限内达到的用水量。设计用水量由以下各项组成：

① 综合生活用水，包括居民生活用水和公共设施用水；

② 工业企业生产用水和工作人员生活用水；

③ 消防用水；

④ 浇洒道路和绿地用水；

⑤ 未预计水量及管网漏失水量。

给水厂的设计规模应按设计年限，规划供水范围内上述用水的最高日用水量之和确定。当城镇供水部分采用再生水直接供水时，水厂设计规模应扣除这部分再生水水量。

9 给水厂的生产和管理任务是什么?

给水厂的生产和管理水平直接关系到供水安全、水质好坏、成本高低。给水厂生产和管理的主要任务是对自来水的生产运行、技术经济活动进行计划、实施、指导、监督和调节，其目的是保证自来水生产过程的稳定、安全、连续进行并取得良好的社会与经济效益。包括：

① 科学高效地组织自来水生产，确保自来水出厂水量、水质、水压符合要求；

② 争取良好的社会和经济效益；

③ 积极促进技术发展和科技进步；

④ 培养一支懂生产、会管理、有水平的给水厂职工队伍。

10 给水厂运行管理的具体内容有哪些?

① 制订制水生产管理规章制度并检查实施状况。

② 开展水源管理工作，及时发现水质、水量风险，实施预警和改善措施。

③ 进行水厂日常生产管理，建立正常的生产（工作）秩序。

④ 建立厂级应急预防控制措施，确保水厂水质、水量安全。

⑤ 开展水质化验工作和水质管理工作，确保出厂水质达标。

⑥ 开展工艺分析，制订工艺优化措施，促进水厂经济、高效运行。

⑦ 组织设备维护、保养，保证生产连续进行。

⑧ 采购、储备净水原材料与生产设备的零、配件。

⑨ 现场安全检查与管理，消除安全隐患。

⑩ 调查用水发展状况，制订年、季、月生产计划，满足用户用水需求。

⑪ 掌握收支情况，编制年度预算，定期回顾成本，提高经济效益。

⑫ 开展水厂之间的横向联系，进行技术交流，组织技术改进和人才培养，以及节约用水宣传和节水管理。

11 给水厂调试的目的和内容是什么?

给水厂建成后，在投入正式运行前需要进行调试、试车，以检查整个水厂设备的供货、安装质量是否符合原合同有关标准的规定，调试各工序水处理构筑物的运行参数使其达到正常处理要求。相关的调试运行必须结合当地操作管理条件，同时根据国家相关政策制定符合水厂实际情况的制度、规则，保障安全、稳定供水。

在进入调试阶段之前，要逐项检查已完工部分的工程情况，主要包括土建工程检查、管道井室检查、设备检查和电控仪表检查。

一般情况下，水厂设备安装进入尾声时，就要计划在各相关条件满足的情况下进入调试阶段。调试主要分三步：

第一步为各单体设备单机调试，包括空载和带负荷试车；

第二步为带负荷联动调试，在单项调试验收正常后开始；

第三步为联动调试，即通水正常之后的工艺系统性能调试。

另外，在给水厂投入正式运行前，还要制定完善相关的安全制度，保障生产安全，同时要加强人员技术培训，包括安全操作、工艺管理、水质化验、设备管理、成本控制等内容，定期强化理论和操作技能，使职工能够熟练操作和控制各项系统，保证稳定运行，并合理控制成本，节约费用。

12 什么情况下要进行给水厂的扩建或改造?

(1) 水量的提升需求

我国经济快速发展的同时，城镇居民用水量也在逐年增加，自来水供需矛盾在夏季供水高峰期间尤为突出，产能不足成为给水厂的瓶颈，由此也会导致供水压力不足，用户反应强烈。为解决此问题，一般采用新建水厂、扩建或改造原有给水厂的方式，以确保用户用水需求得到满足。

供水高峰期持续时间往往较短，为此建设新水厂很不经济。一般给水厂在设计时会考虑近远期的协调，采用分期建设的形式，预留扩建用地。但也有部分水厂因未做好远期规划，未预留扩建用地且周边地块被完全开发，已不再具备扩建的可能性，扩容改造以提高制水能力成为其最佳选择。扩容改造应尽可能利用冗余产能和其他现有条件来实施，对已建水厂产能进行准确、完整的评估，采取经济有效的措施进行改造，以达到资源利用最大化的目的。与新建不同，在原水厂内进行改造提升必须综合考虑水厂运行的全部细节，空间小、干涉多等瓶颈贯穿建设全程。

(2) 水源或原水水质的变化

目前我国部分给水厂的水源在不同程度上遭受到生活污水与工业废水的污染，原水中有机物、氨氮浓度增加，使水带色和异味；有的给水厂是从湖泊、水库取水，由于原水藻类（包括藻类分泌物）增加，使出水色度、腥臭味增加。这些原水经水厂常规工艺净化，浊度不易得到很好控制，滤池易堵塞（藻类影响），出水有机物浓度高（生物不稳定，易使输配水管道中细菌滋长，恶化水质），氨氮浓度高，使加氯量增加进而使消毒副产物（如三卤甲烷、卤乙酸等）量增加，使出厂水有异味，水质安全性下降，往往会遭受居民的抱怨和投诉。因此，需要通过改建或改造对给水厂的现有工艺进行优化、调整或新增预处理及深度处理工艺单元。

（3）水质的提升需求

随着国家饮用水水质标准的提高以及人民群众对优质饮用水需求的提升，部分经济条件较好的省市也提出了更加严格的地方饮用水标准，如上海市、深圳市等先后发布了地方《生活饮用水水质标准》，指标构成和限值与发达国家接轨，这也是我国饮用水水质标准发展的趋势，很大一部分水厂的原有工艺已经不能满足新标准的要求。因此，扩建或改造不仅是对原水厂生产能力的简单扩容，更包括对净水能力的提升、水质自动在线监测能力的提升、水厂高效节能运行能力的提升。

13 给水厂改造要注意哪些原则?

（1）充分分析原水水质，强化风险识别

由于水源水质恶化或波动性大等问题，导致给水厂当前工艺不能有效应对，是水厂改造的主要原因之一。因此，水厂改造的基本目标是原水水质差时要保证出水达标，提供满足国家标准的合格饮用水；原水水质好时能够保证出水优质，提供更好品质的饮用水。水厂设计时，应对原水水质进行客观、准确的分析，对水质风险进行精准识别，必要时可进行专门试验研究，在此基础上进行工艺选择，提高工艺针对性，不能刻意追求工艺的全流程设计。

（2）合理选择工艺单元及其形式

给水厂改造一般会增加工艺单元或加药设施。要结合项目特点和具体情况合理选择工艺单元及其形式，比如：是否需增加预处理，增加哪种形式的预处理单元；是否需要调整和改变絮凝沉淀池、砂滤池以及活性炭滤池的池型；分析确定砂滤池和活性炭滤池的先后位置，活性炭滤池采用上向流还是下向流，以及活性炭滤池前是否设置提升泵房；是否需要采用膜分离工艺单元，超滤膜形式选择压力式还是浸没式；是否有必要设置纳滤及其处理水量的比例；加药位置的选择和药剂种类的确定等。

（3）合理确定工艺参数

给水厂各工艺单元处理重点不同，基本原则是前序单元为后续单元减轻负荷，后续单元为前序单元增加保障。因此，从工艺流程整体上要注意强化常规处理单元的效果，其设计参数取值在一般情况下也相对保守，以便后续深度处理单元的功能发挥，同时相对保守的常规处理设计参数还可以减小药剂投加量，更加绿色安全。

（4）厂区平面布置宜集约化，并与周边环境充分融合

给水厂改造应按照集约化原则（如平面组合、竖向叠合等）进行水厂总平面布置，特别是对于增加深度处理工艺的改造或水厂扩容，很多时候存在着厂区用地紧张的情况。应尽量减小厂区占地，缩短连接管路，方便巡视管理，提高土地利用效率，结合绿化、海绵设施打造厂区优美景观环境。一些现代化水厂采用去工业化设计理念，将净水构筑物建筑化，达到水厂与周边环境的高度融合。也可以根据项目特点因地制宜，采用下沉形式设计，如海口江东新区水厂

是国内首座地下式水厂，主体构筑物均布置在地下，综合楼及臭氧发生器间布置在地面，地上面积进行复合式开发利用，极大地提高了土地利用率，并提高了水厂台风期抗灾能力。

(5) 优化水力高程布置，运行模式灵活

给水厂改扩建设计应充分注意优化净水构筑物水力高程布置，使水厂具备采用多种运行模式的条件，以适应不同条件下的运行工况，包括：全部单元运行的正常运行模式，超越部分构筑物如活性炭滤池、膜处理单元的运行模式等。

(6) 充分应用智慧水务技术和新产品，提升运行管理水平

给水厂改造在保障工艺安全性的前提下，还应在高效、智能运营方面作出表率和示范。应配置完善的自动检测系统、自动控制系统、资产管理系统、生产信息管理系统等，实现对水厂的全流程在线监测，对关键工艺单元的智能化管控，对生产过程的预测模拟分析，对水厂运行的整体优化和辅助决策，从而保证水厂运行安全高效、水质稳定可靠。同时，也应积极试用、应用新技术新产品，如新型混合设备、新型混凝剂、新型深度处理技术等，提高生产运行效率，实现节能降耗。

14 给水厂的工艺改造有哪几种方法?

给水厂的工艺改造有以下几种方法。

① 增加深度处理构筑物，如活性炭吸附（或者臭氧-活性炭联用）技术；

② 增加预处理构筑物，如生物预处理（接触氧化池或生物滤池）；

③ 不增加常规工艺前、后的净化构筑物，在现有工艺上改造，如强化混凝、强化过滤、优化消毒；

④ 综合采用前面几种技术。

具体采用哪种方法，需要针对具体情况进行合理选择，在深入调查水源水质的条件下，根据供水水质目标，评估现有常规处理工艺的净水能力，提出需要通过技术改造解决的水质问题和主要工艺参数，通过技术经济比较，确定合理工艺，有步骤、有计划地逐步加以实施。

15 给水处理的具体内容包括哪些?

给水处理即通过一定工艺，去除原水中悬浮物质、胶体、细菌、病毒以及其他有害成分，使得净化后的水质满足一定标准的要求。给水处理的对象基本是天然水源水，其具体内容主要包括预处理、混凝、沉淀、过滤、深度处理、消毒等处理工艺流程。

给水处理的具体内容大致可分为下列六个方面。

(1) 去除水中的悬浮固体和微生物

悬浮固体可以是天然水中原有的以及在使用过程中混入的，也可以是在处理过程中产生的。泥沙、藻类以及原生动物胞囊等，都是天然水中常见的悬浮固体，悬浮固体的含量基本上由水的浊度反映出来。生活饮用水中不得含有病原微生物，现行饮用水标准主要包括总大肠菌群、大肠埃希氏菌、菌落总数等微生物指标。饮用水所涉及的处理问题基本上也是去除悬浮固体和微生物的问题。虽然饮用水中以不存在任何悬浮固体和微生物为佳，但在技术上做到这点是极困难的，所以仍然容许饮用水具有一定的浊度和菌落总数。

（2）去除水中的溶解固体

溶解固体的去除由水的总溶解固体或者电导率的降低显示出来。对于一般天然水来说，饮用水的处理过程一般不存在去除溶解固体的问题。只有当原水的含盐量高于饮用水的允许值时，才去除部分溶解固体以满足饮用水的要求。对于需要高纯水的工业用水，必须达到接近去除全部溶解固体的程度。

（3）去除水中对用水有危害的某种或某几种溶解成分

饮用水处理常遇到这类处理问题，去除原水中的铁、锰、氟或砷等成分就是一些例子。水中钙、镁离子的软化处理也属于这类处理。

（4）去除水中溶解的有机物

腐殖质是天然水中存在的主要有机物，是产生色度的主要原因；水中出现较大量的有机物主要是污染引起的，这些有机物的浓度和去除效果可由水的 BOD、TOC、UV 吸光度等参数数值的降低显示出来。

（5）对水质加以调理，改善其水质，以防止在使用过程中产生危害

最常见的危害是水对管道或容器材质的腐蚀作用以及产生沉积物作用。水质的调理往往是通过在水中加入一些控制水质行为的药剂来解决问题。控制腐蚀的药剂称缓蚀剂，控制结垢的药剂称阻垢剂。有时也通过去除水中产生腐蚀或沉积物的成分来达到调质处理的目的。

（6）对给水处理过程中所产生的废水或污泥加以相应的处理和处置

按传统的观点，这属于废水处理的范畴。20 世纪 70 年代以前，世界上先期建造的一些给水厂排泥水和污泥处理设施很大程度上是沿用了污水处理厂的污水和污泥处理方法来设计的，没能结合给水厂的特点综合考虑。近年来，给水厂排泥水处理和污泥处置两项工作的重要意义越来越被人们所认识和重视，世界上大多数国家和地区都已积极研究和进行自来水厂排泥水的处理和污泥处置工作。

16 我国现行常用的供水法规有哪些？

供水法规的内容在宪法（母法）、基本法律（全国人大颁布）、一般法律（全国人大常委会颁布）、行政法规（国务院颁布）、地方行政法规（省、较大市人大颁布）、行政规章（国务院各部颁布）、地方行政规章（省、较大市政府颁布）中均有相关条款。现行常用的主要法律法规见表 1-1。

表 1-1 我国现行常用的供水相关法律、法规和行政规章

（截止日期：2022 年 3 月 31 日）

类别	名称	实施/最新修正日期
基本法律	中华人民共和国刑法	2020 年 12 月 26 日
一般法律	中华人民共和国环境保护法	2015 年 1 月 1 日
	中华人民共和国水污染防治法	2018 年 1 月 1 日
	中华人民共和国水法	2016 年 9 月 1 日
	中华人民共和国传染病防治法	2013 年 6 月 29 日
	中华人民共和国长江保护法	2021 年 3 月 1 日

续表

类别	名称	实施/最新修正日期
行政法规	地下水管理条例	2021年12月1日
	城市供水条例	2020年3月27日
	南水北调工程供用水管理条例	2014年2月16日
	突发公共卫生事件应急条例	2011年1月8日
行政规章	生活饮用水卫生监督管理办法	2016年6月1日
	饮用水水源保护区污染防治管理规定	2010年12月22日
	取水许可和水资源费征收管理条例	2017年3月1日
	城镇供水价格管理办法	2021年10月1日

水质标准与化验管理

17 我国现行常用的安全饮用水相关标准有哪些?

我国现行常用的安全饮用水相关标准见表 2-1。我国饮用水的相关标准分别由卫生、住建、环保、水利等多部门制定，部分标准、规范有交叉重叠的现象，给基层执行带来一定困扰，未来的标准制定工作应加强协同。在此情况下，供水行业工作者更应了解相关标准，掌握重点的几个标准，并正确应用。

表 2-1　我国现行常用的安全饮用水相关标准（截止日期：2023 年 5 月 1 日）

标准名称	发布日期	实施日期
《生活饮用水卫生标准》(GB 5749—2022)	2022 年 3 月 15 日	2023 年 4 月 1 日
《生活饮用水标准检验方法》(GB/T 5750—2023)	2023 年 3 月 17 日	2023 年 10 月 1 日
《城市给水工程项目规范》(GB 55026—2022)	2022 年 3 月 10 日	2022 年 10 月 1 日
《室外给水设计标准》(GB 50013—2018)	2018 年 12 月 26 日	2019 年 8 月 1 日
《地表水环境质量标准》(GB 3838—2002)	2002 年 4 月 2 日	2002 年 6 月 1 日
《地下水质量标准》(GB/T 14848—2017)	2017 年 10 月 14 日	2018 年 5 月 1 日
《城市供水水质标准》(CJ/T 206—2005)	2005 年 2 月 5 日	2005 年 6 月 1 日
《城镇供水厂运行、维护及安全技术规程》(CJJ 58—2009)	2009 年 11 月 24 日	2010 年 8 月 1 日
《城镇供水水质在线监测技术标准》(CJJ/T 271—2017)	2017 年 11 月 28 日	2018 年 6 月 1 日
《农村生活饮用水量卫生标准》(GB/T 11730—1989)	1989 年 2 月 10 日	1990 年 7 月 1 日
《二次供水设施卫生规范》(GB 17051—1997)	1997 年 1 月 1 日	1998 年 1 月 2 日
《食品安全国家标准　饮用天然矿泉水》(GB 8537—2018)	2018 年 6 月 1 日	2019 年 6 月 21 日
《食品安全国家标准　饮用天然矿泉水检验方法》(GB 8538—2022)	2022 年 6 月 30 日	2022 年 12 月 30 日
《生活饮用水输配水设备及防护材料的安全性评价标准》(GB/T 17219—1998)	1998 年 1 月 21 日	1998 年 10 月 1 日
《生活饮用水用聚氯化铝》(GB 15892—2020)	2020 年 7 月 23 日	2021 年 8 月 1 日
《生活饮用水水源水质标准》(CJ 3020—1993)	1993 年 8 月 2 日	1994 年 1 月 1 日
《饮用净水水质标准》(CJ 94—2005)	2005 年 5 月 16 日	2005 年 10 月 1 日
《村镇供水工程技术规范》(SL 310—2019)	2019 年 9 月 30 日	2019 年 12 月 30 日

18 生活饮用水水源的水质有什么要求?

采用地表水为生活饮用水水源时，应符合《地表水环境质量标准》(GB 3838) 的要求。标准规定了地表水环境质量标准基本项目 (24 项)、集中式生活饮用水地表水源地补充项目 (5 项) 和特定项目 (80 项，由县级以上人民政府环境保护行政主管部门选择确定)，其中补充项目和特定项目适用于集中式生活饮用水地表水源地一级保护区和二级保护区。水质超标项目经自来水厂净化处理后，必须达到《生活饮用水卫生标准》(GB 5749) 的要求。

采用地下水为生活饮用水水源时，应符合《地下水质量标准》(GB/T 14848) 的要求。标准将地下水质量分为五类，其中Ⅰ、Ⅱ、Ⅲ类适于作为生活饮用水水源，Ⅳ类经适当处理后可作为生活饮用水水源，Ⅴ类不宜作为生活饮用水水源。地下水质量指标分为常规指标 (39 项，包括感官性状及一般化学指标、微生物指标、常见毒理学指标、放射性指标) 和非常规指标 (54 项)，其中非常规指标根据当地实际情况补充选定。

19 我国《生活饮用水卫生标准》(GB 5749) 的修订重点是什么?

饮用水事关人民群众人身健康和生命安全，事关经济发展和社会稳定大局，确保饮用安全是标准最基本的原则，生活饮用水应保证人群终身饮用安全，并应以此为原则确定水质指标限值。根据世界卫生组织定义，所谓“终身”是以人均寿命为基数，以每天每人摄入升水计算。所谓“安全”是指终身饮用不会对人体健康产生危害。

《生活饮用水卫生标准》(GB 5749) 对提升我国饮用水水质、保障饮用水水质安全发挥了重要作用，是包括给水厂在内的生活饮用水供水单位必须执行的强制性国家标准，是给水行业从业人员必须熟悉和掌握的重要标准之一。面对我国发展形势的新变化、人民群众对美好生活的新期待和原标准实施过程中出现的新问题，最新的《生活饮用水卫生标准》(GB 5749—2022) (见附录一) 于 2023 年 4 月 1 日正式实施，代替了 2006 年发布的原标准。

新标准的主要变化如下。

(1) 水质指标的分类和数量调整

新标准将原标准中的“非常规指标”调整为“扩展指标”。指标数量由原标准的 106 项调整为 97 项，包括常规指标 43 项和扩展指标 54 项。

新标准根据水源风险变化和工作实践对指标做了调整。近年来，部分水源在特定条件下发生藻类暴发等情况，造成饮用水中臭和味超标，影响水质安全。研究表明，由藻类暴发导致的 2-甲基异莰醇、土臭素等物质是产生异味的重要原因，这两项指标嗅阈值较低 (10ng/L)，新标准增加了 2-甲基异莰醇、土臭素两项感官指标作为扩展指标。

新标准还增加了高氯酸盐和乙草胺两项扩展指标。其中，高氯酸盐广泛应用于烟火、军工、燃料、航天、纺织、冶炼等行业，对甲状腺功能有较强的干扰作用，影响人体发育。乙草胺是目前我国使用量最大的除草剂之一，具有明显的环境激素效应，能够造成动物和人的蛋白质、DNA 损伤，脂质过氧化。

新标准更加关注消毒副产物，进一步将检出率较高的一氯二溴甲烷、二氯一溴甲烷、三溴甲烷、三卤甲烷、二氯乙酸、三氯乙酸 6 项消毒副产物指标从非常规指标调整到常规指标，以加强对上述指标的管控。同时，考虑到氨（以N计）的浓度对消毒剂的投加有较大影响，将其从非常规指标调整到常规指标。

另一方面，结合近年来的检出情况和实践经验，新标准删除了13项指标，包括耐热大肠菌群、三氯乙醛、硫化物、氯化氰（以CN^-计）、六六六（总量）、对硫磷、甲基对硫磷、林丹、滴滴涕、甲醛、1,1,1-三氯乙烷、1,2-二氯苯、乙苯。上述调整，有利于提高水质管控的精准性，避免各地在部分检出率较低的指标上投入大量人力物力。

(2) 水质指标的限值和适用情况调整

新标准调整了正文中8项指标的限值，包括硝酸盐（以N计）、浑浊度、高锰酸盐指数（以O_2计）、游离氯、硼、氯乙烯、三氯乙烯、乐果。与原标准相比，除硼的标准限值放宽外，其他指标限值更加严格或取消了在水源或净水条件限制时部分指标限值的放宽。增加了总β放射性指标进行核素分析评价的具体要求及微囊藻毒素-LR指标的适用情况。

(3) 水质指标的名称调整

新标准更改了3项指标的名称，包括耗氧量（COD_{Mn}法，以O_2计）名称修改为高锰酸盐指数（以O_2计）；氨氮（以N计）名称修改为氨（以N计）；1,2-二氯乙烯名称修改为1,2-二氯乙烯（总量）。

20 国际上饮用水水质标准的现状如何?

目前，全世界具有国际权威性、代表性的饮用水水质标准有三部：世界卫生组织（WHO）的《饮用水水质准则》、欧盟（EC）的《饮用水水质指令》以及美国环保局（USEPA）的《国家饮用水水质标准》，其他国家或地区的饮用水标准大都以这三种标准为基础或重要参考，来制定本国或本地区标准。如东南亚的越南、泰国、马来西亚、印度尼西亚、菲律宾，南美的巴西、阿根廷，还有南非、匈牙利、捷克等都是采用WHO的饮用水标准；欧洲的法国、德国、英国（英格兰和威尔士、苏格兰）等欧盟成员国则均以EC指令为指导；而其他一些国家如澳大利亚、加拿大、俄罗斯、日本同时参考WHO、EC、USEPA标准来制订本国国家标准。

(1) 世界卫生组织《饮用水水质准则》

世界卫生组织在1958年、1963年和1971年分别发布了三版《饮用水国际标准》。1976年，将该标准更名为《饮用水水质监测》，1983年又更名为《饮用水水质准则》并沿用至今，目前最新发布的版本为第四版《饮用水水质准则》。该版发布于2011年，并于2017年发布了第一次增补版，将水质指标分为微生物指标、化学指标、放射性指标和可接受性指标四类，累计249项。

(2) 美国《国家饮用水标准》

美国最早的饮用水水质标准为《公共卫生署饮用水水质标准》，颁布于1914年。1974年美国国会通过了《安全饮用水法》，建立了地方、州和联邦进行合作的框架，要求所有饮用水标准和法规的建立必须以保证用户的饮用水安全为目标，并于1975年首次发布了具有强制性的《国家饮用水一级标准》，1979年发布了非强制性的《国家饮用水二级标准》。之后美国的饮用水水质标准在《安全饮用水法》及其修正案规定的框架下进行了多次修订。基于《安全饮用水法》1996年修正案的要求，现行美国饮用水一级标准制定了两个浓度值

(污染物最大浓度目标值和污染物最大浓度值)，规定了 87 项水质指标，其中有机物指标 53 项，无机物指标 16 项，微生物指标 7 项，放射性指标 4 项，消毒副产物指标 4 项，消毒剂指标 3 项。现行美国饮用水二级标准主要针对水中会对美容（如皮肤、牙齿）或感官（如色、臭和味）产生影响的指标，对 15 项污染物确定了浓度限值，包括氯化物、色度、铜、氟化物、味和 pH 等指标。

(3) 欧盟《饮水水质指令》

欧盟 80/778/EEC《饮水水质指令》发布于 1980 年，是欧洲各国制订本国水质标准的主要依据，检测项目分为微生物指标、化学指标和感官性状指标等，绝大部分项目既设定了指导值又制定了最大允许浓度。1995 年欧盟组织对 80/778/EEC 进行修订，并于 1998 年 11 月通过了新指令 98/83/EC。指标参数从 66 项减少至 48 项，其中微生物学指标 2 项，化学指标 26 项，感官性状等指标 18 项，放射性指标 2 项。2015 年 10 月 7 日，欧盟发布（EU）2015/1787 号法规，对 98/83/EC 的附录Ⅱ和Ⅲ中有关饮用水监测方面的要求和参数的分析方法技术说明等内容进行了修订，并要求于 2017 年 10 月 27 日起各成员国的法律、法规和行政规章必须符合该指令要求。

(4) 日本《饮用水水质标准》

日本于 1955 年 7 月首次颁布了《饮用水水质标准》。之后对标准进行了多次修订，最新《饮用水水质标准》于 2020 年 4 月 1 日开始实施。日本《饮用水水质标准》由法定项目、水质管理目标设定项目和要检讨项目三部分构成。法定项目是根据日本自来水法第 4 条规定必须要达到的标准，共规定了 51 项水质指标。水质管理目标设定项目是可能在自来水中检出，水质管理上需要留意的项目，共规定了 26 项水质指标。另规定要检讨项目 47 项。

21 水质标准发展的趋势是什么？

饮用水中的微生物指标对人体健康的影响应给予高度重视，其中隐孢子虫、贾第虫、军团菌、病毒等指标在 WHO、EC 以及许多国家水质标准中并不常见，但在美国等少数发达国家已成为重要的控制项目。研究表明，浑浊度在某种程度上与微生物有一定相关性。调查显示，一些胃肠道疾病暴发事件与饮用水浑浊度的升高有关。此外浑浊度还会影响消毒效果，削弱消毒剂对微生物的杀灭作用并增加需氯量。因此尽管浑浊度本身不一定对健康构成威胁，但它是提示可能存在对健康有影响的污染物的一项重要指标，对其处理要求将越来越严格。

消毒副产物（disinfection by-products，DBPs）是在饮用水消毒时由消毒剂与有机或无机前体物反应生成的一类次生污染物，其由于具有致癌、致畸和致突变的三致特性在全球范围内广受关注。WHO 针对可能使用的不同消毒剂列出了包括消毒剂与消毒副产物在内共 30 项指标。如一氯二溴甲烷、二氯一溴甲烷、三溴甲烷、二氯乙酸和三氯乙酸等物质一般不会出现在原水中，饮用水中的这些物质主要来源是消毒过程中消毒剂与水体中有机物发生反应而形成的副产物，鉴于氯化消毒在我国仍是广泛采用的饮用水消毒方式，加之这些物质在我国饮用水中检出率较高，且有较强的健康效应，因此需要加以重视，同时也要避免消毒剂的过量投加以控制消毒副产物生成。

有毒有害物质的指标需严格控制，保证人体健康。如美国将砷的指标值由 1975 年制定的 50μg/L 修订为 10μg/L（2001 年 1 月 1 日实施）。欧盟的 98/83/EC 指令中将铅的指标值从 50μg/L 降至 10μg/L，并要求在 15 年内（即 2013 年 12 月以前）更换含铅配水管。我国也开始重点关注并限制饮用水中高氯酸盐、乙草胺等有毒有害物质的浓度，并将其限值纳入新的《生活饮用水卫生标准》(GB 5749—2022) 中。

随着国家饮用水水质标准的提高以及人民群众对优质饮用水的需要，我国部分经济条件较好的省市也提出了更加严格的地方饮用水标准。如上海市发布了《生活饮用水水质标准》(DB31/T 1091—2018)，形成与国际发达国家接轨，同时体现上海市供水水质特征的标准限值，标准数量增加至 111 项。其中，浑浊度限值由 1NTU 提升至 0.5NTU；菌落总数由 100CFU/mL 提标到了 50CFU/mL；三卤甲烷、卤乙酸等消毒副产物的浓度限值也大幅降低。深圳市发布了《生活饮用水水质标准》(DB 4403/T 60—2020)，包含水质指标 116 项，其中常规指标 52 项，非常规指标 64 项，与国内外水质标准或准则比较，指标数量和标准限值均居于国内外标准前列。

22 给水厂水质管理的机构、职责是什么？

自来水水质直接关系到人民身体健康和工业产品的质量，是供水安全的一个重要方面。保证水质、确保供应的自来水符合国家《生活饮用水卫生标准》是自来水企业必须牢固树立的主导思想。水厂无论大小，都要根据当地水源情况和生产条件，将水质管理工作作为给水厂企业管理的一项重要工作来抓。

给水厂应设置与水质管理工作相关的部门和水质管理的人员。水质管理和水质化验密切相关，给水厂应设立水质化验室，并应配备与供水规模和水质检验要求相适应的检验人员和仪器设备，还应负责检验原水、净化工序出水、出厂水和管网水水质。给水厂水质检验工作可由水厂化验室单独完成，或与其所属单位的水质监测中心共同承担完成。如确无条件设立水质化验室的小型水厂，也应配备化验人员，进行简单项目的水质化验，并要委托附近较大的设有水质化验机构的自来水厂或其他卫生部门，定期完成应该进行的各项水质的化验工作。

水质管理部门和人员的主要职责有：

① 贯彻执行国家、省、市、县有关水质的各项政策、法令、标准。

② 负责水质净化工艺管理和水质化验、分析、监督、管理或委托工作。

③ 掌握水质变化动态，分析变化规律，提出水质阶段分析报告及水质升级规划。

④ 负责水源污染状况的卫生学调查。

⑤ 配合各级卫生防疫部门，对水源卫生防护状况进行监督，对重大水质事故进行处理。

⑥ 参与水厂和管网施工过程卫生监督及竣工验收工作。

⑦ 对危及供水安全的水质事故，有权采取紧急措施，直至通知有关部门停止供水，后逐级报告。

23 给水厂水质管理的主要内容是什么？

(1) 建立和健全规章制度

① 建立各项净水设备操作规程，制订各工序的控制质量要求。

② 健全水源卫生防护、净化水质管理、管网水质管理、水质检验频率、规定等以工作

标准为中心的各项规章制度。

（2）加强卫生防护

① 制定水源防护条例，对破坏水源卫生防护的行为提出有力的制止措施。

② 对水源防护地带设置明显的防护标志。

③ 对污染源进行调查和检测，对消除重大污染源提出有效措施。

（3）确保净化过程中的水质控制

① 确定投药点，及时调整投药量。

② 监督生产班组对生产过程中的水质检验，确保沉淀、过滤、消毒等处理过程的关键水质指标达到内控要求。

③ 提出净化、消毒设备及其附属设施的维修意见，组织沉淀池、清水池清洗，保持水源、净化构筑物的整洁，严禁从事影响供水水质的活动。

（4）进行管网水质管理

① 确定管网水采样点。

② 对每个采样点进行采水分析。

③ 对新敷设管道坚持消毒制度。

24 给水厂水质检测的主要内容有哪些？

（1）城镇供水

城镇供水水质检测项目和频率应符合表 2-2 的规定，当生产需要、工艺调整或者水质异常变化时，应增加相关水质检测项目和频率。

表 2-2 城镇供水水质检测项目和频率

水样	检测项目	检测频率
水源水	浑浊度、色度、臭和味、肉眼可见物、高锰酸盐指数、氨氮、菌落总数、总大肠菌群	每日不少于1次
	现行国家标准《地表水环境质量标准》(GB 3838)中的水质检验基本项目、补充项目	每月不少于1次
出厂水	浑浊度、色度、臭和味、肉眼可见物、pH、消毒剂余量、菌落总数、总大肠菌群、大肠埃希氏菌①、高锰酸盐指数	每日不少于1次（其中浑浊度、pH、消毒剂余量采用在线监测或每小时1～2次）
	现行国家标准《生活饮用水卫生标准》(GB 5749)中的水质常规指标、消毒剂常规指标及水质扩展指标中可能含有的有害物质	每月不少于1次
	现行国家标准《生活饮用水卫生标准》(GB 5749)中的水质常规指标、消毒剂常规指标及水质扩展指标	以地表水为水源每半年1次 以地下水为水源每年1次
管网水	色度、浑浊度、臭和味、消毒剂余量、菌落总数、总大肠菌群，管网末梢水还应包括高锰酸盐指数	每月不少于2次
管网末梢水	现行国家标准《生活饮用水卫生标准》(GB 5749)中的水质常规指标、消毒剂常规指标及水质扩展指标中可能含有的有害物质	每月不少于1次

① 当水样检出总大肠菌群时才需进一步检验大肠埃希氏菌。

（2）村镇给水厂

村镇给水厂（村镇集中给水工程）按供水规模分类见表2-3。

表2-3 村镇给水厂规模分类

工程类型	Ⅰ型	Ⅱ型	Ⅲ型	Ⅳ型	Ⅴ型
供水规模 $W/(m^3/d)$	$W\geqslant10000$	$10000>W\geqslant5000$	$5000>W\geqslant1000$	$1000>W\geqslant100$	$W<100$

有条件的村镇给水厂水质检测项目和频率可参照城镇给水厂要求。条件受限的，可根据现行《村镇供水工程技术规范》（SL 310）执行：Ⅰ～Ⅲ型供水工程水质检测项目及频率应根据原水水质、净水工艺和供水规模等综合确定，出厂水水质检测项目及频率不宜低于表2-4的规定，水源水和末梢水水质检测项目及频率结合实际情况确定。Ⅲ型以下的供水工程水质检测项目及频率可根据当地水源水质存在超标风险的指标、供水人口数量、运行管理水平等因素合理确定检测项目及频率。

表2-4 村镇供水工程水质检测要求

检测项目	村镇供水工程类型		
	Ⅰ型	Ⅱ型	Ⅲ型
感官性状指标、pH值	每日1次	每日1次	每日1次
微生物指标	每日1次	每日1次	每日1次
消毒剂指标	每日1次	每日1次	每日1次
特殊检测项目	每日1次	每日1次	每日1次
常规指标+风险指标	每季1次	每年2次	每年1次

注：1. 感官性状指标：包括浑浊度、肉眼可见物、色度、臭和味。
2. 微生物指标：主要包括菌落总数、总大肠菌群等。
3. 消毒剂指标：根据不同的供水工程消毒方法，为相应消毒控制指标。
4. 特殊检测项目：指水源水中氟化物、砷、铁、锰、溶解性总固体、COD_{Mn}或硝酸盐等超标且有净化要求的项目。
5. 常规指标+风险指标：每年检测2次时，为丰、枯水期各1次；每年1次时，为枯水期或按有关规定进行。
6. 当水源或水处理工艺改变时开展全分析检测。
7. 水质变化较大时，根据需要适当增加检测项目和检测频率。

25 什么是水质检测质量控制？其影响因素有哪些？

水质检测质量控制，主要是指在水质检测过程中将分析误差控制在允许范围内所采取的措施。水质检测质量控制分为实验室间质量控制（外部控制）和实验室内质量控制（内部质量控制）。水质检测质量控制的目的是把分析工作中的误差减小到一定的限值，以获得准确可靠的测试结果。采用合理有效的质量控制措施监控检测工作过程，可以发现和控制分析过程的误差来源，及时发现问题，使实验室有针对性地采取纠正措施或预防措施，提高分析结果的准确度。

水质检测质量控制要充分考虑“人、机、料、法、环”五大影响因素。

① 人员方面，检测人员应具备相应的专业知识，受过其所承担工作相适应的教育、培训、考核。明确各自的职责，熟练掌握方法原理和操作，确保检测工作质量，审核人要熟悉检测流程，给检测过程和结果把关。

② 仪器设备方面，仪器及其配件、前处理等辅助设备、量具等在检定校准有效期内并

处于正常状态。

③ 所用试剂药剂、纯水、气体等足量且有效，应满足实验方法的要求，标准物质应具备溯源性。

④ 检测方法应优先选用国标方法并进行过方法验证，选用非标方法时必须进行方法确认。

⑤ 环境方面，实验室设施、通风、照明、水、电、气、温湿度、防震满足检测相关法律法规的要求，保证检测结果的有效性，根据检测项目，在安装设备仪器时要求避免检测项目之间的干扰和影响，保证实验结果的准确性。如检测对环境有严格要求的必须做好连续监控记录。做好实验室内务工作，保证实验室环境整洁干净。

26 常用的水质检测质量控制方法有哪些?

常用的 3 种实验室间质量控制方法如下。

① 能力验证　通过参加外部有资质的机构组织的能力验证试验，组织机构分发样品给各个实验室，要求各个实验室在规定的时间内检测完成并把结果报送至组织机构进行分析评价，验证实验室检测结果的准确性。

② 实验室间比对　按照预先规定的条件，由两个或多个实验室对相同样品进行检测的组织、实施和评价，验证实验室检测结果准确性。

③ 认证部门的考核　如现场评审或对其他监督部门给定的样品进行检测，并把检测结果报送给相应考核人，考核人员分析结果给出结果的准确性评价。

常用的 10 大实验室内质量控制方法如下。

① 标准物质检测　实验室直接用合适的有证标准物质或内部标准样品作为监控样品，定期或不定期将监控样品以比对样或密码样的形式，与样品检测以相同的流程和方法同时进行，实验室完成后上报检测结果给相关质量控制人员，或检测人员自行安排在样品检测时同时插入标准物质，验证检测结果的准确性。

② 人员比对　质控过程由实验室内部的检测人员在合理的时间段内，对同一样品，使用同一方法在相同的检测仪器上完成检测任务，比较检测结果的符合程度，判定检测人员操作能力的可比性和稳定性。

③ 方法比对　同一检测人员对同一样品采用不同的检测方法，检测同一项目，比较测定结果的符合程度，判定其可比性，以验证方法的可靠性。

④ 仪器比对　仪器比对是指同一检测人员运用不同仪器设备（包括仪器种类相同或不同等），对相同的样品使用相同检测方法进行检测，比较测定结果的符合程度，对仪器设备的性能情况进行的核查控制，也可用于评估仪器设备之间的检测结果的差异程度。

⑤ 留样复测　不同的时间（或合理的时间间隔内），再次对同一样品进行检测，通过比较前后两次测定结果的一致性来判断检测过程是否存在问题，验证检测数据的可靠性和稳定性。

⑥ 空白测试　是在不加待测样品（特殊情况下可采用不含待测组分但有与样品基本一致基体的空白样品代替）的情况下，用与测定待测样品相同的方法、步骤进行定量分析，获得分析结果的过程，空白试验测得的结果称为空白试验值，简称空白值。空白值一般反映测试系统的本底，可从样品的分析结果中扣除，通过这种扣除可以有效降低由于试剂不纯或试

剂干扰等所造成的系统误差。

⑦ 重复测试　在同一实验室，由同一检测人员使用相同的设备，按相同的测试方法，在短时间内对同一被测对象进行相互独立的测试。重复测试可以广泛地用于实验室对样品制备均匀性、检测设备或仪器的稳定性、测试方法的精密度、检测人员的技术水平以及平行样间的分析间隔等方面的监测评价。

⑧ 回收率试验　将已知质量或浓度的被测物质添加到被测样品中作为测定对象，用给定的方法进行测定，所得的结果与已知质量或浓度进行比较，计算被测物质分析结果增量占添加的已知量的百分比等一系列操作，该计算的百分比即称该方法对该物质的“加标回收率”，简称“回收率”。

⑨ 校准曲线的核查　校准曲线是用于描述待测物质浓度或量与检测仪器相应值或指示值之间的定量关系，通过使用标准溶液按照正常样品检测程序作简化或完全相同的分析处理，而绘制得到的校准曲线则相应称为标准曲线和工作曲线，为确保校准曲线始终具有良好的精密度和准确度，就需要采取相应的方法进行核查。

⑩ 质量控制图　质量控制图是一种简单有效的统计方法，可以对检测过程中出现的误差进行长期连续的监视，从中发现系统误差，并及时采取措施减小其影响，使分析结果处于正常范围，而且当分析质量出现失控状态或呈现失控趋势的时候，也可以通过控制图反映出来，达到预警的作用。常用的质量控制图有均值-标准差控制图、均值-极差控制图、加标回收控制图和空白值控制图等。

水质检测质量控制还应认真做好质量控制数据的审核、评价工作。当发现质量控制数据将要超出预先确定的判定标准时，应有计划地采取措施纠正出现的问题，并防止报告错误的结果。同时定期对内部质量控制结果进行统计分析，审核内部质量控制手段，掌握全年质控情况，为下年总体质控计划的制订提供依据。

27 给水厂化验室如何分级?

根据《城镇供水与污水处理化验室技术规范》（CJJ/T 182—2014），城镇给水厂应设置化验室，并实行分级设计和管理，相关设置根据供水规模、水质特征和检测资源共享条件等因素确定。化验室除了对原水、工序水、出厂水、管网水进行检测外，还应对净水材料和药剂进行检测。化验室应建立突发事件应急预案，建立健全质量管理体系。

给水厂化验室根据检测项目分为三级，分级应符合表 2-5 的规定。

表 2-5　城镇供水化验室的分级

<table>
<tr><th>化验室等级</th><th colspan="3">检测项目</th></tr>
<tr><td rowspan="4">Ⅰ级</td><td rowspan="2">原水</td><td>地表水</td><td>《地表水环境质量标准》(GB 3838—2002)表 1、表 2 中的 29 项，表 3 可根据水质情况选测</td></tr>
<tr><td>地下水</td><td>《地下水质量标准》(GB/T 14848—2017)表 1 中的 39 项</td></tr>
<tr><td colspan="2">出厂水及管网水</td><td>《生活饮用水卫生标准》(GB 5749—2022)表 1、表 2、表 3 中的 97 项。其中与消毒方式相关的项目可选测</td></tr>
<tr><td colspan="2">工序水</td><td>可根据水处理工艺特点确定相应的检测项目</td></tr>
</table>

续表

化验室等级	检测项目		
Ⅱ级	原水	地表水	《地表水环境质量标准》(GB 3838—2002)表1、表2中的29项
		地下水	《地下水质量标准》(GB/T 14848—2017)中的pH、氨氮、硝酸盐、亚硝酸盐、挥发性酚类、氰化物、砷、汞、铬(六价)、总硬度、铅、氟化物、镉、铁、锰、溶解性总固体、高锰酸盐指数、硫酸盐、氯化物、总大肠菌群,以及反映当地主要水质问题的其他项目
	出厂水及管网水		《生活饮用水卫生标准》(GB 5749—2022)表1、表2中的43项。其中与消毒方式相关的项目可选测
	工序水		可根据水处理工艺特点确定相应的检测项目
Ⅲ级	原水	地表水、地下水	浑浊度、色度、臭和味、肉眼可见物、高锰酸盐指数、氨氮、细菌总数、总大肠菌群、耐热大肠菌群、pH值
	出厂水及管网水		浑浊度、色度、臭和味、肉眼可见物、高锰酸盐指数、消毒剂余量、细菌总数、总大肠菌群、耐热大肠菌群
	工序水		可根据水处理工艺特点确定相应的检测项目

注：各地可根据具体情况和试剂需求增加检测项目。

28 给水厂化验室的配置要求是什么?

不同等级的化验室的用房和设备配置要求有所不同，具体如下。

(1) 用房配置

给水厂化验室设计应遵循安全、环保、高效的原则。选址应相对独立，远离污染源。按其使用功能应包括化验用房、附属设施用房和办公用房，各用房之间应有效隔离，互不干扰，并应符合下列规定：

① 化验用房宜包括化学分析室、仪器分析室、生物室、天平室、放射性检测室、前处理室、加热室等；

② 附属设施用房宜包括样品室、纯水室、洗涤室、气瓶室、库房、配电室、更衣室、档案室等；

③ 办公用房可包括办公室、会议室、信息管理室等；

④ 各等级化验室的用房配置要求应符合表2-6的规定。

表2-6 化验室用房配置要求

化验室等级	配置要求
Ⅰ级	化学分析室、仪器分析室、天平室、生物室、放射性检测室、前处理室、加热室、样品室、纯水室、洗涤室、气瓶室、库房、配电室、更衣室、档案室、办公室、会议室、信息管理室
Ⅱ级	化学分析室、仪器分析室、天平室、生物室、放射性检测室、前处理室、加热室、样品室、洗涤室、库房、更衣室、档案室、办公室
Ⅲ级	化学分析室、仪器分析室、天平室、生物室、样品室、库房、更衣室、办公室

(2) 化验室仪器设备配置

化验室仪器设备配置应符合表2-7的规定。

表 2-7 化验室仪器设备配置

化验室等级	主要仪器设备
Ⅰ级	原子荧光分光光度计、石墨炉/火焰原子吸收分光光度计、离子色谱仪、气相色谱仪、气相色谱质谱联用仪、液相色谱仪、紫外/可见分光光度计、溶解氧测定仪、红外测油仪、浊度仪、酸度计、温度计、低本底 α/β 放射性测定仪、显微镜、天平、辅助设备、纯水系统、实验用供气系统/气体钢瓶。其中，辅助设备应包括：无菌操作台、超声波清洗器、抽滤装置、液固萃取装置、两虫（贾第鞭毛虫和隐孢子虫）检测前处理装置、菌落计数器、离心机、高压灭菌器、恒温干燥箱、培养箱、水浴锅、电炉、干燥器、冰箱、采样器等
Ⅱ级	原子荧光分光光度计、石墨炉/火焰原子吸收分光光度计、离子色谱仪、气相色谱仪、紫外/可见分光光度计、溶解氧测定仪、红外测油仪、浊度仪、酸度计、温度计、低本底 α/β 放射性测定仪、天平、辅助设备、纯水系统、实验用供气系统/气体钢瓶。其中，辅助设备应包括：无菌操作台、超声波清洗器、抽滤装置、菌落计数器、高压灭菌器、恒温干燥箱、培养箱、水浴锅、电炉、干燥器、冰箱、采样器等
Ⅲ级	可见分光光度计、浊度仪、酸度计、天平、辅助设备。其中，辅助设备应包括：纯水装置、无菌操作台、菌落计数器、高压灭菌器、恒温干燥箱、培养箱、水浴锅、电炉、干燥器、冰箱等

给水厂化验室最低配置应达到Ⅲ级标准，以满足有关水质标准规定的水厂日检项目的需求，保障水厂出厂水水质达标。当处理规模大于 $10\times10^4m^3/d$ 以上时，应提高化验室的等级。地级市或区域内单一水厂处理规模达到 $30\times10^4m^3/d$ 的给水厂应有一个Ⅱ级或以上等级化验室，为避免重复建设，该地级市其余规模达到 $30\times10^4m^3/d$ 的供水厂可以适当降低设置标准，Ⅱ级化验室为其他水厂提高技术服务。直辖市、省会城市、计划单列市或市域内单一水厂处理规模达到 $50\times10^4m^3/d$ 的供水厂应有一个Ⅰ级化验室，为避免重复建设，该直辖市、省会城市、计划单列市其余规模达到 $50\times10^4m^3/d$ 的供水厂可以适当降低设置标准，Ⅰ级化验室应为其他水厂提供技术服务。

29 化验室安全操作规程有哪些?

（1）安全

① 每一操作之前，首先了解操作程序和所用药品仪器的性能，精力集中地按要求进行工作，避免发生事故。

② 化学药品有专人、专门管理，剧毒药品应设专柜，使用应做记录。

③ 易燃易爆物品，不得受阳光直射，应分别放置在背光干燥地方，应密闭远离火源，妥善保存。

④ 易燃易挥发性物品加热时，不得用明火直接加热。

⑤ 电器设备应有接地装置，潮湿的手或物品不能接触电闸。

⑥ 化验室内不准吸烟，不得吃东西，不准用化验容器盛装食物，火柴头不得乱丢。

⑦ 每个工作人员应掌握本室的总电源、水源位置，以便必要时采取紧急措施。

⑧ 工作结束时，应进行安全检查，水、电、气等要关好。

⑨ 化验室应有灭火装置，工作人员应掌握各种灭火装置的使用方法。

（2）仪器及药品保管

① 各仪器、药品按类别、规格放在固定的地方，并合理保管。

② 精密仪器应配套放置在固定的台上，加防尘罩，仪器附件不要随意更换。

③ 各类药品保存，应有明显的标签，要完整保留药品原有的标签。

④ 所有药品应保存在阴凉通风干燥的地方。

⑤ 药品按类分别存放，如酸类、碱类、氧化物、易挥发、易爆炸、易燃、有机溶剂、剧毒药品等，应分类密闭放置，强酸与氨水应分开存放。

⑥ 取用仪器药品时，应有记录，特别是剧毒药品记录要完全、准确。

(3) 分析操作

① 操作之前，了解将要工作的操作程序及需要使用的仪器、药品性能等，以便做到有条不紊，紧张而有秩序地工作。

② 所用试剂必须有标签注明名称、浓度，不使用没有标签的试剂。

③ 为了保持其溶液原有的浓度，用后及时盖瓶塞，不要错用瓶塞，不要带入其他浓度的溶液或污物。

④ 易挥发的酸和有毒物品的操作，应在通风橱内进行。

⑤ 稀释硫酸时，注意将硫酸在搅拌下小心缓慢地加入水中，切忌将水倒入浓硫酸中。

⑥ 启用有毒物品及有挥发性、刺激性类的试剂时，不要将瓶口对准自己或别人，加热煮沸时如有沸腾现象，应在溶液中加入玻珠、瓷片等。

⑦ 使用各种仪器、器皿时，首先应了解其性能，如容器大小、受热条件、电压和电流等。

⑧ 工作中，应保持桌面清洁、整齐。

⑨ 工作中，应及时做好原始记录。

⑩ 工作完毕后，及时清洗器皿放好仪器药品。

⑪ 废液倒入废液缸，有毒物品按规定处理。

⑫ 室内应定期排风换气，保持室内外清洁整齐。

取水与输配水

30 什么是取水许可制度?

取水许可证是水行政主管部门依据国家有关法律法规，按照统一标准规范核发的授予公民、法人和其他组织取水权的唯一、合法法律文书。涉及直接取水的供水生产企业应取得取水许可证。

《中华人民共和国水法》规定：直接从江河、湖泊或者地下取用水资源的单位和个人，应当按照国家取水许可制度和水资源有偿使用制度的规定，向水行政主管部门或者流域管理机构申请领取取水许可证，并缴纳水资源费，取得取水权。但是，家庭生活和零星散养、圈养畜禽饮用等少量取水的除外。

取水许可制度是体现国家对水资源实施权属统一管理的一项重要的水资源管理制度，对优化水资源配置、提高水资源利用效率和效益、强化水资源承载力刚性约束具有重要意义。这种制度已被世界上许多国家普遍使用。1993 年，《取水许可证制度实施办法》（国务院令第 119 号）颁布实施，是我国实施取水许可制度的开端。2006 年，《取水许可和水资源费征收使用管理条例》（国务院令第 460 号）进一步规范了取水许可审批程序。《取水许可管理办法》等一系列国家和地方法律法规的陆续颁布实施进一步强化了取水许可管理。

31 给水水源的种类有哪些？其各自有什么特点?

给水水源分为两大类：地表水源和地下水源。地表水源包括江河、湖泊、水库和海水；地下水源包括潜水、承压水、溶洞水等。

地表水源一般具有径流量大，矿化度、硬度和含铁、锰量较低的优点。但是地表水受地面自然条件和其他状况的影响比较显著。例如，河水浑浊度较高（特别是汛期），水温变幅大，有机物和细菌含量高，色度较高，同时地表水易受到污染。地表水的水质水量有明显的季节性。此外，采用地表水源时，在地形、地质、水文、卫生防护等方面均较为复杂。

地下水源由于受形成、埋藏和补给等条件的影响，具有水质澄清、水温稳定、分布面广等特点。尤其是承压地下水，由于被不透水层覆盖，可防止来自地表的污染，具有较好的卫生防护条件。但地下水径流量较小，有的矿化度、硬度较高，部分地区可能出现矿化度很高或其他物质如铁、氟、锰、硫酸盐、氯化物、各种重金属或硫化氢的含量较高甚至很高的情况。

32 给水水源选择的原则是什么?

给水水源选择必须在对各种水源进行全面的分析研究，掌握其基本特征的基础上进行，对水资源进行综合平衡，保证安全供水，并尽可能节省投资和运行管理费用。选定的生活饮用水水源应取得当地卫生部门正式同意。一般情况下应综合考虑下列因素。

① 符合城市规划及工业总体布局要求　取水点一般设在城镇和工矿企业的上游，尽可能靠近主要用水地区，并避开易发生地质灾害区、洪水淹没区、建筑物密集区、易受污染区。

② 水量充沛、可靠　除满足当前的生产、生活需要外，还要考虑到远期发展的需要。设计时，水源水量应以当地水利部门或水文地质部门的正式文件为依据。地下水源的取水量必须小于允许开采量，严禁盲目开采；河流的取水量应不大于河流枯水期的可取量。

③ 水质良好　生活饮用水水源应符合《生活饮用水卫生标准》关于水源水质卫生要求的规定；国民经济各部门的其他用水，应满足其工艺要求。

④ 地下水与地表水联合使用　可有两种形式：一种是对一个地区或城市的各用水户，根据其需水要求的不同，分别采用地下水和地表水作为各自的水源；另一种是对各用水户的水源采用两种水源交替使用的方式，在河流枯水期引地表水困难时或洪水期河水泥沙多得难以使用时，可改用抽取地下水作为供水水源。国内外的实践证明，这种联合使用的供水方式，不仅可同时发挥各种资源的供水能力，而且可降低整个给水系统的投资，还可加强给水系统的安全可靠性。

⑤ 合理控制地下水取用量　地下水作为供水水源特别是饮用水水源具有诸多优点，但地下水的过量开采，不仅会使地下水位大幅度下降，甚至会产生地面下沉，特别是深层地下水和承压水的水环境一旦遭到破坏较难恢复。为此，地下水的开采一定要在管理部门的统一规划之下，控制在允许的开采范围内。目前我国多地采取了严控地下水取用的措施，不建议以地下水作为大型水厂的唯一水源。

33 什么是备用水源和应急水源?

备用水源主要指为应对极端干旱气候或周期性咸潮、季节性排涝等水源水量或水质问题导致的常用水源可取水量不足或无法取用而建设，能与常用水源互为备用、切换运行的水源。备用水源的水质标准不应低于常用水源，可取水量应满足备用供水期间的水量需求。

应急水源主要指为应对水源突发水质污染而建设，具备与常用水源快速切换运行能力的水源。在采取应急处理后可满足要求的条件下，应急水源水质标准可适度低于常用水源，可取水量应满足应急供水期间的水量需求。

近年来，由于极端气候条件和突发水污染事件频发，出现了短期内城镇供水严重不足甚至断水而影响城镇运行安全的公共事件。为及时有效地控制此类事件的影响范围和时效，保障人民群众用水安全，对单一水源、供水保证率较低、用水需求增长较快的大中城市，应综合考虑突发性水源污染风险、城镇规模与重要性、可能影响的人口范围、城镇经济社会发展水平等因素，在全面强化节水、充分对现有供水水源挖潜改造、优化供水用水结构的基础上，合理确定城镇备用或应急水源方案，建立备用或应急水源及其与城镇给水系统的联通设施，原则上应具备至少 7 天以上应对突发事件的应急供水能力，并且做好地表水、地下水等多类水源统筹，科学实施饮用水水源的联合调度，提高安全供水保证率。

我国现行国家标准《城市给水工程项目规范》（GB 55026）规定，单一水源供水的城市应建设应急水源或备用水源，备用水源应能与常用水源互为备用、切换运行。

34 我国的饮用水水源现状如何？

经过多年的艰苦努力，特别是实施《水污染防治行动计划》（即“水十条”）以来，我国整体水环境质量和饮用水水源状况得到改善。

根据生态环境部发布的《2022 年中国生态环境状况公报》，监测的 919 个地级及以上城市在用集中式生活饮用水水源断面（点位）中，881 个全年均达标，占 95.9%。其中地表水水源监测断面（点位）635 个，624 个全年均达标，占 98.3%，主要超标指标为高锰酸盐指数、总磷和硫酸盐。地下水水源监测点位 284 个，257 个全年均达标，占 90.5%，主要超标指标为锰、铁和氟化物，主要由于天然背景值较高所致。

但是，我国饮用水水源目前仍存在以下典型问题：

① 部分地区水源水质不达标，存在微污染问题，有的水源地处于中营养或轻度富营养状态，在特定时期会出现藻类暴发或异味问题。自来水厂常规净水工艺往往难以应对不达标的水源水质，难以有效去除因水源污染或本底自然条件所带来的特殊物质，水厂担负了较大的水质安全保障风险。

② 缺少备用或应急水源。部分城镇饮用水水源单一，没有备用水源或应急水源，一旦遇到突发事件，将严重影响居民饮用水正常使用、影响城镇运行安全。

饮用水安全保障最重要的是水源保护，相关单位应持续强化水源地环境保护管理，推进饮用水水源水质达标，加强水源监控预警，推动水源的合理布局，保证取水稳定、安全，将供水安全风险隐患控制在源头。

35 水源污染给城市给水处理带来哪些困难？

水源污染给城市给水处理带来了极大的困难，其具体表现如下。

① 水质感官性指标不良，色度高、有异味。这与水中氨氮、高锰酸盐指数高有关，也与水中溶解氧低有关。富营养化的湖泊水会引发藻类大量繁殖，并产生藻毒素以及土臭素、2-甲基异莰醇等嗅味物质。

② 由于氨氮的存在，降低加氯的消毒作用，造成过滤除锰困难，另一方面生成氯胺（NH_2Cl）致突变物。若采用折点加氯消毒、加氯量大，造成消毒后水中的三卤甲烷及其他消毒副产物的增加，其中有致突变物、致癌物，特别是 3-氯-4(二氯甲基)-5-羟基-2(5H)-呋喃酮（简称 MX）及其同分异构体 E-2-氯-3-(二氯甲基)-4-氧-丁烯酸（简称 E-MX）在纳克/升(ng/L）数量级即具致突变性。

③ 原水中有毒物质及三致物质难以去除，常规水处理工艺只能去除分子量在 10000 以上的物质，对于分子量在 1000～10000 的化合物只能去除 20%～30%，对于分子量在 500～

1000 的物质基本上不能去除。水中三致物的分子量大多在 500 以下，常规工艺去除困难，其他有毒有机物、无机物的情况也差不多。

④ 有些污染物目前还难以检测，富营养湖泊水中藻类繁殖，产生三类藻毒素：肝毒素（heptotoxins）、神经毒素（neruotoxins）和酯多糖毒素（lipopolysaccharides），目前尚缺少检测方法以及经过实际工程验证的有效处理方法。

⑤ 管网水水质不稳定。水质污染造成混凝剂、消毒剂剂量增加，降低了水的 pH 值，增加了水的不稳定性；其次有机物污染导致管网水可生化有机碳（BDOC）或可同化性有机碳（AOC）浓度增加，细菌易于繁殖滋生，腐蚀管道，恶化水质。

处理污染原水成为当前水处理工作者需要解决的课题。首先要强化常规处理工艺，优化水处理工艺的技术参数；有必要时增加化学的、物理学的或生物化学的预处理；在常规滤池前或后增加活性炭过滤或臭氧活性炭过滤，已经证明对去除有机污染物、降低 Ames 致突变试验的致突变率是很有效的。

36 南水北调工程的主要内容和对城市供水的意义是什么？

南水北调工程是实现我国水资源优化配置、促进经济社会可持续发展、保障和改善民生的重大战略性基础设施，工程从长江下游、中游、上游，规划了东、中、西三条调水线路，干线总长 4350km，规划调水总规模 $4.48\times10^{10}m^3$。这三条调水线路与长江、淮河、黄河、海河相互连接，构建起中国水资源“四横三纵、南北调配、东西互济”的总体布局。

其中，东线一期工程于 2013 年 11 月 15 日通水，中线一期工程于 2014 年 12 月 12 日通水，西线工程具体方案正在深入研究论证中。截至 2022 年 12 月，工程累计调水 586 亿立方米，超过 1.5 亿人直接受益。

南水北调工程对城市供水安全有着显著的意义。南水北调东、中线工程从根本上改变了北方广大地区、黄淮海平原的供水格局，有效增加了华北地区可利用水资源，水资源配置得到优化，40 多座大中城市、280 余个县区用上了南水，成为许多城市供水新的生命线。工程改善了沿线地区的供水水质，东线一期通水以来工程水质稳定在地表水水质Ⅲ类标准，中线源头丹江口水库水质为优，干线水质连续多年优于Ⅱ类标准。

37 给水水源的保护措施有哪些？

防止水源污染和枯竭，对给水水源采取有效的保护措施是十分必要的。给水水源的保护措施一般包括下述几个方面。

（1）制订水资源开发利用及水源保护规划

根据优先保证城市生活和工业用水、兼顾农业用水的原则，制订合理的水资源开发利用规划，防止过度开采，破坏水源。在制订规划时应合理评估所在地区水资源量及生活、工业、农业在规划期限内的水需求量、各种节水措施、各类潜在补充水源（如地下水人工补给、工业循环回用水、污水资源化、地下热水利用等），坚持综合利用方向。

水源保护是城市环境综合整治规划的首要目标和城市经济发展的制约条件。水源保护长远规划需要地区、流域统筹兼顾。主要水系、跨省区及各省市的饮用水源保护规划应分级审定、逐级把关，确保改善饮用水源的水质状况。

(2) 制定和完善饮用水源保护法规，健全水资源管理机构，加强水源保护区的管理工作

① 依据法律、法规做好水源保护工作　国家颁布的《中华人民共和国水污染防治法》和《中华人民共和国水法》是防止水源污染，做好水源保护工作的法律依据。在提高全民认识的基础上，坚决依据法律、法规做好水源保护工作，用法律和经济手段，使排放的废水达到规定的标准，治理已有污染源，防止新污染源产生。

② 加强水源的管理工作　对于地表水源要进行水文观测和预报；对于地下水源则要进行区域地下水动态观测，应注意开采漏斗区的观测，以便及时采取制止过量开采的措施。同时进行流域范围内的水土保持工作。水土流失不仅使农业遭受灾害，而且还加速河流淤积，减少地下径流，导致洪水流量增加和常水流量降低，不利于水量的常年利用。为此要加强流域面积上的沟壑整治、植树造林，在河流上游和河源地区要防止滥伐森林、破坏植被。

③ 提高水源保护技术水平　应加强水体污染的调查研究，识别污染来源、污染途径、研究污染物的环境行为、污染范围、程度及发展趋势。应根据水源特点，划分不同类型水域，对采样和监测方法作出科学的规定。应建立城市水源保护区数据库，制订水源保护区划分技术方法，研究城市水源保护区污染防治规划程序和工程措施，使保护工作规范化、科学化。

38 饮用水水源保护区的设置与管理要求有哪些?

饮用水水源地都应设置水源保护区。饮用水水源保护区指为防止饮用水水源地污染、保证水源水质而划定，并要求加以特殊保护的一定范围的水域和陆域。分为一级保护区和二级保护区，必要时可在保护区外划分准保护区。

一级保护区指以取水口（井）为中心，为防止人为活动对取水口的直接污染，确保取水口水质安全而划定需加以严格限制的核心区域。二级保护区指在一级保护区之外，为防止污染源对饮用水水源水质的直接影响，保证饮用水水源一级保护区水质而划定，需加以严格控制的重点区域。

准保护区指依据需要，在二级保护区外，为涵养水源、控制污染源对饮用水水源水质的影响，保证二级保护区的水质而划定，需实施水污染物总量控制和生态保护的区域。存在以下情况之一的，应增设准保护区：

① 因一、二级保护区外的区域点源、面源污染影响导致现状水质超标的，或水质虽未超标，但主要污染物浓度呈上升趋势的水源；

② 湖库型水源；

③ 流域上游风险源密集，密度大于 0.5 个/km^2 的水源；

④ 流域上游社会经济发展速度较快、存在潜在风险的水源。

此外，地下水型饮用水水源补给区也应划为准保护区。

饮用水水源保护区包括地表水水源保护区和地下水水源保护区。地表水饮用水水源保护区包括一定范围的水域和陆域，地下水饮用水水源保护区指影响地下水饮用水水源地水质的开采井周边及相邻的地表区域。

划定的水源保护区范围，应以确保饮用水水源水质不受污染为前提，以便于实施环境管

理为原则。

确定饮用水水源保护区划分应考虑以下因素：水源地的地理位置、水文、气象、地质特征、水动力特征、水域污染类型、污染特征、污染源分布、排水区分布、水源地规模、水量需求、航运资源和需求、社会经济发展规模和环境管理水平等。

饮用水水源保护区的设置应纳入当地社会经济发展规划、城乡规划、水污染防治规划、水资源保护规划和供水规划；跨县级及以上行政区的饮用水水源保护区的设置应纳入有关流域、区域、城市社会经济发展规划和水污染防治规划。

39 地表水源保护区的防护规定有哪些?

地表水饮用水源各级保护区及准保护区内均必须遵守下列规定。

① 禁止一切破坏水环境生态平衡的活动以及破坏水源林、护岸林、与水源保护相关植被的活动。

② 禁止向水域倾倒工业废渣、城市垃圾、粪便及其他废弃物。

③ 运输有毒有害物质、油类、粪便的船舶和车辆一般不准进入保护区，必须进入者应事先申请并经有关部门批准、登记并设置防渗、防溢、防漏设施。

④ 禁止使用剧毒和高残留农药，不得滥用化肥，不得使用炸药、毒品捕杀鱼类。

饮用水地表水源保护区分级水质标准及分级防护规定如表 3-1 所示。

表 3-1　饮用水地表水源保护区分级水质标准及分级防护规定

名称	分级水质标准	分级防护规定
一级保护区	《地表水环境质量标准》(GB 3838—2002)Ⅱ类标准	①禁止新建、扩建与供水设施和保护水源无关的建设项目 ②禁止向水域排放污水,已设置的排污口必须拆除 ③不得设置与供水需要无关的码头,禁止停靠船舶 ④禁止堆置和存放工业废渣、城市垃圾、粪便和其他废弃物 ⑤禁止设置油库 ⑥禁止从事种植、放养禽畜,严格控制网箱养殖活动 ⑦禁止可能污染水源的旅游活动和其他活动
二级保护区	《地表水环境质量标准》(GB 3838—2002)Ⅲ类标准	①不准新建、扩建向水体排放污染物的建设项目。改建项目必须削减污染物排放量 ②原有排污口必须削减污水排放量,保证保护区内水质满足规定的水质标准 ③禁止设立装卸垃圾、粪便、油类和有毒物品的码头
准保护区	保证二级保护区的水质能满足规定的标准	直接或间接向水域排放废水,必须符合国家及地方规定的废水排放标准。当排放总量不能保证保护区内水质满足规定的标准时,必须削减排污负荷

40 地下水源保护区的防护规定有哪些?

饮用水地下水源各级保护区及准保护区内均必须遵守下列规定。

① 禁止利用渗坑、渗井、裂隙、溶洞等排放污水和其他有害废弃物。

② 禁止利用透水层孔隙、裂隙、溶洞及废弃矿坑储存石油、天然气、放射性物质、有毒有害化工原料、农药等。

③ 实行人工回灌地下水时不得污染当地地下水源。

饮用水地下水源保护区分级水质标准及分级防护规定如表 3-2 所示。

表 3-2 饮用水地下水源保护区分级水质标准及分级防护规定

名称	分级防护规定
一级保护区	①禁止建设与取水设施无关的建筑物 ②禁止从事农牧业活动 ③禁止倾倒、堆放工业废渣及城市垃圾、粪便和其他有害废弃物 ④禁止输送污水的渠道、管道及输油管道通过本区 ⑤禁止建设油库 ⑥禁止建立墓地活动和其他活动
二级保护区	对于潜水含水层地下水水源地： ①禁止建设化工、电镀、皮革、造纸、制浆、冶炼、放射性、印染、染料、炼焦、炼油及其他有严重污染的企业，已建成的要限期治理，转产或搬迁 ②禁止设置城市垃圾、粪便和易溶、有毒有害废弃物堆放场和转运站，已有的上述场站要限期搬迁 ③禁止利用未经净化的污水灌溉农田，已有的污灌农田要限期改用清水灌溉 ④化工原料、矿物油类及有毒有害矿产品的堆放场所必须有防雨、防渗措施 对于承压含水层地下水水源地，应禁止承压水和潜水的混合开采，做好潜水的止水措施
准保护区	①禁止建设城市垃圾、粪便和易溶、有毒有害废弃物的堆放场站，因特殊需要设立转运站的，必须经有关部门批准，并采取防渗漏措施 ②当补给源为地表水体时，该地表水体水质不应低于《地表水环境质量标准》(GB 3838—2002) Ⅲ类标准 ③不得使用不符合《农田灌溉水质标准》(GB 5084—2021) 的污水进行灌溉，合理使用化肥 ④保护水源林，禁止毁林开荒，禁止非更新砍伐水源林

41 怎样进行地表水源的管理?

(1) 水量管理

① 认真观察和记录取水口附近河流的流量和水位。

② 记录当天取水流量和总取水量。

③ 收听当地气象预报，记录当天气温、气候和降雨情况。

④ 防汛期间及时了解上游水文变化和洪水情况。

⑤ 如为水库水源，还要观察和记录水库的进水量、出水量、库容量。

(2) 水质管理

① 认真分析和记录取水口附近河水的浑浊度、pH 值及水温，每日一次，在水质变化频繁的季节要适当增加分析次数和内容。

② 每月或每季对取水口附近河水的水质进行一次常规分析。分析项目有浊度、色度、臭和味、肉眼可见物、pH 值、总碱度、氨氮、亚硝酸氮、硬度、溶解氧、高锰酸盐指数、细菌总数、大肠菌值以及对本水源有代表性的几个重要理化指标。水库与湖泊水源还要增加氮、磷两个指标。

③ 每季或每半年对取水口附近河水按《生活饮用水卫生标准》规定的所有项目进行一次全分析。

④ 每年对取水口上游进行水源污染调查。

⑤ 如为水库与湖泊水源，每三个月还要对不同深度的水温、浊度进行检测，同时测定藻类与浮游动物含量。在水质变化频繁季节，还要增加检测次数。

42 怎样进行地下水源的管理?

我国《地下水管理条例》规定，利用地下水的单位和个人应当加强地下水取水工程管理，节约、保护地下水，防止地下水污染。取用地下水的单位和个人应当遵守取水总量控制和定额管理要求，使用先进节约用水技术、工艺和设备，采取循环用水、综合利用及废水处理回用等措施，实施技术改造，降低用水消耗。新建、改建、扩建地下水取水工程，应当同时安装计量设施。已有地下水取水工程未安装计量设施的，应当按照县级以上地方人民政府水行政主管部门规定的期限安装。单位和个人取用地下水量达到取水规模以上的，应当安装地下水取水在线计量设施，并将计量数据实时传输到有管理权限的水行政主管部门。

除参考地表水源管理的内容外，地下水源在水量与水质管理上还有它的特殊性。

(1) 水量管理

① 每天认真记录出水量和井内水位、水温。

② 经常了解和观察周围其他取水井水位的变化，研究由于抽水而造成地下水升降的漏斗范围。

③ 对靠近河水附近取水的地下水，要观察河水流量与水位变化对地下水取水量的影响，通过观察、了解、分析，及时预测取水量可能发生变化的趋势。

(2) 水质管理

除了同地表水源管理一样，做每日一次简单项目分析、每月一次常规分析和每年一次全分析外，要严格做好水源的卫生防护工作。

43 地表水源易出现的水质问题有哪些?

(1) 浑浊度高

采用江河地表水源的给水厂原水浑浊度相对较高，特别是在汛期往往面临着原水浑浊度骤升至 1000NTU 以上的情况，严重时可能导致水厂减量运行，影响生活和生产用水。给水厂在汛期应加密水质检测频次，并根据暴雨后的水质检测结果，全面调整消毒剂与絮凝剂的投入量，时刻关注游离余氯、浑浊度等指标，并加强水处理工艺管理，根据原水水质情况增加絮凝剂的投入量，进行动态管理，确保水质达标。

(2) 微生物污染

地表水源是开放水体，易受到污水和雨水径流排放的影响，致使水源受到微生物污染。我国地表水环境质量标准中规定，Ⅲ类水体的粪大肠菌群每升不得超过 10000 个。因此给水厂必须要有消毒工艺环节并加强运行管理，保证出厂水微生物指标合格。

(3) 有机物污染

有机物种类多、分布范围广，碳水化合物、蛋白质、油脂、氨基酸、脂肪酸等都是有机物，有机物含量越多水质就越差，水体污染也就越严重。研究表明，我国地表饮用水源近年来有机类污染程度有加剧趋势，应重点控制有机类污染。饮用水源的有机物含量可以用高锰酸盐指数（COD_{Mn}）、五日生化需氧量（BOD_5）或总有机碳（TOC）来表示。其中，高锰酸盐指数能间接反映水体受到有机污染的程度，是评价水体受有机物污染情况的一项综合指标，在给水厂的水质检验中最为常用。臭氧生物活性炭等深度处理工艺对降低有机物指标具有很好的效果。

（4）富营养化

在水库与湖泊中由于水流缓慢，光照良好，水温适合，在接纳了大量氮、磷等营养物质后，易引起藻类等浮游生物的急剧增长，称为水体的富营养化。富营养化水体的藻类较多，水体带有颜色，且有臭味，往往给水质净化带来很大困难。

（5）异臭

饮用水质要求无异臭，但水源污染后往往发生异臭。带异臭的水使人恶心、厌食、呕吐，导致水无法饮用。一般将异臭按照强度分为5级，从0级到5级嗅觉强度依次增强。藻源嗅味是地表饮用水源产生异臭的主要原因之一。产生藻源嗅味的主要原因是水体的富营养化，以及工农业废水的排放污染。产嗅藻类大量繁殖并不断分泌出各种具有嗅味的代谢产物。研究表明，2-甲基异莰醇（2-MIB）及土臭素（GSM）两种物质的气味阈值极低，当水体中浓度超过10ng/L时可导致饮用水产生令人极为敏感的臭味，影响水体感官，其主要来源是蓝藻、放线菌和某些真菌。调查研究表明，在藻类繁殖季节，我国湖泊、水库等部分水体中2-甲基异莰醇及土臭素浓度超过10ng/L。

44 地下水源易出现的水质问题有哪些?

根据生态环境部发布的《2022年中国生态环境状况公报》，我国地级及以上城市在用集中式生活饮用水水源断面（点位）中，地下水水源监测点位284个，257个全年均达标，占90.5%，达标率低于地表水水源，主要超标指标为锰、铁和氟化物，主要是由于天然背景值较高所致。

由于地下水特殊的埋藏条件，有的地区地下水中会存在着含量较高的铁、锰。水中的铁和锰经常同时出现，地下水更是如此。水中含铁、锰会产生红褐色沉淀物，使洗的衣物沾染色斑，卫生器具染色，饮用水产生色度并有腥味。国内部分含铁、锰地下水水源的水质，含铁量一般多在5～15mg/L，有的达20～30mg/L，含锰量多在0.5～2.0mg/L，个别地方含量更高。我国《生活饮用水卫生标准》（GB 5749—2022）规定，铁＜0.3mg/L，锰＜0.1mg/L。

地下水中氟的天然来源是地层中含氟矿物在水中的溶解，人为来源为矿产开发、冶金炼钢，及高氟煤燃烧废气污染水源所致。氟是人体生理所需要的微量元素之一，但人饮用含氟高的水，高于1.5mg/L会使牙齿变黄，造成氟斑牙，含量达到3～6mg/L可能发生氟骨症，难以治愈。我国《生活饮用水卫生标准》（GB 5749—2022）规定，氟化物的含量不得超过1.0mg/L。

砷的自然来源主要由于地下水的地层构造，人为来源包括采矿、化工产品制造及冶金工业带来的地下水污染。水中砷浓度过高，会对人体产生毒害作用，需要加以控制。

铬及其化合物也是地下水中常见的污染物之一，其主要来源于一些使用铬或生产铬的行业，在生产、储存、运输和处置等过程中产生的含铬废水和废渣的污染。

我国大城市当前多采用地表水源或地表、地下水源同时利用。小城镇由于人口数量少，用水量不大，通常开采地下水为水源。如采用大口井，用泵站汲取地下水集中供用户饮用。最初地下水污染较轻，水质清澈，水被提取到地上以后，基本上不需要处理措施，只需经过氯气消毒工艺，就可供饮用。但是随着工农业的发展，地下水源受到了不同程度的污染，如有机物、重金属、氨氮等污染了水源地的大口井水，导致大口井的报废，影响了居民的生活用水。

地下水中上述污染物的存在，对采用地下水为水源的给水厂特别是小城镇地下水给水厂提出了挑战，是当前饮水安全保障的重要方向。

45 地表水取水构筑物有哪些形式？各自的特点是什么？

按水源分，有江河、湖泊、水库、海水取水构筑物；按构造形式分，则有固定式（岸边式、河床式、斗槽式）和移动式（浮船式、缆车式）两种。常用的有以下几种：

① 岸边式取水构筑物，即直接从江河岸边取水的构筑物，适用于江河岸边较陡，主流近岸，岸边有足够水深，水质和地质条件较好，水位变幅不大的情况。一般由进水间和泵房两部分组成，可分为合建式和分建式两种形式。

② 河床式取水构筑物，与岸边式基本相同，但用伸入江河中的进水管（其末端设有取水头部）来代替岸边式进水间的进水孔，即由泵房、进水间（集水间或集水井）、进水管（自流管或虹吸管）和取水头部组成。适用于河床稳定，河岸较平坦，枯水期主流离岸较远，岸边水深不够或水质不好，而河中又具有足够水深或较好水质的情形。

③ 在岸边式或河床式取水构筑物之前设置“斗槽”进水，称为斗槽式取水构筑物。斗槽是在河流岸边用堤坝围成的或者在岸内开挖的进水槽，目的在于减少泥砂和冰凌进入取水口。适宜在河流含砂量大、冰絮较严重、取水量较大、地形条件合适时采用。

④ 浮船式取水构筑物由于无复杂的水下工程，具有投资少、建设快、易于施工、有较大的适应性和灵活性、能经常取得含砂量少的表层水等优点，在我国西南、中南等地区应用较广泛。但也存在水位涨落变化时需要移动船位、操作管理麻烦、安全可靠性较差等缺点。

⑤ 缆车式取水构筑物由泵车、坡道或斜桥、输水管和牵引设备等部分组成，优点与浮船取水构筑物基本相同，移动比浮船方便，受风浪影响小，比浮船稳定。但水下工程量和基建投资比浮船取水大，只能取岸边表层水，适宜在漂浮物少、无冰凌的河流上采用。

46 地下水取水构筑物有哪些形式？各自的特点是什么？

地下水取水构筑物一般分为水平和垂直两种类型，应根据水文地质条件，通过技术、经济比较确定，常用的有以下几种：

① 垂直取水构筑物，包括管井、大口井等。管井又名机井，是垂直安装在地下的取水构筑物，应用非常广泛，一般直径 50～1000mm，适用于含水层厚度大于 4m，底板埋深大于 8m 的情况；大口井广泛采用于开采浅层地下水，一般直径 5～10m，适用于含水层厚度 5～15m，底板埋深小于 15m 的情况。

② 水平取水构筑物，包括渗渠、集水廊道等。渗渠是利用埋设在地下含水层中带孔眼的水平渗水管道或渠道，依靠水的渗透和重力流来集取地下水，其出水量一般受季节变化影响较大，仅适用于含水层厚度小于 5m，渠底埋深小于 6m 的情况。

③ 混合取水构筑物，如辐射井等。辐射井由大口井和径向设置的单层或多层辐射管组成，是一种由垂直与水平集水系统组成的联合取水构筑物，适用于含水层厚度大于 2m，底板埋深小于 12m 的情况。

④ 泉室，是收集采取泉水的构筑物，其形式因泉的流量、位置及成因的不同而不同，适用于有泉水露头、流量稳定且覆盖层小于 5m 的情况。

47 地表水的取水口应如何设置?

采用地表水作为水源的给水厂，取水口应位于城镇和工业企业上游的清洁河段，且大于工程环评报告规定的与上下游排污口的最小距离。取水口上游有支流汇入时，应设在汇入口下游 1000m 以外。当原水含沙量较高，河床冲淤变化大，邻近有支流汇入，易形成砂坝或断流，主河道游荡，冰情严重时，均可设置两个或多个取水口。在高浊度江河取水时，应在最底层进水孔以上不同水深处设置多个可交替使用的进水孔。

在含藻的湖泊、水库、河流取水时，取水口应位于含藻量较低、水深较大或水域开阔的位置，远离天然湖岸、泥沙淤积区，不应设在水华频发区域、高藻期间主导下风向的凹岸区。当湖泊、水库的水深大于 10m 时，应根据季节性水质沿水深的垂直分布规律，在表层水以下分层取水。设计最低水位时取水口上缘的淹没深度，应根据表层水的含藻量、漂浮物和冰层厚度确定，且不宜小于 1m。取水口下缘距湖泊、水库底的高度，应根据底部淤泥成分、泥沙沉积和变迁情况以及底层水质等因素确定，并不宜小于 1m。

48 什么是原水水质预警?

饮用水的水质安全是供水企业的生命线。对于给水厂，要想为社会提供安全、优质的饮用水，就必须从原水着手，针对原水水质建立及时、快速的预警机制，随时监控原水水质变化情况，以保证出厂水水质合格为原则，及时调整生产措施，以确保供水水质的稳定和安全。

水质预警指标设置是原水水质预警机制的重要环节。建立满足实际生产需要和适合当地水质变化特点的预警指标是整个预警机制能否真正发挥预警作用的关键所在。合理的预警指标设置有助于及时掌握当地水质变化情况，并为调整生产措施提供可靠的信息。

原水水质预警指标限值与给水厂的工艺现状、原水水质成分组成密切相关，如常规处理工艺的水厂与有深度处理工艺的水厂（臭氧活性炭工艺、膜处理工艺、高级氧化工艺等）对原水的处理能力差别很大，而对于同一个水厂，当原水水质组成成分变化时对某些水质指标的处理能力也会不同。因此，给水厂要根据自己的工艺情况和原水水质情况制定针对性的原水水质预警限值。

一些供水企业根据自身实际情况制定了原水水质分级预警标准，即在原水水质出现异常情况时，根据水厂的应急处理能力，以保证出厂水水质合格为原则，对原水水质典型指标采用分级预警的形式建立限值标准和相应的处理方案。目的是在给水厂遇到原水水质指标异常时，使生产人员明确所遇状况的处理难度，对异常情况做到心中有数，使生产人员明确在现状工艺条件下可采取的有效应对方法，并作为给水厂原水水质异常应急预案编制的基础和参考。

49 水源水质在线监测的指标有哪些?

① 河流型水源应监测酸碱度（pH）、浑浊度、水温、电导率等指标，水源易遭受污染时应增加氨氮、高锰酸盐指数、紫外吸收、溶解氧或其他特征指标；

② 湖库型水源应监测 pH、浑浊度、溶解氧、水温、电导率等指标，水体富营养化时应增加叶绿素 a 等指标，水源易遭受污染时，应增加氨氮、高锰酸盐指数、紫外吸收或其他特征指标；

③ 地下水水源应监测 pH、浑浊度、电导率等指标，当铁、锰、砷、氟化物、硝酸盐或其他指标存在超标现象时，可增加相应特征指标；

④ 水源存在咸潮影响风险时，应增加氯化物等指标；

⑤ 水源存在重金属污染风险时，应增加重金属指标；

⑥ 必要时应增加生物综合毒性指标对水源污染风险进行预警。

50 给水厂的水量调节设施有哪些?

一般情况下，给水厂的取水构筑物和水厂规模是按最高日平均时设计的，而配水设施则需满足供水区的逐时用水量变化，为此需设置水量调节构筑物，以平衡两者的负荷变化。

调节构筑物的设置方式对配水管网的造价以及日常电费均有较大影响，故设计时应根据具体条件做多方案比较。

调节构筑物的调节容量可以设在水厂内，也可设在厂外；可以采用高位的布置形式（如水塔或高位水池），也可采用低位的布置形式（如调节水池和加压泵房）。水塔和高位水池以恒水位供水为特征，当管网中设置水塔和高位水池后，其水位将成为管网压力的控制高程，因此在设置过程中应结合城市供水的特点和供水远期的发展，对其所在位置和作用进行综合比较论证，以避免在供水条件变化的情况下造成构筑物闲置或不良运行。

各种调节设施的设置方式和适用条件见表 3-3。

表 3-3 水量调节设施的适用条件

序号	调节方式	适用条件
1	水厂内设置清水池	1. 中小型水厂，经技术经济比较后无须在管网内设置调节水池； 2. 需连续供水，并可用水泵调节负荷的小型水厂
2	配水管网前设调节水池泵站	1. 水厂与配水管网相距较远的大中型水厂； 2. 无合适地形或不适宜设置高位水池
3	设置水塔	1. 供水规模和供水范围较小的水厂或工业企业； 2. 间歇生产的小型水厂； 3. 无合适地形建造高位水池，而且调节容量较小

续表

序号	调节方式	适用条件
4	设置高位水池	1. 有合适的地形条件； 2. 调节容量较大的水厂； 3. 供水区的要求压力和范围变化不大
5	配水管网中设置调节水池泵站	1. 供水范围较大的水厂，经技术经济比选后适宜建造调节水池泵站； 2. 部分地区用水压力要求较高，采用分区供水的管网； 3. 解决管网末端或低压区的用水
6	局部地区设调节构筑物	1. 由城市供水的工业企业，当水压不能满足要求时； 2. 局部地区地形较高，供水压力不能满足要求； 3. 利用夜间进水以满足要求压力的居住建筑
7	利用水厂制水调节负荷变化	1. 水厂制水能力较富裕而调节容量不够时； 2. 当城市供水水源较多，通过比较认为调度各水源的供水能力为经济时
8	水源井直接调节	1. 地下水水源井分散在配水管网中； 2. 通过技术经济比较设置配水厂不经济的地下水供水； 3. 当水源井直接供管网并能解决消毒接触要求时

51 调节泵站的设置条件有哪些?

在大、中型供水管网中，应尽可能采用调节泵站而不是水塔或高位水池，以适应城市供水范围和供水水量的变化而导致调节构筑物水压（水位）要求的改变。

调节泵站主要由调节水池和加压泵房构成。主要有以下几种设置情形。

① 当水厂离供水区较远，为使出厂配水干管均匀输水，可在靠近用水区附近建造调节泵站。

② 对于大型配水管网，为了降低水厂出厂压力，可在管网的适当位置建造调节泵站，兼起调节水量和增加水压的作用。

③ 对于要求供水压力相差较大而采用分区分压供水的管网，也可建造调节泵站，由低压区进水，经调节水池并加压后供应高压区。

④ 对于供水管网末端的延伸地区，如为了满足要求水压需提高水厂出厂水压时，经过经济比较也可设置调节泵站。

⑤ 当城市不断扩展，为充分利用原有管网的配水能力，可在边远地区的适当位置设置调节泵站。

52 原水输水管（渠）的设置有什么要求?

原水输水管（渠）是指从水源输送原水至净水厂的管道或渠道。原水输水管道可采用有压输水和无压（非满流）输水，一般应采用全封闭方式输水，当采用非封闭明渠输水时，应采取保护水质和减少水量损失的措施。

对于大流量长距离且承压不高或无压（非满流）的原水输送，可以考虑采用暗渠输送的形式。输水暗渠一般应采用钢筋混凝土结构，根据需要其断面可采用单孔或多孔形式。承压输水暗渠内压一般不宜超过 0.1MPa，并应采取必要的限压措施，确保暗渠内压不超过设计要求。

当输配水系统的工作压力大于0.1MPa时，应采用承压管道。输水管道的根数应根据给水系统的重要性、输水规模、系统布局、分期建设的安排以及是否设置有备用供水安全设施等因素进行全面考虑确定。不得间断供水的给水工程，输水管道一般不宜少于两条，两条以上的输水管一般应设连通管；当有安全储水池或其他安全供水措施时，也可建设一条输水管道。对于多水源城镇供水工程，当某一水源中止供水，仍能保证整个供水区域达到事故设计供水能力时，该水源可设置一条输水管道。工业用水的输水管根数应根据生产安全需要，依据有关规定确定。

在输配水管道系统布置中可以采用多种管材结合使用，做到因地制宜，合理选用。原则上，管材选用均应保证输水安全，尽可能采用技术成熟、抗腐蚀性能强、节能的管材。

53 输配水管道的线路应如何选择?

输配水管道的线路选择应考虑以下原则：

① 线路应经济合理。线路尽量短、起伏小、土石方工程量少、减少跨（穿）越障碍次数、避免沿途重大拆迁、少占农田或不占农田。

② 走向和位置应符合城市和工业企业规划要求，应考虑近远期结合和分期实施的可能性。

③ 应考虑与城市现状与规划的地下铁道、地下通道、人防工程、城市综合管廊等地下隐蔽性工程的协调和配合，可优先将输配水管道纳入综合管廊。

④ 尽可能利用现有道路或规划道路敷设，尽量利用现有管道，减少工程投资，干管宜尽量避开城市交通干道，以利于施工和维护。

⑤ 尽量避免穿越河谷、山脊、沼泽、重要铁路和泄洪地区，并注意避开地震断裂带、沉陷、滑坡、坍方以及易发生泥石流和高侵蚀性土壤地区。

⑥ 生活饮用水输配管道应避免穿过毒物污染及腐蚀性地区，必须穿过时应采取防护措施。

54 输配水管道布置有什么要求?

在管道布置时，应注意以下一般要求：

① 无压（非满流）输水管道应根据具体情况设置检查井，当地面坡度较陡时，应在适当位置设置跌水井、减压井或其他控制水位的措施。

② 有压输水管道应进行水锤计算分析，并设置水锤控制与消除措施。

③ 在必要位置上，应装设排（进）气设施，以便及时排除管内空气。低凹处应设置泄水管和泄水阀，泄水阀应直接接至河沟和低洼处。当不能自流排出时，可设置集水井，然后将水排出。

④ 尽量采用小角度转折，适当加大制作弯头的曲率半径，改善管道内水流状态，减少水头损失。

⑤ 应减少与其他管道的交叉。当竖向布置发生矛盾时，压力管线宜让重力管线，可弯曲管线宜让不易弯曲管线，支管让干管，小管径让大管径，给水管在污水管上部。

55 供水管网的功能要求是什么?

供水企业的根本任务是向用户提供清洁的饮用水，连续供应有压力的水，同时降低供水费用。为此，供水管网作为供水系统的重要环节，对于它的硬件有以下五点要求。

① 封闭性能高　供水管网是承压的管网，管道具有良好的封闭性才是连续供水的基本保证。

② 输送水质佳　自来水从水厂到用户，要经过较长的管道，往往需要几个小时乃至几天。管网实际上是一个大的反应器，出厂水未完成的化学反应将在管网中继续进行，并且含氯水与管壁发生新的接触，有可能产生新的反应，这些反应有生物性的、感官性的以及物理化学性的。因此要求管道内壁既要耐腐蚀性，又不会向水中析出有害物质。

③ 水力条件好　供水管道的内壁不结垢、光滑、管路畅通，才能降低水头损失，确保服务水头。

④ 设备控制灵　一个大城市的供水管网，管道总长度少的有数百千米，多的达数千千米，在这样的大型供水管网中有成千上万个专用设备，维持着管网的良好运行。在管网上的专用设备包括：阀门、消火栓、通气阀、放空阀、冲洗排水阀、减压阀、调流阀、水锤消除器、检修人孔、伸缩器、存渣斗、测流测压装置等。这些设备的完好是保证管网运行畅通、避免污染的前提。

⑤ 建设投资省　供水管网的建设费用通常占供水系统建设费用的50%～70%，因此，如何通过技术经济分析确定供水管网的建设规模，恰当选用管材及设备是管网合理运行的保证。

56 供水管网系统有哪些类别?

供水管网系统主要有统一供水管网系统、分系统供水管网系统和不同输水方式的供水管网系统三种类型。

(1) 统一供水管网系统

根据向管网供水的水源数目，统一供水管网系统可分为单水源供水管网系统和多水源供水管网系统两种形式。

① 单水源供水管网系统　即只有一个水源地，处理过的清水经过泵站加压后进入输水管和管网，所有用户的用水来源于一个水厂清水池（清水库）。较小的供水管网系统，如企事业单位或小城镇供水管网系统，多为单水源供水管网系统，系统简单，管理方便。

② 多水源供水管网系统　有多个水厂的清水池（清水库）作为水源的供水管网系统，清水从不同的地点经输水管进入管网，用户的用水可以来源于不同的给水厂。较大的供水管网系统，如中大城市甚至跨城镇的供水管网系统，一般是多水源供水管网系统。多水源供水管网系统的特点是：调度灵活，供水安全可靠（水源之间可以互补），就近给水，动力消耗较小；管网内水压较均匀，便于分期发展，但随着水源的增多，管理的复杂程度也相应

提高。

（2）分系统供水管网系统

又可分为分区供水管网系统、分压供水管网系统和分质供水管网系统。

① 分区供水管网系统　管网分区的方法有两种。一种是城镇地形较平坦，功能分区较明显或自然分隔而分区。另一种是因地形高差较大或输水距离较长而分区，又有串联分区和并联分区两类：采用串联分区，设泵站加压（或减压措施）从某一区取水，向另一区供水；采用并联分区，不同压力要求的区域由不同泵站（或泵站中不同水泵）供水。大型管网系统可能既有串联分区又有并联分区，以便更加节约能量。

② 分压供水管网系统　由于用户对水压的要求不同而分成两个或两个以上的系统给水。符合用户水质要求的水，由同一泵站内的不同扬程的水泵分别通过高压、低压输水管网送往不同用户。

③ 分质供水管网系统　根据用户对水质的要求不同分别设置给水管道系统，例如生活给水管网和生产给水管网等。特点是可缩小城市水厂规模，降低制水成本，但管道和设备增多，管理较复杂。适用于工业用水量大、水质要求低、集中规划的区域。

（3）不同输水方式的管网系统

根据水源和供水区域地势的实际情况，可采用不同的输水方式向用户供水，如重力输水管网系统、水泵加压输水管网系统等。

57 供水管网的管材类别有哪些?

（1）金属管材

① 钢管（SP）　钢管包括：钢板直缝焊管与钢板螺旋焊管（适用于大口径管道）、无缝钢管（适用于中小口径管道）、不锈钢管（适用于中小口径管道）、镀锌钢管与钢塑复合管（适用于小口径管道）。近年多数城市已不用镀锌钢管。

② 铸铁管（CIP）

a. 灰口铸铁管（GCIP）　包括离心灰口铸铁管、半连续灰口铸铁管（适用于中小口径管道）。近年多数城市供水企业已不用灰口铸铁管。

b. 延性铸铁管（DCIP）　包括退火球墨铸铁管、铸态球墨铸铁管（适用于各种口径管道，主要是中小口径管道），铸态球墨铸铁管亦逐渐退出市场。由于球墨铸铁管管材延展性和防腐性能优于钢管，且采用柔性胶圈密封接口，施工方便，不需要在现场进行焊接及防腐操作，加上产量及口径的增加、管配件的配套供应等，目前在国内广泛应用，是配水管道的首选管材，与钢管相比口径在 DN1200mm 以下具有较高的性价比。

③ 有色金属管　包括铜管、铝管（适用于小口径管道）。

（2）非金属管材

① 水泥压力管

a. 石棉水泥管（ACP）　现已不推广使用。

b. 自应力管（SSCP）　在小城镇及农村用于中小口径管道。

c. 预应力管（PCP）　包括管芯缠丝预应力管（又称三阶段管，CTPCP）、振动挤压预应力管（又称一阶段管，PVCP）、预应力钢筒混凝土管（PCCP），适用于大中口径管道。

PCP管均为承插式胶圈柔性接头，可敷设在未扰动的土基上，施工方便，价格低廉，自20世纪60年代以来，在城镇给水工程中较多采用。预应力钢筒混凝土管是预应力管的新一代产品，其管芯为钢筒与混凝土复合结构，采用承插口连接，现场敷设方便，接口的抗渗漏性能好，加上管材价格比金属管便宜，已得到较多采用。但管体自重较重，选用时还应考虑运输条件及费用，以及现场的地质情况及施工措施等。

② 塑料管

a. 热塑性塑料管　包括硬聚氯乙烯管（UPVC）、高密度聚乙烯管（HDPE，适用于中小口径管道）、聚乙烯夹铝复合管（PAP）、孔网钢带塑料复合管（PSSCP）、交联聚乙烯管（PEX）、改性聚丙烯管（PP-R）、聚丁烯管（PB）、尼龙管（PA，适用于小口径管道）、丙烯腈-丁二烯-苯乙烯三元共聚物为基材的工程塑料管（ABS，主要适用于水厂投加氯及净水剂的管道，目前也有中口径管道产品）。其中，UPVC管化学稳定性好、水力性能好、材质轻、施工方便，是目前国内替代镀锌钢管和灰口铸铁管的主要管材之一。PE管除了具有UPVC管的优点外，还可利用其特性对已敷设的旧管道进行改造，即将PE管连续送入旧管道内作为内衬，施工方便，价格低廉，且可不进行路面开挖。

b. 玻璃钢管（GRP）　又称玻璃纤维增强塑料管。玻璃钢管或加砂的玻璃钢管又分两种成型方法，即离心浇铸成型法（Hobas法）及玻璃纤维缠绕法（Veroc法），GRP管在大口径工业用水管道、排污管道及原水管道上有较大的适用前景。

58 怎样测定管网的水压?

测压点的选定既要能真实反映水压情况，又要均匀合理布局，使每一测压点能代表附近地区的水压情况。测压点以设在大中口径的干管线上为主，不宜设在进户干管上或有大量用水的用户附近。测压时可将压力表安装在消火栓或给水龙头上，定时记录水压（或自动记录压力），得到24h的水压变化曲线。

根据测定的水压资料，按0.5～1.0m的水压差，在管网平面图上绘出等水压线，以此反映各条管线的负荷。整个管网的水压线最好均匀分布，如某一地区的水压线过密，表示该处管网的负荷过大，因而表明所用的管径偏小。

由等水压线标高减去地面标高，得出各点的自由水压，即可绘出等自由水压线图，可了解管网内是否存在低水压区。

59 怎样测定管网的流量?

管网流量测定工作可根据需要进行。采用毕托管、超声波等方法测定管内流速。

毕托管法测定方法如下。将毕托管插入待测水管的测流孔内；毕托管有两个管嘴，一个对着水流，另一个背着水流，由此产生的压差在U形压差计中读出。根据毕托管管嘴插入水管中的位置，可测定水管断面内任一测点的流速，并按下式计算流速。

$$v=k\sqrt{(\rho_1-\rho)2gh}$$

式中，v为水管断面内任一测点的流速，m/s；h为压差计读数，m；ρ_1为压差计中的液体密度，kg/L；ρ为水的密度，kg/L；k为毕托管系数；g为重力加速度，9.81m^2/s。

实测时，需先测定水管的实际内径，然后将该管径分成上下等距离的10个测点（包括圆心共11个测点），用毕托管测定各测点的流速，取各测点流速的平均值，再乘以水管断面积即得流量。用毕托管测流量的误差一般为3%～5%。

60 管网水质在线监测有哪些要求?

管网水质在线监测系统是一套以在线自动分析仪器为核心，运用现代传感器技术、自动测量技术、自动控制技术、计算机应用技术以及相关的专用分析软件和通信网络所组成的一个综合性的在线自动监测系统。传统的管网水质监测以人工为主，存在着检测周期长等弊端，而管网水质在线监测系统可以对供水水质的一些常规项目进行24h监控，可以为水质管理者提供预警信息，使其对管网水质变化能作出迅速、正确的反应，同时对净水工艺生产过程的控制起到指导作用，也有助于实现管网水力和水质的全面优化调度。

水质在线监测点的选址优化应符合的原则是：使监测时间最短；使管网中污染物影响的范围最小；使传感器布置的费用最低；使每个传感器的空间覆盖范围最大。在线监测点的位置和数量应能保证准确、及时、全面地反映管网水质。在供水干管、不同水厂供水交汇区域、较大规模加压泵站等重要区域或节点设置在线监测点，监测点数量应根据服务人口确定，可按以下标准设置：50万人以下，在线监测点不少于3个；50万～100万人，不少于5个；100万～500万人，不少于20个；500万人以上，不少于30个。

管网水质监测指标应包括浊度和消毒剂余量，可增加pH、电导率、水温和其他指标。在线监测频率应满足水质预警的要求，浊度和消毒剂余量的监测频率不宜小于4次/h。

61 供水管网改扩建优化设计的目标有哪些?

供水管网改扩建实用优化设计的目标，就是以有限的建设资金最大限度地提高改扩建管网供水的综合效益，主要考虑以下几个方面的内容：

① 使管网系统水压线密度分布趋于合理化，减小爆管频率，降低供水漏耗，增强供水安全可靠性；

② 改善管网、泵站和水塔水池等的联合工作条件，减少供水时的电能浪费，年费用折算值达到最小；

③ 改扩建后的管网，工作状况得到改善，整体结构趋于合理，供水成本有所降低。

对于扩建管网已完成定线的情况下，须考虑以下三个方面的优化。

① 水源流量的优化分配　给水管网系统进行改扩建时，因用水量的增加，常常需要增加配水源的流量或增设新的配水源，由此带来了配水源间供水量的分配问题，增加新的净水厂后，须优化新老净水厂送水泵站供水流量的分配比例。

② 新敷管线的管径优化　整个管网系统包含着数量可观的管段，新旧管段的水力状态是不同的，对新敷管线与原有管线协调工作进行优化，并确定新敷管段的管径。任何一部分的不足都会制约整个系统功能的发挥。

③ 加压泵站流量与扬程的优化　当城市地形高差较大或地形平坦但供水区域过大时，管线担负的供水压力分布不均匀，管道延伸长，沿程供水能耗过大。为使整个管网系统的供

水压力分布比较合理，满足边缘地区的水压要求，节约供水动力费用，往往要在管网内设置加压泵站。加压泵站的最优流量及扬程只有通过数值计算来确定。在某些情况下设置加压泵站虽然可以节省动力费用，但同时也增加了基建费用和管理维护费用，所以加压泵站并不是越多越好。当加压泵站在管网中的位置已确定的情况下，选取既符合技术要求又经济可行的加压扬程及流量。

以上三个方面既相互联系又互相制约，它不但关系到水厂、泵站等的建设规模、工作状况，还涉及整个管网系统的运行性能，决定改扩建管网系统的建设投入与投产后的运行效益。因此，必须综合考虑，最后通过分析比较，才可得出既具有经济性，同时又满足其他设计目标的实用优化方案。

62 出厂水到龙头水的过程中水质可能发生什么变化？如何控制？

给水厂的出厂水需经配水管网的输送才能到达用户的水龙头。达标的出厂水经过管网输配以后，由于在管网中会发生一系列物理、化学和微生物作用过程，使得管网末端龙头水的水质会下降。因此管网输配过程是饮用水安全保障的一个关键环节。

我国南水北调工程及其他调水工程的实施使得很多城市形成多水源供水格局，而多水源切换可能导致管垢中金属颗粒物的释放。管网中金属特别是铁颗粒物的大量释放会使得管网水体颜色发黄，浊度及色度明显升高，俗称“黄水”，近年来成为供水安全的新挑战。2008年北京切换河北黄壁庄水库水，结果在以前地下水供水区域发生了大面积“黄水”；2016年美国弗林特市水源由休伦湖水切换为弗林特河水暴发了严重的“黄水”事件。

近年来我国在供水管网水质保障方面进行了大量研究实践工作，总结了很多宝贵经验。研究表明，管网供水水质能否稳定达标，既与出厂水的水质稳定性有关，也与管网的管材、管龄、水龄及管网运行维护状况有关。比如季节性水源水质的变化导致出厂水水质的波动、管网水力条件的变化、用户用水情况导致水龄的变化、管材不同导致腐蚀产物的释放等。

在给水厂的水质控制方面，除了保证出厂水满足《生活饮用水卫生标准》的基本要求外，还应通过水源调度、强化/优化常规工艺和深度处理工艺等提升出厂水的化学和生物稳定性，使出厂水的pH、总碱度、拉森指数、总有机碳、消毒剂含量、残余铝/铁等主要指标达到合理的限值水平，从而降低水在输配过程中对管网管材的腐蚀性，抑制管网中微生物的生长繁殖，减少管网内颗粒物生成和沉积物累积，降低管网输配过程消毒副产物的生成。在管网运行维护方面，针对水力停留时间长、管网沉积物累积严重的区域应进行定期放水冲洗或采用其他管道清洗方法，对水质影响较大的老旧管材（特别是腐蚀严重的灰口铸铁管）进行及时淘汰更新。另外，对于体系庞大的城乡一体化模式下的长距离配水管网来说，通常会在管网中设置中途补氯站来进行消毒剂的补充，以减少给水厂过高的消毒剂一次性投加量，同时保证管网末梢的余氯水平，因此中途补氯被认为是一种能保证供水管网各处水质的高效的余氯浓度控制策略。

63 什么是给水系统优化调度？

城市给水系统的优化调度就是在保证安全、可靠、保质、保量地满足用户用水要求的前提下，根据管网监测系统反馈的运行状态数据或根据科学的预测手段以确定用水量及其分布情况，运用数学上的最优化技术，从所有可能的调度方案中，确定一个使系统总运行费用最少、可靠性最高的优化调度方案，从而确定系统中各类设备的运行工况，获得满意的经济效益和社会效益。

给水系统调度首先是保证用户对水量、水压和水质的要求，其次才是尽可能高地追求系统运行的经济效益。所以优化调度的目标是：降低水泵能量费用；减小渗漏水量；降低维护保养费用。

64 实现给水系统优化运行的基本调控方式有哪些？

可以采用多种多样的方法和措施来实现给水系统优化运行，并且由于给水系统的具体情况不同，可能采用的方法和措施也很不相同。归纳起来，大体有如下五种：

① 选择各供水泵站的水泵型号和开启台数的最优组合方案，即通常所指的最优调度方案；

② 合理确定变速泵的最佳运行转速；

③ 合理制订水塔或高位水池的储水策略；

④ 合理利用不同时段不同电费价格政策；

⑤ 科学制订各种调控设备（流量控制阀、压力控制阀、止回阀、开关闸门等）的控制策略。

65 优化供水调度系统的应用技术有哪些？

（1）管网水力模型

管网模型包括管网宏观模型和管网微观水力模型。管网宏观模型通过回归和计算，在大量实际运行数据的基础上，建立管网中各水厂供水压力和控制点压力分布的函数关系，由于模型基于统计的回归模型，计算速度快，适合实时在线调度使用。管网微观水力模型则建立在对管网拓扑结构、管网中节点、管段、水泵、阀门、水库等构件的水力分析基础之上，通过管网水力计算，详细地表达给水管网内部水力运行状态，着重于水力信息和实时状态的表达。

（2）管网地理信息系统

给水管网地理信息系统的主要内容是建立在地理信息系统（GIS）软件平台基础之上的供水管网图形与数据库系统。它表达了实际管网中管道、阀门、水表等供水设施的物理属性和拓扑关系，细致真实地再现了现实的供水管网，通过 GIS 的强大管理功能实现对给水管网信息化的科学管理，并提供营业服务系统、管网自动控制系统和管网水力模型的基础数据。

（3）供水企业管理信息系统

指以企业信息发布、营业收费系统、报修服务系统（呼叫中心）等为主要功能的局域网络，其作用表现在给水管网节点流量的统计可以通过对抄表数据的分析获得，并可以随数据库的更新而动态更新，最大限度地保证管网模型中节点流量的正确性。同时，当给水管网结构发生改变时，通过管网模型与管网GIS数据库的数据接口，及时动态地更新管网模型。

（4）管网优化调度计算

根据用水量预测结果，通过微观水力模型计算和管网优化调度计算提供优化调度方案，并将历史调度方案以及相关的实际监测水力数据和能量、费用数据记录在调度历史数据库，一方面验证计算调度方案的可靠性，另一方面还有助于相似流量条件下调度模式的快速选择。

66 城市给水管网调度的发展前景是什么?

由于城市供水规模不断增大，给水管网的电耗也越来越大。对给水管网实施优化调度管理是解决供水电耗偏高、提高供水企业经济效益、减少供水企业碳排放的重要途径。

给水系统自身发展迅速，一方面，因彼此相关的任一部分失效而导致整个系统发生故障的机会增加，而整个系统的故障将给社会带来极大的直接经济损失、次生灾害和不良社会后果。可给出多种可靠性参数并可指导给水系统的规划、设计、改扩建、管理维护的可靠性分析模型的建立和应用，成为未来的研究重点。另一方面，优化调度系统的应用，在很大程度上依赖于系统监测控制设备及数据获取水平的提高、可用软件的普及程度及用水量预测模型的预测精度。加强基本信息数据库建设及提高数据处理能力，改进用水量预测精度，推广并改进遥测、遥信、遥控能力，保证数据传输的可靠性，是实施优化调度的必要保障，也是将来对区域性供水系统统一进行规划，将区域内各种水资源、能源及全部供水设施和用水要求做统筹安排，从全局出发进行优化调度的有力基础。

现阶段，我国部分城市已利用智慧水务工具和方法，开发了城市给水系统的运行和调度管理系统，实现对给水厂生产及自来水公司运行服务系统的日常管理，准确、迅捷、全面地为企业管理部门提供给水系统生产、运行中的各种数据信息，辅助管理人员对系统进行实时监测管理，从而为给水系统调度及近、远期发展规划提供决策依据。

常规工艺与运行管理

67 常规的水处理工艺有哪些?

常规的水处理工艺包括“混凝—沉淀—过滤—消毒”工艺流程，是以地表水为水源的生活饮用水的常规处理工艺，为我国地表水厂的主要工艺流程。处理对象主要是水中悬浮物和胶体杂质，水中杂质通过加药，形成大颗粒的絮体，而后经沉淀进行重力分离。通常，较为完善的常规处理工艺，不仅能有效地降低水的浊度，而且对某些有机物、细菌及病毒的去除也有一定的效果。

① 混合工艺　在原水中投入药剂（净水剂），使药剂与原水经过充分混合与反应。目前混合的主导工艺仍然是水泵混合、管式静态混合器混合、机械混合和跌水混合等。

② 絮凝工艺　通过絮凝工艺使水中的悬浮物和胶体杂质形成易于沉淀的大颗粒絮凝体，俗称“矾花”。目前我国大多数水处理厂所采用的絮凝工艺包括隔板絮凝池、机械絮凝池、折板絮凝池、网格絮凝池以及组合絮凝池等。

③ 沉淀工艺　通过混合、絮凝过程的原水夹带大颗粒絮凝体以一定的水流速率流进沉淀池，在沉淀池中进行重力分离，将水中密度大的杂质颗粒下沉至沉淀池底部排出。目前我国广泛采用的沉淀池是平流沉淀池和斜管沉淀池。

④ 过滤工艺　原水通过混凝、沉淀工艺后，水的浊度大为降低，但通过集水槽流入水池中的沉淀水仍然残留一些细小的杂质，通过滤池中的粒状滤料（如石英砂、无烟煤等）截留水中细小杂质，使水的浊度进一步降低。我国目前大部分采用快滤。主要池型有普通快滤池、双阀滤池、无阀滤池、移动罩滤池、虹吸滤池和V型滤池等。

⑤ 消毒工艺　当原水进行混凝、沉淀、过滤处理之后，通过管道流入清水池，必须进行消毒，消毒的方法是在水中投入氯气、漂白粉或其他消毒剂，用以杀灭水中的致病微生物。也有采用臭氧或紫外线照射等方法对水进行消毒的。

上述的澄清工艺（①～④）除了能降低原水的浊度，同时也可有效去除色度、细菌以及病毒等。

当原水浊度较低时，投入药剂后的原水也可以不经过混凝、沉淀等处理过程而直接进入过滤处理。对于高浊度的原水，通常用沉砂池或预沉池去除粒径较大的泥沙颗粒。

除以上所述给水处理方法之外，其他常用的处理方法还有除臭、除味、除铁、软化、淡化和除盐等。根据不同的原水水质和对处理后的水质要求，上述各种处理方法可以单独采用，也可以几种处理方法联合采用，以形成不同的处理系统。在水质净化中，通常都是几种处理方法联合使用的。

在常规处理工艺对部分污染物难以去除或去除成本较高时，通常需采用预处理和深度处理，主要去除对象是水中的有机污染物。预处理设在常规处理之前，深度处理置于常规处理之后。

68 什么是预处理技术？常见的预处理技术有哪些？

给水预处理是水处理中保证水质合格的重要工艺单元，主要是指在常规处理工艺前面采用物理、化学或生物的处理方法，对水中的污染物进行初级处理，减轻后续处理工艺的负担，使常规处理工艺发挥更好的作用，改善和提高出厂水水质。

常用的给水预处理技术包括化学法、物理法、生物法等。其中，化学法包括预氯化、预臭氧、二氧化氯预氧化、过氧化氢预氧化、高锰酸钾预氧化等；物理法包括高浊水预沉淀、粉末活性炭吸附、黏土吸附等；生物法包括生物滤池、生物滤塔、生物接触氧化、生物转盘、生物流化床等。此外，对于一些特殊原水水质，还会有 pH 调节、曝气等预处理技术。

69 什么情况需设置预沉设施？有哪些预沉方式？

当原水含砂量和浊度较高时，宜采取预沉处理。预沉可利用渠道或附近洼地、池塘等作为自然沉淀的大型沉砂池，也可设置预沉池进行预沉。预沉池包括辐流沉淀池、平流沉淀池、平流加斜管（板）沉淀池、机械搅拌澄清池、水旋澄清池以及泥沙外循环澄清池等净化构筑物。其中辐流、平流沉淀池宜用于大中型高浊度水处理的预沉池，小型给水工程可采用立式圆形旋流沉砂池。原水含砂量较低时也可利用渠道或附近洼地、池塘等进行自然沉淀。原水含砂量较高时应采用投加有机高分子絮凝剂或普通混凝剂的混凝沉淀。

预沉池正常水位控制应保证经济运行。沉砂池应采用机械或水力排砂，池内应设有高压水反冲洗系统。应根据原水水质、预沉池的容积及沉淀情况确定适宜的挖泥频率。根据地区和季节的不同，可调整排砂、挖泥的频率，运行中的排砂宜按 8～24h 进行 1 次，挖泥宜每年进行 1～2 次。辐流式预沉池可按以下方式设置排泥周期：原水浊度 100NTU 以下时，排泥周期为 2 个月；原水浊度 100～300NTU 时，排泥周期为 2 周；原水浊度 300NTU 以上时，每周排泥 1 次；每次排泥时间以浓稠污泥排完为止。

70 什么是化学预氧化？常见技术有哪些？

化学预氧化是通过在给水处理工艺前端投加氧化势较高的氧化剂来氧化分解或转化水中污染物，削弱污染物对常规处理工艺的不利影响，达到强化常规处理工艺的除污净化效能。化学预氧化的作用主要是去除水中有机污染物和控制氧化消毒副产物，兼有除藻、除臭和味、除铁、除锰和氧化助凝等方面的作用，从而保障饮用水的安全性。

常见的化学预氧化技术有氯（液氯、次氯酸钠等）、二氧化氯、臭氧、高锰酸钾及其复合药剂、高铁酸盐复合药剂等。

71 预氯化的作用和特点是什么？

在给水处理中，氯除了作为消毒剂外，还经常被作为预氧化剂来改善混凝条件、控制臭味、防止藻类增殖、维护与清洗滤料、去除水中铁和锰、硫化氢、色度等。用氯、次氯酸钠、漂白粉等进行预氧化的方法一般称为预氯化。氯气预氧化是应用最早的方法，目前应用仍十分广泛。在水源水输送过程中或进入常规处理工艺构筑物之前，投加一定量氯气预氧化可以控制因水源污染生成的微生物和藻类在管道或构筑物内的生长，同时也可以氧化一些有机物和提高混凝效果，并减少混凝剂使用量。

由于预氯化会产生有机卤代物等副产物和氯酚、氯胺类嗅味物质，且不易被后续的常规处理工艺去除，可能造成处理后水的毒理学安全性下降，因此微污染原水的预氯化工艺逐渐受到限制，其他对水质负面影响更小的预氧化工艺逐渐受到重视。

采用预氯化方法时，加氯点和加氯量应合理确定，尽量减少消毒副产物的生成。用于杀藻时，要保证足够的杀藻时间，并且在尽量控制消毒副产物产生的前提下，需要较大的投加量，以保证一定的余氯量；投加点一般靠近取水头部，有的水厂在厂内混凝单元前的原水管道中加氯，也可取得较好的杀藻和助凝效果，与在取水头部投加相比投氯量可适当减小。

72 二氧化氯预氧化的作用和特点是什么？

二氧化氯在给水处理中的作用与氯相似，除了消毒以外，还用于预氧化，控制水中的臭和味，降低三卤甲烷生成量。二氧化氯具有良好的除藻效果，水中一些藻类的代谢产物能被二氧化氯氧化。对于无机物，如水中少量的 S^{2-}、NO_2^- 和 CN^- 等还原性酸根，均可被二氧化氯氧化去除。二氧化氯还可以用来氧化水中的铁、锰，对络合态的铁、锰也有良好的去除效果。

二氧化氯预氧化与采用液氯预氧化相比，优点是氯化消毒副产物浓度显著降低，避免加氯引起的嗅味问题。但二氧化氯与水中还原性成分作用会产生一系列有毒副产物，如亚氯酸盐 ClO_2^- 和氯酸盐 ClO_3^-，因此二氧化氯投加量也应受到限制。一般认为若 ClO_2、ClO_2^-、ClO_3^- 的总量控制在 1mg/L 以下比较安全。

此外，二氧化氯预氧化还有以下特点：

① 与有机污染物反应具有高度选择性，基本不与有机腐殖质（如腐殖酸、富里酸）发生氯化反应，生成的可吸附有机卤化物和三卤甲烷类物质几乎可以忽略不计。

② 可以有效脱色除臭，尤其是酚类引起的异臭。

③ 不与氨发生反应，一般不能氧化溴离子。

④ 促进胶体和藻类脱稳，使絮凝体有更好的沉降性。

73 臭氧预氧化的作用和特点是什么？

20 世纪 70 年代以来，臭氧预氧化技术逐渐开始得到推广应用，主要用途为改善感官指标、助凝、初步去除或转化污染物、减少三氯甲烷前体物等，设在混凝沉淀（澄清）单元之前，又称预臭氧。由于臭氧设施费用和运行成本较高，单独设置预臭氧的应用案例较少，大都是与后臭氧深度处理工艺共用臭氧发生设备。

预臭氧最大投加量宜控制在1mg/L左右，实际应用时也可按0.5mg/L考虑。投加方式可采用预臭氧接触池和管道混合器两种方式。采用预臭氧接触池时，接触时间一般为2～5min，水深宜采用4～6m，以便充分接触，接触池出水端应设置余臭氧监测仪表。采用管道混合器时，相关设备应选用S316L材质，采用水射器抽吸将臭氧气体注入管道混合器；水射器的动力水一般不采用原水，宜采用沉淀后或滤后水。

臭氧预氧化的主要作用如下。

（1）色度的去除

水的色度主要由溶解性有机物、悬浮胶体、铁、锰和颗粒物引起，其中光吸收和散射引起的表色较易去除，溶解性有机物引起的真色较难去除。致色有机物的特征结构是带双键和芳香环，代表物是富里酸和腐殖酸。臭氧通过与不饱和官能团反应、破坏碳碳双键而去除真色，同时臭氧将铁、锰等无机显色离子氧化为难溶物。臭氧的微絮凝效应还有助于有机胶体和颗粒物的混凝，并通过过滤去除致色物。一般当臭氧投加量为0.5～1mg/L时，水中大部分色度会得到有效去除。

（2）嗅味的去除

水的嗅味主要由腐殖质等有机物、藻类、放线菌和真菌以及过量投氯引起。臭氧去除嗅味的效率非常高，一般1～3mg/L的投加量即可达到规定阈值。但水中一般都有很多共存的有机物，且浓度比致嗅物质高出很多，一定程度上会影响臭氧对致嗅物质的去除作用。

（3）藻类的去除

臭氧预氧化能有效溶裂藻细胞，使死亡的藻类易于被后续工艺去除。同时，臭氧对藻毒素的去除也非常有效，藻细胞破裂后释放的藻毒素、有机碳、其他代谢物也可以被臭氧氧化去除，这是臭氧的显著优势。但藻类细胞在尺寸、形状和性质上的巨大差别也会使臭氧除藻的效果存在差异性。

（4）有机物的去除

在臭氧预氧化过程中，臭氧同有机物发生了复杂的化学反应，不稳定的臭氧分子在水中很快发生链式反应，生成对有机物起主要作用的羟基自由基，将非饱和有机物氧化成饱和有机物，将大分子有机物分解成小分子有机物，但很难直接将有机物彻底氧化为无机物。因此臭氧氧化前后的TOC变化不明显。臭氧在氧化分解多种有机污染物的同时，也会产生一些副产物，因此除了检测水中有机物的浓度变化外，还应关注水中毒性变化，通过毒理性指标衡量评价臭氧对水质的综合影响。一般臭氧与水中有机物反应的初级中间产物的毒性较大，因此在低臭氧投加量下，水的致突变活性反而有所升高。另外，臭氧处理副产物中目前最受关注的是羟基化合物中的醛类和溴酸盐。我国《生活饮用水卫生标准》（GB 5749）中对溴酸盐含量作出了严格规定。

74 过氧化氢预氧化的特点是什么?

过氧化氢又称双氧水，其标准氧化还原电位仅次于臭氧，能直接氧化水中有机污染物和构成微生物的有机物质。同时，其本身只含有氢和氧两种元素，分解后成为水和氧气，使用中不会在反应体系中引入任何杂质。在给水处理中过氧化氢分解速度很慢，与有机物反应温和，能保证长时间的持续氧化作用。还可以作为脱氯剂（还原剂），不会产生有机卤代物。

过氧化氢作为预氧化技术，能用于水中藻类、天然有机物和微量重金属、铁、锰的去除。但过氧化氢本身对水中污染物的氧化性能较差，通常需要在一定催化条件下（如紫外光、臭氧、Fe^{2+}）产生氧化性更强的羟基自由基，使水中污染物氧化降解，所以通常将过氧化氢氧化又称为过氧化氢催化氧化。

过氧化氢对藻类去除作用明显，但单独使用时对有机物氧化反应速度较慢，去除效果不明显，而且随 pH 不同效果相差很大。目前给水工程中单独使用过氧化氢预氧化的实例不多。

75 高铁酸盐复合药剂预氧化的特点是什么？

铁的常见氧化态为 Fe(Ⅱ) 和 Fe(Ⅲ)，但在强氧化条件下可以制得高氧化态的 Fe(Ⅵ)，即高铁酸钾 K_2FeO_4。高铁酸钾的结晶状态类似于高锰酸钾，是一种黑紫色的晶体，溶于水形成紫色溶液。

高铁酸钾在整个 pH 范围内都具有强氧化性。Fe(Ⅵ) 加入水中后并不直接转变为 Fe(Ⅲ)，而是经过几个中间氧化态，这些中间水解产物有更大的网状结构及更高的正电荷，共同起到聚合作用，最终产生 $Fe(OH)_3$ 胶体沉淀。

由于高铁酸盐特殊的化学性质，在水处理过程中可以发挥氧化、絮凝、吸附、共沉、除藻、消毒等多功能协同作用，且不产生有毒、有害副产物，因此有广阔的应用场景。目前应用于给水厂实际生产的应用实例还不多。

高铁酸盐对水中微量酚类污染物的氧化速度高于高锰酸钾，对饮用水中多种新污染物和部分难降解有机物同样具有较高的去除效率。用于预氧化除藻时，仅需少量的高铁酸盐就能有效将水中的藻类灭活，其还原产物被吸附在藻类表面，形成较密实的絮体，从而增加了沉淀速度，取得显著的除藻效果。高铁酸盐预氧化形成的中间水解产物及最终生成的 $Fe(OH)_3$ 胶体具有吸附作用，可去除水中重金属，对铅、镉等重金属离子具有良好的去除作用。与单纯硫酸铝混凝相比，采用高铁酸盐预氧化助凝的絮凝尺寸增大、沉后浊度明显降低。高铁酸盐预氧化对地下水和地表水中的铁、锰也有明显的去除效果，优于高锰酸钾和氯。

76 高锰酸钾预氧化的作用和特点是什么？

高锰酸钾是一种强氧化剂，被广泛用于去除水中铁、锰、藻类、臭味和色度等，既可作为应急处理药剂，也可作为常规的预氧化药剂。水中有机污染物主要为天然有机物和人工合成有机物，常规的混凝、沉淀、过滤工艺只能去除水中 20%～30% 的有机物，余下的有机物在消毒工艺中会与氯发生反应生成卤代有机副产物，具有致癌作用。通过投加高锰酸钾对原水进行预氧化，可以有效控制和减少水中有机污染物和消毒副产物。

高锰酸钾去除污染物的作用机理可能有两种。

① 高锰酸钾的直接氧化作用，通过对不饱和键和特征官能团直接氧化降解有机物，如烯烃类化合物、苯酚及苯胺类化合物、某些醇类化合物，都可以被高锰酸钾有效氧化。

② 高锰酸钾的还原产物新生态二氧化锰的氧化、催化、吸附以及絮凝核心作用。新生态二氧化锰的羟基表面很大，可以与含羟基、氨基的有机物生成氢键，使有机物与二氧化锰一起被后续沉淀过滤工艺去除，或者是有机物在新生态二氧化锰形成的过程中被吸附包夹在胶体颗粒内部被共沉去除，另外新生态二氧化锰还对高锰酸钾的氧化性有一定的催化作用。

水中色度主要是由水中的天然有机物引起的，高锰酸钾具有较强的脱色能力，但投加量的控制非常重要，投加过多也会造成色度增加。

高锰酸钾预氧化具有较好的除藻效果。氯虽然能杀死部分藻类，但会生成消毒副产物，并且会产生臭味。而高锰酸钾氧化后产生的水合二氧化锰吸附在藻类表面，明显改变了藻类特性，增加了藻类比重，改善了沉降性能，更有利于通过沉降和过滤来去除藻类。

高锰酸钾用于预氧化时，通常在混合工序先投加高锰酸钾，再投加混凝剂；长距离输水时，也可在取水水源处投加。投加量应根据主要去除对象经过试验确定，投加量在0.5～20mg/L之间时，对水中土腥味具有良好的去除效果。

高锰酸钾都是粉状的，投加系统主要由药剂配制和投加两部分组成。药剂配制由进料罐、溶药罐、搅拌器组成；药剂投加由加药罐、计量泵及控制设备组成。投加时通常将固体高锰酸钾加水稀释成浓度2%～5%的溶液再投加。

高锰酸盐复合药剂（PPC）是由作为主剂的高锰酸钾和其他多种辅剂组成的，以高价态无机氧化剂为核心的复合氧化剂，在部分水厂也有应用。PPC应用于预处理工艺中，通过高锰酸钾和多种辅剂形成高价态锰与高价态铁以及无机盐复合体的催化氧化协同作用，促进高锰酸钾氧化过渡产物新生态水合二氧化锰的生成，并与水中铁、锰及有机污染物、藻类发生快速氧化还原、吸附作用，从而大幅提高混凝沉淀处理对各类污染物的去除能力。

77 什么是生物预处理？常见技术有哪些？

生物预处理是指在常规净水工艺前增设生物处理工艺，借助微生物群体的新陈代谢活动对水中的有机污染物与氨氮、亚硝酸盐及铁、锰等无机污染物进行初步净化，改善水的混凝性能，减轻常规处理与后续深度处理的污染负荷，延长过滤或活性炭吸附等物化处理工艺的工作周期，最大可能发挥水处理工艺整体作用，以此降低费用，控制污染，保障水质。

生物预处理大多采用生物膜法，目前比较成熟的、能用于大规模供水厂实际运用的生物预处理工艺有弹性填料接触生物氧化池、陶粒生物滤池、悬浮填料生物接触氧化池、轻质滤料生物滤池和浸没式固定床上向流生物池，目前应用较多的主要是悬浮填料生物接触氧化法。

78 生物预处理技术的处理对象和特点是什么？

给水生物预处理的主要对象是那些常规处理方法不能有效去除的污染物，如可生物降解的有机物、人工合成有机物、氨氮、亚硝酸盐、铁和锰等。

有机物和氨的生物氧化，可以降低配水系统中使微生物繁殖的有效基质，减少臭味，降低形成氯化有机物的前体物，另外还可以延长后续过滤和活性炭吸附等物化处理的使用周期和容量。生物处理最好是作为预处理设置在常规处理工艺的前面，这样既可以充分发挥微生物对有机物的去除作用，又可以增加生物处理带来的饮用水可靠性，如生物处理后的微生物、颗粒物和微生物的代谢产物等都可以通过后续处理加以控制。

淹没式生物滤池中装有比表面积较大的填料，水流与填料上的生物膜不断接触，有机物被生物膜吸附利用而去除。此种滤池在运行时根据水源水质状况需要可送入压缩空气，以提供整个水流系统循环的动力和提供溶解氧。该工艺的特点是管理方便、污染物去除率较高、运行费用低、运行效果稳定、受外界环境变化影响小。经其处理后出水中的有机物、臭味、氨氮、细菌、浊度等，均有不同程度的降低，使后续处理的矾耗和氯耗减少。

铁和锰一般是通过氧化成不溶物再过滤去除，或氧化成可溶物再吸附在水合三价铁和水合三价锰覆盖的过滤介质上被去除。活性微生物存在时，快砂滤池和慢砂滤池、流化床反应器、颗粒活性炭（GAC）滤池和土壤渗透作用对铁、锰的去除已有报道，但是微生物在这些系统中的作用和重要性还不清楚。化学和生物反应都能把铁、锰氧化成不溶物。

79 生物预处理工艺的注意事项是什么?

由于低温条件下水中微生物新陈代谢作用受抑制，远不如常温条件下活跃，因此低温情况下生物氧化预处理效率将明显下降。水温低于 5℃时，应考虑将生物预处理池体建于室内。进水中不得有余氯等抑制微生物生长的物质，即不能采用预氯化处理，否则将影响生物活动。

较大的生物接触氧化池体，能较快适应流量、水质等环境条件的变化。池体可以根据需要与后续絮凝池等合建。生物接触氧化池需考虑排泥和冲泥措施，以保持生物膜新陈代谢环境的稳定与良好。

当采用陶粒填料、轻质填料生物接触氧化预处理工艺时，进入池中的原水浊度不能过高，否则将堵塞滤池并影响生物作用。当原水浊度低于 40NTU 时，生物接触氧化池可设在混凝沉淀之前；当原水浊度高于 40NTU 时，生物接触氧化池可设在混凝沉淀之后，注意此时混凝沉淀之前的预氧化不宜采用氯。当采用弹性填料生物接触氧化预处理工艺时，进水浊度可适当放宽一些，但也不宜高于 60NTU。当采用悬浮填料时，填料在池内为流化状态，不易堵塞，进水浊度可以放宽至 100NTU 左右。

生物接触氧化池在启动前要检查配水和配气是否符合要求，水路及气路是否畅通，布水及布气是否均匀正常，尤其是气路。检查是否能满足正常运行曝气及反冲洗的需要。检查合格后再装填好填料，进行启动挂膜。

生物接触氧化池在运行前要先进行挂膜。挂膜水源及微生物均宜来自实际原水。可在稍低于设计进水量的充氧条件下自然挂膜，一般为半个月到一个月，与水温有关。如果水温较低或原水中可生化成分较少，可采用接种挂膜，强化挂膜效果，缩短挂膜时间。挂膜期间每天对进出水氨氮、COD_{Mn} 进行监测。经挂膜培养后，微生物附着生长在填料上，形成生物膜，对原水中的污染物进行吸附、分解、消化和去除。当出水氨氮去除率达到 60%以上时，可认为挂膜完成。

生物预处理效果与微污染原水中所含有机物种类、含量、可降解程度有很大关系。所以一般应先进行试验，积累一定技术数据，再确定工艺流程和设计参数，合理选择填料。

80 弹性填料生物预处理的特点是什么?

弹性填料生物预处理是以弹性立体填料作为生物载体处理微污染原水的一种方法。弹性立体填料充满大部分池体容积，池下方设有穿孔布气管或微孔曝气器。一般有效水深为4～5m；水力负荷与填料布设密度有关，通常为2.5～4$m^3/(m^2 \cdot h)$；有效停留时间为1.0～1.5h；气水比为（0.7～1）∶1。一般将填料单元组合成梅花形布置，也可相互适当搭接。每一单元的立体填料以乙纶绳或包芯塑料绳作中心绳，将聚烯烃类塑料丝通过中心绳纹合固定成辐射状立体构造，悬挂于吊索或吊杆下。由于填料布置密度和填料比表面积直接影响生物处理效果，宜在不影响填料上积泥和冲泥等需要的前提下，尽量利用池体空间紧凑布置。生物氧化池经较长时间运行后，依附在填料上的苔藓虫等水生生物有可能大量暴发生长，影响正常运行，可以停池降低水位，用高压水枪冲洗去除。

实践应用表明，弹性填料比表面积较小，使用量大，填料中心容易结块、积泥，导致处理效果一般，反冲洗控制复杂，安装时还需固定支架，施工较复杂。因此，逐渐被悬浮填料等工艺代替。

81 颗粒填料生物预处理的特点是什么?

颗粒填料生物预处理是生物接触氧化法的一种，是用颗粒填料作为生物接触氧化法的微生物载体，来处理微污染原水的净水技术。即在生物反应器内装填惰性颗粒填料，池底装有布水管和布气管，其结构形式类似于气水反冲洗的砂滤池，因此也称为淹没式生物滤池，是目前研究较多、应用较广的生物预处理方式。颗粒填料均选择比表面积较大的多孔材料，能够保证微生物与水中有机物及氧气充分接触，有利于细菌等微生物的附着生长，形成生物膜，从而使微生物种类及食物链达到较优组合，达到对水中微污染物质较好的去除效果。颗粒填料粒径宜为2～5mm，可选种类较多。颗粒填料生物接触氧化预处理技术在填料挂膜良好和曝气充分的情况下，能够有效去除水中污染物。

82 如何选择颗粒填料?

颗粒填料主要的选择原则如下：

① 比表面积大。颗粒填料一般选用适宜的粒径、表面粗糙的惰性材料，这种填料有利于微生物的接种挂膜和生长繁殖，保持较大的生物量；有利于微生物体代谢过程中所需氧气和营养物质以及代谢产生的废物的传质过程。

② 足够的机械强度。填料必须有足够的机械强度，以免在冲洗过程中气和水对颗粒冲刷而磨损或破碎。

③ 合适的颗粒松散密度。既有利于反冲洗，又不致被冲走。

④ 具有化学稳定性，以免填料在过滤过程中，发生有害物质溶解于过滤水的现象。

⑤ 能就地取材、价廉，以减少投资。

83 悬浮填料生物预处理的特点是什么？

悬浮填料生物预处理的主要特点为：

① 由无毒的聚乙烯、聚丙烯等塑料或树脂制成（d、L 均为 2.5cm 空心斜截面圆柱体，或 $d=10$cm 空心球形体），密度与水接近，在适当曝气时，形成全池流化翻动状态。

② 比表面积大，$>500m^2/m^3$（$d=2.5$cm 空心斜切面圆柱体）及约 $100m^2/m^3$（$d=10$cm 空心球形体）。

③ 填料在流化状态下不会结团填塞，老化的生物膜通过水力冲刷脱落，促进了生物膜的更新。

④ 填料直接放置水中，不需支架等附属物，不易堵塞，不需反冲洗。只需定时排泥，运行管理方便。

⑤ 由于悬浮填料在曝气时处于流化状态，不但可提高氧的利用率和传质效率，而且通过填料对气水的分割，有利于布水和布气的均匀，可提高反应效率，减少停留时间。

该方法的主要缺点，一是运行数年后由于填料老化需停池放空更换，二是填料价格较高。

浙江海宁第三水厂的设计处理水量为 $30\times10^4m^3/d$，根据海宁市长水塘、长山河原水微污染特点，建有生物预处理池两座，采用悬浮填料生物预处理对原水中的氨氮、有机物、藻类和 THMs 前体物等进行去除，运行稳定，效果较好。近年来由于水源治理后原水水质好转，原水氨氮在 5～10 月份相对较低，根据这个特点，在不影响生物预处理出水水质以及池底淤泥不产生堆积的前提下，利用间歇式曝气工艺，减少了风机开启时间，节约了用电量，可以为其他同类悬浮填料生物预处理工艺的运行提供借鉴。

84 常用的吸附预处理技术有哪些？

常用的吸附预处理技术为活性炭吸附和黏土吸附。

① 活性炭吸附　活性炭吸附是去除水中有机污染物的有效方法之一。粉末活性炭以其优良的吸附性能，对水质、水温及水量变化有较强的适应能力，处理装置占地面积小，运转管理简单，易于自动控制，较低的基建投资和投加费用以及灵活的应用条件等优势，成为普遍接受的原水预处理和应急处理手段，尤其适用于水质季节变化大，有机污染较为严重的原水预处理。除单独投加外，粉末活性炭吸附还可与其他预处理工艺组合使用，提高特定物质的去除率。

② 黏土吸附　黏土特别是一些改性黏土，往往也是较好的吸附材料。通过投加黏土可改善和提高后续混凝沉淀效果。但是，大量黏土投加进混凝池中，增加了沉淀池的排泥量。此外，研究发现，黏土吸附对氨氮无明显去除作用。

85 混凝的机理是什么？

水处理中的混凝现象比较复杂。不同种类的混凝剂以及不同的水质条件，混凝剂作用机理都有所不同。许多年来，水处理专家们从铝盐和铁盐混凝现象开始，对混凝剂作用机理进行了不断研究，相关理论也获得不断发展。德亚盖因（Derjguin）、兰多（Landau）、弗韦（Verwey）和奥弗比克（Overbeek）各自从胶粒之间相互作用能的角度阐明胶粒相互作用理论，简称 DLVO 理论。DLVO 理论的提出，使胶体稳定性及在一定条件下的胶体凝聚的研究取得了巨大进展。但 DLVO 理论并不能全面解释水处理中的一切混凝现象。当前看法比较一致的是，混凝剂对水中胶体粒子的混凝作用机理有三种：电性中和、吸附架桥和卷扫作用。这三种作用究竟以何者为主，取决于混凝剂的种类和投加量，水中胶体粒子性质、浓度以及水的 pH 值等。这三种作用有时会同时发生，有时仅其中 1～2 种机理起作用。目前，这三种作用机理尚限于定性描述，今后的研究目标将以定量计算为主。

① 电性中和　当加入硫酸铝或硫酸亚铁等化学混凝剂时，与水中的重碳酸盐类（钙或镁）结合，形成带正电荷的胶体物质，与带有负电荷的胶体粒子相互吸引，使彼此的电荷中和而凝聚，形成颗粒较大的绒体或矾花，具有强大的吸附能力，能吸附悬浮物质、溶解性物质和部分细菌。绒体通过吸附凝集作用，体积不断增大而下沉，因而能改善水的感官性状和浊度、色度等，并减少病原微生物。

② 吸附架桥　一些绒体结构的高分子混凝剂和金属盐类混凝剂在水中形成线型高聚物后，均有很强的吸附作用。随着吸附微粒的增多，高聚物弯曲变形，或成网状，从而起到架桥作用，微粒间因距离缩短而相互黏结，逐渐形成粗大的絮凝体，能吸附部分细菌和溶解性物质，最终因重力而下沉。

③ 卷扫作用　当铝盐或铁盐混凝剂投量很大而形成大量氢氧化物沉淀时，可以网捕、卷扫水中胶粒以致产生沉淀分离，称卷扫或网捕作用。这种作用基本上是一种机械作用，所需混凝剂的量与原水杂质浓度成反比，即原水胶体杂质浓度低时，所需混凝剂多，反之亦然。

86 常用的混凝剂有哪些？

混凝剂通常指在混凝过程中为使胶体失去稳定性和脱稳胶体相互聚集所投加的药剂，也常被称为凝聚剂。应用于饮用水处理的混凝剂应符合以下基本要求：混凝效果好；对人体健康无害；使用方便；货源充足，价格低廉。混凝剂种类很多，据目前所知，不少于 200～300 种。按化学成分可分为无机和有机两大类。无机混凝剂品种较少，目前主要是铁盐和铝盐及其聚合物，在水处理中用得最多。有机混凝剂品种很多，主要是高分子物质，但在水处理中的应用比无机混凝剂少。天然有机高分子混凝剂的毒性小，提取工艺简单，按照其主要天然成分（包括改性所用的基质成分），可以分为壳聚糖类混凝剂、改性淀粉混凝剂、改性纤维素混凝剂、木质素类混凝剂、树胶类混凝剂、褐藻胶混凝剂、动物胶和明胶混凝剂等。

复合混凝剂是将两种或多种单组分混凝剂通过某些化学反应，形成大分子量的共聚复合物，可以克服单一混凝剂的不足，发挥多种混凝剂的协同作用。从化学组成来说，可以分为无机-无机复合混凝剂、无机-有机复合混凝剂、有机-有机复合混凝剂。目前复合混凝剂的主要原料是铝盐、铁盐和硅酸盐。从制造工艺方面讲，它们可以预先分别羟基化聚合再加以混合，也可以先混合再加以羟基化聚合，但最终总是要形成羟基化的更高聚合度的无机高分子形态，才能达到优异的絮凝效果。复合混凝剂中每种组分在总体结构和凝聚-絮凝过程中都会发挥一定作用，但在不同的方面，可能有正效应，也可能有负效应。

常用的混凝剂见表 4-1。

表 4-1 常用的混凝剂

类型			混凝剂
无机混凝剂	铝盐		硫酸铝 $Al_2(SO_4)_3 \cdot 18H_2O$
			明矾 $KAl(SO_4)_2 \cdot 12H_2O$
			聚合氯化铝(PAC)$[Al_2(OH)_nCl_{6-n}]_m$
	铁盐		硫酸亚铁 $FeSO_4 \cdot 7H_2O$
			硫酸铁 $Fe_2(SO_4)_3 \cdot 7H_2O$
			三氯化铁 $FeCl_3 \cdot 6H_2O$
	镁盐		硫酸镁 $MgSO_4 \cdot 3H_2O$
有机混凝剂	人工合成	阴离子型	聚丙烯酸钠
		阳离子型	溴化丁基聚乙烯吡啶
		阴/非离子型	聚丙烯酰胺(PAM)
	天然高分子物质		胶、淀粉、纤维素、蛋白质等

87 新型的混凝剂有哪些?

(1) 无机高分子混凝剂

无机高分子混凝剂 (inorganic polymer flocculant，IPF) 以其投药量少、无毒或低毒、价廉和处理效果好等优点，越来越受到人们的重视，逐渐成为给水、工业废水和城市污水处理的主流混凝剂，被称为第二代混凝剂。目前应用比较多的还是聚铝、聚铁两大系列，如聚合氯化铝 (PAC)、聚合氯化铝铁 (PAFC) 等，但是新型的聚硅、聚磷和聚硫也不断面世，并显现出不凡的混凝效果，如聚硅酸铝、聚磷酸铁等。因此，无机高分子混凝剂呈现多品种、多组分和多功能的发展趋势，但品种繁多，产品质量不够稳定。

(2) 有机高分子混凝剂

有机高分子混凝剂主要是通过其链状分子的吸附-架桥而起作用，它的应用能有效提高絮体颗粒尺寸，絮体颗粒直径要比单一投加 PAC 形成的颗粒直径大 3～5 倍，所以在强化混凝中得到广泛应用。

有机高分子混凝剂可分为天然和合成两大类。合成有机高分子混凝剂由于分子量大，分子链官能团多的结构特点，在市场上占绝对优势，其中以聚丙烯酰胺系列最为广泛，由于其残留单体具有毒性，限制了其在某些水处理领域的发展。天然有机高分子絮凝剂由于原料来源广泛、价格低廉、无毒、易于生物降解等特点显示了良好的应用前景，但由于其电荷密度小，分子量较低，且易发生生物反应而失去絮凝活性，其用量远小于有机合成高分子絮凝剂。经过改性的天然高分子絮凝剂能克服以上缺点，特别受到关注。其中，淀粉改性絮凝剂的研究开发尤为引人注目。

(3) 其他混凝剂

除无机高分子混凝剂和有机高分子絮凝剂两种主流混凝剂外，微生物絮凝剂 (microbial

flocculant，MBF）近年来受到研究者的极大关注。它是利用生物技术，从微生物体或其分泌物中提取、纯化而获得的一种安全、高效，且能自然降解的新型水处理絮凝剂。MBF可以克服无机高分子和合成有机高分子絮凝剂本身固有的安全与环境污染方面的缺陷，易于生物降解，无二次污染。目前，已应用于纸浆废水、染料废水处理及污泥脱水、发酵菌体去除等领域，取得了良好的絮凝效果。

（4）混凝剂的改性和复配

混凝剂的改性和复配能优化混凝剂性能，提高混凝效果。

88 如何选择混凝剂?

混凝剂种类繁多，如何根据水处理厂工艺条件、原水水质情况和处理后水质目标选用合适的混凝药剂，是十分重要的。一般应根据相似条件下的运行经验或原水混凝沉淀试验结果，结合当地药剂供应情况，通过技术经济比较后确定。混凝剂品种的选择一般遵循以下原则。

① 混凝效果好　在特定的原水水质、处理后水质要求和特定的处理工艺条件下，可以获得满意的混凝效果。

② 无毒害作用　当用于处理生活饮用水时，所选用混凝剂不得含有对人体健康有害的成分。

③ 货源充足　应对所选用的混凝剂货源和生产厂家进行调研考察，了解货源是否充足、是否能长期稳定供货、产品质量如何等。

④ 成本低　当有多种混凝药剂品种可供选择时，应综合考虑药剂价格、运输成本与投加量等，进行经济比较分析，在保证处理后水质前提下尽可能降低使用成本。

⑤ 新型药剂的卫生许可　对于未推广应用的新型药剂品种，应取得当地卫生部门的许可。

⑥ 借鉴已有经验　查阅相关文献并考察具有相同或类似水质的水处理厂，借鉴其运行经验，为选择混凝剂提供参考。

89 硫酸铝做混凝剂时的使用特点和适用范围有哪些?

硫酸铝含有不同数量的结晶水，分子式为 $Al_2(SO_4)_3 \cdot nH_2O$，其中 $n=6$、10、14、16、18或27，常用的是 $Al_2(SO_4)_3 \cdot 18H_2O$，其分子量为666.41，密度1.61g/mL，外观为白色，光泽结晶。

硫酸铝易溶于水，水溶液呈酸性，室温时溶解度大致是50%，pH值在2.5以下。沸水中溶解度提高至90%以上。

采用硫酸铝作混凝剂的优点是运输方便，操作简单，混凝效果好，缺点是水温低时，硫酸铝水解困难，形成的絮凝体较松散，混凝效果变差。粗制硫酸铝由于不溶性杂质含量高，使用时废渣较多，带来排除废渣方面的操作麻烦，而且因酸度过高而腐蚀性较强，溶解与投加设备需考虑防腐。

硫酸铝适用的pH值范围与原水的硬度有关，处理软水时，适宜pH值为5~6.6，处理中硬水时，适宜 pH 值为 6.6～7.2，处理高硬水时，适宜 pH 值为 7.2～7.8。硫酸铝适用的水温范围是 20～40℃，低于 10℃时混凝效果很差。

90 三氯化铁做混凝剂时的使用特点和适用范围有哪些？

三氯化铁（$FeCl_3 \cdot 6H_2O$）是一种常用的混凝剂，是黑褐色的结晶体，有强烈吸水性，极易溶于水，其溶解度随温度上升而增加。

采用三氯化铁做混凝剂时，易溶解，形成的絮凝体比铝盐絮凝体密实，沉淀性能好，沉降速度快，处理低温、低浊水时效果优于硫酸铝，适用的 pH 值范围较宽，大致在 9～11，投加量比硫酸铝小。

三氯化铁固体产品极易吸水潮解，不易保管，腐蚀性较强，对金属、混凝土、塑料等均有腐蚀性，处理后色度比铝盐处理水高，最佳投加范围较窄，不易控制等，调制和加药设备必须考虑用耐腐蚀器材，具有刺激性气味，操作条件较差。

91 聚合氯化铝（PAC）做混凝剂时的使用特点和适用范围有哪些？

聚合氯化铝（PAC）是一种无机物，是介于 $AlCl_3$ 和 $Al(OH)_3$ 之间的一种水溶性无机高分子聚合物，化学通式为 $[Al_2(OH)_nCl_{6-n}]_m$，其中 m 代表聚合程度，n 表示 PAC 产品的中性程度。$n=1\sim5$，为具有 Keggin 结构的高电荷聚合环链体。分子量较大、电荷较高。由于氢氧根离子的架桥作用和多价阴离子的聚合作用，对水中胶体和颗粒物具有高度电中和及桥联作用，能显著降低水中黏土类杂质（多带负电荷）的胶体电荷。主要特点和适用范围如下。

① 对污染严重或低浊度、高浊度、高色度的原水都可达到好的混凝效果。

② 受水温影响较小，水温低时仍可保持稳定的混凝效果。

③ 矾花形成快，颗粒大而重，沉淀性能好，投药量一般比硫酸铝低。

④ 适宜的 pH 值范围较宽，在 5.0～9.0 间，当过量投加时也不会像硫酸铝那样造成水浑浊的反效果。

⑤ 其碱化度比其他铝盐、铁盐高，因此药液对设备的侵蚀作用小，且处理后水的 pH 值和碱度下降较小。

⑥ PAC 的投加量少，产泥量也少且使用、管理、操作都较方便。

实践表明，盐基度是聚合氯化铝的最重要指标之一。由于聚合氯化铝可以看作是 $AlCl_3$ 逐步水解转化为 $Al(OH)_3$ 过程中的中间产物，也就是 Cl^- 逐步被羟基 OH^- 取代的各种产物，通常将盐基度定义为聚氯化铝分子中 OH 与 Al 的摩尔数之比（$[OH]/3[Al]\times100\%$）。聚合氯化铝的聚合度、电荷量、混凝效果、成品的 pH 值、使用时的稀释率和储存的稳定性等都与盐基度有密切关系。常用聚合氯化铝的盐基度多为 50%～80%。

92 常用的助凝剂有哪些？

助凝剂是指为改善混凝效果而投加的各种辅助药剂，本身可以起凝聚作用，也可不起凝聚作用，但与混凝剂一起使用时，它能促进水的混凝过程，产生大而结实的矾花。

助凝剂可以分成如下三类。

① 酸、碱类 用以调整水的pH值，控制良好的反应条件，最常用的是石灰。

② 绒粒核心类 用以增加矾花的骨架材料和改善矾花的结构，增加矾花重量。如在水中加黏土或沉泥一类大颗粒，可加快矾花的形成和沉降，尤其是在低浊水中适用。投加高分子物质可以改善矾花结构并起架桥絮凝作用。无机助凝剂中活化硅酸的应用已得到重视。活化硅酸系由水玻璃为原料，用各种活化剂（一般用硫酸）处理而得，应看作是一种阴离子型无机高分子电解质。

③ 氧化剂类 用来破坏起干扰作用的有机物，如投氯氧化有机物，或用氯氧化硫酸亚铁成为高铁。此外，有资料证明投加臭氧能改善混凝作用。

其中，给水厂最常用的助凝剂为聚丙烯酰胺（PAM）和活化硅酸。

93 聚丙烯酰胺作为助凝剂的注意事项有哪些？

聚丙烯酰胺（PAM）是由丙烯酰胺聚合而成的有机高分子聚合物，无色、无味、无臭，能溶于水，没有腐蚀性，在常温下比较稳定，高温时易降解，并降低絮凝效果。PAM是处理高浊度水最有效的高分子絮凝剂之一，可单独使用，也可与混凝剂同时使用。给水处理中，多采用阴离子型和非离子型PAM。我国国家标准《水处理剂 阴离子和非离子型聚丙烯酰胺》(GB/T 17514—2017）中，规定了适用于饮用水处理的阴离子和非离子型PAM的产品标准。阴离子和非离子型PAM固体产品为白色或微黄色颗粒或粉末，胶体产品为无色或微黄色胶状物。

使用PAM前，应先进行原水混凝试验，以便确定最佳用量和使用条件。用作助凝剂时，一般用量在0.1～0.5mg/L。在使用前，必须先溶解成溶液，溶解操作要在塑料、陶瓷、不锈钢等的搅拌槽中进行。PAM在溶液中受剪切力作用会导致分子链断裂降解，影响性能，故溶解稀释PAM时，应尽可能减少搅拌时间，降低搅拌强度，不宜太快。使用PAM溶液时，加药点应尽可能避开强烈的机械搅拌。

无机絮凝剂与PAM应分别在两个搅拌设备中溶解，否则会造成絮凝剂之间的相互作用，影响效果，使用时应注意加料次序，一般来讲，处理粒径在50μm以下的微细粒子时，先加无机絮凝剂后，再加PAM溶液。而处理粒径在50μm以上的粗粒子时，先加PAM溶液进行吸附架桥，然后再加絮凝剂。使用时，应先进行小型试验来确定投加次序。

干粉PAM一般可长期保存，性能稳定，但溶解于水的PAM，性能会随时间的增加而下降，且浓度越稀，性能下降越快，故PAM产品宜即配即用。

PAM本体是无害的，但产品中的残留单体丙烯酰胺有微弱毒性，生活饮用水标准中要求丙烯酰胺单体含量应小于0.5μg/L。在投加PAM用于饮用水处理时，每年使用时间超过1个月的允许投加量不得超过1mg/L，每年使用时间不超过1个月的允许投加量不得超过2mg/L。

94 混合工艺的种类和基本特点是什么？

混合是将药剂充分、均匀地扩散于水体的工艺过程，对于取得良好的混凝效果具有重要作用。对于金属盐混凝剂，一般采用急剧、快速的混合，当采用高分子絮凝剂时，混合不宜过分剧烈。混合时间一般为 10～60s，搅拌速度梯度一般在 600～1000s^{-1}。混合设施与后续处理构筑物（如絮凝反应池）的距离越近越好，尽可能直接连接，连接管道流速可采用 0.8～1.0m/s。

混合方式基本分两大类：水力混合和机械混合。

① 水力混合包括水泵混合、管式静态混合、扩散混合、跌水（水跃）混合等方式。水力混合简单，但不能适应流量的变化。

② 机械混合设有专门的混合池，在混合池内以电动机驱动搅拌器对加过药剂的原水进行搅拌，以达到药剂在原水中均匀分散的目的，搅拌器的搅拌速率可根据进水流量和浊度变化所要求的混合 G 值而调节，以使混合效果达到最佳，可通过调节适应各种流量的变化，但有一定的机械维修量。

95 水泵混合的特点和适用范围是什么?

将药剂溶液加到水泵的吸水管中或吸水喇叭口处，通过水泵叶轮的高速转动达到混合效果，越靠近水泵混合效果越好。一般要加装一个装有浮球阀的水封箱，防止空气进入水泵吸水管。但很多情况下，一级泵房距离水厂较远，此时并不适合采用水泵混合方式，因为加了混凝剂的原水在长距离管道输送过程中可能过早形成絮凝体，影响其在水厂构筑物中的絮凝效果，絮凝体还可能沉淀在原水管道中。

优点：设备简单；混合充分，效果较好；不另消耗动能。

缺点：吸水管较多时，投药设备要增加，安装、管理较麻烦；混凝剂对水泵叶轮可能有腐蚀；配合加药自动控制较困难；G 值相对较低。

适用范围：一级泵房离处理构筑物 120m 以内的水厂。

96 管式静态混合器的特点和适用范围是什么?

管式静态混合器是在管道内设置多节固定叶片，一般分节数为 2～3 段，使水流分流、改向并产生涡旋，达到混合目的。管式静态混合器没有活动部件，安装方便，已获得较多实际应用。但如果实际运行水量比设计水量小很多，混合效果会明显下降。

优点：设备简单，维护管理方便；不需土建构筑物；在设计流量范围，混合效果较好；不需外加动力设备。

缺点：运行水量变化影响效果；水头损失较大。

适用范围：水量变化不大的各种规模的水厂。

97 扩散混合器的特点和适用范围是什么?

扩散混合器是在孔板混合器前加上夹角为 90°的锥形帽所组成的混合器，锥形帽顺水流方向的投影面积为进水管总面积的 1/4，孔板开孔面积为进水管总面积的 3/4。水流和药剂经锥形帽后扩散形成剧烈紊流，达到快速混合的目的。

优点：需外加动力设备；不需土建构筑物；不占地。

缺点：水量变化对混合效果有一定影响。

适用范围：中等规模的水厂。

98 跌水（水跃）混合的特点和适用范围是什么?

跌水混合是在混合池的输水管上加装一个活动套管，通过调节活动套管的高低位置，利用水流在跌落过程中产生的巨大冲击达到混合的效果。套管内外水位差，至少保持0.3～0.4m，最大不超过1m。水跃混合是在有较多富余水头的水厂，利用3m/s以上的流速迅速流下时所产生的水跃进行混合，混合水头差至少要在0.5m以上。

优点：利用水头的跌落扩散药剂；受水量变化影响较小；不需外加动力设备。

缺点：药剂的扩散不易完全均匀；需建混合池；容易夹带气泡。

适用范围：各种规模水厂，特别是重力流进水水头有富余时。

99 机械混合的特点和适用范围是什么?

机械混合池可采用单格或多格串联，池型以方形最为常见。混合桨板有多种形式，如桨式、推进式、涡流式等，其中桨式结构简单，较为常用，但效能较低，适用于容积较小的混合池；推进式搅拌器能效较高，但制造较复杂，有条件可优先选用。应注意避免机械混合池中水流同步旋转而降低混合效果。

优点：混合效果较好；水头损失较小；混合效果基本不受水量变化影响。

缺点：需耗动能；管理维护较复杂；需建混合池。

适用范围：各种规模的水厂。

除传统的机械混合方式外，近年来，一种管道式动态混合器开始在部分给水厂应用，这种混合器由电机、腔室及涡轮组成，安装在水厂进水管道上，涡轮转动使管道内的水流状态由平流变为紊流，使药剂与水体快速混合。可实现变频控制，根据管道内流速自动调节配比，电机功率一般为1.5～7.5kW。优点是能耗较小，水头损失低，不用新建机械混合池，但实际应用案例还不多，可在水厂混合效果不佳需要改造时予以考虑。

100 絮凝工艺的种类及其特点是什么?

絮凝工艺的基本特点是：原水与药剂经混合后，通过絮凝设备形成肉眼可见的大而密实的絮凝体，即矾花。絮凝池形式很多，可以概括为两大类：水力和机械。前者简单，但不能适应流量变化；后者能进行调节，适应流量变化，但机械维修工作量较大。

主要有以下几种形式的絮凝池。

（1）隔板絮凝池

隔板絮凝池是一种水力搅拌絮凝池，应用历史较久，新建项目已较少选择，主要有往复式和回转式两种，后者是在前者的基础上加以改进而成。隔板絮凝池在流量变化不大的情况下，絮凝效果有保证。优点是构造简单，施工方便；缺点是絮凝时间较长；水头损失较大；

转折处絮粒易破碎；出水流量不易分配均匀。适用于水量变动小或水量大于 $3\times10^4 m^3/d$ 的水厂。

(2) 折板絮凝池

折板絮凝池是在隔板絮凝池基础上发展起来的，即将隔板絮凝池的平板隔板改成具有一定角度的折板，目前应用较多。安装形式上可以分为同波折板或异波折板，两者絮凝效果差别不大。水流在同波折板之间曲折流动或在异波折板之间缩、放流动，形成众多的小涡旋，提高了颗粒碰撞絮凝效果。在折板的每一个转角处，两折板之间的空间可以视为多格单元反应器串联，接近推流型反应器。与隔板絮凝池相比，水流条件改善。在总的水流能量消耗中，有效能量消耗比例提高，所需絮凝时间缩短，池子体积减小。缺点是构造较复杂，水量变化影响絮凝效果。适用于水量变化不大的水厂。

(3) 波纹板絮凝池

由波长和波高之比约为 5：1 的波形板按波峰、波谷对应组成。相对的波峰板距较小构成缩颈，相对的波谷板距较大构成一个异形腔体。当水流流过时在缩颈处流速大，形成较大的 G 值，使需要的能耗从波纹板间损失获得。由于反应过程主要靠相互串联工作的腔体产生的同等能级的涡流完成，不仅容积利用率高，而且能量在每一水体微单元上的分配是均匀的，从而极大地提高了反应速率。为了适应絮体增长的要求，把反应器按 G 值由大到小分为三级。由于施加能量的变化，使反应容积的效果得以充分发挥。试验和生产实践表明，波形板反应器反应时间短（约 5min），反应效率高，对流量的变化有较强的适应性，在流量变化±35%左右时，仍能保持良好的反应效果，从而克服了水力反应器对水流量变化敏感的弱点，获得优良的反应性能。由于效率高，停留时间短，使反应容积减小为一般水力反应器的 1/4～1/2，从而减小了占地面积，同时造价也较一般反应池要低，在水厂中已得到成功的应用。

(4) 网格、栅条絮凝池

网格、栅条絮凝池设计成多格竖流式。每格安装若干层网格或栅条。各格之间的隔墙上交错开孔。每格的网格或栅条数至出水端逐渐减少，一般分三段控制。前段为密网，中段为疏网或疏栅，末段不安装网、栅。当水流通过网格时，形成涡旋，造成颗粒碰撞。水流通过格间孔洞流速及过网流速逐渐减少。网格和栅条絮凝池所造成的水流紊动接近于局部各向同性紊流，各向同性紊流理论应用于网格或栅条絮凝池更为合适。栅条、网格具有结构简单，节省材料，水头损失小（0.1～0.5m）及絮凝效果较好等优点，应用较广泛。缺点是水量变化影响絮凝效果，而且根据运行经验，还存在末端池底积泥现象，少数水厂发现网格上滋生藻类、堵塞网眼现象。适用于水量变化不大的水厂，单池能力以 $(1.0\sim2.5)\times10^4 m^3/d$ 为宜。

(5) 机械搅拌絮凝池

机械搅拌絮凝池是通过叶片搅拌完成絮凝过程的。叶片可以做旋转运动，也可以做上、下往复运动，目前我国多采用旋转方式。机械搅拌絮凝分为水平轴式及立轴式两种，前者常用于大型水厂，后者一般用于中、小型水厂。叶片多采用条形桨板，也有网桨形式。一般可采用多级串联方式，大型水厂则采用分级搅拌方式。絮凝时间一般采用 15～20min，内设 3～4 挡搅拌机。机械絮凝池的优点是絮凝效果良好，不受水量变化的影响，可适用于各种形式的沉淀池以及各种规模的水厂。缺点是需机械设备，增加维护维修工作量。

101 影响混凝沉淀效果的主要因素有哪些?

(1) 水温

水温对混凝效果有较大的影响，水温过高或过低都对混凝不利。水温低时，混凝剂水解缓慢，影响胶体颗粒脱稳，絮凝体形成缓慢，絮凝颗粒细小，同时，水的黏度变大，胶体颗粒运动的阻力增大，水中胶体颗粒的布朗运动减弱，影响胶体颗粒间的有效碰撞和絮凝，混凝效果较差；水温过高时，混凝剂水解反应速度过快，形成的絮凝体水合作用增强、松散不易沉降，混凝效果也会变差。最适宜的混凝水温为20～30℃之间。

(2) pH

水的pH值对混凝效果的影响很大，主要从两方面来影响混凝效果。一方面是水的pH值直接与水中胶体颗粒的表面电荷和电位有关，不同的pH值下胶体颗粒的表面电荷和电位不同，所需要的混凝剂量也不同；另一方面，水的pH值对混凝剂的水解反应有显著影响，不同混凝剂的最佳水解反应所需要的pH值范围不同，因此，水的pH值对混凝效果的影响也因混凝剂种类而异。聚合氯化铝的最佳混凝pH值范围在5～9之间。

(3) 碱度

由于混凝剂加入原水中后，发生水解反应，反应过程中要消耗水的碱度，特别是无机盐类混凝剂，消耗的碱度更多。当原水中碱度很低时，投入混凝剂因消耗水中的碱度而使水的pH值降低，如果水的pH值超出混凝剂最佳混凝pH值范围，将使混凝效果受到显著影响。当原水碱度低或混凝剂投量较大时，通常需要加入一定量的碱性药剂（如石灰等）来提高混凝效果。

(4) 颗粒浓度

水中颗粒浓度对混凝效果有明显影响，浊质颗粒浓度过低时，颗粒间的碰撞概率大大减小，混凝效果变差。可投加高分子助凝剂，利用吸附架桥作用；投加矿物颗粒（如黏土），增加混凝剂水解产物的凝结中心，提高颗粒碰撞速率并增加絮凝体密度；或采用直接过滤法，滤料成为絮凝中心；水中悬浮物浓度太高时，通常投加高分子助凝剂。过高时混凝剂用量加大，为节约混凝剂，通常需投高分子絮凝剂如聚丙烯酰胺，将原水浊度降到一定程度以后再投加混凝剂进行常规处理。

(5) 有机污染物

水中有机物对胶体有保护稳定作用，即水中溶解性的有机物分子吸附在胶体颗粒表面形成一层有机涂层，将胶体颗粒保护起来，阻碍胶体颗粒之间的碰撞，阻碍混凝剂与胶体颗粒之间的脱稳凝集作用，因此，在有机物存在条件下胶体颗粒比没有有机物时更难脱稳，混凝剂量需增大。可通过投高锰酸钾、臭氧、氯等为预氧化剂改善混凝效果，但需考虑是否产生有毒作用的副产物。

(6) 混凝剂种类与投加量

由于不同种类的混凝剂其水解特性和使用的水质情况不完全相同，因此应根据原水水质情况优化选用适当的混凝剂种类。对于无机盐类混凝剂，要求形成能有效压缩双电层或产生强烈电中和作用的形态，对于有机高分子絮凝剂，则要求有适量的官能团和聚合结构，较大的分子量。一般情况下，混凝效果随混凝剂投量增高而提高，但当混凝剂的用量达到一定值后，混凝效果达到顶峰，再增加混凝剂用量则会发生再稳定现象，混凝效果反而下降。理论上最佳投量是使混凝沉淀后的净水浊度最低，胶体滴定电荷与 ζ 电位值都趋于 0。但由于考虑成本问题，实际生产中最佳混凝剂投量通常兼顾净化后水质达到水厂内控标准并使混凝剂投量最低。

(7) 混凝剂投加方式

混凝剂投加方式有干投和湿投两种。由于固体混凝剂与液体混凝剂甚至不同浓度的液体混凝剂之间，其中能压缩双电层或具有电中和能力的混凝剂水解形态不完全一样，因此投加到水中后产生的混凝效果也不一样。如果除投加混凝剂外还投加其他助凝剂，则各种药剂之间的投加顺序对混凝效果也有很大影响，必须通过模拟实验和实际生产实践确定适宜的投加方式和投加顺序。

(8) 水力条件

投加混凝剂后，混凝过程可分为快速混合与絮凝反应两个阶段，但在实际水处理工艺中，两个阶段是连续不可分割的，在水力条件上也要求具有连续性。由于混凝剂投加到水中后，其水解形态可能快速发生变化，通常快速混合阶段要使投入的混凝剂迅速均匀地分散到原水中，这样混凝剂能均匀地在水中水解聚合并使胶体颗粒脱稳凝集，快速混合要求有快速而剧烈的水力或机械搅拌作用，而且短时间内完成，G 值在 $700\sim1000s^{-1}$ 之内。进入絮凝反应阶段，此时要使已脱稳的胶体颗粒通过异向絮凝和同向絮凝的方式逐渐增大成具有良好沉降性能的絮凝体，因此，絮凝反应阶段搅拌强度和水流速度应随絮凝体的增大而逐渐降低，避免已聚集的絮凝体被打碎而影响混凝沉淀效果。同时，由于絮凝反应是一个絮凝体逐渐增长的缓慢过程，如果混凝反应后需要絮凝体增长到足够大的颗粒尺寸，然后通过沉淀去除，需要保证一定的絮凝作用时间，平均 G 值为 $20\sim70s^{-1}$，平均 GT 值为 $1\times10^4\sim1\times10^5$。如果混凝反应后是采用气浮或直接过滤工艺，则反应时间可以大大缩短。

(9) 共存物质的影响

存在 SO_4^{2-} 离子时，有扩大硫酸铝凝聚 pH 值范围的作用。存在 Cl^- 离子时，会使絮体形成受到阻碍而变成微细絮体。硅酸离子存在时，硫酸铝凝聚 pH 值范围明显地移向酸性范围，硫酸亚铁的最佳 pH 值也向酸性方向移动，且凝聚范围变小。偏磷酸钠含量在 5×10^{-6} 以上时，增大或减少硫酸铝投加量，都不产生絮凝体。不同的分离工艺，对形成絮体的大小和性质的要求不同。

102 影响混凝剂投加量的因素有哪些?

在给水厂的生产运行中，影响混凝效果的因素比较复杂，包括原水水质、水温、pH 值、制水量等都会影响混凝剂的投加量，以下仅略述几项主要因素。

① 各种原水的水质不同，混凝剂投加量自然随之发生变化。未受污染或轻度污染的江河水，影响加药量的主要是浊度，加药量近似和浊度大小成正比。有些水源，因排入城市生活污水和工业废水污染比较严重，有机物含量增加，氨氮明显上升，这时，氨氮成为影响加药量的因素，须根据原水的游离氨变化，调整加药量。

② 水温对加药量有明显的影响，水温低则水的黏度增大，颗粒下沉较慢，沉淀效果差，经常出观“跑矾花”现象，这时须适当增加投药量。冬季加药量往往比夏季多，有时甚至高

出 1～2 倍。投加硫酸铝时，水温产生的影响比投加铁盐时大。水温低于 5℃时，硫酸铝所形成的矾花松散而不易下沉。水温高时，混凝反应过程进行较快，矾花比较紧密，易于沉淀。所以夏季用铝盐，冬季用铁盐或另加助凝剂是一种可以尝试的办法。

③ 原水的 pH 值对混凝效果的影响很大，不同混凝剂的最佳水解反应所需要的 pH 值范围不同，如聚合氯化铝的最佳混凝 pH 值范围在 5～9 之间。原水 pH 值的改变会对混凝剂的混凝效果产生明显影响。在一些给水厂的实际生产运行过程中发现，夏秋季时由于原水中藻类的大量繁殖，使水中 pH 值升高，有时高达 8.5 以上，此时会造成矾花不够密实，沉淀去除率下降，浊度升高，出水水质变差，甚至出现无规律的翻池现象，所以需要更多的药剂投放量，增加了运行成本，并且还有出水残余铝含量增高的问题。

④ 水厂制水量的变动是无法避免的，一级泵房水泵的调度和开泵停泵会影响反应沉淀池的流量，因此加药操作必须和一级泵房水泵工作情况密切配合。特别是在水泵吸水管中加药时，应在开泵前数分钟先加药，停泵前数分钟停止加药，以保证水质和减少水泵腐蚀。水厂产水量增大或减少时，水在净水构筑物中的停留时间会相应减少或增加。水量大、停留时间短的情况下，应适当增加投药量。水量少时，虽可因停留时间延长而少加药剂，但因这时反应池中的流速降低，流速梯度小，不利于絮凝。除非停用一部分反应池而使工作的反应池达到一定的流速梯度值，否则减少投药量会降低出水水质。

103 如何确定混凝剂的投加量?

① 混凝剂投药量应根据混凝搅拌试验确定，并根据絮凝池、沉淀池实际运行情况（主要为沉后水浊度）进行适当调节。

② 根据水质变化情况，当原水发生变化或工艺调整时，第一时间进行混凝搅拌试验，优化运行工况。

③ 在运行过程中技术人员应掌握原水变化规律，可根据浊度变化规律确定混凝剂投加量对应表，重视在低温低浊、夏季高浊、夏季藻类暴发情况下的混凝剂投加量对应表及应急处理规程，保障在原水水质突变情况下出厂水质稳定。

104 如何根据矾花凝结情况判断投加混凝剂量是否准确?

① 一般情况下，浊度为 200NTU 左右的原水，结成的矾花一般是密集、细小而结实的颗粒，在反应池进口处已能明显看到。随着流速的减低，矾花逐渐增大，至反应池的后部，颗粒之间界限清楚，形成的泥水分离面清晰而透明。进入沉淀池后，产生了分离现象，矾花密度随之减低。这种情况一般说明运行正常，投加混凝剂量适宜。

如反应池后部出现泥水分离，矾花密度降低，并且在沉淀池中很快就沉淀，这说明投加混凝剂量过大；反之，当反应池中虽然也可以看到细小矾花，但在反应池后部和沉淀池进口处没有泥水分离现象，水呈浑浊模糊状，说明投加混凝剂量不足。也可依据沉淀池泥水分离位置判断投加量是否合适，即在沉淀池进口附近，如观察到明显的泥水分离，证明投加量较为合适；如果泥水分离位置距离沉淀池进口较远则投加量偏小。

② 浊度在 50NTU 以下的原水，结成的矾花一般类似小雪花片形状，密度小、颗粒轻

而结实。在反应池进水口处不能明显见到矾花，至中段和出口处才能看到类似小雪花片的矾花，进入沉淀池后，产生分离现象。这种情况一般说明运行正常，投加混凝剂量适宜。但这种矾花沉降速率缓慢，遇到水流速率过大、风力影响以及在冬季低温时难以沉淀，沉淀池出口已产生泥水分离，水质透明。当出水口处有大量矾花带出，并呈乳白色，出水浊度增加，说明投加混凝剂过量。当反应池出口处和沉淀池进口处见不到类似小雪花状的矾花，同时也没有分离透明现象，则说明投加混凝剂量不够，必须适当增加混凝剂投加量。

③ 当原水浊度已低于 10NTU 时，最好投加少量混凝剂，只要能看到矾花即可，使沉淀池出水浊度比原水浊度有所降低（降低 2～4NTU），否则细小的悬浮颗粒不易在较高的滤速中被滤层所截留与吸附，造成滤前水浊度与滤后水浊度几乎相等的现象。

④ 当原水浊度突然增高（一般出现在汛期或暴雨后），如在反应池后部矾花很小，而沉淀池进口处表层水却很清，看不见成堆的云块状矾花，但在 1m 以下则看到浑水进入时，这说明沉淀池水质将变坏，后进入的高浊度的水由于混凝剂投加量不足，大部分的悬浮杂质未充分凝聚，而潜入沉淀池下部。原来低浊度的水停留在沉淀池上层，因而产生上清下浑的现象。待到清水逐步流走后，浑浊水开始向上流动，大部分出现在沉淀池中间或出口处，这就是所谓异重流现象。当产生上述情况时，应迅速投加过量混凝剂。若原本碱度不足，还应适量加碱。过量投加混凝剂与投碱的延续时间应持续到水质好转为止。

⑤ 当原水藻类含量很高时，为了提高混凝效果，在投加混凝剂前应先加氯或其他预氧化药剂。加氯量与加矾量可通过化验室试验来确定。

105 在投加混凝剂的操作管理中应注意什么？

为了确保出水水质达到处理要求，在投药操作管理中应注意以下两点。

（1）要及时掌握原水水质变化情况

混凝剂的投加量与原水水质有很密切的关系。因此，操作人员对原水的浊度、pH 值、碱度要及时进行测定并反馈。一般每班测定 1～2 次，如原水水质变化较大时，则需 1～2h 测定 1 次，以便及时调整混凝剂的投加量。

（2）确定混凝剂的投加量

混凝剂投加量，一般先由化验室根据原水水质情况通过混凝搅拌试验，初步确定“最佳投药量”。沉淀池出水浊度控制在 3NTU 左右比较经济。因为沉淀池出水浊度过高，会增加滤池负荷，缩短滤池运行周期，增加反冲洗水量，故投加量是根据小型搅拌试验，使浊度达到 3NTU 左右时需要的投加量。投加后，如矾花凝结情况良好，沉淀出水浊度又符合要求，就不必调整投药量，否则应根据现场实际情况做适当调整。

106 混凝剂的投加方式有哪些？

投加方式一般有重力投加和压力投加两种。

（1）重力投加方式

药剂加在泵前吸水管或吸水井喇叭口处，采用水泵混合，一般适用于取水泵房距水厂较近者。为了防止空气进入水泵吸水管内，须设一个装有浮球阀的水封箱。当取水泵房距水厂较远时，也可设置液位高于加注点进水管压力的高位溶液池，利用重力将药液投入水中，这种投加方式安全可靠，但溶液池位置较高。

（2）压力投加方式

在大多数情况下，水厂的投药系统多采用压力投加。压力投加可采用水射器或计量泵。水射器投加是利用高压水在水射器喷嘴处形成的负压将药液吸入并将药液射入压力水管，优点是设备简单，使用方便，不受药液池高程所限，但效率较低，需设置水射器压力水系统，投加点背压不能超过0.1MPa，如药液浓度不当，可能引起堵塞。采用计量泵（柱塞泵或隔膜泵）不必另备计量设备，泵上有计量标志，可通过改变计量泵行程或变频调速改变药液投量，适用于混凝剂自动控制系统。

107 药剂自动投加控制方式有哪些?

如何根据原水水质、水量变化和出水水质目标，确定最优混凝剂投加量，是给水厂生产管理中的重要内容。根据实验室混凝搅拌试验确定最优投加量，虽然简单易行，但存在难以适应水质的迅速变化，以及试验与生产调节之间的滞后问题。

药剂投加量自动控制的主要方法如下。

（1）数学模型法

将原水有关的水质参数，如浊度、pH、碱度、溶解氧、氨氮和原水流量等影响混凝效果的主要参数作为前馈值，以沉淀出水的浊度作为后馈值，建立数学模型来自动调节加药量。早期多采用原水的参数进行前馈控制，目前采用前、后馈参数共同参与控制的所谓闭环控制法的研究和应用较多。采用数学模拟法的关键是要有大量可靠的生产数据，才能运用数理统计方法建立符合实际生产的数学模型。由于各地各水源的条件不同以及混凝剂的种类不同，建立的数学模型各不相同。

（2）现场小型装置模拟法

可在生产现场建造一套小型装置，模拟水厂构筑物的生产条件，找出模拟装置出水与生产构筑物出水之间的水质和加药量关系，从而得出最优混凝剂投加量的方法。此方法的关键是模拟装置和实际构筑物生产条件的相关程度。

（3）流动电流检测法

也称SCD法。流动电流指胶体扩散层中反离子在外力作用下随液体流动而产生的电流。当加药量、水中胶体颗粒浓度和水流量等参数变化时，最终反映出的是胶体颗粒残余电荷的变化即流动电流的变化，因此可以用流动电流一个参数来控制调节混凝剂投加量。SCD法由在线SCD检测仪连续检测加药后水的流动电流，通过控制器将检测值和基准值比较，给出调节信号，从而控制加注设备自动调节混凝剂投加量。

SCD主要由检测水样的传感器和检测信号放大处理器两部分组成，核心是传感器。使用时要注意分析原水水质和混凝剂是否适合采用SCD法，因为SCD对原水浊度有一定适应范围，表面活性剂、油类、农药等对流动电流测定有干扰，盐类、pH波动较大时对测定结果也有较大影响。SCD主要适用于无机类混凝剂，不适合非离子型或阴离子型高分子絮凝剂。另外，SCD对安装环境以及取样点位置都有一定的要求。

(4) 显示式絮凝控制法

也称FCD法。原理是将实测的非球状絮体换算成“等效直径”的絮体，以代表其沉淀性能，然后与沉淀池出水浊度进行比较，来确定“等效直径”的目标值，通过设定的目标值来自动控制投加量。控制系统主要由絮体图像采集传感器和计算机组成。传感器安装在絮凝池出口水流较稳定处。

108 混凝搅拌试验的作用是什么？如何开展？

混凝搅拌试验是一种模拟混合、反应、沉淀三个工艺过程的试验手段，给水厂可以通过混凝搅拌试验选择混凝剂的品种以及混凝剂最佳投量。混凝搅拌试验可指导给水厂生产运行，加强生产运行管理，或为新建、改扩建水厂的混凝沉淀过程设计以及改进混凝沉淀过程或工艺提供参数，强化水处理技术改造、生产工艺，节能降耗，节约成本。

混凝试验分为最佳投药量、最佳pH值、最佳水流速度梯度三部分。在进行最佳投药量试验时，先选定一种搅拌速度变化方式和pH值，得出最佳投药量。然后按照最佳投药量得出混凝最佳pH值。最后根据最佳投药量、最佳pH值，得出最佳的速度梯度。为模拟水厂实际运行参数，混凝试验的速度梯度应和水厂实际的速度梯度基本一致。

109 什么是强化混凝技术？

常规处理工艺对有机物的去除效果非常有限，一般为20%～30%，强化混凝是在常规处理工艺的基础上改善混凝条件，进而提高对天然有机物和浊度的去除效果，能有效去除污染水体中的悬浮颗粒、胶体杂质、总磷和藻类等污染物质。

关于强化混凝，有强化混凝、化学强化一级处理和强化絮凝等多种提法。强化混凝技术的概念还没有形成权威的解释。通常可以认为，强化混凝技术是对常规混凝中药剂混合、凝聚和絮凝任一环节或多环节的强化和优化，从而进一步提高对水中污染物，包括低分子溶解性污染物的净化效果。

强化混凝作用机理与常规混凝并无太大差别，主要包括压缩双电层作用、吸附电中和作用、吸附-架桥作用、沉淀物网捕作用和特殊混凝作用等。向污染水体投入混凝剂后，一方面通过压缩双电层和吸附电中和作用，胶体扩散层被压缩，ζ电位降低，胶体脱稳；另一方面通过吸附架桥和沉淀物网捕等作用使脱稳后的胶体相互聚结成大的絮体并沉淀，最终固液分离。新型高分子混凝剂的使用使以上作用得到强化，它不仅具有以絮凝体吸附水中非溶性大分子有机污染物的物理吸附作用，又能对水中溶解性低分子有机物产生很强的化学吸附和强氧化等多种净化效果，从而可以提高污染物的去除率。但是，要取得良好的混凝效果还和许多因素有关，其中包括混凝剂品种、混凝剂投加量、水质、水力条件、水温、碱度和pH值等。只有优化这些反应条件，使混凝剂在最佳条件下起作用，才能达到提高常规混凝效果的目的。

110 强化混凝的方法有哪些?

① 增加混凝剂投加量可产生压缩双电层作用，水解的阳离子与有机物阴离子电中和，消除由于有机物对无机胶体的影响，从而使无机胶体脱稳。

② 投加絮凝剂，增加吸附、架桥作用，使有机物易被絮体黏附而下沉。

③ 投加氧化剂，使有机物被氧化。

④ 调整混合与絮凝反应的时间，使药剂充分发挥作用，即从水力条件上改进。

⑤ 调整 pH 值，一般有机物多时，pH 值为 5～6 时效果好。

⑥ 根据试验研究结果，以投加絮凝剂和改善水力条件共同进行的方式能取得好的效果，且经济可行。

111 絮凝池的管理要点是什么?

絮凝池应经常维护和定期技术测定。

维护要求包括：按混凝要求，注意池内絮体形成情况，及时调整加药量；定期清扫池壁，防止藻类滋生；及时排泥。一般每年进行 1～2 次的技术测定，内容包括：进水流量、进出口流速、停留时间、速度梯度 G 值的验算，记录测定时的气温、水温、pH 值等。

絮凝池设计应使颗粒有充分接触碰撞的概率，又不致使已形成的较大絮粒破碎，因此在絮凝过程中速度梯度 G 或絮凝流速应逐渐由大到小，并且要有足够的絮凝时间，一般在 10～30min 之间，低温低浊水可采用较大值。平均速度梯度 G 一般在 30～60s^{-1} 之间，GT 值在 10^4～10^5。

112 沉淀工艺的种类及其特点是什么?

沉淀池按其构造的不同可以布置成多种形式。按沉淀池的水流方向可分为竖流式、辐流式和平流式。竖流式沉淀池水流向上，颗粒沉降向下，池型多为圆柱形或圆锥形，由于表面负荷小，处理效果差，基本上已不被采用。辐流式沉淀池多采用圆形，池底倾斜，水流从中心流向周边，流速逐渐减小，主要用作高浊度水的预沉。

目前，给水处理中大多数采用平流沉淀池或斜管/斜板沉淀池。其特点如下。

(1) 平流式沉淀池

平流沉淀池是一种古老的水处理工艺，应用很广，特别在城市给水厂中常被使用。经过絮凝处理的原水，絮凝体已充分结大。当水流进入平流沉淀池之后，水中的絮凝颗粒一方面随水流向前运动，一方面在重力作用下下沉，具有临界沉速 U 的颗粒恰好到达平流沉淀池的末端时沉到池底，而沉速大于 U 的颗粒在到达平流沉淀池末端以前就已到池底，沉速小于 U 的颗粒则不能沉到池底而被水流带出池外。沉到池底的颗粒定期或不定期排出池外，从而使水得以澄清。

平流沉淀池设计的关键在于均匀布水、均匀集水和及时排泥。均匀布水是指平流沉淀池进水断面上流速分布要均匀。由于絮凝池出口大多为一股或两股水流，要在比较短的距离和时间内过渡到沉淀池进口断面上且流速分布比较均匀，实属不易。为此，絮凝池出口最好能分成流量大小比较均匀的多股水流在平流沉淀池宽度和深度上均匀分布。除此之外，应加大絮凝池出口至平流沉淀池进口之间的布水段的长度，还可采用多道穿孔花墙。均匀集水是指平流沉淀池出口段出水要均匀。我国采用的指形槽集水方式很好地解决了这一问题。至于及时排泥，我国采用的桁架式吸泥机就是一种很好的排泥方式。

优点：造价较低；操作管理方便，施工较简单；对原水浊度适应性强，潜力大，处理效果稳定；带有机械排泥设备，排泥效果好。

缺点：占地面积较大；需维护机械排泥设备。

(2) 斜管/斜板沉淀池

斜管（板）沉淀池是根据“浅池理论”，在平流式沉淀池的基础上发展起来的，在给水厂的扩建改造中备受青睐。斜板与斜管比较，当上升流速小于5mm/s时，两者净水效果相差不多；当上升流速大于5mm/s时，斜管优于斜板。在我国，异向流斜管应用最为广泛。经过絮凝处理的原水经过斜管底部的配水区进入斜管。在斜管中，依靠斜管的高效沉淀性能使得水中的大颗粒絮凝体分离出来，然后沿斜管滑落至池底，采用穿孔管、污泥斗、刮泥机或吸泥机排至池外。

水在斜管（板）内停留时间一般为2～5min；斜管（板）长度常用0.9～1m；上向流斜管（板）沉淀池的垂直上升流速，一般情况下可采用2.5～3.0mm/s。

优点：沉淀效率高，出水水质好；能适应大、中、小型水厂；池体小、占地少。

缺点：斜管（板）耗用较多材料，老化后尚需更换，费用较高；对原水浊度适应性较平流式差；不设机械排泥装置时，排泥较困难；设机械排泥时，维护管理较平流式麻烦。

113 平流沉淀池的运行管理需注意什么问题?

平流沉淀池的运行管理要注意以下几点。

① 如果沉淀池底积泥过多，将减少有效容积，影响沉淀效果，故应及时排泥。沉淀池宜设置泥位监测装置，适时观测沉淀池排泥效果和积泥情况。

② 平流沉淀池必须严格控制运行水位，沉淀池出水不得淹没出水槽。

③ 平流沉淀池的总出水口应设置质量控制点，按规定监测沉后水浊度，出水浊度宜控制在3NTU以内。

④ 平流沉淀池宜每年停池检修一次。停池检修除排空死角淤泥以外，应对沉淀池池体伸缩缝进行检查，对吸泥行车水下部件以及设备进行保养维护。

⑤ 沉淀池停池和启用操作应减少滤前水浑浊度的波动。启用时应控制注水速度，缓慢恢复至沉淀池正常运行水位。

⑥ 沉淀池表水面漂浮杂物或灰尘应采取浮筒等措施进行清理。沉淀池出水槽或淹没式集水管应及时清除藻类等杂物，确保堰口光滑、平整，集水管不堵塞。

⑦ 藻类繁殖旺盛时期（对于采用湖库地表水源的给水厂，原水中藻体含量超过10^7个/L即属于高藻水源水），应采取在取水口或水厂配水井投氯或其他有效除藻措施，尽量降低对沉淀池的影响。若藻类代谢或腐败带来水质异味问题，需根据异味物质的特性进行处理，对易氧化的物质可采用加氯或高锰酸钾氧化法，对易吸附的物质可采用粉末活性炭吸附法等。

114 斜管（板）沉淀池的运行管理需注意什么问题?

① 启用斜管、斜板沉淀池时，初始的上升流速应缓慢，控制注水速度，按照设计上升流速的1/2为宜。清洗时应缓慢放水。

② 斜管、斜板表面及斜管管内沉淀产生的絮体泥渣应定期清洗。斜管、斜板每年至少清洗一次，夏季日照强烈的藻类繁殖旺盛期应加强对滋生藻类的清洗工作，并应根据老化程度适时更换。

③ 沉淀池的总出水口应设置质量控制点，按规定监测沉后水浊度。当沉淀池有分组时，宜在每组沉淀池总出水口设置控制点，监测该组沉淀池出水浊度。沉淀池出水浑浊度指标宜控制在3NTU以内。

④ 斜管、斜板沉淀池每年至少停池检修一次。停池检修除排空死角淤泥以外，应对沉淀池池体伸缩缝进行检查；对排泥系统的水下部件以及设备进行保养维护。

⑤ 沉淀池出水槽或淹没式集水管的藻类等杂物应及时清除，确保堰口光滑、平整，集水管不堵塞。

115 目前我国平流沉淀池的主要问题有哪些?

当前国内部分自来水厂的平流沉淀池由于建设年代较久，工艺设备使用寿命偏长，普遍存在着产水量低、出水浊度高、排泥含水率高、投药量大的问题，以及排泥设备老化带来的运行安全、运行效能下降问题，亟需进行优化改造，以提高净水效能。此外，部分水厂存在着扩能需求，需要在不增加占地的前提下对现有的平流沉淀池进一步挖掘潜能或加大处理能力。

目前发现的较为普遍的运行问题有：

① 由于吸泥行车匀速行驶，靠近平流式沉淀池进水端至前端1/10池长处积泥最多，在夏季原水浊度高时，此处的排泥浓度可达其他区域的4～7倍。这种运行方式导致沉淀池前端沉泥多，后端排泥浓度低。

② 集水槽跑矾花现象严重，造成沉淀池出水浊度高，有时是由于低温低浊的原水形成的矾花细小、轻且易破碎，沉淀效果不好的原因，也有的是由于集水槽溢流负荷偏高、局部流速过大、出水不均匀的原因。

③ 排泥设备超过设计使用年限，部分主要设备运行中经常出现问题。

116 如何进行平流沉淀池的改造?

针对平流沉淀池的改造措施主要有：

① 将虹吸式排泥车更换为运行更稳定、排泥含水率更低的新型桁架式刮泥机；

② 调整优化排泥行车运行方式，提高排泥的含泥率，延长排泥周期，减少运行次数，降低生产耗水率和制水生产成本；

③ 将配水花墙进水方式改造为格栅式配水墙，改善配水条件；

④ 增加集水槽的长度；

⑤ 合理增设导流墙等。

还有在不改变平流沉淀池整体结构和不新增占地的条件下，将原平流沉淀池改造为平流/斜管沉淀池或平流沉淀/气浮池的方式，并已有成功改造案例。如四川彭州市某自来水厂将平流沉淀池（总长 57.9m）后段 25m 改造为斜管沉淀池，最大限度发挥沉淀池前置平流、后置斜管的两级沉淀协同作用，在原水水质 20NTU 以内时，沉淀池出水浊度能稳定保持在 3NTU 以内，并实现了制水量由 $9\times10^4m^3/d$ 提升到 $12\times10^4m^3/d$。需要注意进水区高度应尽可能提升，以保证处理水以尽可能低的流速进入，不将底部沉泥冲起。气浮与沉淀相结合的平流沉淀池改造，主要是为了应对藻类含量季节性变化或铁含量季节性超标，在不同原水条件下通过调整运行方式达到良好的处理效果，在部分水厂也有应用。

117 高密度沉淀池的原理和特点是什么?

高密度沉淀池是由法国 Degremont 公司研究出的一种新型沉淀池，在国内外给水厂均有应用。其在传统的平流沉淀池的基础上，充分利用动态混凝、加速絮凝原理和浅池理论，综合了斜管沉淀和泥渣循环回流的优点。其工作原理基于以下五个方面：

① 原始概念上整体化的絮凝反应池；

② 推流式反应池至沉淀池之间的慢速传输；

③ 泥渣的外部再循环系统；

④ 斜管沉淀机理；

⑤ 采用混凝剂和高分子助凝剂。

沉淀池由絮凝区、推流区、沉淀区和浓缩区以及泥渣回流系统和剩余泥渣排放系统组成。投加混凝剂的原水经过快速混合后进入絮凝区，并与沉淀池浓缩区的回流泥渣混合，在絮凝区中加入助凝剂（PAM）并完成絮凝反应。反应采用螺旋搅拌器，经搅拌后的原水以推流方式进入沉淀区。在沉淀区中泥渣下沉，澄清水经斜管分离后由集水槽收集出水。沉降的泥渣在沉淀池下部浓缩，浓缩泥渣部分回流，部分剩余污泥排放。高密度沉淀池的主要优点是采用了池外泥渣回流方式和投加高分子絮凝剂，使絮凝形成的絮体均匀和密集，因而具有较高的沉降速度。沉淀池下部设置较大的浓缩区，使排放污泥的含固率可达 3%以上，减少了水厂自用水耗水率，并有利于污泥的处理（当需污泥脱水时，可省去浓缩池）。

高密度沉淀池的主要特点是：

① 出水水质好　通过斜管分离产生优质的出水。

② 耐冲击负荷　受流量或污染负荷变化的影响较小，含砂原水的最大浊度可达 1500NTU。

③ 运行成本低　与现有工艺相比，节约 10%～30%的药剂。

④ 排放的污泥浓度高　一体化污泥浓缩避免了后续的浓缩工艺，与静态沉淀池相比，水量损失非常低。

⑤ 沉淀效率高　负荷可达 $20\sim120m^3/(m^2\cdot h)$，是结构最紧凑的沉淀池之一，减少了土建造价且节约了安装用地。

118 澄清工艺的种类及其特点是什么?

澄清池是综合混凝和泥水分离过程的净水构筑物，利用池中积聚的泥渣与原水中的杂质颗粒相互接触、吸附，达到清水较快分离的目的。水流基本为上向流。澄清池具有生产能力高、处理效果较好等优点；但有些澄清池受原水的水量、水质、水温及混凝剂等因素的变化影响比较明显。

目前，给水处理中澄清池主要有机械搅拌澄清池、水力循环澄清池、脉冲澄清池三种形式。按泥渣的情况，澄清池又可以分为泥渣循环和泥渣悬浮等形式。其中，机械搅拌澄清池和水力循环澄清池属于泥渣循环型，脉冲澄清池属于泥渣悬浮型。各自特点如下。

(1) 机械搅拌澄清池

机械搅拌澄清池将混合、絮凝反应及沉淀工艺综合在一个池内，应用较为广泛，池型见图 4-1。机械搅拌澄清池属于泥渣循环分离型澄清池。池中心有一个转动叶轮，将原水和加入的药剂同澄清区沉降下来的回流泥浆混合，促进较大絮体的形成。泥浆回流量为进水量的 3～5 倍，可通过调节叶轮的开启度来控制。为保持池内浓度稳定，要排除多余的污泥，所以在池内设有 1～3 个泥渣浓缩斗。当池径较大或进水含砂量较高时，需装设机械刮泥机。

机械搅拌澄清池一般为圆形池子，进水悬浮物含量一般小于 1000mg/L，短时间内允许达 3000～5000mg/L，适用于大、中型水厂。

优点：处理效率高，单位面积产水量较大；适应性较强，处理效果较稳定；采用机械刮泥设备后，对较高浊度水（进水悬浮物含量 3000mg/L 以上）处理也具有一定适应性。

缺点：需要机械搅拌设备；维修较麻烦。

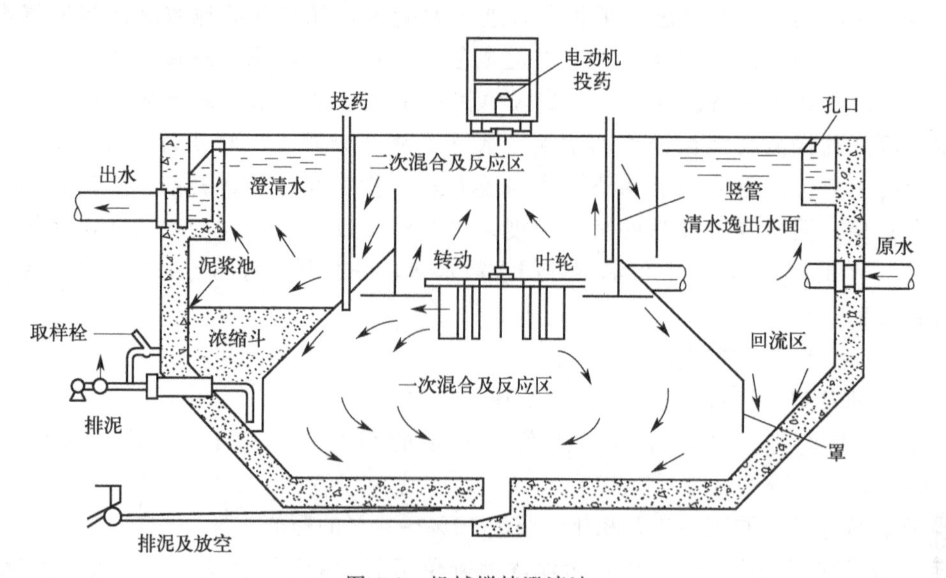

图 4-1 机械搅拌澄清池

(2) 水力循环澄清池

池型构造如图 4-2 所示。原水由底部进入池内，经喷嘴喷出。喷嘴上面为混合室、喉管和第一反应室。喷嘴和混合室组成一个射流器，喷嘴高速水流把池子锥形底部含有大量絮凝体的水吸进混合室内和进水混合后，经第一反应室喇叭口溢流出来，进入第二反应室中。吸进去的流量称为回流，一般为进口流量的2～4倍。第一反应室和第二反应室构成了一个悬浮物区，第二反应室出水进入分离室，相当于进水量的清水向上流向出口，剩余流量则向下流动，经喷嘴吸入与进水混合，再重复上述水流过程。

水力循环澄清池的工作原理和机械搅拌澄清池相似，不同处在于不用机械而用水力在水射器的作用下进行混合和泥渣循环。进水悬浮物含量一般小于1000mg/L，适用于中小型水厂。

优点：无机械搅拌设备；无须机械搅拌设备，构造较简单，运行管理较方便；锥底角度大，排泥效果好。

缺点：反应时间较短，造成运行上不够稳定；不能适用于大水量，对水质、水温变化适应性较差；投药量大；要消耗较大的水头。

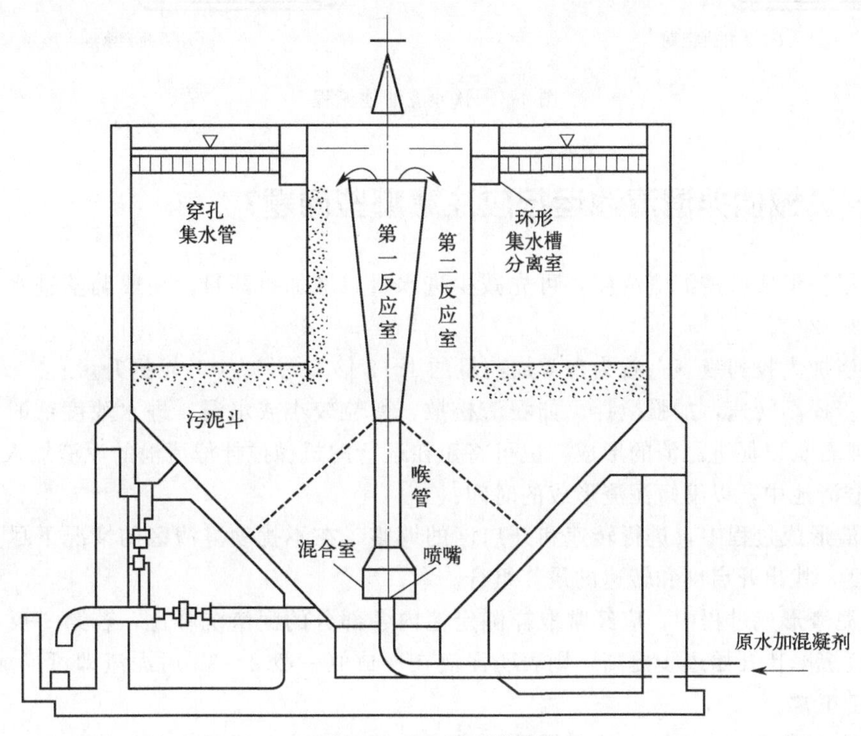

图4-2　水力循环澄清池

（3）脉冲澄清池

图4-3为脉冲澄清池流程。通过配水竖井向池内脉冲式间歇进水。在脉冲作用下，池内悬浮层一直周期性地处于膨胀和压缩状态，进行一上一下的运动。这种脉冲作用使悬浮层的工作稳定，断面上的浓度分布均匀，并能加强颗粒的接触碰撞，改善混合絮凝的条件，从而提高了净水效果。

脉冲澄清池主要由脉冲发生器系统、配水稳流系统、澄清系统、排泥系统四个系统组成。脉冲周期一般为30～40s，其中充放时间比为（3～4）∶1。特点在于急速均匀的混合，泥渣的充分吸附，间歇静止的沉淀。进水悬浮物含量一般小于1000mg/L，短期不超过3000mg/L。

优点：虹吸式机械设备较为简单，无水下的机械设备，便于维护；混合充分，布水较均匀；池深较浅，构造简单，便于布置，也适用于平流式沉淀池改建。

缺点：真空式需要一套真空设备，较为复杂；虹吸式水头损失较大，脉冲周期较难控制；操作管理要求较高，排泥不好影响处理效果；对原水水质和水量变化适应性较差。

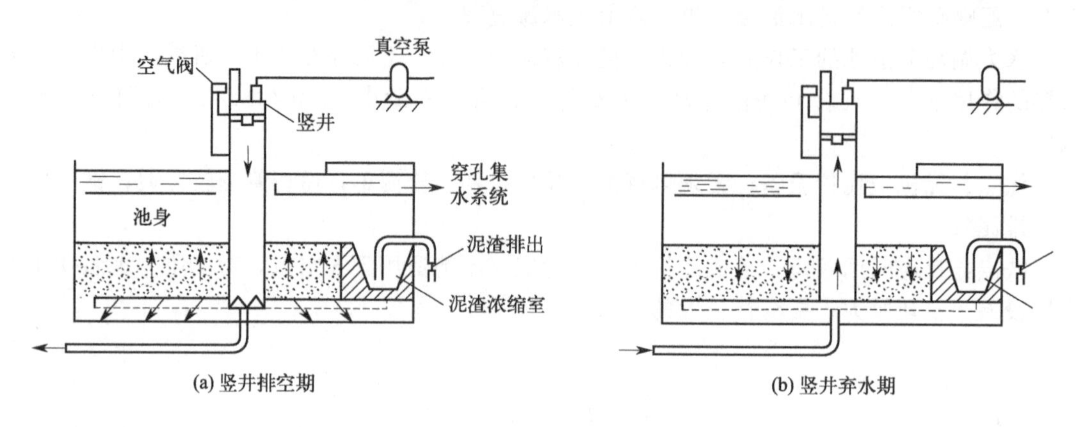

图 4-3 脉冲澄清池流程

119 机械搅拌澄清池运行应注意哪些问题?

① 应尽快形成所需泥渣浓度，可先减少进水量，增加投药量，一般调整进水量为设计流量的 1/2～2/3。

② 适当加大投药量（一般为正常加药量的 1～2 倍），并减少叶轮提升量。

③ 逐步提高转速，加强搅拌。如泥渣松散，絮粒较小或水温、进水浊度低时，可适当投加黏土或石灰以促进泥渣的形成，也可将正在运行的机械搅拌澄清池的泥渣加入新运行的机械搅拌澄清池中，以缩短泥渣形成的时间。

④ 泥渣形成过程中，进行转速和开启度的调整，在不扰动澄清区的情况下尽量加大转速和开启度，找出开启度和转速的最佳组合。

⑤ 在泥渣形成过程中，应经常取样测定池内各部分的泥渣沉降比，若第一反应室及池子底部泥渣沉降比开始逐步提高，则表明泥渣在形成（一般 2～3h 后泥渣即可形成），此时运行已趋于正常。

⑥ 泥渣形成后，出水浊度达到设计要求时，可逐步减少药量至正常加注量，然后逐步增大进水量。每次增加水量不宜超过设计水量的 20%。水量增加间隔不小于 1h，待水量增至设计负荷后，应稳定运行不小于 48h。

⑦ 机械搅拌澄清池出水浑浊度指标宜控制在 3NTU 以内，总出水口应设置质量控制点，按规定监测出水浊度。

⑧ 回流量与设计水量的比为（3～5）：1，即第二絮凝室提升水量为进水流量的 3～5 倍。

⑨ 清水区上升流速一般采用 0.8～1.1m/s，当处理低温、低浊水时可采用 0.7～0.9m/s。

⑩ 水在池中的总停留时间为1.2～1.5h。第一絮凝室和第二絮凝室停留时间一般控制在20～30min，第二絮凝室反应时间为0.5～1min。

⑪ 为了使配水均匀，可采用三角配水槽缝隙或空口出流以及穿孔管配水等；为防止堵塞也可以采用底部进水方式。

⑫ 加药点一般设于池外，在室外完成快速混合。第一反应室可设辅助加药管以备投加助凝剂。

⑬ 软化时应将石灰投加在第一反应室内，以防止堵塞进水管道。

⑭ 清水区高度为1.5～2.0m。

⑮ 集水方式可选用淹没孔集水槽或三角堰集水槽，过孔流速为0.6m/s，池径较小时采用环形集水槽，池径较大时采用辐射集水槽及环形集水槽，集水槽中流速为0.4～0.6m/s，出水管流速为1.0m/s。

120 水力循环澄清池运行前应注意哪些问题？

水力循环澄清池对水质、水温变化适应性差，故在运行中必须加强管理，应做到勤检测、勤观察、勤调节。运行前完成如下准备工作。

① 清除池内积水及杂物，检查各部管线闸阀是否完好。

② 测定原水浊度、pH值、试验所需要投加混凝剂量。

③ 将喉管与喷嘴口的距离先调节到等于2倍喷嘴直径的位置。

④ 当原水浊度在200NTU以下时，应准备好50～100kg黄泥。黄泥颗粒要均匀，重而杂质少。投加黄泥的方法有干投法和湿投法两种。干投法是将泥块打碎，过筛去除石子和垃圾后加到第一反应室。湿投法是先把去除了杂质的泥块用水搅拌成泥浆加到水泵吸水口，或加到吸水管与第一反应室。湿投法操作过程虽比干投法麻烦，但效果比干投法好。

⑤ 准备好混凝剂溶液，其量要比正常投药量多3～4倍。

121 水力循环澄清池初次运行时应注意哪些问题？

水力循环澄清池初次运行时应注意以下问题。

① 原水浊度在200NTU以上时，可不加黄泥。进水流量控制在设计流量的1/3。混凝剂投加量要比正常增加50%～100%，即能形成活性泥渣。

② 原水浊度低于200NTU时，将准备好的黄泥一部分先倒入第一反应室，然后池子开始进水，进水量为设计水量的70%左右，其余黄泥根据原水浊度情况逐步加入。总投加黄泥量应根据原水浊度酌情而定。混凝剂投加量为正常投药量的3～4倍。

③ 当池子开始出水时，还要密切注意出水水质情况，如水质不好应排放，不能进入滤池。

④ 当池子开始出水时，要仔细观察分离区与反应池水质变化情况。如分离区的悬浮物产生分离现象，并有少量矾花上浮，而面上的水不是很浑浊，第一反应室水中泥渣含量却有所增高，一般可以认为投药和投泥适当。如第一反应室水中泥渣含量下降，或加泥时水浑浊，不加时变清，则说明黄泥投加量不足，需继续增加黄泥投加量。当分离区有泥浆水向上

翻，则说明投药量不足，悬浮物不能分离，需增加投药量。

⑤ 测定各取样点的泥渣沉降比。泥渣沉降比反映了反应过程中泥渣的浓度与流动性，是运行中必须控制的重要参数之一。若喷嘴附近泥渣沉降比增加快，而第一反应室出口处却增加很慢，这说明回流量过小，应立即调节喉嘴距，增加回流量，使其达到最佳位置。

⑥ 如有两个澄清池，其中一个池子的活性泥渣已形成而另一个未形成，则可利用已形成活性泥渣的池子，在排泥时暂时停止进水，打开尚未形成活性泥渣的池子的进水闸阀，把活性泥渣引入该池。若一次不够，可进行多次，直至活性泥渣形成。澄清池的初次运行实际上是培养活性泥渣的阶段，为正常运行创造必要的条件。

122 水力循环澄清池正常运行时应注意哪些问题?

水力循环澄清池宜连续运行，并应注意以下问题。

① 每隔 1～2h 测定一次原水与出水的浊度和 pH 值，如水质变化频繁时，测定次数应增加。

② 水力循环澄清池的出口应设质量控制点，浑浊度指标宜控制在 3NTU 以下。

③ 操作人员应根据化验室试验所需投加量，找出最佳控制数据，使出水水质符合要求。操作人员应在日常工作中摸索出原水浊度与混凝剂投加量之间的一般规律。

④ 当原水 pH 值过低或过高时，应加碱和加氯助凝。

⑤ 每隔 1～2h，测一次第一反应室出口与喷嘴附近处泥渣的沉降比。掌握泥渣沉降比、原水水质、混凝剂投加量、泥渣回流量与排泥时间之间变化关系的规律。一般原水浊度高，水温低，泥渣沉降比要控制得小一些；相反要控制得大一些。一般当泥渣沉降比达到 15%～30%时应排泥，具体应根据原水水质情况来确定。

⑥ 掌握进水管压力与进水量之间的规律，避免由于进水量过大而影响出水水质，或因水压过高、过低而影响泥渣回流量。进水量一般可根据进水压力进行控制。

⑦ 必须掌握气温、水温等外界因素，保持运行池内泥渣量平衡，不使水质因泥渣过少或过多而变差。排泥历时不能过长，以免排空活性泥渣而影响池子正常运行。

⑧ 短时间停运后恢复投运时，应先开启底阀排除少量积泥，适当增加投药量，进水量控制在正常水量的 70%，待出水水质正常后，逐步增加到正常水量，同时减少投药量至正常投加量。

123 水力循环澄清池存在哪些问题? 其技术改进措施是什么?

水力循环澄清池存在的问题主要有以下几个方面。

① 泥渣回流量难以控制。水力循环澄清池在运行过程中，排泥为人工控制。因人为因素经常造成活性泥渣不足，或是旧泥渣过剩，使水力分布不均。失去原有平衡，形成不良的水力循环，既浪费了人力物力，又增大了维护检修费用。

② 反应室容积较小，反应时间较短，回流泥渣接触絮凝作用的发挥受到影响，矾花絮体松散，密度小，混合反应及净化效果相对较差，从而造成耗矾量较大。

③ 原水浊度低或短时间内水量、水质和水温变化较大时，运行效果不够稳定。适应性

较差，在一定程度上抑制了水力循环功能的发挥。

④ 喷嘴、喉管处阻力较大，造成水头损失增大，能量消耗相应较大。

基于传统水力循环澄清池存在着上述薄弱环节，可对其进行以下技术改进。

① 取消进水管处的喷嘴和喉管。将喉管扩大直径改造成絮凝筒，在絮凝筒内的进水管水平安装两只同向喷嘴，使泥渣回流。改造后喷嘴流速约为原喷嘴流速的1/2，水头损失减小，能耗明显降低。

② 取消澄清池内壁的两只泥渣浓缩斗。设置池底泥渣浓缩室，安装自动排泥装置。该装置根据池内运行工况要求，自动采集池底泥渣浓缩室泥渣层界面浊度指数，在确保活性泥渣能正常发挥作用的前提下，实行全自动排泥控制。有效地控制因人为控制因素造成的活性泥渣不足或是旧泥渣过剩，从而产生水力分布不平衡，形成不良的水力循环，影响净水效果。

③ 在第二絮凝室下部设置向池中心倾斜的裙板，倾斜角度40°左右，以利于泥渣回流。在改造过程中，要结合原设计数据和产水量要求，精心计算好第一絮凝室和第二絮凝室的停留时间及各反应室的过水流速等水力条件，保证在分离室悬浮层的2/3以下形成横向水力大循环。

④ 根据原水情况，通过计算选取适当孔径和角度，增置斜管，以提高分离室上升流速，利于隔离澄清。而且利用斜管孔内下滑的泥渣，形成轻微的纵向小循环，使漂浮层的矾花再度碰撞、凝结滑进横向循环区，同时依靠向心力惯性挤压、结核、絮凝成球，密度增大迅速沉降分离。

124 脉冲澄清池运行应注意哪些问题?

脉冲澄清池初始运行时应注意：

① 初始运行时水量宜为正常水量的50%左右；

② 投药量应为正常投药量的1～2倍；

③ 当原水浑浊度偏低时，在投药的同时可投加石灰或黏土，或在空池进水前通过底阀把相邻运行澄清池的泥渣压入空池内，然后再进原水；

④ 应调节好冲放比，初运行时冲放比宜调节到2∶1；

⑤ 当悬浮层泥浆沉降比达到10%以上，出水浑浊度基本达标后，方可逐步增加水量，每次增水间隔不应少于30min，且量不大于正常水量的20%；

⑥ 当出水浑浊度基本达标后，方可逐步减少加药量，直到正常值，并适当提高冲放比至正常值。

脉冲澄清池短时间停运后重新投运时应注意：

① 应打开底阀，先排除少量底泥；

② 恢复运行时水量不应大于正常水量的70%；

③ 恢复运行时，冲放比宜调节到2∶1；

④ 宜适当增加投药量，为正常投药量的1.5倍；

⑤ 当出水浑浊度达标后，应逐步增加水量至正常值，逐步减少投药量至正常值。

脉冲澄清池在正常运行期间应注意：

① 宜连续运行，不宜超负荷运行；

② 定时排泥，或在浓缩室设泥位计，根据浓缩室泥位适时排泥；

③ 适时调节冲放比，冬季水温低时，宜用较小冲放比；

④ 脉冲澄清池的出口应设质量控制点，浑浊度指标宜控制在3NTU以下。

125 气浮工艺的原理及特点是什么？

气浮是在水中产生大量细微气泡，使其黏附于水中细小悬浮颗粒上，形成整体密度小于水的“气泡颗粒”复合体，悬浮粒子随气泡一起浮升到水面，形成泡沫浮渣，从而达到固液分离的一种工艺。由于空气的密度比水小得多，只有水的1/775，因此黏附了一定数量微气泡的絮粒，其上浮速度比原絮粒的下沉速度快得多，从而造成气浮法比沉淀法的分离时间短得多。由于气泡的密度远小于水，浮力很大，因此，能促使絮粒迅速上浮，从而提高了固液分离速度。

其优点包括：

① 气浮工艺水力负荷高，池体紧凑，截留悬浮固体尤其是细小絮体的效率高，在高水力负荷下除藻能力强；

② 出水的化学和生物性质优良且稳定性高；

③ 药剂消耗较少，而且经常不需要助凝剂；

④ 启动迅速，承受周期性中断运行的能力强；

⑤ 对原水水质和水力负荷的变化有较强的抗冲击能力，产生的污泥含固率较高，相应的污泥处置费用较省。

同时，溶气气浮工艺也有一些缺点，其工艺复杂，控制参数多，电能消耗较大，运营成本较高，此外对工艺管理人员的要求较高。

126 气浮工艺在给水厂怎样应用？

由于气浮是依靠气泡来托起絮粒的，絮粒越多、越重，所需气泡量越多，故气浮一般不宜用于高浊度原水的处理，而较适用于：

① 低浊度原水（一般原水常年浊度在100NTU以下）；

② 含藻类及有机杂质，尤其是腐殖质含量较高的原水；

③ 低温度水，包括因冬季水温较低而用沉淀、澄清处理效果不好的原水；

④ 水源受到污染，色度高、溶解氧低的原水。

127 气浮池的布置形式有哪些？

气浮池的布置形式较多，根据原水水质特点及与前后构筑物衔接等条件，已建成应用了多种形式的气浮池，不仅有平流与竖流式、方形与圆形的传统布置方式，还出现了气浮与絮凝、气浮与沉淀、气浮与过滤相结合的新形式。

平流式气浮池是目前采用较多的一种形式，其特点是池深浅，有效水深约2m左右，造价低，管理方便，但与后续滤池在高程上不易匹配。

竖流式气浮池池型高度较大，水流基本上是纵向的。接触室在池中心部位，水流向四周扩散，水流条件比平流式的单侧出流要好，在高程上也容易与后续滤池配合。但该池型的分离区水深过大，停留时间过长，浪费了一部分水池容积。为弥补这一缺陷，出现了与絮凝相结合的竖流式气浮池。

气浮池适宜于浊度较低、水中悬浮杂质较轻的原水，但不少地区在一年内往往会出现一段时间的浊度偏高。为使气浮池适应这种原水变化，可以考虑将一部分或大部分较重的颗粒先通过沉淀予以去除，然后将另一部分较轻、尚未沉淀的颗粒通过气浮去除，充分发挥两种处理方法的特点，因此出现了沉淀与气浮相结合的浮沉池工艺。具体实施可以在斜管（板）沉淀池的基础上，将进水和出水部分加以改造，安装气浮设备，成为兼有气浮池和沉淀池作用的池型，在冬季低温低浊水时或藻类大量繁殖季节，以气浮方式运行；当原水浊度较高时，按沉淀池运行。这种池型的特点在于采用前段沉淀后段气浮的格局，并可通过上下叠合布置节约占地面积，当沉淀出水已符合要求时，气浮装置可以不开，节约能耗，并且按先重后轻的顺序去除颗粒物质，更能发挥沉淀、气浮各自所长。

128 过滤的原理是什么?

过滤的机理主要涉及两个过程：①颗粒脱离水流流线，从孔隙中向滤料颗粒表面迁移的机理；②颗粒接近或接触到滤料颗粒时在滤料表面的吸附机理。

颗粒迁移一般认为由以下几种作用引起：拦截、沉淀、惯性、扩散和水动力作用等。颗粒尺寸较大时，处于流线中的颗粒会直接碰到滤料表面产生拦截作用；颗粒沉速较大时会在重力作用下脱离流线，产生沉淀作用；颗粒具有较大惯性时也可以脱离流线与滤料表面接触（惯性作用）；颗粒较小、布朗运动较剧烈时会扩散至滤粒表面（扩散作用）；在滤料表面附近存在速度梯度，非球体颗粒由于在速度梯度作用下，会产生转动而脱离流线与颗粒表面接触（水动力作用）。对于上述迁移机理，目前只能定性描述，其相对作用大小尚无法定量估算。可能几种机理同时存在，也可能只有其中某些机理起作用。

吸附机理认为接触絮凝是主要的吸附作用，主要决定于滤料和水中颗粒的表面物理化学性质，未经脱稳的悬浮颗粒过滤效果差就是证明。不过在过滤后期，当滤层中孔隙尺寸逐渐减小时，表层滤料的筛滤作用也不能排除，但这种现象并不希望发生。

129 滤池在给水厂的作用和主要类型是什么?

原水经过混凝沉淀后还不能饮用，只有经过过滤和消毒才能达到国家生活饮用水卫生标准。水流通过粒状材料或多孔介质以去除水中杂物的过程称为过滤，用来进行过滤的粒状材料称为滤料，一般有石英砂、无烟煤、重质矿石等。滤池通常置于沉淀池或澄清池之后，只有当原水水质较好时，才可采用原水直接过滤。过滤是地表水常规处理中最重要的环节，是不能省略的工序，其效果好坏直接影响到出厂水水质。

滤池的工作可分为三个阶段：

① 成熟期，开始使用的清洁滤料净水效果不高，需要降低水流速或实行初滤排水；

② 过滤期，滤料表层因胶体物质和细菌的沉淀而逐步形成胶质的生物膜，净水效果提高，可截留或吸附较多的杂质和细菌；

③ 清洗期，使用若干时间后，滤速减慢，效率下降，需停止过滤，清洗滤料。

过滤的效果决定于滤料层的厚度、滤料粒径的适当组合、滤速、滤池构造和管理等因素。滤料要求有一定的机械强度，并不含铅、锌、铜等金属和氰化物等有害物质，在填入滤池使用前，应先冲洗干净。

滤池有不同的分类方式。按滤速大小可以分为快滤池（>5m/h）和慢滤池（0.1～0.2m/h）。按滤料的组合方式可以分为单层滤料滤池、双层滤料滤池、多层滤料滤池。按水流流向可以分为上向流滤池和下向流滤池。按控制方式可以分为普通快滤池（含单阀、双阀、四阀、鸭舌阀等）、无阀滤池、虹吸滤池、移动罩滤池、V型滤池、翻板滤池。目前，国内常见的滤池形式主要包括普通快滤池、V型滤池、翻板滤池、多层滤料滤池、无阀滤池、虹吸滤池等。

130 什么是快滤池？特点是什么？

快滤池通常指具有4个阀门的普通快滤池，又称四阀滤池。普通快滤池是最早被广泛采用的池型，过滤时，滤池进水和清水支管的阀门开启，原水自上而下经过滤料层、承托层，经过配水系统的配水支管收集，最后经由配水干管、清水支管及干管后进入清水池。滤料一般为单层细砂级配滤料或煤、砂双层滤料，当出水水质不满足要求或滤层水头损失达到最大值时，滤料需要进行反冲洗。普通快滤池一般采用单水反冲洗，反冲洗水来源于屋顶水箱或水塔；也可采用反冲洗泵进行反冲洗，反冲洗水来源于水厂清水池或专用的冲洗水池。为使滤料层处于悬浮状态，反冲洗水经配水系统干管及支管自下而上穿过滤料层，均匀分布在滤池平面，冲洗废水流入排水槽、浑水渠排走。

快滤池具有以下特点：

① 有成熟的运转经验，运行稳妥可靠；

② 采用砂滤料，材料易得，价格便宜；

③ 采用大阻力配水系统，单池面积可做得较大，一般不宜大于100m^2，池深较浅；

④ 可采用降速过滤，易于保证出水水质；

⑤ 阀门多，管道较复杂。

131 快滤池运行前的准备工作和试运行要点有哪些？

① 消除滤池内杂质，检查滤料级配是否合格，滤料面是否平整，厚度是否足够（初铺滤料要比设计厚度多5cm左右）。

② 检查各管道阀门是否正常。

③ 滤池初次投入运转或更换滤料、添加滤料时，都应对滤池反复冲洗，直至滤料清洁，同时洗去不合规格的细小颗粒。另外，运行前应对滤料进行消毒处理。消毒剂可使用氯水或漂白粉，投加量按有效氯0.05～0.10kg/m^3滤料计算。

④ 测定初滤时的水头损失和滤速，并用出水阀门进行调节。初始水头损失约0.4～0.6m，滤速应符合设计要求。

⑤ 如果进水浊度满足设计要求（不大于10NTU），而滤池水头损失增长很快，运行周期比设计要求短很多，可能是滤料太细或级配不合格，可将滤料表层细砂除去3cm左右。

⑥ 如果进水浊度不大于10NTU，而出水浊度超过3NTU，则可能是滤料粒径太大，或者厚度不足，或者是滤速太高等原因引起杂质穿透。对不同情况，应采取相应措施。

⑦ 试运行的3～6个月，应记录每一个滤池的性能实测参数，包括滤料含污量、滤速、冲洗强度与耗水率、过滤水量周期、滤料高度、滤层膨胀度等，以核实性能状况。

132 快滤池的运行要点有哪些?

① 冲洗滤池前，在水位降至距砂层200mm左右时，应关闭出水阀。开启冲洗阀（一般在1/4）时，应待气泡全部释放完毕，方可将冲洗阀逐渐开至最大。

② 有表层冲洗的滤池表层冲洗和反冲洗间隔一致。

③ 冲洗滤池时，排水槽、排水管道应畅通，不应有壅水现象；冲洗水阀门应逐渐开大，高位水箱不得放空。

④ 反冲洗时注意观察是否均匀。

⑤ 过滤过程中清水阀开度应避免变化过快，否则易导致滤料吸附的杂质析出造成滤后水质变差。

⑥ 滤池冲洗后上水时注意池中水位和进水速度，水位太低或进水速度过快，容易导致滤层冲坑（滤料面起伏不平）现象，造成局部滤层厚度降低，影响过滤效果。池中的水位不得低于排水槽，严禁暴露砂层。

⑦ 滤池均应在过滤后设置质量控制点，滤后水浊度应小于设定目标值。设有初滤水排放设施的滤池，在滤池冲洗结束重新进入过滤过程后，清水阀不能先开启，应先进行初滤水排放，待滤池初滤水浊度符合水厂设定标准时，才能结束初滤水排放和开启清水阀。

⑧ 当滤池水头损失超过上限或滤后水浊度大于设定目标值或运行时间超过48h时，应进行冲洗。

⑨ 每年测定两次滤层厚度，全年滤料跑失率不应大于10%。每年对每格滤池进行滤层抽样检查，含泥量不应大于3%，并记录归档。采用双层滤料时，砂层含泥量不应大于1%，煤层含泥量不应大于3%。

⑩ 滤池停用一周以上，应将滤池放空，恢复时必须进行反冲洗后才能重新启用。若出现滤层滤干的情况，要用清水倒压，赶走滤层空气后再进行过滤。

133 双层滤料滤池的特点是什么?

双层滤料滤池上层一般为无烟煤，下层为石英砂。与普通快滤池相比，双层滤料滤池具有截污能力高、出水水质稳定、滤速高、过滤周期较长等优点。一般采用普通快滤池和翻板滤池布置，滤速一般采用9～12m/h，强制滤速采用12～16m/h，在原水低温低浊时间较长的地区，滤速应适当降低。为防止冲洗时煤粒流失，在全年不同水温时应使滤层的膨胀率基本相同，因此至少在一年内高水温和低水温时采用两种冲洗强度，数值范围可采用13～16L/(s·m^2)。

接触双层滤池指的是将过滤原理用于双层滤料滤池，计算、布置和设计原则与双层滤池相同。药剂直接投加在进滤池的原水中，不经混凝沉淀（澄清），滤池同时起着凝聚的作用。在原水浊度较低时，可作为综合的一次净水处理构筑物使用，适用于进水浊度不超过

50NTU 的净化处理。该类型滤池对原水水质、投药点、投药量十分敏感，可考虑在水泵吸水管、出水管或进滤池前多设几个混凝剂投加点，通过实践进行比较以确定最佳投药点。宜采用铁盐做混凝剂。

134 多层滤料滤池的特点是什么?

多层滤料滤池指滤料层有两层或两层以上的滤池，目前最多为三层。

三层滤料滤床，也称反粒度滤床。滤床中，大粒径、小密度的滤料在上层，中粒径、中密度的滤料在中间，小粒径、大密度的滤料在下层。三种滤料平均粒径由上而下逐渐变小，可以使滤池的截泥能力得到充分发挥。目前主要采用的滤料组合类型是轻质滤料（无烟煤或焦炭）、石英砂、重质滤料。

对于滤料的材料性质有一定要求。滤料必须具有良好的化学稳定性，足够的机械强度和为避免三种不同粒径滤料混杂所必需的密度要求。一般重质滤料多采用磁铁矿（Fe_3O_4），相对密度为 4.7～4.8，莫氏硬度为 6 左右。河滩和海滩边的石英砂都可使用，相对密度一般都在 2.65 左右。无烟煤用于双层滤料滤池已有不少经验，用于三层滤料滤池也是可行的，相对密度为 1.4～1.6，颗粒形状以多面体为宜，片状和针状的无烟煤过滤效果较差，容易流失。

三层滤料滤池的滤速与待滤水的水质、水温和工作周期相关，并且明显高于普通快滤池和 V 型滤池。一般正常滤速为 16～18m/h，强制滤速为 20～24m/h，过滤周期约为 8～24h。在常年水温较高地区可取上限。由于滤速高，过滤起始水头损失较大，为了充分发挥其过滤效能，极限水头损失不宜过小，一般采用 2.5～3.0m，滤层表面以上水深一般为 1.8～2m。同时，不宜采用大阻力配水系统，以免加大过滤起始的水头损失，影响过滤周期。常用的配水系统有滤砖、三角槽及孔板尼龙网等中阻力配水系统。三层滤料所要求的冲洗强度比单层或双层滤料要高，膨胀率以 55%为宜。

135 V 型滤池的特点是什么?

V 型滤池是指一种以恒定水位过滤的快滤池，因为其进水槽形状呈 V 字形而得名。采用 V 型进水槽的目的在于沿滤格长度方向均匀分配进水，同时起到均匀分配表面扫洗水的作用，因此也叫均粒滤料滤池（其滤料采用均质滤料，即均粒径滤料），六阀滤池（各种管路上有六个主要阀门）。它是我国于 20 世纪 80 年代末从法国得利满公司引进的技术。

V 型滤池采用较粗、较厚的均匀颗粒的石英砂滤层，过滤时待滤水由进水总渠经进水阀和方孔后，溢过堰口再经侧孔进入 V 型槽，分别经槽底均布的配水孔和槽顶进入滤池。被均粒滤料滤层过滤的滤后水经长柄滤头流入底部空间，由配水方孔汇入气水分配管渠，再经管廊中的封井、出水堰、清水区流入清水池。

反冲洗过程常采用“气冲—气水同时反冲—水冲”三步，冲洗时滤层保持微膨胀状态，避免出现跑砂现象。反冲洗时关闭进水阀，但有一部分进水仍从两侧常开的方孔流入滤池，由 V 型槽一侧流向排水渠一侧，形成表面扫洗。而后开启排水阀将池面水从排水槽中排出直至滤池水面与 V 型槽顶相平。

V 型滤池多采用长柄滤头配气、配水系统。滤头由滤帽、滤柄、预埋套组成，滤帽上开有许多细小缝隙，滤柄内径一般为14mm～21mm，上部开有进气孔，下部有条形缝，用于控制气垫层厚度。冲洗时空气由条形缝上部进入，水从条形缝下部及滤柄底部进入。

V型滤池可以采用较高的滤速，用于饮用水处理时正常滤速宜采用8～10m/h，强制滤速宜采用10～13m/h。

V型滤池具有以下特点：

① 池内的超声波水位自动控制装置可调节出水清水阀，阀门可根据池内水位的高低，自动调节开启程度，使池内水位恒定，实现恒水位等速过滤，避免滤料层出现负压。当某单格滤池冲洗时，待滤水继续进入该格滤池作为表面扫洗水，使其他各格滤池的进水量和滤速基本不变。

② 采用均质粗粒滤料且厚度较大，截污量较大，过滤周期长，出水水质好。

③ 滤池长宽比较大，可以达到（2.5～4）：1，进水槽和排水渠沿长边布置，单个滤池面积较大，最大可达210m^2，布水配水均匀，适用于大、中型水处理工程。

④ 承托层较薄。

⑤ 反冲洗采用空气、水反冲和表面扫洗，提高了冲洗效果并节约冲洗用水。

⑥ 冲洗时滤料层膨胀率低，避免出现跑砂现象。

136 虹吸滤池的特点是什么？

虹吸滤池是快滤池的一种形式，为变水头恒速的重力式快滤池，其过滤原理与普通快滤池相同，所不同的是操作方法和冲洗设施。它采用虹吸管代替闸阀，并以真空系统进行控制（即用抽真空来启动虹吸作用以连通水流，用进空气来破坏虹吸作用以切断水流），因此被称为虹吸滤池。虹吸滤池一般是由6～8个单元的滤池组成的一个整体。其平面形状有圆形、矩形或多边形，从有利施工和保证冲洗效果方面考虑，多采用矩形。

在过滤时，池内水位将随着滤层阻力的逐渐增大而上升，以使滤速恒定，当池内水位由过滤开始时的最低水位（其值等于出水井控制堰顶水位与滤料层、配水系统及出水管等的水头损失之和）上升到预定最高水位时，滤池就需冲洗。上述最低与最高水位之差，即其过滤允许水头损失。

冲洗时，先破坏进水虹吸管的真空，以终止进水。此时该格滤池仍在过滤，但随着池内水位的下降，滤速逐渐降低，接着就可以开始冲洗操作。先利用真空泵或水射器，使冲洗虹吸管形成虹吸，把池内存水通过冲洗虹吸管和排水管排走。当池内水位低于环形集水槽内水位，并且两者的水位差足以克服配水系统和滤料层的水头损失时，反冲洗就开始。由于环形集水槽把各格滤池出水相互连通，当一格冲洗时，过滤水通过环形集水槽源源不断流过来，由下向上通过滤层后，经排水槽汇集，由冲洗虹吸管吸出，再由排水管排走。当冲洗废水变清时，可破坏冲洗虹吸管真空，使冲洗停止。然后启动进水虹吸管，滤池又开始过滤。

虹吸滤池中的冲洗水，就是本组滤池中其他正在运行的各格滤池的过滤水，故虹吸滤池的主要特点之一是无冲洗水塔或冲洗水泵。因此，虹吸滤池在冲洗时，出水量小，甚至可能完全停止向清水池供水（分格多时，可继续供应少量水；分格少时，则可完全停止供水）。

虹吸滤池的冲洗水头，是由环形集水槽的水位与冲洗排水槽顶的高差来控制的。由于冲洗水头不宜过高，以免增加滤池高度，故虹吸滤池均采用小阻力配水系统。目前采用较多的小阻力配水系统是多孔板（单层或双层）、穿孔滤砖、孔板网、三角槽孔板等。

此外，近些年来也有仿照无阀滤池的某些操作原理，在虹吸滤池上安装水力自动冲洗装置，使其运行实现水力自动控制。

基于虹吸滤池的设计构造和运行及反冲洗方式。虹吸滤池具有以下特点：

① 采用真空系统控制进、排水虹吸管，以代替进、排水阀门；

② 每座滤池由若干格组成，采用小阻力配水系统，利用滤池本身的出水及其水头进行冲洗，以代替高位冲洗水箱或水泵；

③ 滤池的总进水量能自动均衡地分配到各单格，当进水量不变时均为恒速过滤；

④ 滤后水位高于滤层，滤料内部不会出现负水头现象；

⑤ 虹吸滤池平面布置有圆形和矩形两种，也可做成其他形式。在北方寒冷地区虹吸滤池需加设保温层；在南方非保温地区，为了排水方便，也可将进、排水虹吸管布置在虹吸滤池外侧。

137 翻板滤池的特点是什么？

翻板滤池为瑞士苏尔寿（Sulzer）公司研发的滤池。所谓“翻板”，是因为该型滤池的反冲洗排水阀（板）工作过程是在0°～90°之间来回翻转而得名。

翻板滤池的工作原理与其他类型小阻力气水反冲洗滤池基本相同，所不同的是滤池的反冲洗方式和过程。翻板滤池没有像其他滤池那样设置溢流堰式排水槽，而是在紧邻排水渠的池壁高出滤料层0.15～0.20m处开设排水孔，并装设翻板式排水阀。反冲洗进水时，排水阀并不打开，池内水位上升，冲洗废水暂存在池内。当池内水位达到设定高度时，停止反冲洗进水并静止一段时间（20～30s），膨胀的滤料迅速回落，而冲起的泥渣因其密度远小于滤料应处于悬浮状态。此时逐步开启翻板阀，池内冲洗废水排出池外，如此反复2～3次，滤料得以冲洗干净。

翻板滤池的配水配气系统，由设在池底板下方的配水配气渠和池底板上方的配水配气支管组成，支管与配水配气渠通过垂直列管相连。垂直列管设有配气管和配气孔，支管成马蹄形，顶部设有配气孔，底部设有配水孔。反冲洗时，配水配气渠和配水配气支管上部形成两个气垫层，可使配水配气更加均匀。

翻板滤池具有以下特点：

① 由于排水时并不进水，滤料层不膨胀，所以水冲洗强度较大也不会产生滤料流失，因此滤料选择十分灵活。可以选择单层均质滤料、双层或多层滤料，可以选择石英砂、陶粒、无烟煤、颗粒活性炭等多种滤料。滤料选择的灵活性增加了对滤前水质的适应能力。

② 较大的水冲洗强度可以保证滤料冲洗更加干净，因此过滤周期长，冲洗耗水低的特点十分突出。一般经两次水冲洗过程滤料中泥渣遗留量少于0.1kg/m^3，滤料的截污能力达2.5kg/m^3，反冲洗周期达40～70h，冲洗耗水率不足1%。

③ 冲洗后更加干净的滤料可以保证出水水质好于一般低强度水冲洗滤池。工程实践经验表明，当进入滤池的浊度小于5NTU时，双层滤料翻板滤池出水浊度小于0.5NTU时的保证率可达100%，小于0.2NTU时的保证率可达95%。

④ 对滤池底板施工平整度的要求较宽，布气布水管水平误差≤10mm即可，这样可降

低施工难度、缩短施工周期，较明显地减少施工费用。

138 无阀滤池的特点是什么?

无阀滤池属于快滤池的一种类型，20 世纪 70 年代由日本引进，适用于工矿企业及城镇的中小型水厂。和其他滤池形式一样，滤前水应经混凝沉淀或澄清处理。由于这种滤池在构造上不装闸阀，而是依靠水力学的虹吸原理，自动进水和反冲洗，故称为无阀滤池。其主要通过进出水的压差自动控制虹吸产生和破坏，实现自动连续运行，分为重力式和压力式两种形式。

无论是重力式无阀滤池还是压力式无阀滤池，其作用原理是基本相同的，其特点为：

① 进水、出水、反冲洗及排水均不设置阀门。

② 变水头等速过滤。水头的变化体现在虹吸管中的水位变化，即随着过滤的进展，虹吸管中的水位逐渐上升，直至虹吸形成进行反冲洗。在整个过滤过程中，保持相等的水量。即水头是变的，水量是不变的。

③ 反冲洗水箱设在滤池的上部，水箱容积按一格滤池冲洗一次所需的水量确定，省去了专用冲洗水箱或冲洗水泵，减少了占地，节省了电耗，并不需要运行操作。

④ 低水头反冲洗，小阻力配水系统。

⑤ 运行、冲洗全由水力自动控制，不需要操作、管理和维修，仅需适当维护。有时因管理需要，在滤池水头损失还没有达到最大值时就需要反冲洗，也可设置强制冲洗器，利用压力水造成辅助管内产生负压，通过抽气管的作用形成虹吸。

⑥ 处理水量相对较小的，可用钢板制作，运到现场安装，进行设备化生产，但应做好防腐处理。

139 滤池的滤速应如何设置?

滤速是滤池设计的最基本参数，滤池总面积取决于滤速的大小，滤速可直接影响滤池出水水质。滤速的大小与滤料层直接相关，还与进入滤池的水质和反冲洗周期密切相关。相同的滤速通过不同的滤料层会得到不同的出水水质，而相同的滤料层采用不同的滤速也会得到不同的滤后水质。因此，在选择滤速时，应首先考虑开展不同滤料层、不同滤速的组合试验，以获得最佳的滤速和滤料层的组合，可参考表 4-2 采用有关参数。

表 4-2 滤池滤速及滤料组成

滤料种类	滤料组成			正常滤速/(m/h)	强制滤速/(m/h)
	有效粒径/mm	均匀系数	厚度/mm		
单层细砂滤料	石英砂 $d_{10}=0.55$	$K_{80}<2.0$	700	6～9	9～12
双层滤料	无烟煤 $d_{10}=0.85$	$K_{80}<2.0$	300～400	8～12	12～16
	石英砂 $d_{10}=0.55$	$K_{80}<2.0$	400		
均匀级配粗砂滤料	石英砂 $d_{10}=0.9～1.2$	$K_{60}<1.6$	1200～1500	6～10	10～13

140 什么是等速过滤和等水头过滤？如何选用?

等速过滤：滤池过滤速率保持不变，即滤池流量保持不变，为等速过滤。

等水头过滤：过滤水头损失始终保持不变，即为等水头过滤。

实际应用中一般采用等速过滤，因为一级泵站流量基本保持不变，即滤池进水总流量基本保持不变，根据水量进出平衡关系，一般采用等速过滤。不过在分格数很多的移动罩滤池中，可以达到近似的“等水头变速过滤”。

141 滤池有哪些反冲洗方式？如何选用？

冲洗方式一般有单独用水反冲洗、有表面辅助冲洗的水反冲洗、有空气辅助擦洗的水反冲洗以及有表面扫洗和空气辅助擦洗的反冲洗。滤池冲洗方式的选择，应根据滤料层组成、配水配气系统形式，通过试验或参照相似条件下已有滤池的经验确定。

可参照下列冲洗方式选用：

① 单层细砂级配滤料：单独水冲；或气冲—水冲。

② 单层粗砂均匀级配滤料：气冲—气水同时冲—水冲。

③ 双层煤、砂级配滤料：单独水冲；或气冲—水冲。

④ 三层煤、砂、重质矿石级配滤料：单独水冲。

单独水冲必须是高速反洗，反洗时滤料膨胀，整个滤层呈悬浮状态，一般设冲洗水泵或冲洗水塔（箱）。一般单层细砂级配滤料水冲膨胀率为45%，双层煤、砂级配滤料水冲膨胀率为50%，三层煤、砂、重质矿石级配滤料水冲膨胀率为55%。

表面辅助冲洗是利用高速水流对表层滤料进行强烈搅动，加强接触摩擦，以提高冲洗效果，有固定式表面冲洗和旋转式表面冲洗两种方式。一般在以下情况选用：

① 双层（三层）滤料滤池和截污能力强、絮粒穿透深，只靠反冲洗滤料不易冲洗干净时；

② 水源受工业废水污染，水黏度高，会使滤层结球、板结或穿孔而影响正常工作时；

③ 用活化水玻璃或其他有机合成质作为助凝剂时；

④ 为提高滤池工作效率，延长滤池过滤周期，减少冲洗水量时。

采用气水反冲洗时，空气快速通过滤层，微小气泡加剧滤料颗粒之间的碰撞、摩擦，并对颗粒进行擦洗，加剧污泥的脱落。反冲洗水主要起漂洗作用，将已与滤料脱离的污泥带出滤层，因而水洗强度小，冲洗过程中滤层基本不膨胀或微膨胀。气水反冲洗的优点是冲洗效果好，耗水量小，不需滤层流化，可选用较粗的滤料；缺点是需要增加空气系统，包括鼓风机、控制阀和管路等，设备比单独水冲要多。

气水反冲洗的方式可以为：先气冲，后水冲；先气冲，再气水同时冲，后水冲。其中，水冲可分为滤层产生膨胀和微膨胀两种情况。双层滤料滤池宜采用先气冲、后水冲的方式，在水冲阶段滤层产生膨胀，膨胀率为40%；级配石英砂滤料两种方式都可以采用，在水冲阶段滤层产生膨胀，膨胀率为30%；均粒石英砂滤料宜采用气冲—气水同时冲—水冲的方式，在水冲阶段滤层微膨胀。

142 如何设置滤池反冲洗周期？

滤池反冲洗周期在采用时间周期时除考虑滤池进水浊度、处理水量等因素外，还应考虑水温的影响，冬季吸附在滤料上的浊度残留物质容易穿透滤层，应适当缩短滤池反冲洗周期。

一般情况下，单独水冲的滤池反冲洗周期，当为单层细砂级配滤料时，采用12～24h；气水冲洗滤池的反冲洗周期，当为粗砂均匀级配滤料时，采用24～36h，实际运行中也有根据水质情况延长至48h的。也可以采用滤后水浊度或滤池水头损失作为执行反冲洗的条件。

反冲洗的强度、冲洗时间与滤池所选用的滤料种类、密度、原水水质、水温、反冲洗方式等因素有关，可根据设计标准或工程经验选用。

143 滤料及滤层的要求有哪些？

滤料层是快滤池的主要部分，是滤池工作效果的关键。设计滤料层时，要同时考虑过滤和反冲洗两方面的要求，也就是说在满足最佳过滤条件的前提下，选择反冲洗效果好的滤料层。好的滤料层应该是在保证滤后水质的条件下具备以下特征：

① 过滤单位水量所花的费用最少；

② 过滤时达到预期水头损失的时间接近达到预期出水水质的时间；

③ 反冲洗条件最好。

滤料的技术要求主要有：

① 适当的级配、性状和颗粒形态；

② 有一定的机械强度；

③ 有良好的化学稳定性。

普通快滤池都选用砂作为滤料。天然的石英砂（河砂、海砂或采砂场的砂）一般都能满足后两项条件，对第一项条件则由砂滤开发单位对产砂地进行筛选确定。另外，用于生活饮用水的滤料不得含有毒物质。

滤料层中的空隙所占的体积与全体积之比称作孔隙率。孔隙率与过滤有密切关系。孔隙率越大，滤层允许的含泥量越大，但单位体积的表面积越小，因而过滤效率和水头损失越小。孔隙率在40%左右比较合适。

粒径对污泥穿透深度和滤层截泥量等有很大影响，在其他条件相同时，粒径越粗，污泥穿透深度越大。一般单层细砂滤料或双层滤料所用的石英砂粒径为：最小粒径 $d_{min}=0.5mm$，最大粒径 $d_{max}=1.2mm$，不均匀系数 $K_{80}=d_{80}/d_{10}\leqslant 2$，其中 d_{10} 为筛分曲线中通过10%重量之砂的筛孔大小，$d_{10}=0.52\sim 0.6mm$。V型滤池中，滤料的有效粒径一般为0.85～1.20mm，不均匀系数为 $K_{80}\leqslant 1.4$。

滤料粒径与滤层厚度之间存在着一定组合关系。污泥穿透深度加上一定富余量即为设计滤层厚度，因此粒径越细，需要的层厚越小，但并非可以无限地减小粒径和减薄层厚，因为过细的砂层将导致滤池很快堵塞，从而大大降低滤层截污量，相反较粗的粒径可以延长滤池的运行周期。一般滤层厚度不小于700mm，V型滤池滤层厚度一般为1.20～1.50m。根据藤田贤二等的理论研究，滤层厚度 L 与有效粒径 d_e 存在一定的比例关系。美国认为，常规细砂和双层滤料 L/d_e 应大于或等于1000；三层滤料和深床单层滤料（$d_e=1\sim 1.5mm$），L/d_e 应不小于1250。英国认为 L/d_e 应不小于1000。日本规定 $L/d_{平均}$ 不小于800。我国现行设计标准对 L/d_{10} 做了规定：细砂及双层滤料 L/d_{10} 应大于1000，粗砂过滤 L/d_{10} 应大于1250。

144 承托层有哪些要求?

滤池的承托层一般由一定级配的卵石组成，敷设于滤料层和配水系统之间。它的作用是支撑滤料，防止滤料从配水系统的缝隙中流失，同时使反冲洗水可以均匀地向滤料层分配。

当普通快滤池采用大阻力配水系统时，其承托层材料、粒径与厚度宜按表4-3选用。

表4-3 承托层技术参数

层次(自上而下)	材料	粒径/mm	厚度/mm
1	砾石	2～4	100
2	砾石	4～8	100
3	砾石	8～16	100
4	砾石	16～32	本层顶面应高出配水系统孔眼100

当普通快滤池采用滤头配水（气）系统时，承托层可采用粒径2～4mm粗砂，厚度不宜小于100mm。V型滤池滤帽顶至滤料层之间承托层（2～4mm粗石英砂）厚度为50～100mm。

145 滤池日常维护保养项目包括哪些?

① 每1～2h检查记录滤前水位、水头损失、过滤前后浊度、过滤水量。

② 每周期检查记录过滤总水量、周期历时。

③ 每日检查阀门、冲洗（水冲、气水冲洗、表面冲洗）及排水设备的工作情况，气冲和水冲的强度、历时及最终排水浊度是否在正常范围，注意排污干渠内有无积砂。

④ 对机械电气设备及仪表等的运行情况进行检查，并相应进行加注润滑油和清扫等保养，保持环境卫生和设备清洁。

146 什么是强化过滤?

滤池主要功能是发挥滤料与脱稳颗粒的接触凝聚作用而去除浊度、细菌。如果滤料洗涤不干净，滤料表面就会积泥。当预加氯时，滤料中生物的生长被抑制，滤料层没有或较少有生物降解作用。如果不预加氯，滤料层中就会有生物作用，滤池出水中氨氮有所降低，亚硝酸盐氮增加就是含有亚硝酸盐菌的结果。

强化过滤就是让滤料既能去浊，又能降解有机物、氨氮、亚硝酸盐氮。这样，就需要在滤料中培养生物膜，要既有亚硝酸盐菌，又要有硝酸盐菌，使氨氮、亚硝酸盐氮都得到有效去除。

其技术的难点是：

① 合理选择滤料（有利于细菌生长）；

② 控制反冲洗强度既能冲去积泥，又能保持一定的生物膜；

③ 要保证出水浊度小于1.0NTU或水厂内控标准；

④ 要使滤池的微环境有利于生物膜成长；

⑤ 其他技术问题，如冲洗水的强度、膨胀率等。

147 什么是微絮凝过滤？其特点是什么？

微絮凝过滤又叫直接过滤或接触过滤，它是指在原水中加入絮凝剂后，经快速混合形成肉眼看不见的微絮凝体时，就直接进入滤池进行过滤，滤前不设沉淀（或澄清）设备。在这种过滤系统中，滤池不仅起常规过滤作用，而且起絮凝和沉淀作用。

微絮凝过滤工艺的特点如下。

（1）适用的原水水质

微絮凝过滤对原水浊度的适用范围是个关键的问题。美国要求微絮凝直接过滤的原水，其浊度应小于25NTU，色度应小于25度，硅藻应少于20×10^4个/L；日本的生活饮用水处理不用直接过滤工艺。因此，高藻含量、高浊度原水的给水厂不宜使用微絮凝直接过滤工艺，否则会降低出水水质，甚至影响工艺的正常运行。

（2）常用絮凝剂及其投量

絮凝剂的选择和投加量对微絮凝过滤净水工艺是极为重要的。目前使用较普通的混凝剂为铝盐、铁盐和无机高分子混凝剂（如聚合氯化铝和聚合氯化铁）。此外，阳离子有机高分子絮凝剂常用作混凝剂或助凝剂，阴离子型和非离子型也常有应用。絮凝剂投量不足，絮体过小，容易穿透滤层，降低滤后水质；投量过多，则会形成过大的絮体，造成表面大量截污，不能充分利用滤床的截污能力，且水头损失增长过快，缩短过滤周期，影响产水量。

（3）滤料

由于微絮凝过滤是深床过滤，故其滤料宜粗一些，厚一些。可采用双层滤料，也可采用单层滤料。滤池上层的滤料空隙较小，表面有一定的化学特性。

（4）絮凝时间

显微电泳仪测定的不同絮凝时间的电位值表明，絮凝时间在10min以内时，电位值降低，而超过10min时电位又上升。因此，较短时间的絮凝，有利于絮凝体的形成。

148 清水池的功能和组成是什么？

给水厂清水池的功能主要有两个，一个是水量调节，一个是满足消毒接触时间。一般给水厂的取水构筑物和水处理规模按最高日平均时设计，但出厂水量需要满足逐时用水量变化，为此需要设置水量调节构筑物，来平衡水厂进出水的负荷变化。同时，清水池还起到消毒接触池的作用，其有效容积应满足消毒接触时间。游离氯和二氧化氯消毒时接触时间≥30min，氯胺消毒时接触时间≥120min，臭氧消毒时接触时间≥12min。因此，清水池的有效容积应根据产水曲线、送水曲线、自用水量、消防储备水量和消毒时间等确定。当管网无调节构筑物时，在缺乏资料的情况下，可按水厂最高日设计水量的10%～20%确定。清水池个数或分格数不小于2个，并能单独工作和分别泄空；在有特殊措施能保证供水要求时，也可建设1个。

清水池主要由进水管、溢流管、排水管、通气孔、检修孔、导流墙、池顶覆土等组成。

149 清水池的设计和运行应注意什么？

① 进水管的管径按最高日平均时水量进行计算。当进水管上游设有计量或者加注药剂的设备时，应对进水管采取适当措施，保证满管出流。

② 溢流管的管径一般与进水管相同，管端为喇叭口，管上不得安装阀门。溢流管的出口应设有网罩，以防止爬虫等小动物从溢流管进入清水池内。

③ 排水管一般用于清水池清洗或修复等情况下低水位时的排空。为了便于排空清水池中的水，池底应有一定底坡，并设有排水集水坑。

④ 通气孔应设有防虫网罩，数量根据水池大小确定。

⑤ 检修孔需要加盖上锁，数量根据水池大小而定。

⑥ 导流墙的设置是为了避免池内水的短流和满足消毒剂的接触时间。

⑦ 出水管的管径一般按最高日最高时水量计算。当给水厂送水泵房设有吸水井时，清水池至吸水井的出水管一般设置一根，从池底集水坑敷设出水管出水；当水泵直接从池内吸水时，出水管的数量根据送水泵房水泵台数确定，水泵吸水管直接弯入池底从集水坑吸水。

⑧ 池顶覆土的厚度需要满足清水池抗浮要求，避免池顶直晒，并应满足保温要求。

150 清水池该如何管理？

清水池的管理需注意以下要点。

① 清水池需设定运行的上限和下限水位，应安装在线液位计，水厂实时关注水位，正常使用时严禁超上限或下限水位运行。

② 清水池的检测孔、通气孔和人孔必须有防水质污染的防护措施。检修孔需要加盖上锁，并有专人管理。

③ 清水池顶及周围不得堆放污染水质的物品和杂物；池顶种植植物时，严禁施肥；应保证清水池四周的排水畅通，防止污水倒流和渗漏；定期检查清水池结构，确保无渗漏，发现渗漏及时处理。

④ 每1～2年对清水池排空清洗一次，清洗时对池体内做好通风措施；当水质良好时可适当延长，但不得超过5年。清洗完毕经消毒合格后，方可蓄水。清洗人员必须持有健康证。

⑤ 清水池的排空、溢流等管道严禁直接与下水道连通。

⑥ 每年至少进行一次清水池消毒接触时间的技术测定，可通过推算确定，应有供水高峰期清水池低水位时的测定（消毒接触时间最短）。与国标比较，若消毒接触时间达不到标准需采取措施。

151 清水池消毒时间 T 如何计算？

清水池的水力停留时间 t 为清水池的有效容积与出水流量的比值。但清水池的水流不能达到理想推流，所以部分消毒剂在清水池的停留时间小于水力停留时间 t，故接触时间 T 需保证90%的消毒剂能达到停留时间 t，即 T 采用 T_{10} 进行计算。T_{10} 即为测定在某时刻加的消毒剂中首先从清水池出来10%的量的停留时间。T_{10}/t 的值与消毒剂混合接触效率有关，值越大，接触效率越高。影响清水池 T_{10}/t 的主要因素有清水池水流廊道长宽比、水流弯道数目和形式、池型及进出口布置等。

T_{10} 实际运行中可采用示踪剂（如氯化钠）进行示踪检测，在清水池出口以 $t/30$ 的时间间隔进行取样并测相应的电导率，求出 T_{10}。但是，以上实际操作的方式较为烦琐，且已运行的清水池难以投加示踪剂测试，所以可通过计算的方式求得 T_{10}。根据已有中试试验及实际水厂的示踪研究，得出 T_{10}/t 的影响参数及计算公式为

$$\frac{T_{10}}{t}=0.185\ln\left(\frac{L}{W}\right)-0.044$$

式中，L 为清水池中水流过的长度，W 为每格的宽度。

可用以上公式测算 T_{10} 的值。

152 各处理单元对 pH 值的要求是什么？

给水厂的不同工艺受 pH 值的影响和工艺优化运行对 pH 值的范围要求均不完全一致。pH 值主要对以下过程有影响。

（1）混凝

混凝过程中的 pH 值是首要影响因素，因为 pH 值直接影响水中胶体物质和藻类的电荷，控制水中化学反应动力学，还决定了混凝剂的水解速率和水解产物的类型、浓度和电荷，控制金属氢氧化物沉淀在水中的溶解度等。

对硫酸铝而言，水的 pH 值直接影响 Al^{3+} 的水解聚合反应，用于去除浊度时，最佳 pH 值在 6.5～7.5 之间，主要靠氢氧化铝聚合物的吸附架桥作用和羟基配合物的电性中和作用。用三价铁盐混凝剂时，最佳 pH 值范围在 6.0～8.4 之间，比硫酸铝范围宽。聚合氯化铝适宜的 pH 值范围是 7.5～8.5，在碱性环境中，可以充分发挥其羟基架桥作用，加速絮凝沉降作用。高分子混凝剂尤其是有机高分子混凝剂，混凝效果受 pH 值影响较小。

对于原水而言，调节 pH 值能够使有机物的去除率提高 10%左右，因此调节处理水的 pH 值是一种经济有效的强化混凝方法。

（2）铁、锰去除

在地下水除铁、锰过程中，pH 值是影响铁、锰去除的关键因素。pH 值越高，Fe^{2+} 和 Mn^{2+} 的氧化速度越快，去除就越容易。所以在地下水除铁、锰的早期研究中，都将提高地下水的 pH 值作为去除铁、锰的首要条件。

（3）藻类去除

高铁酸盐复合药剂预氧化对水中藻类具有优良的强化去除作用。水的 pH 值越低，高铁酸盐复合药剂的强化混凝除藻作用越强，说明高铁酸盐复合药剂的氧化性起主要作用。随着 pH 值的降低，高铁酸盐复合药剂的氧化能力增强，促使水中有机物分解和破坏，而且伴随其在水中分解过程中可能产生高正电多聚水解产物，最终形成 $Fe(OH)_3$ 胶体沉淀，使其不仅可以氧化水中某些有机物，而且可以通过吸附和共沉的协同作用去除水中的有机物。在 pH 值为 5.0 的原水中，高铁酸盐复合药剂强化混凝无论在除藻、除 COD_{Mn} 还是水中 THMs 前体物等几方面均可取得最好的效果，优于 pH 值为 7.0 和 10.0 的去除效果。

(4) 粉末活性炭吸附

当水源受到污染时，特别是受到季节性或突发性污染时，投加粉末活性炭是一种灵活、简便的去除有机物的有效措施。影响粉末活性炭吸附效果的因素较多，其中受水的 pH 值影响较大。粉末活性炭的吸附容量随原水 pH 值的减小而增加。试验表明，在弱酸性条件下，粉末活性炭去除 DOC 的效果大大提高，有机物去除效果好。

其他工艺单元对 pH 值要求见表 4-4。

表 4-4 各工艺单元对 pH 值要求

<table>
<tr><th colspan="2">工艺</th><th>pH 值</th><th>备注</th></tr>
<tr><td rowspan="3">预氧化</td><td>氯</td><td>6.5～7.5</td><td>使 pH 值降低</td></tr>
<tr><td>高锰酸钾</td><td>中性或偏碱性</td><td>—</td></tr>
<tr><td>臭氧</td><td>5.6～9.8</td><td>基本不受 pH 影响，使 pH 值降低</td></tr>
<tr><td rowspan="2">混凝</td><td>硫酸铝</td><td>6.5～7.5</td><td>使碱度降低</td></tr>
<tr><td>聚合氯化铝</td><td>6.0～8.5</td><td>使碱度降低</td></tr>
<tr><td colspan="2">砂滤</td><td>6～8</td><td>—</td></tr>
<tr><td colspan="2">后臭氧</td><td>5.6～9.8</td><td>氧化能力强，使 pH 值降低</td></tr>
<tr><td colspan="2">活性炭</td><td>中性或偏碱性</td><td>有利于微生物生长</td></tr>
<tr><td>消毒</td><td>氯</td><td>6.5～7.5</td><td>使 pH 值降低</td></tr>
<tr><td colspan="2">管网输配</td><td colspan="2">水质稳定所需 pH 值与温度、总固体、碱度、钙离子浓度等有关</td></tr>
</table>

153 什么是水质生物稳定性？影响因素有哪些？

饮用水的生物稳定性是指饮用水中有机营养基质能支持异养细菌生长的潜力，即细菌生长的最大可能性。饮用水生物稳定性高，则表明水中细菌生长所需的有机营养物含量低，细菌不易在其中生长；反之，饮用水生物稳定性低，则表明水中细菌生长所需的有机营养物含量高，细菌容易在其中生长。

影响水质生物稳定性的主要因素如下。

(1) 余氯

出厂水通过加氯或氯胺消毒并保持管网一定的余氯可以控制细菌生长。

(2) 微生物营养

细菌的生长必须靠营养基质的支持，有机物对异养菌的影响是主要因素，氨氮、硫酸盐和碳酸氢盐对化能自养细菌的生长也有影响。

(3) 水力因素

管网中水流速率对细菌生长的影响有：

① 增加流速可以将更多的营养基质带到管壁生物膜处，同时也增加了氯量和对管壁生物膜的冲刷作用；

② 死水区由于没有氯，往往导致微生物生长、水质恶化；

③ 水流骤开骤停能将管壁生物膜冲刷下来，水流中细菌量急剧上升，影响管网水色度、浊度等指标。

154 什么是水质稳定处理？

城镇给水系统的水质稳定处理包括原水的化学稳定性处理和出厂水的化学稳定性与生物

稳定性处理。

原水、出厂水与管网水的化学稳定性中水-碳酸盐钙系统的稳定处理，宜按水质饱和指数 I_L 和稳定指数 I_R 综合考虑确定。在管网水中，I_L 较高和 I_R 较低会导致明显结垢，一般需要水质稳定处理，可以采用软化法、加酸法、加二氧化碳法和加阻垢剂的方法。当 $I_L<-1.0$ 或 $I_R>9$ 时，一般具有腐蚀性，宜加碱处理，可采用石灰、氢氧化钠、碳酸钠等。

出厂水与管网水的化学稳定性中铁的稳定处理，宜按其水质拉森指数 L_R 考虑确定。通常的判别标准是，$L_R>1.0$，铁制管材会严重腐蚀；$L_R=0.2\sim1.0$，水质基本稳定；$L_R<0.2$，水质稳定，可忽略腐蚀性离子对铁制管材的腐蚀影响。针对配水管网管垢的铁释放问题，可采用水源调配、加碱调控（如投加氢氧化钠）、氧化还原调控（如适当增加出厂水中余氯和溶解氧浓度，或对二次供水设施补氯以维持管网水高余氯浓度）、投加缓蚀剂（如六偏磷酸盐、三聚磷酸盐等）等措施进行处理。

出厂水与管网水的生物稳定处理，宜根据出厂水中可同化有机碳（AOC）和余氯综合考虑确定。研究表明，当出厂水中 AOC<150μg/L、余氯量 0.3～0.5mg/L 时，可有效控制管道内生物膜的生长。

由于给水水质稳定处理所使用的药剂大部分为酸碱性的化合物，对环境或工业生产具有一定的潜在危害，因此在选用时应避免造成不良影响。

155 给水厂生产过程检测项目有哪些?

① 在水源方面，所检测的参数主要有原水的水温、液位、流量、水压、水质（浊度、pH 值、水温一般均需检测，氨氮、高锰酸盐指数、溶解氧、电导率等可根据实际需要选择检测）以及其他气象资料。水质若有特殊情况，根据需要可选择安装铁、锰或其他重金属在线监测仪、藻类/叶绿素 a 在线监测仪等。

② 进厂原水管或配水井前需检测进厂流量。若有格栅预处理，需监测前后液位。对于水质的检测同上述水源方面的指标，在线检测仪表根据实际需要可选择在水源地安装或进厂后加药前安装，或同时安装。

③ 如有生物预处理曝气池，需要检测溶解氧，以便控制合适的曝气量。

④ 沉淀池后需检测浊度，若有前加氯预氧化，需检测余氯或二氧化氯。还可增加水位、泥位、出水 pH 等指标监测，以便对加药、排泥等实现自动控制。

⑤ 过滤单元的检测项目较多，主要有出水浊度、pH、滤池水位、水头损失、阀门开度、流量、冲洗水箱（水塔）水位等，以便对滤池水位、过滤流量、表面冲洗流量、反冲洗水量和冲洗泵等进行自动控制。若有前加氯预氧化，可检测滤后余氯或二氧化氯。

⑥ 使用臭氧的需检测水中余臭氧、尾气余臭氧，并设置臭氧泄漏检测、氧气泄漏检测及报警功能；活性炭滤池的检测项目有出水浊度、水位、水头损失、流量、冲洗水箱（水塔）水位等；膜处理系统需在线监测进出水浊度，纳滤和反渗透后监测电导率，反渗透还需检测氧化还原电位（ORP）。

⑦ 清水池和送水泵房检测的项目有水位、流量、浊度、pH 值、余氯/二氧化氯、出厂和管网水压等，以便对清水池、供水泵（台数、转速）、配水压力和流量等进行自动控制。

加氯间需设置漏氯检测和报警功能。

⑧ 污泥处理系统可监测排水池液位、排泥池泥位、污泥浓缩池的污泥浓度、排泥池和回收水池流量等。

156 给水厂哪些环节需要制定水质指标内控值?

水质内控值一是体现企业内部更加严格的水质要求，二是起到预警的作用。对于常规处理工艺的水厂，一般需要对沉淀、过滤和出厂三个环节制定水质内控指标。对于沉淀环节，一般制定浊度内控值，根据《城镇供水厂运行、维护及安全技术规程》(CJJ 58)，沉淀池出水浑浊度宜控制在3NTU以下；对于因原水pH值异常偏高/低需要特别注意或需要投加酸/碱调节的情况，应增加沉淀后pH值的内控值；对于需要预氯化的情况，应增加沉淀后余氯/二氧化氯的内控值，以确定预氯化的药剂投加量是否合适。对于过滤环节，应制定浊度的内控值，一般优于或等于出厂浊度内控值。对于出厂环节，应制定浊度、pH值和消毒剂余量的内控值，根据需要可增加其他水质指标如氨氮、高锰酸盐指数、铝、铁、锰等。出厂水的内控值应严于国标/地标要求的限值。

对于有膜处理工艺的水厂，需要制定每个膜处理环节（如超滤、纳滤）后的浊度内控值。对于有活性炭滤池的水厂，需要制定炭滤池出水浊度内控值。对于有臭氧工艺的水厂，需要制定臭氧接触后余臭氧的内控值。

157 给水厂水质在线监测的要求是什么?

常规处理工艺的给水厂水质在线监测的关键环节有原水、沉后水、滤后水、出厂水，要求是及时反映关键环节的关键水质指标，指导给水厂及时根据水质变化调整制水工艺，保障水质安全稳定。

① 原水一般应在线监测浊度和pH值，有需要时可增加氨氮、高锰酸盐指数、水温、电导率等，特殊情况根据需要可选择安装铁、锰或其他重金属、藻类、叶绿素a在线监测仪等。原水的监测可设置在水厂进厂处，若水厂离水源地较远且有提前预警的需要，部分仪表可设置在水源处。

② 沉后水应在线监测浊度，若有预氯化工艺可根据使用的药剂种类增加在线余氯仪或二氧化氯仪，对于原水pH值需要调节或波动较大的可增加在线pH计。

③ 滤后水应在线监测浊度，有需要的可增加在线pH计。

④ 出厂水应在线监测浊度、消毒剂余量（游离氯/二氧化氯等）和pH值。其他监测指标可根据需要增加，如氨氮、高锰酸盐指数、铁、锰或其他重金属等。

⑤ 除以上关键环节外，设置生物预处理工艺单元的给水厂，还应在线监测预处理池出水DO和氨氮；臭氧接触池应在线监测出水溶解臭氧浓度；清水池前宜设置消毒剂余量在线监测。

158 什么是自用水率？如何降低自用水率?

给水厂自用水量指水厂内部生产环节使用或排放的水量，如沉淀池或澄清池排泥水、溶解药剂用水、滤池冲洗水及处理构筑物的清洗用水等。因溶解药剂用水还是回到制水系统，反冲洗水等部分排水可回用，故绝对的自用水量是进厂水量与出厂水量的差值（一般也是制水系统排出水量与回收水量的差值）。自用水率为自用水量占进厂水量的百分比。自用水率与构筑物类型、原水水质和处理方法等因素有关。水厂设计时，自用水率一般采用设计规模的5%～10%。近年来随着国内给水厂对水资源回收利用和经济效益的逐渐重视，以及生产运行管理不断精细化，很多水厂的自用水率控制在5%以内，一些水厂自用水率可控制在1%以内。

降低自用水率的方法有：

① 充分进行水回用，排水池收集的水经过静置后一般都可回用。

② 优化并动态调节排泥和反冲洗的周期和时间，避免因过度排泥和反冲洗而浪费水量。

③ 保持设备设施完好，避免出现跑冒滴漏现象。

159 什么是排泥水?

给水厂排泥水包括絮凝池排泥水、沉淀池（澄清池）排泥水、气浮池浮渣、滤池反冲洗废水及初滤水、膜过滤物理清洗废水等，即生产环节所排出的水。对于常规处理工艺的水厂，水厂的排泥水总量约为总制水量的3%～5%。在排泥水总量中，絮凝池约占1%，沉淀池约占20%～30%，滤池约占70%～80%。在水厂的排泥水中，滤池反冲洗水一般都实现回收利用，絮凝池和沉淀池的排泥水经技术经济比较也可回用或部分回用，但排泥水脱泥处理的对象主要是絮凝池和沉淀池排出的废水。

水厂排泥水排入河道、沟渠等天然水体的水质应符合现行国家标准《污水综合排放标准》(GB 8978) 的有关规定。给水厂沉淀池排泥水的污泥浓度最高，可达10000mg/L以上，滤池反冲洗废水的污泥浓度也有200～500mg/L，按《污水综合排放标准》(GB 8978) 中的指标限值，直接排入天然水体时SS指标有超标风险，需要进行相关处理。排入城镇排水系统时，应在该排水系统排入流量的承受能力之内，不能导致溢流和堵塞管道。但要注意，处理含藻水的气浮池藻渣污泥污染物浓度较高，不仅不能直接排入水体，也不应排入城市排水系统，而是要经过处理达标后才能排放。

160 排泥水的处理方法有哪些?

给水厂排泥水处理工艺流程应由调节、浓缩、平衡、脱泥及泥饼处置的工序或其中部分工序组成。调节、浓缩、平衡、脱泥及泥饼处置各工序的工艺选择应根据总体工艺流程及各水厂的具体条件确定。

调节池包括排水池和排泥池，排水池收集滤池反冲洗废水及初滤水（有时也包括浓缩池的上清液），排泥池收集絮凝沉淀池排泥水及排水池底泥。排水池和排泥池一般分建，当排泥水送往厂外处理，且不考虑废水回用，或排泥水处理系统规模较小时，可合建。排水池的水一般都回用，故排泥水处理对象主要是排泥池的水。排泥水浓缩宜采用重力浓缩，也可考虑离心浓缩或气浮浓缩，但若采用后两种需要经过技术经济比较进行确认。脱水之前应设平衡池，平衡池一般为圆形或方形，池内应设匀质防淤设施。脱水一般采用机械脱水，有条件的也可采用干化场。

161 给水厂污泥怎样处理?

排泥水经过自然干化或机械脱水干化形成污泥，主要成分是原水中的悬浮物质（泥沙、浮游生物、藻类残骸等）、部分溶解物质以及药剂形成的矾花等，性状近似黏土。与污水处理厂产生的污泥不同，给水厂污泥以无机成分为主，有机成分含量很少，基本不含有毒有害物质。

国内给水厂污泥处理及处置的研究与应用起步较晚，相关的标准、规范缺失，目前仍有很多给水厂不具备相对完善的排泥水及污泥处理设施。

给水厂污泥的处理方式有机械脱水和干化场自然干化两种。因为机械脱水不受自然条件限制，脱水效率高，占地面积小，故目前大多采用机械脱水。

自然干化是将污泥排放到砂场上，利用太阳和风的作用使污泥中的水分蒸发，同时部分水通过砂层排走。利用自然干化处理污泥虽然较为经济，但受场地、环境等限制，占地面积大，处理规模小，且仅适用于气候干燥的地区。干化场的数量应不少于 3 块，分别用于进泥、干泥和清泥，用于保障水厂的连续运行。

机械脱水设备主要分为板框压滤机、离心脱水机、叠螺脱水机、带式压滤机等，选型时应根据水厂规模、场地条件、污泥性质、经济条件和管理能力等实际情况，综合考虑设备的运行可靠性、自动化程度、脱水效果、建设投资及运行成本等因素，对脱水设备进行合理选择。

162 污泥的预处理方法有哪些?

污泥进入脱水机前，为了改善脱水性能，需要进行物理或化学调质的前处理。

污泥的物理预处理法包括热处理和冻结融化方法。热处理一般适用于有机污泥，即城市污水处理厂产生的污泥，在给水厂污泥处理中很少使用。冻结融化法是将污泥冻结适当时间，污泥絮凝体中结合水和空隙水随结冰过程而析出，污泥固体则相互黏合、紧缩，这种集聚作用导致污泥在冰融化后形成相对稳定的污泥层，脱水性得到改善。在北方寒冷地区且有足够场地可利用时，可以考虑此方法，但实际应用不多。

给水厂多采用化学预处理方法，即投加无机盐或有机高分子絮凝剂进行调理。药剂种类及投加量宜由试验或按相同机型、相似排泥水性质的运行经验确定。药剂多采用高分子絮凝剂聚丙烯酰胺（PAM），也可使用石灰等无机药剂，或结合聚合氯化铝等絮凝剂使用。

163 污泥调理剂的应用特点和注意事项有哪些?

污泥调理剂的配制浓度不仅影响调理效果，而且影响药剂消耗量和泥饼产率，其中有机高分子调理剂影响更为显著。一般来说，有机高分子调理剂配制浓度越低，药剂消耗量越少，调理效果越好。这是因为有机高分子调理剂配制浓度越低，越容易混合均匀，分子链伸展得越好，架桥凝聚作用发挥得越好。但配制浓度过高或过低都会降低泥饼产率。而无机高分子调理剂的调理效果几乎不受配制浓度的影响。经验和有关研究表明，有机高分子调理剂配制浓度在0.05%～0.1%时比较合适，三氯化铁配制浓度以10%为最佳，而铝盐配制浓度在4%～5%时最为适宜。

与无机调理剂相比，有机高分子调理剂投加量较少，一般为污泥干固体质量的0.1%～0.5%，而且没有腐蚀性，效果较好。有机高分子絮凝剂多采用聚丙烯酰胺(PAM)，PAM按照其所带电荷，可分为阳离子型、阴离子型和非离子型三类。阳离子型PAM一般用于有机物含量高的污泥调理，且价格贵，对于以无机物为主的给水厂污泥，并不是最佳选择。我国国家标准《水处理剂　阴离子和非离子型聚丙烯酰胺》(GB/T 17514—2017)中，规定了适用于饮用水处理的阴离子和非离子型PAM的产品标准，采用阴离子型更有利于药剂的质量控制，可与作为助凝剂的PAM采用同一阴离子型产品。因此给水厂多采用阴离子型PAM进行污泥调理。

当采用不止一种调理剂时，调理剂投加的顺序也会影响调理效果。当采用铁盐和石灰作为调理剂时，一般先投加铁盐，再投加石灰，这样形成的絮凝体与水较易分离，而且调理剂总的消耗量也较少。当采用无机调理剂和有机高分子调理剂联合调理污泥时，先投加无机调理剂，再投加有机高分子调理剂，一般可以取得较好的调理效果。

164 污泥脱水设备的特点和运行注意事项有哪些?

板框脱水机是一种适应性很强的脱水设备，要求进泥含固率不宜小于2%，脱水后的污泥含固率一般大于30%，适用于对脱水污泥含固率要求较高和污泥性质比较难脱水的项目。

离心脱水机要求进泥含固率不宜小于3%，脱水后的污泥含固率不小于20%，由于离心脱水机工作过程是封闭、连续的，因此脱水效率高，工作环境好，易于管理，占地面积小，投资少，应用较多，但工作噪声大、能耗高，维修难度大。

叠螺式脱水机采用低速螺旋挤压技术，结构简单，耗电量少，节能效果明显，但脱水效果受水质影响较大，固体回收率较低，脱水后的污泥含固率一般在20%左右，较适用于污泥量较少的小型给水厂。

带式压滤机一般要求进泥含固率3%～5%，脱水后的污泥含固率一般大于20%，具有能耗低、投资少的特点，但由于带式压滤机采用开放的挤压方式，对给水厂亲水性强的排泥水污泥，处理效果非常差，不宜使用。

对于机械脱泥设备，操作人员应定期观察脱水设备运行过程中进泥浓度、出泥含固率、加药量、加药浓度及分离水的含固率，以及各设备的状态是否正常，并做好记录。当脱水设备结束一个工作周期停止运行后，应对可能溅落到设备周围场地和设备上面的污泥进行清洗；在脱水设备停运间隔超过24h情况下，应对脱水设备与泥接触的部件、输泥管路，以及加药管线和设备进行清洗；当脱水设备及其辅助设备（包括加药、进泥和出泥设备）长时间处于停运状态时，对需要清洗的设备部件及管道进行彻底清洗。

165 板框压滤机的运行和维护要点是什么?

作为常用的给水厂污泥脱水设备，板框压滤机的运行要点有：

① 脱水设备运行之前应确保设备本身及其上下游设施和辅助设施处于正常状态，包括污泥平衡池、脱水设备、污泥输送泵加药设备。

② 脱泥采用的药剂种类（PAM或辅助投加PAC）、配药浓度、投加量宜根据进泥情况选择。一些给水厂脱泥需PAM和PAC配合使用，而个别给水厂即使不投加脱泥药剂脱出的泥即可达到接近30%的含固率。

③ 压滤机压紧或拉板时，勿将手伸入滤板之间整理滤布，如果要整理滤布，需停止压紧或拉板状态。

④ 液压站运转时，不要拆开液压元件，否则高压液压油会溅出伤人，必须在液压站卸压后拆卸液压元件。

⑤ 压滤机在压紧后，通入料浆开始工作，进料压力必须控制在出厂标牌上标定的压力以下。

⑥ 板框压滤机保压阶段压力保持在设备要求的数值范围。

⑦ 操作人员应定期观察脱水设备运行过程中进泥浓度、出泥含固率、加药量、加药浓度及分离水的含固率，以及各设备的状态是否正常，并做好记录。

⑧ 当脱水设备结束一个工作周期停止运行后，应对可能溅落到设备周围场地和设备上面的污泥进行清洗。在脱水设备停运间隔超过24h的情况下，应对脱水设备与泥接触的部件、输泥管路，以及加药管线和设备进行清洗。

⑨ 当脱水设备及其辅助设备（包括加药、进泥和出泥设备）长时间处于停运状态时，对需要清洗的设备部件及管道进行彻底清洗。

板框压滤机的维护要点有：

① 滤板破裂后，应及时更换，不可继续使用，否则会引起其他滤板破裂。

② 液压油应通过滤网过滤后才充入油箱，必须达到规定油面。并要防止污水及杂物进入油箱，以免液压元件生锈、堵塞。

③ 电气箱要保持干燥，各压力表、电磁阀线圈以及各个电器要定期检验，确保机器正常工作。停机后须关闭空气开关，切断电源。

④ 油箱、油缸、加药泵、进料泵和溢流阀等液压元件需定期进行清洗，在一般工作环境中使用的压滤机每半年清洗一次，新机在使用1～2周时，需更换液压油一次，换油时将脏油放净，并把油箱擦洗干净；第二次换油周期为一个月，以后每三个月左右换油一次。

⑤ 滤布安装必须平整，不许折叠。新的滤布使用前应先缩水。

⑥ 做好运行记录，对设备的运转情况及所出现的问题记录备案，有故障应及时维修，禁止带故障操作。

⑦ 经常检查滤板间密封面的密封性，只有可靠的密封，才能保证过滤压力，才能正常过滤。

⑧ 注意各部连接零件有无松动，应随时予以紧固调整。

⑨ 相对运动的零件，必须保持良好的润滑清洁。

⑩ 拆下的滤板应平整叠放，防止挠曲变形。

166 离心脱水机的运行和维护要点是什么？

作为常用的给水厂污泥脱水设备，离心脱水机的运行要点有：

① 整个脱泥系统除脱泥机（离心式脱泥机）环节外，与其他污泥处理系统（如板框式压滤机）相似。

② 脱泥采用的药剂种类（阳离子PAM或阴离子PAM或辅助投加PAC）、配药浓度、投加量宜根据进泥情况选择。如某给水厂采用阳离子PAM作为脱泥药剂，试验发现药剂配比0.2%脱出的泥和药剂配比0.3%、0.4%脱出的泥含水率差别不大，故配比可设定在0.2%。

③ 离心脱水机房应采取降噪措施，离心脱水机房内外的噪声应符合现行国家标准《工业企业噪声控制设计规范》（GB/T 50087）的有关规定。

离心脱水机的维护要点有：

① 一般情况下离心机可以用清水清洗，在特殊条件下必须用热水、碱液或其他溶剂（无论定期或不定期的）进行清洗。

② 离心机停车前必须进行清洗。离心机运行振动大时也应进行清洗。清洗时，清洗液会从离心机固体和液体的排出口同时排出。

③ 当工艺不允许清洗介质进入固体处理系统时，应关闭固体排出通道，并使液流转向流入清洗液系统。

④ 差速器的润滑为浸浴润滑方式，运行时油温较高，在离心力作用下容易泄漏，应经常检查存油量，适时补充。

⑤ 巡检应检查油箱中的油位，发现不足应及时补充，发现变质应彻底更换。

⑥ 应根据流量及轴承温度的变化情况适时调整油量，如轴承温度高，则应相应加大供油量，以保证充分的润滑和带走多余的热量。

167 给水厂污泥处理后如何处置或利用？

给水厂脱水后的污泥处置可采用填埋或有效利用的方式，能利用的应有效利用。

因污泥含水率一般较高，难以压实，目前国内水厂的脱水污泥大多采用单独填埋的方式。如果条件具备，如泥饼含水率很低，可以承受一定的压力，满足垃圾填埋场的要求，宜送往垃圾填埋场与城市垃圾混合填埋，但运输成本也是水厂污泥处置需要考虑的因素。

污泥的成分满足相应的环境质量标准及污染物控制标准时，可考虑综合利用，如作为垃圾场的覆盖土或掺填料，作为建筑材料的原料或添加料等，但目前工程应用不多。有的水厂产泥量较小，脱水后经泥质检测符合相关标准，在厂区内作为绿化用土，也是一种可以参考的污泥资源化利用的方式。

168 出厂水压力如何确定？

出厂水压力需要满足供水管网的最小服务水头，根据出厂后的地势变化、管网长度和布局（与水头损失相关）、用户用水情况、是否有管网加压泵站/水塔等多个因素确定。

《室外给水设计标准》（GB 50013—2018）中规定，给水管网水压按直接供水的建筑层数确定时，用户接管处的最小服务水头，一层应为10m，二层应为12m，三层以上每增加一层应增加4m。供水管网的最小服务水头参照以上要求确定。

出厂送水泵房的扬程在无水塔/加压泵站的管网中，由清水池（或吸水井）最低水位与管网控制点地面标高的高程差、控制点所需的最小服务水头与沿途各种水头损失（含泵站内的吸水管、压水管和泵站外的输水管和管网）之和确定。控制点指离送水泵房最远或地势最高的点，只要该点的压力满足时，整个管网的压力就满足要求。

在管网较长或存在地势较高的用水区域时，可考虑增加管网加压泵站，保障用户水压，同时避免出厂水压过高的情况。目前供水系统很少设置水塔，水塔容积小了作用不大，容积增大造价升高，而且水塔高度确定后，不利于之后供水管网的发展。

169 给水厂节能降耗的关键环节和措施是什么?

给水厂的能耗物耗主要是电耗和药耗，其中电耗占比最大，一般占 80%～90%以上，故泵站（含取水泵站和水厂送水泵站）的节能是关键环节。主要节能措施如下：

① 改变机组不配套　水泵与电动机不配套时，电动机达不到高载运行，效率就降低。故若电动机不满载需要更换为与水泵配套的电动机，保证其高效运行。

② 使水泵在高效区运行　若水泵的实际扬程与额定扬程相差大，水泵效率低，可以考虑改变水泵叶轮直径、改变水泵转速、改变出水阀门开度的方式使其效率提高，若还不能解决问题则考虑水泵重置。改变叶轮直径节能的依据是流量与叶轮直径成正比，扬程与叶轮直径的平方成正比，轴功率与叶轮直径的三次方成正比，故若水泵扬程偏高可通过切削叶轮的方式改变，但叶轮切削有一定的限度，超过了限度会降低水泵效率。改变水泵转速一般采用变频调速，水泵的扬程与转速平方成正比关系，因此加装变频器，降低转速，可以降低扬程，该方法使用方便，节能效果好。改变出水阀门开度则改变了管路系统中的阻力，也就改变了管路系统特性曲线。阀门关小，流量减小，扬程提高；阀门开大，流量增大，扬程降低。但阀门关小也存在增加水头损失的问题。

③ 清水池高水位运行　清水池保持高水位可减少静扬程，节约水泵能耗，但需综合考虑清水池水位对工艺的影响（如消毒）。

④ 降低管路水损　尽可能降低输送管路水头损失，取消管路不必要的截止阀、止回阀、弯头等。尤其是吸水管底阀耗电量大，有条件时应尽量取消底阀。

⑤ 加强水泵机组维护维修　一是减少水泵的滴漏现象，减少水量损失。二是减少机械损失，及时更换弯曲的泵轴和损坏的轴承，保持良好润滑状态等。

170 常规净水工艺有什么局限性?

到 20 世纪初，给水厂净化技术基本形成现在被人们普遍称为常规或传统处理工艺的处理方法，即混凝、沉淀或澄清、过滤和消毒。这种常规的处理工艺至今仍被世界大多数国家所采用。但是，随着有机化工、石油化工、采矿、农药和医药工业的迅速发展，水中有害物质逐年增多。同时，随着水质分析技术逐渐改进，水源水和饮用水中能够检测到的微量污染物质的种类不断增加，使人们在饮用水的水质净化中碰到了新的问题。

① 常规饮用水处理工艺对微量有机物没有明显的去除效果。常规饮用水处理工艺往往是以除去水中浊度、悬浮物、胶体、色度、微生物等为目的，它对水中有机物尤其是溶解性

有机物去除能力很低（20%～30%）。对常规工艺进出水进行气相色谱和质谱（GC/MS）联机分析微量有机污染物和Ames致突变试验，结果表明，水中有机物数量，尤其是毒性污染物的数量，在处理前后变化不大；预氯化产生的卤代物在混凝沉淀及过滤处理中不能得到有效去除。地表水源中普遍存在的氨氮问题常规处理也不能有效解决。

② 常规饮用水处理工艺会产生一些有毒的副产物。在氯化消毒过程中，氯与水中的有机物反应产生三卤甲烷（THMs）和其他卤化副产物（如卤代乙酸、卤代乙腈、三氯丙酮、氯化醛类、氯酚）、其他特殊化合物和有机卤代物。这些有机卤代物中有许多被推测是致癌物或是诱变剂，且在较高浓度时有毒性。研究表明，有预氯化的常规工艺不仅出水中卤代物增多，而且优先控制污染物及毒性污染物数量也有明显上升，出水的致突变活性较处理前增加了50%～60%。

③ 常规饮用水处理工艺对一些病原微生物处理效果欠佳。一些病原微生物由于尺寸小（1～5μm），很难用常规过滤技术去除，而且它们有的对常规的氯化消毒有很强的抗性。20世纪90年代在美国、加拿大、英国、澳大利亚等国多次出现或暴发了隐孢子虫等病原原生动物的传染事件。这些事件给美国和全世界的给水界敲响了警钟，说明采用的饮用水净化技术及其相应的供水设施，仍不能保证饮水安全，还需继续努力，研究、开发出更加安全可靠的饮用水净化技术。

综上所述，在水源受污染情况下，由于常规净化工艺的局限性，处理后的生活饮用水水质安全性难以保证。为了去除饮用水中的污染物质，尤其是有机污染物和新型病原微生物，水处理研究人员已研究出许多饮用水净化新技术，有的已在实际中得到应用，取得较好效果。

171 什么是BIM？在给水厂建设中怎样应用？

建筑信息模型（BIM）技术是在计算机辅助设计（CAD）等技术基础上发展而来的多维建筑模型信息集成管理技术，通过创建并利用数字智能化模型对建设项目的设计、建造等过程进行管理和优化，是实现智慧化设计、建造和运维的重要技术手段。

BIM技术通过对建筑的数据化、信息化模型整合，在项目策划、运行和维护的全生命周期过程中进行共享和传递，使工程技术人员对各种建筑信息作出正确理解和高效应对，为设计团队以及包括建筑、运营单位在内的各方建设主体提供协同工作的基础，在提高生产效率、节约成本和缩短工期等方面发挥重要作用。

近几年，随着水质标准的日益严格和用水需求的不断增加，水厂提质扩建类项目逐渐增多，相较于新建项目其建设难度也有所提高。BIM技术在水厂的项目前期、设计、施工、竣工结算、后期运营管理等过程均可应用，能有效解决水厂改扩建类项目技术复杂、设计专业多、建设各阶段衔接不畅、协调管理困难等问题。在设计阶段，BIM技术应用主要是三维建模、辅助设计出图、三维管线综合展示、碰撞检查、工程性能化分析，进而优化设计成果，实现减少现场签证和变更。例如，在水厂建设中，需要大量的内部管线，且管线和反应、沉淀、加药、加压等设施设备大量交接，三维可视化设计可以实现便捷的项目功能预演。在施工阶段，BIM可以应用于4D施工进度模拟、造价控制、BIM辅助施工、现场管理等，提升工程参建各方的沟通效率和协作水平，最终缩短建设周期、节约工程造价。

随着智慧水厂建设步伐的加快，基于BIM技术构建水务工程建设全生命周期管理将是水务行业未来的发展趋势。

172 装配式一体化设备水厂是什么？

近年来随着城镇化速度加快，推动了城乡及偏远地区的供水需求不断提升，由此导致城镇水厂产能不足，并且由于传统水厂建设周期长、成本高、占地面积大等局限，对城乡小规模给水厂设计建设带来挑战。

在上述需求下，近年来装配式一体化设备水厂的应用逐渐增多。装配式一体化设备水厂一般是由工厂化组件生产、现场拼装的钢结构一体化净水设备，主要采用混合、絮凝、沉淀、过滤、消毒的净水工艺，在工艺组合上实现了模块化，在生产制造上对零部件实现了标准化，在现场安装上实现了装配化。与传统的土建结构净水构筑物相比，显著提升了设备的加工精度。该类型水厂的主流产品采用304/316不锈钢材料，大幅提升了设备的耐腐蚀性能。

该类型产品具有建设周期短、占地省、造价低、运维管理简单、出水水质稳定、可智能化运行等优势，可适用于湖库河流等常规水源，并可根据需要增加前处理和深度处理单元，对于城乡小规模水厂是一种可选的新建和改扩建方式。

173 疫情防控期间给水厂运行管理应注意哪些方面？

世界卫生组织（WHO）编写的《饮用水水质准则（第四版）》中表明，流感病毒和严重急性呼吸综合征相关冠状病毒（SARS-CoV）不属于“通过饮用水传播的病原体”，在“供水中存在的水平”为不可能。但是，面对严峻复杂的新型冠状病毒疫情以及可能发生的其他疫情，要高度重视病毒水介传播的潜在风险，并在给水厂的运行管理中予以足够关注。

我国《生活饮用水卫生标准》(GB 5749）没有明确限定病毒的最高允许浓度，但标准中对浊度和消毒有严格的规定和要求，保证了饮用水处理工艺对病毒的去除和灭活。美国环保局（USEPA）饮用水水质标准要求对病毒的削减率不低于99.99%。现有水厂常规处理工艺、臭氧活性炭（O_3-BAC）深度处理工艺、超滤工艺以及后续的消毒工段对病毒均有去除效果。所以，只要保证饮用水处理工艺运行正常，保证足够的消毒剂浓度和接触时间（CT值），就能够实现充分的消毒效果。

针对疫情大规模暴发的特殊时期，给水厂特别是尚未对水处理工艺进行升级改造的水厂，应全面加强各工艺环节的运行管理，保障水厂稳定运行，有效控制出厂水浊度，保证管网余氯，保障水质安全。具体技术措施如下。

① 强化水厂消毒工艺，保障管网水余氯量。消毒是病毒去除的关键环节。病毒的灭活效果主要取决于消毒剂的类型以及消毒工艺的CT值。在病毒灭活能力方面，臭氧最强，自由氯其次，二氧化氯次之，而氯胺很差，紫外线消毒对病毒的灭活效果与病毒种类密切相关。对采用氯胺消毒的水厂，应先用自由氯在清水池进行充分接触消毒，在出厂前加氨形成氯胺。水厂应加强对管网及末梢余氯的检测，保证管网中的余氯量，有利于保证自来水的生

物安全性。

② 加强常规处理工艺的运行管理，控制滤后水浊度小于0.3NTU。依据美国环保局饮用水病毒去除技术指南，当滤后水浊度在0.3～1NTU时，病毒去除率一般为90%以上；而当滤后水浊度低于0.3NTU时，病毒去除率可达99%。因此，在疫情发生期间，适当增加药剂投加量，加强对过滤工艺的运行管理，将滤后水浊度降低到0.3NTU以下，有利于对病毒的控制。

③ 加强臭氧-活性炭深度处理和超滤膜工艺的运行管理。对于臭氧-活性炭深度处理工艺的水厂，要确保臭氧设备的正常开启与稳定运行。由于臭氧对病毒的灭活效果最好，建议适当增加臭氧投加量，可为病毒的强化去除增加一级屏障。对于采用超滤膜工艺替代常规处理工艺的水厂，由于超滤除浊性能远优于常规工艺，有些小孔径的膜去除病毒的效果会更好。但当膜丝发生断裂时，会出现病毒的泄漏。因此，在运行中应加强颗粒物在线监测，以确保膜丝的完好率。为安全起见，超滤水厂也要重视前段的常规处理去除浊度和后续的消毒处理。

④ 强化饮用水全过程监测，积极与卫健、环保等相关部门保持信息交流。供水企业要强化对水源、水厂、管网等过程的严密检测，如发现饮用水源遭受污染，应通过信息交流和共享机制，及时与卫健、环保部门进行信息交流，同时掌握疫情控制动态和相关信息，进一步完善应急供水安全保障预案。

在疫情大规模暴发期间给水厂的日常运行管理上，有以下几点注意事项。

① 由于病毒有在沉淀池污泥和反冲洗水中富集的可能性，在疫情大规模暴发的特殊时期，水厂可考虑暂时不将沉淀池排泥水和滤池反冲洗水回用到处理工艺系统中。

② 考虑到病毒可能会通过滤池气水反冲洗产生的飞沫进行传播，建议水厂操作工人及相关人员在运维工作中佩戴口罩进行自我防护。

③ 及时储备生产必须的原材料，保证材料供应。在城市封闭及社会消毒药剂大量耗用的情况下，及时组织絮凝剂、消毒剂等生产必须的原材料以及生产设施备品备件的储备，并协调原材料的生产及运输，保证原材料供应。

④ 充分利用在线仪表数据、现场视频、智能控制等技术手段远程监控，适当减少水质、泥质人工检测及现场操作频率，做好职工个人防护，减小职工感染风险，确保正常供水。

174 给水厂碳排放环节有哪些?

我国承诺二氧化碳排放力争于2030年前达到峰值，努力争取2060年前实现碳中和。实现“碳达峰、碳中和”已成为我国的国家战略。城市供水行业需要积极响应国家政策号召，通过改革、更新现有技术路线、工艺和设备等方式来减少现有排放量。节能减排将与保障供水安全一起成为城市供水系统设计和运行的目标。

联合国政府间气候变化专门委员会（Intergovernmental Panel on Climate Change，IPCC）提到的碳排放核算边界主要包括碳源和碳汇。碳源包括直接排放和间接排放。直接排放主要指生产运行过程中产生的全部温室气体的排放，包括化石燃料的使用、工业生产过程中的能源消耗，以及生产运行过程中由于生化反应而直接产生并排放的温室气体；间接排放则是直接排放过程中设备仪器的使用产生的温室气体排放，以及其他额外的排放，如能源或者电力设施运行时的排放，外加碳源产生的排放等。碳汇简单来说就是减少温室气体，一般是通过植树造林、植被恢复等碳捕捉、碳封存措施吸收大气中的二氧化碳，热能和生物质能的回收利用也是获得碳汇的主要途径。

对于给水厂及配套输配水设施，碳排放的主要环节分别为取水、制水和输配水环节。原水经由原水管网输送到给水厂进行处理，一般都需要通过取水（一级）泵站，这一过程中，泵房运行需要消耗大量能量，属于碳排放边界条件里的间接排放。原水管网规划布局的不合理以及管网漏损造成的水耗导致输送过程中能耗的增加，这部分能耗即为影响原水输送过程碳排放的关键因素。在给水厂的制水环节，主要的碳排放来源于设备运行产生的能耗，以及预氧化药剂、絮凝剂和消毒药剂投加产生的药耗，因此削减间接排放对给水厂碳减排更有贡献。输配水管网主要包括送水（二级）泵站、配水管道、调节构筑物（水塔、高位水池等）及其他小型配件组成。在这些组成部分中，泵站日常运行的能耗、管网设计不合理导致泵站额外增加的能耗属于碳排放的间接排放，也是影响碳排放的主要因素。整个供水生产和输送环节，基本不产生温室气体的直接排放。

175 给水厂的碳减排措施有哪些?

给水厂碳减排措施主要包括以下方面。

(1) 提升管网效率

① 从设计和运行角度考虑减少原水输送过程中的不必要输送距离，合理规划供水管网，减少因管网铺设不合理造成的能耗浪费；

② 提升和维护原水管网及配水管网，加强管网的日常维护和检修；

③ 通过技术和管理手段优化供水管网的流量和压力，减少因管道漏损造成的水耗。

(2) 水厂节能降耗及工艺提升

① 替换高耗能设备和提升设备效率，特别是高耗能的水泵；

② 通过技术优化实现加药量节省；

③ 降低自用水率；

④ 按照需求提供不同品质的供水。

消毒技术

176 给水厂为什么必须要有消毒工艺？其作用机理是什么？

消毒是生活饮用水安全、卫生的最后保障。经过给水厂处理后的水可保证化学指标均达到《生活饮用水卫生标准》（GB 5749）的要求，但若不经过消毒这一工艺环节，很难保证微生物指标合格，且出厂水进入管网后一般需要经过较长时间才能到达终端用户，在管网中也容易滋生微生物。水中常见病原微生物有细菌、病毒和原生动物三大类。一般而言，消毒工艺对以上三种微生物均有灭活效果，但对细菌的灭活效果较好，病毒次之，原生动物最差。

一般来说，常用的消毒方法对微生物的作用机理包括以下几个方面：

① 破坏细胞膜。

② 损害细胞膜的生化活性，氧化微生物有机体。

③ 对细胞的重要代谢功能造成损害，抑制破坏酶的活性。

④ 破坏核酸组分。

⑤ 破坏有机体的 RNA（核糖核酸）、DNA（脱氧核糖核酸）。

为了防止通过饮用水传播疾病，对于供应饮用水的给水厂而言，消毒是必不可少的。消毒并不是要把水中微生物全部消灭，只是要灭活水中的致病微生物使其丧失致病作用。《生活饮用水卫生标准》（GB 5749）中包含的微生物指标有常规指标（如菌落总数、总大肠菌群、大肠埃希氏菌）和扩展指标（如贾第鞭毛虫和隐孢子虫），附录中还包括肠球菌、产气荚膜梭状芽孢杆菌，共 7 种。消毒剂与水的接触时间应不少于规定时间，而且出厂水和管网末梢水均应达到一定限值以上的消毒剂余量，微生物指标也有相应的标准限值。

177 给水厂消毒有哪些方法？

消毒的方法主要有液氯消毒、二氧化氯消毒、次氯酸钠消毒、氯胺消毒、臭氧消毒、紫外线消毒，也可以采用上述方法的组合。按类别也可以分为化学消毒法和物理消毒法两种。

（1）化学消毒法

化学消毒法是利用强氧化剂杀灭水中的细菌和病毒，控制藻类生长，并同时除色、脱臭的水质控制技术。所用的强氧化剂主要有氯气、次氯酸钠、二氧化氯、漂白粉/漂粉精、氯胺和臭氧等。

氯气消毒是传统的饮用水消毒方法，其使用方便，成本较低，且在水中能长时间地保持一定数量的余氯，具有持续消毒作用，在早期水厂中应用普遍。但因液氯储存量达到5t就属于重大危险源，运输和储存不便，而且当水中有机物含量高时，氯消毒会增加出水的消毒副产物（如三卤甲烷、卤乙酸等），故目前氯气消毒的使用出现减少趋势。

次氯酸钠是一种强氧化剂，在溶液中产生次氯酸根离子，通过水解反应生成次氯酸，起到消毒作用，原理与氯消毒相同。水厂消毒使用的次氯酸钠有采购成品次氯酸钠（一般有效氯10%以上）和使用次氯酸钠发生器电解食盐水现场生产（一般有效氯含量为0.8%左右）两种，均采用水溶液的形式。当水厂附近有成品次氯酸钠供应时，一般采用成品；无成品供应条件时，可采用现场制取的方法。次氯酸钠消毒效果好，安全性高，运输、储存与投加操作比液氯简单、方便，但其存放时间不宜太久，且随储存温度升高，有效氯的损失会加快，且氯酸盐会增加。

二氧化氯是一种强氧化剂，介于氯和臭氧之间，与氯的消毒机理不同，对很多病毒的杀灭作用强于氯，氧化能力是氯的2.5倍。二氧化氯消毒法在控制三卤甲烷的形成和减少总有机卤代物方面具有独特优越性。二氧化氯具有易挥发、易爆炸的特性，所以基本都是通过发生器现场制备和使用的方式。

小型水厂可用漂白粉/漂粉精消毒。漂白粉/漂粉精的消毒作用同液氯。漂白粉是氢氧化钙、氯化钙和次氯酸钙的混合物，主要成分为次氯酸钙，含有效氯30%～38%，但由于漂白粉在空气中易发生水解，使有效氯减少，故设计时有效氯一般按20%～25%计算；漂粉精又称高效漂白粉，主要成分是次氯酸钙，含有效氯60%～70%，所以适合在小型水厂水质突然变坏时临时投加。调制和投加漂白粉/漂粉精溶液池（桶）应有两个，以便轮流使用。溶液池（桶）内可配成1%～2%的漂白粉/漂粉精澄清液备用。

氯胺消毒法一般用于管网长度比较长的水厂，是由氯（氯气、次氯酸钠）和氨类物质（液氨、氯化铵、硫酸铵等）反应生成的，氯胺的消毒效果比氯弱，但因氯胺可缓慢释放次氯酸，延长了其在管网中的消毒时间。

臭氧消毒法副产物少，杀菌效果好，但设备及运行成本较高，在管网中无法维持剩余量臭氧，使用不普遍。

（2）物理消毒法

主要包括紫外线消毒法、微电解消毒法和磁化消毒法。与化学消毒法相比，其优点是产生的毒副作用小，缺点是消毒效果较差，设备成本高，其难以满足对长距离管道中管网水的持续消毒作用，若给水厂使用应与化学消毒法联用（《生活饮用水卫生标准》中规定的饮用水中消毒剂常规指标及要求均是化学消毒剂指标）。

178 氯消毒的原理和特点是什么?

氯与水反应时，一般产生“歧化反应”，生成次氯酸（HClO）和盐酸（HCl），其反应方程式为：

$$Cl_2 + H_2O \longleftrightarrow HClO + H^+ + Cl^-$$

次氯酸也会水解形成次氯酸根（ClO^-），反应方程式为：

$$HClO \longleftrightarrow H^+ + ClO^-$$

氯的灭菌作用主要是次氯酸，因为它是体积很小的中性分子，能扩散到带有负电荷的细菌表面，具有较强的渗透力，能穿透细胞壁进入细菌内部。氯对细菌的作用是破坏其酶系统，导致细菌死亡。而氯对病毒的作用，主要是对核酸破坏的致死性作用。ClO^- 虽具有杀菌能力，但它带负电难以接近带负电的细菌表面，对于水中的病毒、寄生虫卵的杀灭效果较差，故杀菌能力比次氯酸要差。

次氯酸钠和漂白粉在水中也能水解成次氯酸。一氯胺和二氯胺的杀菌原理仍是次氯酸的作用；氯胺本身也有杀菌作用，但需较高的浓度和接触时间。

179 影响氯消毒效果的因素有哪些?

(1) 加氯量和接触时间

加氯量除需满足需氯量外，尚应有一定量的剩余氯。需氯量是指因灭菌、氧化有机物和还原性无机物以及某些氯化反应等所消耗的氯量。给水厂所需余氯量的多少，与余氯性质、管网长度、中途是否补氯、管网末梢水余氯要求有关。就游离性余氯而言（指 HClO 和 ClO^-），要求接触 30min 后，出厂水有 0.3mg/L 以上的余氯；对于化合性余氯（指一氯胺和二氯胺），要求接触 2h 后，出厂水有 0.5mg/L 以上的总氯。

(2) 水的 pH 值

次氯酸是弱电解质，其离解程度取决于水温和水的 pH 值。当 pH 值<6.0时，HClO 的比例接近 100%；pH$=7.5$ 时，HClO 和 ClO^- 的比例大致相等；pH>9.0，ClO^- 接近 100%。HClO 的杀菌效率约较 ClO^- 高 80 倍。因此，消毒时水的 pH 值不宜太高。用漂白粉消毒时，因同时产生 $Ca(OH)_2$，可使 pH 值升高，故当漂白粉因保存不当或放置过久而使有效氯含量降低时，消毒效果会受影响。二氯胺的杀菌效果较一氯胺高，三氯胺则几乎无杀菌作用。它们之间的生成量比例，取决于氨和氯的相对浓度、pH 值和温度等因素。一般而言，当 pH>7.0 时，一氯胺的生成量较多；pH$=7.0$ 时，一氯胺和二氯胺近似相等；pH<6.5 时，主要为二氯胺；三氯胺只有当 pH<4.4 时才存在。因二氯胺很臭，故主要应以一氯胺消毒。

(3) 水温

水温高，杀菌效果好。水温每提高 10℃，病菌杀灭率约提高 2～3 倍。

(4) 水的浊度

悬浮颗粒对消毒的影响，因颗粒性质、微生物种类而不同。如黏土颗粒吸附微生物后，对消毒效果影响甚小，而粪尿中的细胞碎片或污水中的有机颗粒与微生物结合后，会使后者获得明显的保护作用。病毒因体积小，表面积大，易被吸附成团，因而颗粒对病毒的保护作用较细菌大。

(5) 水中微生物的种类和数量

不同微生物对氯的耐受性不尽相同。但概括地说，除腺病毒外，肠道病毒对氯的耐受性较肠道病原菌强。

消毒往往不易达到 100% 的杀灭效果，故常以 99%、99.9% 或 99.99% 的效果为参数。如消毒前水中细菌过多，则消毒后水中细菌数就不易达到卫生标准的要求。

180 为什么要用 CT 值作为氯消毒设计和运行的依据？

按照消毒动力学公式（Chick-Watson 公式）：

$$\ln(N/N_0)=-\alpha CT$$

式中，N 为 T 时刻活的微生物数量；N_0 为消毒开始时活的微生物数量；α 为比灭活率常数；C 为余氯浓度；T 为反应时间。

消毒效果与余氯浓度和接触时间有关，CT 值决定了消毒效果，因此，为控制水中病原微生物，达到饮用水水质要求，设计和运行消毒单元工艺时 CT 必须达到一定的要求。

181 氯相关的消毒方法有哪些？

根据消毒剂的种类分为液氯（氯气）消毒、次氯酸钠消毒、次氯酸钙（漂白粉/漂粉精）消毒、氯胺消毒。其中氯胺消毒中氨与氯的比例应通过试验确定，其范围一般为 1∶（3～6）。与普通氯化消毒法相比，氯胺消毒产生的三卤甲烷明显较低；消毒后的饮用水，在 Ames 试验中其致突变性亦较弱；如先加氨后加氯，则可防止氯酚臭；如先加氯，消毒后再加氨，则可使管网末梢余氯得到保证。但氯胺的消毒作用较弱，故要求的接触时间较长，剩余总氯浓度较高，费用较高。

根据加氯量的多少，分为普通氯化消毒、折点加氯消毒、过量加氯消毒。

（1）普通氯化消毒法

水的需氯量较低，且基本无氨，用少量氯即可达到消毒目的的方法即为普通氯化消毒法。此法产生的主要是游离性余氯，所需接触时间短，效果可靠。但要求原水污染较轻，且基本无酚类物质（否则会产生有臭味的氯酚）；原水为地表水时，往往会产生三卤甲烷等消毒副产物。

（2）折点加氯消毒法

主要是在水源水污染比较严重的情况下，尤其是存在氨和氮污染时使用的一种加氯方法。本法的优点是消毒效果可靠；能明显降低锰、铁、酚和有机物含量；并具有降低臭味和色度的作用。缺点是耗氯多，并因而有可能产生较多的氯化副产物；需事先求出折点加氯量，且有时折点不明显；使用氯气时会使水的 pH 值过低，故必要时尚需加碱调整。

如图 5-1 所示，对于一般水源，当加氯量满足需氯量后，剩余氯就随着加氯量的增加而增加，它们之间呈正比关系曲线 L1。但当水源污染比较严重，水中存在氨和氮有机物时，加氯量和余氯量曲线是 L2。需氯量 OA 满足以后，随着加氯量的增加，剩余氯相应增加（主要为化合性余氯 NH_2Cl），当加氯量增加到某一值时，剩余氯开始下降（主要反应为 NH_2Cl 被氯氧化成没有消毒作用的 N_2），当下降到某一点时，如果再增加氯，水中余氯又重新上升（主要为游离性余氯），水中剩余氯曲线从下降到上升的转折点 C 称为折点。折点加氯就是控制加氯量、超过折点 C 的加氯方法。剩余氯随着加氯量的增加而上升、下降、又上升的变化，主要是由于水中化合性余氯被全部消耗才使余氯上升，这时候余氯基本是游离性余氯，而且是消毒能力最强的次氯酸部分。

（3）过量加氯消毒法

当有机污染严重，或需在短时间内达到消毒目的时，可加过量氯于水中，使余氯达到

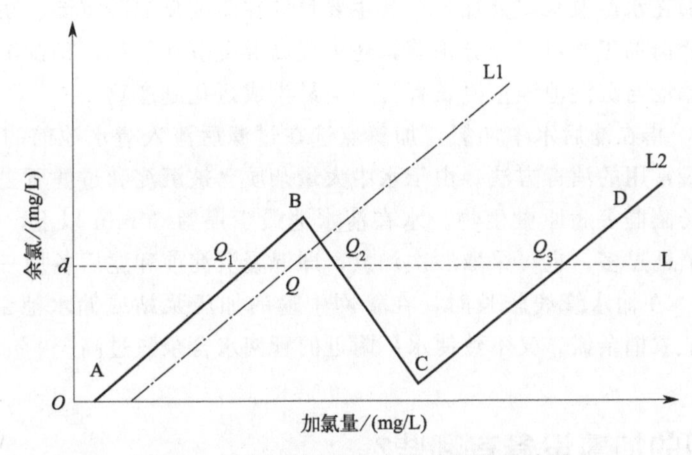

图 5-1 折点加氯中加氯量与余氯量的关系

1～5mg/L。消毒后的水，需用 SO_2、亚硫酸钠或活性炭脱氯。本法在实际运行中很少使用。

氯消毒法还可根据加氯点不同而分为预氯化法、后氯化法和中途加氯法。

182 液氯消毒有哪些优缺点?

液氯消毒的优点如下。

① 氯对微生物杀灭能力较强；

② 在水中能长时间地保持一定数量的余氯，具有持续消毒作用；

③ 成本较低；

④ 操作简单，投量准确；

⑤ 不需要庞大的设备。

液氯消毒的缺点如下。

① 产生消毒副产物 氯气在消毒的同时会和水中的有机物反应产生三卤甲烷、卤乙酸等消毒副产物，这些消毒副产物有致癌、致畸、致突变性和遗传毒性，对人体的健康存在一定的危害性，需按标准严格控制限值。

② 在灭活微生物方面具有一定的局限性 氯对病毒的灭活能力不如二氧化氯和臭氧；相对于氯胺，氯灭活控制管壁微生物膜生长的效果要差一些；此外，氯对贾第虫、隐孢子虫等抗氯性较强的新型致病微生物控制效果较差。

③ 系统存在安全隐患 氯气本身有毒，高压液氯泄漏或爆炸将产生严重后果，因此使用时必须严格按规范操作，防止泄漏与爆炸。近年来，随着对城市公共安全的重视，国内外一些城市逐渐取消了高压液氯而代之以液态的次氯酸钠作为消毒剂。

183 如何选择加氯点?

在水的净化处理流程中，可选择的加氯点位置如下。

① 滤前加氯 指在混凝沉淀前加氯，一般选在进厂原水管或水厂配水井处，有多级氧

化需要的也可增加在水源取水口处加氯，其主要目的在于改良混凝沉淀、防止藻类生长或进行预氧化。采用滤前加氯既可以充分杀菌，还可提高混凝沉淀效果，抑制沉淀池底部存留的污泥腐烂发臭或滤池与沉淀池池壁滋长青苔，但易生成氯化副产物。

② 滤后加氯　指在滤后水中加氯，加氯点选在过滤后流入清水池前的管道中间或清水池入口处。它是最常用的消毒方法。由于水中大量杂质已被沉淀和过滤所去除，加氯只是为了杀灭残存的大肠菌群等病原微生物。水在清水池最少停留 30min 以上，但时间也不宜过长，以免剩余氯消耗过多。也可采取二次加氯，即混凝沉淀前和滤后各加一次。

③ 中途加氯　在输水管线较长时，在管网中途的加压泵站或储水池泵站的补充加氯。采用此法既能保证末梢余氯，又不致使水厂附近的管网水含余氯过高。

184 常用的加氯设备有哪些?

大中型水厂多采用液氯消毒。液氯和干燥的氯气对铜、铁和钢等金属没有腐蚀性，但遇水或受潮时，化学活性增强，对金属的腐蚀性很大，因此为避免氯瓶进水，氯瓶中的氯气不能直接用管道加入水中，必须经过加氯机后投加。氯的投加设备种类很多，常用的有真空加氯机和转子加氯机。

① 真空加氯机上部为一玻璃罩，浸于水盘中，罩内压力较大气压低。液氯钢瓶内的氯经减压气化后吸入玻璃罩内，由另一管孔通往水射器，与压力水混合后送至加氯点。

② 转子加氯机钢瓶内氯气先进入旋风分离器，除去铁锈、油污后再经弹簧膜阀、控制阀到转子流量计和中转玻璃罩，在水射器抽吸下，氯与压力水混合并溶解，氯含量大于 1%，经加氯管道送往加氯点。加氯点应选在无压的管渠内。近年来国内一些水厂引进了较先进的自动真空加氯系统，可根据原水流量以及加氯后的余氯量进行自动运行。

185 氯化消毒副产物有哪些? 防治措施有哪些?

氯化消毒副产物有三卤甲烷（THMs，包含三氯甲烷、一氯二溴甲烷、二氯一溴甲烷、三溴甲烷等）、卤乙酸（HAAs，包含一氯乙酸、二氯乙酸、三氯乙酸、一溴乙酸、二溴乙酸等）、卤代酮类（HKs，包含二氯丙酮、三氯丙酮等）、卤乙腈类（HANs，包含二氯乙腈、三氯乙腈、溴氯乙腈、二溴乙腈等）、卤乙醛类（CH，主要为水合氯醛等）。此外还有 3-氯-4-二氯甲基-5-羟基-2（5）氢-呋喃酮（MX）和 2-氯-3-二氯甲基-4-氧-丁二烯酸等。其中，THMs 和 HAAs 为主要的氯化消毒副产物，占氯化消毒副产物的 80%。

在氯化消毒杀灭水中病原微生物的同时，氯与水中的有机物反应，产生一系列氯的副产物。通常，将水中能与氯形成氯化副产物的有机物称为有机前体物。天然水中有机前体物以腐殖质（含腐殖酸和富里酸）为主要成分，其次有藻类及其代谢产物、蛋白质等。腐殖质是氯化消毒过程中形成氯化副产物 THMs 的主要前体物质。THMs 属挥发性卤代有机物，在三氯甲烷（氯仿）、一氯二溴甲烷、二氯一溴甲烷、三溴甲烷（溴仿）四种副产物中，以氯仿含量最高。研究表明，氯仿具有致突变性和动物致癌性。

对氯化副产物的防治，可根据情况采取以下措施：

① 尽可能选择有机前体物含量低的水源；

② 加强混凝沉淀和过滤等净化措施，防止藻类在制水构筑物内的生长，以降低有机前体物的含量；

③ 改善氯化消毒方法，如取消预氯化和避免折点氯消毒，采用管网中途加氯等，以减少氯化副产物的形成；

④ 采用颗粒活性炭过滤，以除去已形成的氯化副产物；

⑤ 还可考虑采用二氧化氯或臭氧作消毒剂，也可改用氯胺消毒。

186 饮用水的氯消毒效果如何表示?

用于饮水消毒的含氯制剂有液氯、漂白粉、漂粉精和次氯酸钠等，其消毒效果取决于有效氯的含量。液氯含有效氯为99%以上；新鲜漂白粉含有效氯为30%～35%；漂粉精含有效氯高达60%～70%；氢氧化钠经氯化刚生产的次氯酸钠含有效氯为13%～14%，采购的成品次氯酸钠有效氯含量为10%以上，电解食盐水制得的次氯酸钠含有效氯在0.8%左右。

有效氯的测定可采用碘量法。其原理是：氯在酸性溶液中与碘化钾发生氧化作用，释出相当量的碘，再以硫代硫酸钠标准溶液来滴定碘，然后根据硫代硫酸钠标准溶液的用量计算出含氯化合物中有效氯的含量。漂白粉中有效氯的测定还可采用较简捷的蓝墨水快速测定法。因蓝墨水能为有效氯所漂白，故可根据消耗蓝墨水的体积计算漂白粉中有效氯的含量。

饮用水在采用氯化消毒时，将涉及三个指标：加氯量、需氯量和余氯。加氯量是指水中所加入的氯量。需氯量是指消毒饮用水所需要的氯量。余氯量是指水经加氯消毒接触一定时间后，水中所剩余的氯量，将加氯量减去余氯量即为水体的需氯量。饮用水中余氯的作用是表征消毒效果，并可防止饮用水受到再次污染。

187 余氯的测定方法有哪些?

余氯有三种形式：总余氯、化合性余氯和游离性余氯。测定方法有如下几种。

① 碘量法测定总余氯量。原理是有效氯在酸性溶液中与碘化钾反应，释放出相当量的碘，用硫代硫酸钠标准溶液滴定，计算有效氯的含量。

② *N*,*N*-二乙基对苯二胺（DPD）分光光度法。DPD法测定水中余氯（包括游离性余氯、化合性余氯、总余氯）含量的原理是：氯与*N*,*N*-二乙基对苯二胺（DPD）在偏酸性条件下作用，生成桃红色产物，颜色的深浅与水中余氯的含量成正比。按加入试剂的顺序不同，可测出三种不同的余氯。

③ 3,3',5,5'-四甲基联苯胺比色法。适用于总余氯及游离余氯的测定。测定原理为在pH值小于2的酸性溶液中，余氯与3,3',5,5'-四甲基联苯胺反应，生成黄色的醌式化合物，用目视比色法定量，可用重铬酸钾溶液配制永久性余氯标准色列。3,3',5,5'-四甲基联苯胺与水样混合后立即比色，所得结果为游离余氯；放置10min比色所得结果为总余氯。总余氯减去游离余氯即为化合余氯。超过0.12mg/L的铁和0.05mg/L的亚硝酸盐对本法有

干扰。

需要注意的是，采用氯消毒时的余氯和采用二氧化氯消毒时的二氧化氯余量的含义和测定方法完全不同。在仅采用二氧化氯消毒的给水厂，不能直接采用上述余氯的检测方法或检测仪表，然而在个别水厂发现有此错误的用法，应引起重视。如需检测水中二氧化氯量，可采用 *N*,*N*-二乙基对苯二胺-硫酸亚铁铵滴定法或甲酚红分光光度法进行实验室检测，或采用二氧化氯检测仪进行在线/便携式检测。

188 次氯酸钠消毒有哪些优缺点?

次氯酸钠是一种非天然存在的强氧化剂，与其他消毒方式相比较，次氯酸钠与水互溶，解决了像氯气、二氧化氯、臭氧等气体消毒剂所存在的需溶于水而不易做到准确投加的问题，降低了液氯、二氧化氯等药剂时常跑冒滴漏带来的安全隐患，消毒中比液氯较少产生有害健康和损害环境的副产物。

次氯酸钠消毒的缺点是存放时间不宜太久，且随储存温度升高，有效氯的损失会加快，同时副产物氯酸盐会增加。由于细菌本身带负电荷，妨碍了带负电荷的 ClO^- 渗入细胞壁的速度，这是次氯酸钠不如液氯消毒能力强的原因之一。如果采用现场制备的方式，设备产量一般有限，故次氯酸钠发生器在实际使用中会受到一定的限制。

189 次氯酸钠消毒剂的产生方式有哪些?

成品次氯酸钠溶液主要为氯碱工业生产，有效氯浓度一般为 10%～12%，pH 范围为 9.3～10。为了保证投加精度和处理效果，在使用次氯酸钠消毒之前可将药剂先稀释成适当浓度的消毒液。

用于现场制备的次氯酸钠发生器是利用贵金属阳极电解食盐水得到次氯酸钠，反应过程为：

$$NaCl + H_2O \longrightarrow NaClO + H_2 \uparrow$$

次氯酸钠发生器的工作原理：首先，自来水经软水器去除水中的钙镁离子，生成软化水，然后进入溶盐箱溶解精制盐，成为饱和食盐水，精确控制软化水和过滤后饱和食盐水两者的流量比例混合，将饱和食盐水配比成 20～50g/L 的稀盐水，稀盐水进入电解槽进行电解，生成纯净次氯酸钠溶液送入存储罐内。用于饮用水消毒的次氯酸钠发生器原料应采用未加碘食用盐。

次氯酸钠发生器一般由软水装置、溶盐装置、过滤装置、电解槽、自动控制系统、存储与投加装置、酸洗装置、氢气排除等部分组成。次氯酸钠发生器的电极应采用钛、铂、钌、铱等金属及其涂层的电极，不应采用石墨电极和二氧化铅电极。一般生产 1kg 有效氯，耗食盐量为 3～4.5kg，不应超过 6.0kg，耗电量为 5～10kWh，有效氯浓度一般为 0.8%左右。我国已发布《次氯酸钠发生器卫生要求》（GB 28233）和《环境保护产品技术要求　电解法次氯酸钠发生器》（HJ/T 258）等相关标准，对次氯酸钠发生器的技术参数作出了规定。

190 氯胺消毒有哪些优缺点？一般什么情况下采用？

相对于氯消毒，氯胺消毒也有很长的历史，但是氯胺灭活水中的微生物效果比自由氯低，故在20世纪50年代盛行一时后被淘汰。近年来随着氯消毒副产物研究的深入，氯胺消毒又越来越受到重视。

氯胺消毒的主要优点如下。

① 相对于氯消毒，氯胺消毒生成的三卤甲烷等副产物较少。

② 消毒作用持久。尽管氯胺的消毒效果比较差，但氯胺常常作为管网距离较长时的消毒剂而应用于水的消毒。因为氯胺在水中比自由氯稳定，能够存留很长时间，使水中保持一定量的余氯，以防止再污染。

③ 臭味小。氯在水中的味阈受pH值的影响较大，pH值5.0对应的氯浓度为0.075mg/L，pH值7.0对应的氯浓度为0.156mg/L，pH值9.0对应的氯浓度高达0.450mg/L，pH值在7.0以下氯以自由氯形式存在。因水中存在着酚类物质，氯可以与酚结合，产生令人生厌的氯酚臭。而氯胺的臭味比氯小得多，且不与酚类物质反应。

④ 研究发现，将氯胺和其他消毒剂联合使用，对微生物的灭活能起到增效作用。

氯胺消毒的主要缺点如下。

① 消毒效果比自由氯和其他饮用水消毒剂差。

② 有研究发现在供水系统中采用氯胺作为终末消毒剂，水中存在的硝化菌可将氯胺提供的氨进行硝化，使水中亚硝酸盐氮和硝酸盐氮的水平升高。

③ 氯胺对水中病毒的杀灭作用比较差，大大限制了氯胺的使用。

④ 除了投加氯外，还要投加氨，使用过程比氯复杂。

考虑到氯胺消毒的上述特点，一般在出厂后供水管网比较长、管网末梢余氯难保持的情况下使用氯胺消毒。

191 二氧化氯消毒的原理是什么？

二氧化氯在水中几乎100%以分子状态存在，易透过细胞膜，二氧化氯在水溶液中的氧化还原电位高达1.5V，具有很强的氧化作用，介于氯与臭氧之间。二氧化氯与氯消毒的机理不同，杀菌能力较氯强。其杀菌作用主要是通过渗入细菌及其他微生物细胞内，与细菌及其他微生物蛋白质中的部分氨基酸发生氧化还原反应，使氨基酸分解破坏，进而抑制微生物蛋白质合成，最终导致细菌死亡。同时，二氧化氯对细胞壁有较好的吸附和透过性能，可有效地氧化细胞内含巯基的酶。除对一般细菌有杀死作用外，对芽孢、病毒、藻类、铁细菌、硫酸盐还原菌和真菌等均有很好的杀灭作用。二氧化氯对病毒的灭活作用在于其能迅速地对病毒衣壳上的蛋白质中的酪氨酸起破坏作用，从而抑制病毒的特异性吸附，阻止了对宿主细胞的感染。氨基酸与二氧化氯反应能力的顺序为：酪氨酸＞色氨酸＞半胱氨酸＞蛋氨酸。二氧化氯的水溶液不会产生对人体有害的三氯甲烷，残留生成物为水、氯化钠和微量的二氧化碳、有机糖等无毒物质。

饮用水中规定浓度的二氧化氯能较好地杀灭细菌、病毒，却不会对动植物机体产生损伤。原因在于细菌的细胞结构与高等动物截然不同。细菌是原核细胞生物，而动物及人类是真核细胞生物。原核生物细胞中绝大多数酶系统分布于细胞膜近表面，易受到攻击；而真核生物细胞的酶系统深入到细胞里面，不易受到二氧化氯的攻击，不会对其造成伤害。生物体对二氧化氯的敏感性顺序为：非细胞病毒＞单细胞原核生物（细菌）＞单细胞真核生物＞多细胞真核生物＞高等动植物。高等动植物不仅具有多细胞复杂的有机结构，而且体内还形成能抵抗各种氧化剂的保护系统。

和氯消毒相似的是，二氧化氯的消毒效果也会一定程度上受到原水水质和环境因素影响。影响二氧化氯消毒效果的主要环境因素是温度，随着温度的降低其杀菌效力逐渐减弱。水的浊度、微生物的种类和数量同样影响二氧化氯的消毒效果。

作为饮用水消毒剂，二氧化氯目前在欧洲已普遍使用，国内也有较多水厂使用。

192 二氧化氯消毒有哪些优缺点?

二氧化氯是一种强氧化剂，它在水的消毒中有以下独特的优点。

① 消毒副产物较少，氧化反应生成的三卤甲烷、卤乙酸等消毒副产物几乎可忽略不计。尽管使用二氧化氯消毒过程中会产生一定的对人体健康有害的亚氯酸盐和氯酸盐，但一般用于消毒的二氧化氯投加量比较低，不大容易超标，但仍需关注检测，保证出厂水亚氯酸盐不得超过 0.2mg/L；

② 当水中含氨时不与氨氮等化合物反应，二氧化氯的氧化和消毒作用不受影响；

③ 杀菌能力强，氧化能力是氯的 2.5 倍，能迅速杀灭水中的病原微生物和病毒；

④ 消毒作用基本不受水质酸碱度的影响（pH 值 6～10），这使其对水质 pH 值的变化比氯有更强的适应性，特别适用于碱度较高的水源水消毒；

⑤ 经二氧化氯处理后，水中二氧化氯余量稳定持久，防止再污染的能力强；

⑥ 因氧化作用强，可除去水中的色和味，不与酚形成氯酚臭；对铁、锰的去除效果较氯强；

⑦ 二氧化氯的水溶液可以安全生产和使用，不构成重大危险源。

二氧化氯用于饮用水消毒的缺点是：

① 二氧化氯气体能与许多化学物质发生爆炸性反应，对热、振动、撞击和摩擦也相当敏感，不利于运输、存储，必须在现场制备，立即使用，不太适合大型水厂；

② 制备二氧化氯较复杂，一次性投资和耗电量较大，二氧化氯的产率通常不高；

③ 二氧化氯的歧化产物（氯酸盐、亚氯酸盐）对动物可引起溶血性贫血和变性血红蛋白血症等中毒反应，需严格按标准控制。

193 二氧化氯制取方式有哪些?

因二氧化氯不易储存和运输，一般通过二氧化氯发生器在水厂现制现用。目前给水厂常用的二氧化氯制取方式主要有以下两种。

（1）复合二氧化氯发生器消毒

通过二氧化氯发生器现场生成复合二氧化氯（二氧化氯和氯气），原料为盐酸和氯酸钠。

反应方程式为：

$$2NaClO_3+4HCl=2ClO_2+Cl_2+2NaCl+2H_2O$$

该种二氧化氯发生器消毒方式目前在国内使用较为普遍。

(2) 纯二氧化氯发生器消毒

产物中二氧化氯纯度大于等于95%，原料为氯酸钠、硫酸和还原剂（可以为蔗糖、过氧化氢或尿素）。国外一般采用亚氯酸钠作原料，但亚氯酸钠原料价格较高，国内较少使用。

194 二氧化氯消毒应注意哪些问题?

(1) 投加量

二氧化氯的投加量与原水水质和用途有关，一般投加量约为0.2～2.0mg/L。当仅作为饮用水消毒时，一般投加量为0.2～0.4mg/L；当兼用作除臭时，一般投加量为0.5～1.5mg/L；当用作氧化有机物和除铁除锰等预处理时，投加量约为0.5～3.0mg/L。投加量必须保证二氧化氯和水接触30min后出厂水二氧化氯含量为0.1～0.8mg/L，同时管网末端能有0.02mg/L以上的剩余二氧化氯。对于一些具有在线监测和自动控制装置的给水厂，可以在出厂水管上设置相应的二氧化氯监测装置，通过自动监测二氧化氯浓度值，对投加量进行控制。投加量还受清水池进出水量和水池的储存水量影响，由于二氧化氯的加药量等于二氧化氯投加量浓度和处理水量的乘积，因此加药量的变化直接受清水池进出水量的影响，并且进出水量还会对二氧化氯在水中的停留时间造成影响。可以在二氧化氯投加点前设置相应的流量监测装置，及时将流量信息传达到发生器，从而达到控制二氧化氯投加量的目的。

(2) 投加点

一般将二氧化氯投加在清水池的进水口处，或者直接投加在过滤后的管道中，能够更好地均匀混合，达到更好的处理效果。如果是没有清水池的直供水厂，可以直接在供水管道中投加二氧化氯。如果将二氧化氯用于除铁、除锰、除藻预处理，一般在混凝剂加注前5min左右投加。

(3) 投加方式

在管道中投加时，采用水射器投加，水射器尽量靠近加注点。在水池中投加时，采用扩散器或扩散管。投加浓度必须控制在防爆浓度以下，二氧化氯水溶液浓度可采用6～8mg/L。

195 臭氧消毒的机理是什么?

臭氧溶于水后会发生两种反应：一种是直接氧化，反应速率慢，选择性高，易与苯酚等芳香族化合物及乙醇、胺等反应；另一种是臭氧分解产生羟基自由基从而引发的链反应，此反应还会产生十分活泼的、具有强氧化能力的单原子氧（O），可瞬时分解水中的有机物质、细菌和微生物。

$$O_3 \longrightarrow O_2+(O)$$

$$(O)+H_2O \longrightarrow 2OH$$

羟基是强氧化剂、催化剂，引起的连锁反应可使水中有机物充分降解。

当溶液pH值高于7.0时，臭氧自分解加剧，自由基型反应占主导地位，这种反应速率快，选择性低。

由上述机理可知，臭氧在水处理中能氧化水中的多数有机物，使之降解，并能氧化酚、氨氮、铁、锰等无机还原物质。此外，由于臭氧具有很高的氧化还原电位，能破坏或分解细菌的细胞壁，容易通过微生物细胞膜迅速扩散到细胞内并氧化其中的酶等有机物；或破坏其细胞膜、组织结构的蛋白质、核糖核酸等从而导致细胞死亡。因此，臭氧能够除藻杀菌，对病毒、芽孢等生命力较强的微生物也能起到很好的灭活作用。

196 臭氧消毒的优缺点是什么?

臭氧消毒法的优点如下：

① 臭氧作为高效的无二次污染的氧化剂，是常用氧化剂中氧化能力最强的（臭氧＞二氧化氯＞氯＞氯胺），能够氧化分解水中的有机物，氧化去除无机还原物质，极迅速地杀灭水中的细菌、藻类、病原体等。

② 臭氧消毒受 pH 值、水温及水中含氨量影响较小，这是相对于氯消毒的优势。但也有一定的选择性，如绿霉菌、青霉菌等对臭氧具有抗药性，需较长时间才能杀死。臭氧用于饮用水消毒时，水的浊度、色度对消毒灭菌效果有影响，将有相当一部分臭氧被用于无机物和有机物的氧化分解上。

③ 臭氧在氧化溶解性有机物的过程中，还存在“微絮凝作用”，对提高混凝效果有一定作用，可去除微生物、水草、藻类等有机物产生的臭、味，效果良好，脱色能力比氯和二氧化氯更为有效和迅速。

④ 臭氧杀菌的作用范围较大，消毒效果好，剂量小，作用快，不产生三卤甲烷等有害物质，同时还可使水具有较好的感官指标。臭氧对一些病毒的灭活作用远远高于氯。

⑤ 臭氧能将水中不易降解的大分子有机物氧化分解为小分子有机物，并向水中充氧使水中溶解氧增加。

臭氧消毒法的主要缺点如下：

① 臭氧在水体中溶解度较小且稳定性差，水中臭氧分解速率快，无法维持管网中的剩余消毒剂含量水平，故通常在臭氧消毒后的水中投加少量的氯系消毒剂。

② 臭氧不易保存，需现场制备现用。饮用水消毒的臭氧发生器装置复杂，设备投资昂贵，占地面积大，成本为氯消毒的 2～8 倍。

③ 当水量和水质变化时，调节臭氧投加量比较困难。

④ 臭氧处理会产生醛类及溴酸盐等有毒副产物。但是，从总体而言，臭氧化副产物的危害明显低于氯氧化副产物。因此，臭氧仍是一种比较理想的氧化消毒剂。

197 臭氧发生器的气源系统有哪些? 各自特点是什么?

供给臭氧发生器的气源可以是空气，也可以是纯氧。纯氧可在现场制备，也可以购买液态氧通过蒸发获得。三种气源的特点如下。

(1) 干燥纯净压缩空气

发生器的臭氧浓度（重量比）约为 1%～2%，电耗约为 15～25kWh/kg O_3，效率较低，能耗较高，但容易获得。适用于小型臭氧发生器，或水厂周边有公共压缩空气站的中小型水厂。需要注意的是，空压机排出的压缩空气含有水（包括水蒸气、凝结水）、悬浮物、油（油雾、油蒸气）等，对臭氧发生器的运行能耗和产品的使用寿命有较大的负面影响，因此需要对空压机排出的空气进行干燥净化处理。

（2）液态纯氧

发生器的臭氧浓度（重量比）约为6%～10%，电耗约8～10kWh/kg O_3，效率高，能耗低，管理维护工作量少，灵活方便，适用于各种规模水厂。液氧储罐的储存量应根据场地条件和当地的液氧供应条件综合考虑确定，一般不宜少于最大日供氧量的3倍用量。在沿海或寒冷地区，应充分考虑台风、冰冻等自然灾害可能带来的交通中断等因素，适当增大液氧储罐容积，确保液氧供应不中断。

（3）现场制氧

发生器的臭氧浓度（重量比）约为6%～10%，电耗约8～10kWh/kg O_3，效率高，能耗低，但制氧设备管理维护要求高。适用于大中型水厂，或水厂附近无液氧供应条件的中型水厂。现场制氧气的方法主要有低温精馏和吸附分离两种。低温精馏是先将空气液化，通过改变压力将液化空气的氧和氮分离，通常采用精馏塔完成，设备可靠性高，运行成本低，但设备投资较大，适用于氧气用量大、纯度高的场合。吸附分离方法是利用变压或变真空吸附来分离空气的方法，空气通过具有高选择吸附性能的固体分子筛吸附剂的吸附床，以不同的压力实现对空气中氧和氮的不同吸附能力，氮气被优先吸附以实现氧气的富集，该法不产生液态氧。

198 臭氧接触反应装置该如何选择?

常用的臭氧接触反应装置形式有微气泡扩散器、涡轮注入器、固定混合器、喷射器等。其中，微气泡扩散器是目前水厂运行较多的类型，接触池一般采用2～3室（塔）串联运行，传质效率与气泡扩散器的形式有关，能适应流量变动，处理效果较好，能耗较低。

在选择接触反应装置时，首先要确定需要去除的物质在水中与臭氧接触反应的速度与过程，是属于传质速度控制还是化学反应速度控制。用于消毒、脱色、氧化除铁和锰时受传质速度控制，用于去除COD、氨氮或农药时属于受化学反应速度控制。用于受传质速度控制的污染物去除时，应选用传质效率高的接触反应装置形式，如涡轮注入器、固定螺旋混合器（管式静态混合器）、喷射器等。用于受化学反应速度控制的污染物去除时，宜选用具有较大的液相容积，可较长时间保持一定溶解臭氧浓度的接触反应装置，如微孔扩散接触池。

影响接触反应装置性能的因素有：①水中污染物的种类、浓度及其在水中的可溶性；②气相臭氧的浓度和投加量；③接触方法和时间；④气泡大小；⑤水的压力和温度；⑥干扰物质的影响等。

用于杀菌及灭活病毒时，臭氧投加量可按1～3mg/L水来设计，接触时间一般为10～15min或者更短，去除效率可达90%～99%。

199 紫外线消毒的原理是什么?

紫外线杀菌消毒原理是利用适当波长的紫外线（波长254nm附近），破坏微生物机体细胞中的DNA（脱氧核糖核酸）或RNA（核糖核酸）的分子结构，造成生长性细胞死亡和（或）再生性细胞死亡，达到杀菌消毒的效果。经试验，紫外线杀菌的有效波长范围可分为四个不同的波段：UVA（400～315nm）、UVB（315～280nm）、UVC（280～200nm）和真空紫外线（200～100nm）。其中能透过臭氧保护层和云层到达地球表面的只有UVA和部分UVB。就杀菌速度而言，UVC处于微生物吸收峰范围之内，可在1s之内通过破坏微生物的DNA结构杀死病毒和细菌，而UVA和UVB由于处于微生物吸收峰范围之外，杀菌速度很慢，往往需要数小时才能起到杀菌作用，在实际工程的数秒钟水力停留（照射）时间内，该部分实际上属于无效紫外部分。真空紫外线穿透能力极弱，灯管和套管需要采用极高透光率的石英，一般用于半导体行业降解水中的TOC，不用于杀菌消毒。因此，给排水工程中所说的紫外线消毒实际上就是指UVC消毒，其中更有意义的波长为270～250nm，这也是常用的低压汞灯所辐射的紫外线的主要波长范围。紫外线消毒技术是基于现代防疫学、医学和光动力学的基础上，利用特殊设计的高效率、高强度和长寿命的UVC波段紫外线照射流水，将水中各种细菌、病毒、寄生虫、水藻以及其他病原体直接杀死，达到消毒的目的。

紫外线消毒是一种物理方法，它不向水中增加任何物质，没有副作用，这是它优于氯化消毒的地方，它通常与其他物质联合使用，常见的联合工艺有UV+H_2O_2、UV+H_2O_2+O_3、UV+TiO_2，这样消毒效果会更好。

200 紫外线消毒方法和设备特点有哪些?

紫外线消毒工艺一般设置于清水池前。用紫外线消毒饮用水时，一般采用紫外线饮用水消毒装置进行。消毒装置是管状，使水由一侧进入，另一侧流出，管道中用紫外灯照射。用于饮用水消毒的设备有两种：套管进水式（浸入式）和反射罩式（水面式）。套管进水式是灯管外有石英套管，水从灯管旁流过而消毒；反射罩式是利用表面抛光的铝质反射罩将紫外线辐射到水中，所处理的水为无压流。作为给水消毒的紫外线设备应采用管式消毒设备。当紫外线消毒作为给水厂消毒工艺时，紫外线的有效剂量不应小于40mJ/cm^2，且后续应设置化学消毒设施。紫外线消毒也可作为二次供水的消毒方式。

紫外线水消毒设备的紫外灯类型有低压灯、低压高强灯和中压灯三种，目前用于水处理的主要为低压高强灯和中压灯，两种紫外灯对原生动物、隐孢子虫和贾第虫的灭活效果并无差异。中压灯灯管一般与水流方向垂直布置，低压高强灯灯管与水流方向有平行和垂直两种布置形式。

紫外灯的选型应综合运行成本、维护强度及灯管更换频率等因素考虑。运行成本主要是电费和灯管更换费用。低压灯相比中压灯光电转化效率高，低压灯光电转化效率一般在30%～40%，中压灯在15%左右，因此在相同输出功率条件下低压灯电耗相对较低。结合国内水厂建设项目的一般经验和研究数据，当电价为0.80元/kWh时，两种灯的运行成本相差不大；当电价低于0.80元/kWh时，中压灯设备运行成本低于低压高强灯设备，反之则中压灯设备运行成本高于低压高强灯设备。低压灯和低压高强灯在连续运行或开关频率不超过4次/d的运行条件下，使用寿命不应低于12000h；中压灯连续运行或开关频率不超过4次/d的运行条件下，使用寿命不应低于5000h。通常低压灯使用寿命更长，但在处理相同水量时，低压灯灯管数量是中压灯灯管数量的10倍或更多，且单根低压灯灯管的长度大于中压灯，因此低压灯设备占地面积较大，灯管更换和维护工作量大。

地下水硬度或铁、锰含量高的地区，紫外线灯管套管容易结垢，影响紫外线消毒效果，因此应根据水质情况选择合适的套管清洗方式，宜选择在线的机械加化学自动清洗方式。

201 紫外线消毒的优缺点有哪些?

紫外线消毒的优点是：

① 紫外线消毒所需接触时间短，杀菌效率高，对于各种微生物都有较好的消毒效果，尤其对氯有较高的抗性的芽孢类微生物也有较好的灭活效果；

② 无化学试剂的投加，不改变水的物理化学性质；

③ 不产生副作用；

④ 基建费用、运行费用与臭氧消毒相比更低，运行方便，只需定期更换紫外线灯和清洗套管，可实现无人值守。

紫外线消毒的缺点是：

① 消毒后水中无持续杀菌作用，且微生物有光复活和暗复活机制，增加微生物存活的可能性，因此对于需要储存或运输时间较长的水厂，还需与化学消毒相结合；

② 每支灯管处理水量有限，且需定期对紫外灯石英套管进行清洗，并定期更换；

③ 紫外线灯光源强度小、使用寿命短，也需定期更换等。

202 影响紫外线消毒的因素有哪些?

作为一种紫外线消毒方法，浊度、色度、颗粒物等影响光传播和对光有吸收的因素都会影响紫外线的消毒效果。水中的浊度物质会造成紫外线的散射与折射，降低紫外线的穿透率，使到达微生物的紫外线剂量减少，从而可能会对消毒效果产生一定的影响，因此利用紫外线消毒时，水的色度和浊度要低。影响紫外线消毒的主要因素如下。

(1) 紫外透光率

紫外透光率是水透过紫外光能力的量度。它是设计紫外线消毒系统尺寸的重要依据。一般来说，随着消毒器深度的增加，紫外透光率降低。另外，当溶液中存在着能够吸收或散射紫外光的化合物或粒子时，紫外透光率也会降低，这就使得用于消毒的紫外光能量降低，由于紫外剂量是紫外线强度与接触时间的乘积，因而此时可以通过延长接触时间或增加紫外线消毒系统中紫外灯的数目来加以补偿。

(2) 悬浮固体

悬浮固体是由数目、大小、结构、细菌密度和化学成分各异的粒子组成的，这些粒子通过吸收和散射紫外光，使水中的紫外光强度降低。由于悬浮固体浓度的增加同时伴随着粒子数目的增加，另外，某些细菌还可以吸附在粒子上，这种细菌不易受到紫外光的照射和化学消毒剂的影响，因而最难被消毒杀灭，所以用于紫外线消毒的水的悬浮固体浓度应严格控制，一般推荐不超过20mg/L。

(3) 粒子尺寸分配率

溶液中含有粒子的大小不同，则杀菌所需的紫外光的剂量也不同，这是因为颗粒尺寸对紫外光的穿透能力有影响。尺寸小于 10μm 的粒子容易被紫外光穿透，因而紫外光的需求量低；尺寸在 10～40μm 之间的粒子可以被紫外光穿透，紫外光的需求量增加；尺寸大于 40μm 的粒子则很难被紫外光穿透，紫外光的需求量很高。所以，在实际生产过程中为了提高紫外光的利用率，应去除掉大粒子之后再进行消毒处理。

(4) 无机化合物

在水的处理过程中，常用铝盐或铁盐作为絮凝剂。一般来说，溶解性铝盐不影响紫外透光率，而且含有铝的悬浮固体对于紫外杀菌也没有阻碍作用。而水中的铁可直接吸收紫外线，使消毒套管结垢。另外，铁还可以吸附在悬浮固体或细菌凝块上形成保护膜，妨碍紫外线的穿透，这都不利于紫外光对细菌的杀灭作用。

203 紫外线消毒的应用情况如何?

紫外线消毒符合目前国际上饮用水处理技术发展的趋势，2000 年以后在欧美国家的工程应用越来越多，近年来在我国也有一些大中型水厂采用了这一技术。美国环保署（EPA）认为紫外线对灭活隐孢子虫和贾第虫是最有效可行的技术。

对于紫外线消毒的工艺选择，欧洲、北美和我国存在较大的差别。欧洲是饮用水紫外线消毒技术的发源地，荷兰、奥地利的水厂的饮用水在紫外线消毒后直接进入供水管网，这是因为欧洲的管网状况较好且管网较短，为了避免余氯产生的消毒副产物，欧洲很多国家的法规限制管网的余氯量。北美的饮用水相关法规规定在自来水中必须保持一定量的余氯，多采用紫外线＋臭氧/氯等多级屏障消毒工艺。我国饮用水处理仍以氯消毒为主，已建及新建紫外线消毒的水厂多按照紫外线＋氯/氯胺联合消毒的工艺，但由于投资运行成本稍高以及无法保证持续消毒效果等原因，目前国内大规模应用案例不多，但有逐年增加的趋势。国内北京、上海、天津、济南等地区有一些采用紫外＋氯/次氯酸钠联合消毒的水厂。单纯的紫外线消毒一般用于小水量、处理后水立即被使用的情况。

204 紫外-氯联合消毒有什么特点?

紫外-氯联合消毒是紫外与氯消毒组合的消毒技术，也是给水厂多屏障消毒策略中最常见的联合消毒方法。一般是先经过紫外线消毒后投加氯消毒剂（液氯或次氯酸钠）。紫外-氯消毒可综合氯消毒和紫外线消毒的优点，而弥补单一消毒剂消毒的缺点。与单独氯消毒相比，联合消毒可大幅降低消毒剂的投加量，进而可降低氯代消毒副产物的生成量，同时降低运营成本。与单独紫外线消毒相比，可以有持续的杀菌消毒效果。紫外-氯消毒技术产生羟基自由基和氯自由基，相对于羟基自由基，氯自由基氧化作用更有选择性，因而，紫外-氯消毒技术可以作为特定有机物的氧化技术。芽孢对于紫外和氯及过氧化氢都有较强的抗性，而紫外-氯可以较快地灭活芽孢，在达到相同的消毒效果的前提下，相对于单独紫外线消毒，紫外-氯可以减少一半的紫外剂量。另外，紫外与氯的顺序投加能增强对芽孢的消毒效果，其中先紫外后氯消毒能显著提高芽孢的消毒效率。考虑到我国很多使用地表水源的给水厂，面临原水氨氮浓度较高的情况，氯消毒实际上变成氯胺消毒，消毒效果打了折扣，容易造成消毒不达标；而为了满足消毒达标的要求，往往需要投加更多的氯，结果又可能造成消毒副产物超标。这种情况下采用紫外-氯联合消毒可以有效解决水厂生产中面临的这一两难问题。

紫外-氯消毒的缺点是需要购置、管理和维护两套消毒设备，增加了购置设备的成本和日常维护管理的工作量。

205 各种消毒方法在我国给水厂中的应用情况如何?

(1) 大中型水厂

之前我国绝大多数大中型水厂采用液氯消毒，鉴于液氯消毒存在的一些问题，目前使用液氯消毒的水厂逐步减少，次氯酸钠和二氧化氯消毒越来越多。液氯消毒效果好，具有持续消毒作用，且费用较其他消毒方法低。但是，液氯在运输和储存过程中存在安全隐患。氯气是具有刺激性的有害气体，对金属有极强的腐蚀性，因此采用氯消毒必须有专门的加氯机、加氯间和氯库，以保证加氯的安全性，且在临近氯库的单独房间内应设事故漏氯吸收处理装置，氯库、加氯间和氯蒸发器间的地面应设置通向事故漏氯吸收处理装置的吸气地沟。采用次氯酸钠消毒时，一般大中型水厂采用成品次氯酸钠的方式，在用量可满足的情况下也可采用大型次氯酸钠发生器。因成品次氯酸钠使用方便，无须专用生产设备且无须配制固体药剂，大大减少了人工劳动强度，便于实现整个消毒过程的自动化控制，故在给水厂中的使用越来越普及。二氧化氯消毒因为一般只能现场制备，应用于大中型水厂时需要多台发生器联合使用，故使用不普遍。对于管网长度非常长，管网末端余氯难以保证的极小部分水厂会选择氯胺消毒。

(2) 小型水厂

目前部分采用液氯消毒方法，也有采用次氯酸钠、二氧化氯消毒，小部分采用漂白粉/漂粉精消毒。因漂白粉/漂粉精所含有效氯易挥发，每批购进的漂白粉/漂粉精应进行有效氯含量的测定。存放漂白粉/漂粉精的仓库应与溶液投加间隔开，并保持阴凉、干燥和良好的自然通风条件。

(3) 供水系统

供水系统的多级屏障消毒技术是指，运用不同消毒方式、不同投加点的组合工艺，保证当消毒的单一环节上出现问题时，不会导致整个系统的失效，并且利用不同的工艺的优势互补，产生最佳的消毒效果。目前高层建筑的二次供水系统一般会有消毒设备，如紫外线消毒、电解生成次氯酸钠消毒等，这样就与水厂的消毒组成了多级屏障消毒，保障用户末梢水质安全。供水系统的多级屏障消毒技术的优点是：

① 扩大微生物控制的覆盖面；

② 减少化学药剂用量及副产物，同时保证管网的生物稳定性；

③ 在组合工艺中的某一单元出故障时，其他的单元还可以某种程度上保证消毒效果。

深度处理技术

206 饮用水深度处理的目的和解决的主要水质问题是什么？

饮用水深度处理需控制的水质指标和目标污染物主要有：高锰酸盐指数、氨氮、微量有机物（杀虫剂、除草剂、农药、塑料添加剂、内分泌干扰物、消毒副产物等）、致病微生物、藻类、臭和味以及其他污染物。

深度处理的目的和要解决的水质问题是：

① 控制水中化学污染物（有毒物质和致癌、致畸、致突的“三致”物质）；

② 提高出厂水的生物稳定性，保障饮用水在给水管网中的安全输送；

③ 提高水的舒适度（色、臭、味和口感等）；

④ 保障饮用水系统的安全性。

207 常见的深度处理技术有哪些？

在饮用水常规处理工艺基础上出现的深度处理技术，以去除水中溶解性有机物和消毒副产物为目的，有效提高和保证了饮用水水质。目前饮用水深度处理技术已取得了长足的进步，各种经济实用的处理技术正逐渐得到较广泛应用。

(1) 活性炭吸附技术

在各种改善水质处理效果的深度处理技术中，活性炭吸附技术是完善常规处理工艺以去除水中有机物最成熟有效的方法之一。

(2) 臭氧＋活性炭联用技术

进水先经臭氧氧化，使水中大分子有机物分解为小分子状态，如芳香族化合物可以被臭氧氧化打开苯环、长链的大分子化合物可以被氧化成短链小分子物质等，这就提高了有机物进入活性炭微孔内部的可能性，充分发挥了活性炭的吸附表面，延长了使用周期。同时后续的活性炭又能吸附臭氧氧化过程中产生的大量中间产物，包括解决了臭氧无法去除的三卤甲烷及其前体物质，并保证了最后出水的生物稳定性。臭氧＋活性炭联用技术从一定意义上可以认为，臭氧氧化提高了活性炭的处理效率。而该工艺之所以有稳定、高效的有机物去除率，很大一部分原因在于臭氧氧化使活性炭进水有机物分子量减小、可吸附性提高并使有机物尺寸等特性与活性炭孔径分布协调一致。

（3）膜分离技术

常用的以压力为推动力的膜分离技术有微滤（MF）、超滤（UF）、纳滤（NF）以及反渗透（RO）等。膜分离技术的特点是能够提供稳定可靠的水质，这是由于膜分离水中杂质的主要机理是机械筛滤作用，因而出水水质在很大程度上取决于膜孔径的大小。微滤又称精密过滤，其滤膜的孔径为0.05～5.00μm，操作压力为0.01～0.2MPa，可以去除微米级的水中杂质。多用于生产高纯水时的终端处理和作为超滤、反渗透或纳滤的预处理设施。

（4）光氧化技术

光氧化技术是利用在可见光或紫外线照射作用下进行的复杂反应。该技术的特点是具有极强的氧化能力，有机物去除率高，对水中优先控制有机污染物（如三氯甲烷、四氯化碳、三氯乙烯、四氯乙烯、六氯苯及多氯联苯等）也能进行有效分解。

（5）其他深度处理技术

如生物活性炭技术、吹脱技术、超声空化技术等。

208 饮用水深度处理工艺的选择原则是什么?

饮用水深度处理技术是在水厂常规处理无法满足要求的情况下出现的，主要去除对象是水中的有机物。虽然深度处理技术对控制饮用水污染和提高水质发挥了较好的作用，但它们均存在局限性。同时，处理工艺的经济运行成本也是应考虑的重要因素。

活性炭对有机物的吸附去除受其自身吸附特性和吸附容量的限制，不能保证对所有的有机化合物有稳定和长久的去除效率，而且活性炭价格也较贵；臭氧在氧化有机物的过程中可能会产生一些中间污染物，而且也有部分有机物是不易被氧化的；生物活性炭具有明显优势，但作为饮用水处理中消毒前的最后一个处理工序，其卫生安全性也引起了人们的重视；膜技术虽然在饮用水深度处理中得到广泛应用，但该技术基建投资和运转费用高，同时膜易受污染造成水通量下降，这就使得对膜的清洗和预处理要求较高。

针对这些局限因素，饮用水深度处理工艺如何选择就很关键。因为各地的原水水质和控制目标要求各不相同，所以深度处理应通过技术经济比较，寻找总费用最低且可行的方案。若出水中超标的是细菌学指标，水厂首先应考虑的是加强消毒（主要是延长接触时间和合理选用消毒剂）和降低浊度，不一定要增加新的工艺构筑物。若原水中有机物浓度较高，首先可以分析生物可降解的有机物组分占多少。如果降低可降解有机物能使出水水质达标，一般选用生物预处理方式是合理的，不必非采用臭氧生物活性炭工艺。若水中超标物质能用氧化方式解决，就可考虑采用 $KMnO_4$ 等成品氧化剂，工艺简单，易于实施，但要注意氧化后是否会产生明显色度或大量新的有机物，以致影响后续工艺。若水中超标物质能通过加强吸附而去除，对分子量高的有机物，加强混凝过程也有相当的效果。

209 什么是光催化氧化技术?

光催化氧化技术是在水中加入一定数量的半导体催化剂（常用的有 TiO_2、WO_3、Fe_2O_3 及 CdS 等），它在紫外线辐射下产生强氧化能力的自由基，能氧化水中的有机物。同济大学在利用光催化氧化技术对三氯甲烷、四氯化碳等9种饮用水中常见优先控制污染物去除效率的试验过程中发现，该技术对这些优先控制污染物有很强的氧化能力，能有效予以分解去除。研究还指出，饮用水光催化氧化处理时的耗氧速率不高，光催化氧化的反应速率受水温变化影响较小，而且 pH 值变化对催化剂活性没有影响，使得在饮用水处理中无须调整 pH 值。研究认为在合适的反应条件下，有机物经光催化氧化的最终产物是 CO_2 和水等无机物。该处理方法具有强氧化性、对分解作用对象的无选择性以及最终可使有机物完全矿化等特点，在饮用水深度处理中具有明显的优越性。

但光催化氧化法的处理费用高，设备复杂，在经济上还只限于小水量规模的处理。光催化氧化法投入实际工程应用所面临的主要问题还有长期运行过程中催化剂的中毒、再生等问题，以及处理装置难以实现简捷、小型化。针对这些问题的研究将是今后的重点。

210 什么是曝气吹脱技术?

曝气吹脱技术是使水作为不连续相与空气接触，利用水中溶解化合物的实际浓度与平衡浓度之间的差异，将挥发性组分不断由液相扩散到气相中，达到去除挥发性有机物的目的。针对可挥发性污染物，曝气吹脱处理费用低，反应时间短，无须添加化学试剂，且操作简单，在处理现场，吹脱法可用鼓风机连接穿孔软管或用机械曝气的形式进行操作，技术上难度低，也容易在发生突发污染后立即投入使用，是挥发性污染物污染最为有效的应急方法。但对难挥发性有机物的去除效果很差。

吹脱法过去主要用于去除水中溶解的 CO_2、H_2S、NH_3 等气体，同时增加溶解氧来氧化水中的金属。直到 20 世纪 70 年代中期，该技术才开始用于去除水中低浓度挥发性的有机物。Victor Ososkov 等利用空气吹脱的方法对水中的三氯乙烯、氯苯、1,3-二氯苯进行去除试验，去除率为 30%～85%，去除效率随温度的升高而增加。在饮用水深度处理中，吹脱法费用较低，是采用活性炭达到同样去除效果所需运行费用的 1/4～1/2。因此，美国环保署指定其为去除挥发性有机物最可行的技术（BAT）。

在实际工程中，为有效应对水源突发挥发性有机物污染，在充分发挥现有水处理设施功效的基础上，可在原水取水口处增设鼓风曝气设施，在原水输水管设置粉末活性炭投加装置，构建以曝气吹脱-PAC 吸附耦合为核心技术，以常规水处理工艺为主体、以颗粒活性炭池为末端安全关口的应急处理工艺流程。

211 臭氧在饮用水深度处理技术中的应用如何?

臭氧技术在饮用水处理中的单独应用，主要有消毒和预氧化两种方式。

臭氧是一种很强的氧化剂和消毒剂，其氧化还原电位在碱性环境中仅次于氟，远远高于水厂常用的消毒剂液氯，可以杀死细菌和病毒，但由于其成本较高，且管网中无法维持剩余臭氧量，故城市给水厂中很少采用。

臭氧预氧化是指在混凝沉淀工艺段前投加臭氧，其主要用途是去除铁、锰以及其他重金属、藻类，改善絮凝和过滤效果，将大分子有机物氧化为小分子有机物，氧化无机物质如氰化物、硝化物等，也可改善感官指标，如去除水中的色、臭和味。由于臭氧发生装置费用和使用成本均较高，目前单独设置臭氧预氧化的案例较少，大多是与后臭氧深度处理工艺共用发生设备。

臭氧在饮用水深度处理技术中较多应用在活性炭过滤前，组成臭氧-生物活性炭工艺。活性炭过滤前投加臭氧的作用是杀死细菌、去除病毒、氧化水中有机物等，使水中大分子有机物分解为小分子状态；活性炭可以发挥生化和物化处理的协同作用，能吸附和生物降解臭氧氧化过程中产生的大量中间产物，保证了最后出水的生物稳定性，延长了活性炭再生周期。

212 臭氧在应用中应注意哪些问题?

臭氧与水中有机物间的作用很复杂，在氧化分解有机污染物的同时也会产生一些副产物。研究表明，臭氧与水中有机物反应所产生的初级中间产物毒性较大，因此在低臭氧投加量下，水的致突变活性反而有所升高，但在较高的臭氧投加量下，致突变活性又会下降，说明致突变中间产物进一步被破坏和转化。考虑到臭氧氧化对后续混凝沉淀工艺的影响，预臭氧最大投加量宜控制在 1mg/L 左右，一般投加量可按 0.5mg/L 考虑。

另外，臭氧副产物中目前最受关注的是羟基化合物中的醛类和溴酸盐，我国《生活饮用水卫生标准》(GB 5749) 对甲醛和溴酸盐含量作出了严格规定。

从水与臭氧接触装置排出的臭氧化空气的尾气中，仍含有一定数量的剩余臭氧。当尾气直接排入大气并使大气中的臭氧浓度大于 0.1mg/L 时，即会对人们的眼、鼻、喉以及呼吸器官带来刺激性，造成大气环境的二次污染。因此必须消除这种污染，并提高臭氧的利用率。常用的臭氧尾气破坏方法包括电加热分解法、催化剂接触催化法、活性炭吸附分解法，一般采用加热破坏。尾气破坏器一般采用高温加热 (380℃) 或加热催化 (40℃) 的方式分解臭氧。高温加热方式电能消耗量大，但运行可靠；加热催化方式具有较好的经济性，使用前应考虑尾气中是否含有使催化剂中毒的成分，如氯、硫等。

213 活性炭吸附的去除对象有哪些? 影响吸附效果的主要因素是什么?

活性炭吸附去除的主要有机物是分子量小于 3000 的憎水有机物和三致物质（如臭味物质、色度物质、有毒微量有机物、消毒副产物等），也能去除水中部分无机污染物（如某些重金属离子、放射性元素等）。

活性炭的孔隙结构按孔径分为大孔、中孔和微孔。一般情况下，大孔主要起通道作用；中孔除了起通道作用外，对于分子直径较大的吸附质也具有吸附作用，用于水处理时应该有适当的比例；吸附主要是 10nm 以下微孔的表面作用，因此微孔对于活性炭是最重要的，其容积及比表面积，是影响活性炭吸附性能的重要指标。

影响活性炭吸附效果的主要因素如下。

① 活性炭本身的特性：活性炭材质、孔隙率、孔径分布、表面官能团特性等。

② 吸附质特性：分子量大小、亲水性等。

③ 水质因素：本底有机物含量、水温、pH 值、其他竞争性吸附质。

214 粉末活性炭在饮用水处理中有什么应用?

粉末活性炭往往用于发生突发性水源污染之际，对臭味、色度、藻类、高锰酸盐指数、农药、消毒副产物及其前体物等都有很好的去除效果。粉末活性炭投加装置占地面积小，运行管理简单，但一般为一次性使用，用后随水厂排泥水一起分离，所以处理费用较贵，适用于短期、季节性的应急措施或临时过渡措施。

应根据原水水质状况，特别是有机物分子量分布及其性质来确定炭种，一般认为煤质活性炭比木质活性炭更易沉降，而且价格便宜。通常可用烧杯试验估计达到理想处理目标所需粉末活性炭投加量。投加方法有干投与湿投两种，通常调制成浆液进行湿投，可采用调节器进行自动计量投加。投加时大多采用200～300目活性炭。

给水厂投加粉末活性炭要注意选择好投加点。通常投加点选择在原水吸水井/进水管或投加混凝剂后的絮凝初期。通常粉末活性炭加入水中前30min吸附能力最大，因此在吸水井/进水管投加能较充分地发挥其吸附作用，但存在与后续混凝工艺竞争去除有机物的问题，即对可由混凝剂生成的絮体（矾花）吸附的有机物吸附得多，削弱了活性炭的作用，造成投加量和处理费用增加。理论上认为在混合池后，絮凝池的中部投加为宜，既避免了活性炭与絮体之间的吸附竞争，又保证了吸附时间，活性炭附着于絮体表面，与水的分离效果也好。若在滤池前投加，要注意存在接触时间不足并易穿透或堵塞滤层的问题。

粉末活性炭的投加量视所处理水质而定，一般可用10～15mg/L，污染较严重时可加至40mg/L或更多。投加时应尽量减少粉尘污染，实现自动控制，减少操作强度。

也有工程中将粉末活性炭与硅藻土过滤、微滤和超滤等精密过滤联用的工艺，但目前国内外应用实例较少，尚需进一步完善成熟。

215 颗粒活性炭在饮用水处理中有什么应用?

颗粒活性炭不易流失，可再生重复使用，适用于水源长期受到微量有机污染且污染量比较稳定，需连续运行的水处理工艺。给水处理的颗粒活性炭一般微孔和中孔发达，应具有吸附性能好、机械强度高、化学稳定性好及再生后性能恢复好等特性。国内早期水厂运行的炭吸附池大部分采用煤质柱状炭，近年来则开始较多采用柱状破碎炭和压块破碎炭。

颗粒活性炭不仅有活性炭的吸附作用，当条件合适时在炭表面可形成生物膜，对可生物降解有机物具有去除作用，因此在给水厂有不同形式的应用。可以在砂滤后增加颗粒活性炭吸附（固定床或流动床），也可以在下向流颗粒活性炭吸附池炭层下增设较厚的砂滤层，形成炭砂滤池，同时除浊除有机物，还可以与臭氧联合应用形成生物活性炭。给水厂中的活性炭滤池与一般砂滤池相仿，活性炭滤层厚度可达1.0～2.5m。

为尽量发挥颗粒活性炭的吸附性能，降低水中悬浮物对活性炭吸附性能的影响，以纯吸附为目的的炭吸附工艺一般应设在砂滤之后，且一般应采用下向流形式。通常滤后水经过下向流颗粒活性炭吸附池后浊度可能会增加0.1～0.2NTU，因此应将进入炭吸附池的进水浊度控制在较低值，以保证出厂水浊度达标。

颗粒活性炭吸附池也有位于砂滤之前的情况。此时，由于进水浊度比砂滤后高，采用下向流会使颗粒活性炭吸附池同时被动承担了除浊的任务，导致过滤周期缩短和冲洗频次增加，活性炭的物理和机械性能下降较快，因此位于砂滤之前的颗粒活性炭吸附池宜采用上向流形式。

以颗粒活性炭为过滤介质的活性炭过滤器广泛应用于家用活性炭净水器、集团用活性炭净水器；生产蒸馏水、膜法生产纯水都需要活性炭过滤器作为原水的预处理设备，一般活性炭过滤器设备简单，都为长圆筒形的压力过滤器。

216 如何选择活性炭?

活性炭是由各种富含碳的原料制造而成的，可分为煤质活性炭、木质活性炭和果壳活性炭等。因此，用不同的原料制造的活性炭必然会有不同的特性。

① 以煤为原料制造的活性炭通常采用水蒸气或 CO_2 气体活化，产品的形状以颗粒状为主，其孔径分布以微孔居多，更适合于吸附液相和气相中分子量和分子直径较小的物质，吸附性能指标通常以亚甲蓝吸附值和碘吸附值表示。

② 以木屑为原料制造的活性炭通常采取化学法活化，产品的形状以粉状为主，其孔径分布可通过调节化学活化剂的配比来进行控制，比较灵活，既可以制造出孔径分布以微孔居多的产品，也可制造出孔径分布中孔（过渡孔）占较大比例的产品，后者则比较适合于吸附液相中分子量和分子直径较大的物质，吸附性能指标以焦糖脱色率表示。

③ 以果壳类为原料制造的活性炭通常采取水蒸气和 CO_2 气体活化，产品的形状以颗粒状为主，由于其特殊材质的因素，其孔径分布介于上述两类活性炭之间，因此其应用范围更为广泛，缺点是受国内原材料的限制，成本较高。

活性炭选型应根据原水特点，分别开展静态和动态吸附试验。在选择之前必须从生产厂商处取得完整的经法定检测单位检测的技术性能参数报告或说明书，新炭装填之前应抽样进行碘吸附值、亚甲蓝吸附值、装填密度、比表面积、机械强度等相关指标检测。

给水厂所用的煤质颗粒活性炭，碘吸附值应不小于 950mg/g，亚甲蓝吸附值不小于 180mg/g，装填密度不小于 380g/L，比表面积不小于 950m^2/g，强度不小于 90%。给水厂所用的煤质粉末活性炭，碘吸附值应不小于 900mg/g，亚甲蓝吸附值不小于 150mg/g，装填密度不小于 200g/L，比表面积不小于 900m^2/g。

217 如何判断活性炭的使用效果?

活性炭的主要性能技术指标包括碘值、亚甲基蓝值、机械强度、比表面积、总孔容积、中孔容积、堆积密度等，除了对每一批新炭做各项检测外，在运行过程中必须对活性炭的吸附能力定期进行测定，主要是测定碘值和亚甲基蓝值指标。碘值是指在一定浓度的碘溶液中，在规定的条件下，每克炭吸附碘的毫克数，可以用来鉴定活性炭对半径小于 2nm 吸附质分子的吸附能力，与活性炭对小分子物质的吸附能力密切相关。亚甲基蓝值是指在一定浓度的亚甲基蓝溶液中，在规定的条件下，每克炭吸附亚甲基蓝的毫克数，可以用来鉴定活性炭对半径为 2～100nm 吸附质分子的吸附能力，与活性炭对中等分子的吸附能力和脱色能力密切相关。

活性炭失效的评价指标应主要以处理后的水质能否达到规定的水质目标为依据，经评价失效后，应当再生处理或更换。当碘值小于600mg/g或亚甲基蓝值小于85mg/g时，需要进行再生。活性炭的再生周期主要取决于吸附前水质和活性炭商品质量。

218 活性炭的再生方法有哪些?

（1）热再生法

热再生法是目前应用最多，工业上最成熟的活性炭再生方法。处理有机废水后的活性炭在再生过程中，根据加热到不同温度时有机物的变化，一般分为干燥、高温炭化及活化三个阶段。在干燥阶段，主要去除活性炭上的可挥发成分。高温炭化阶段是使活性炭上吸附的一部分有机物沸腾、气化脱附，一部分有机物发生分解反应，生成小分子烃脱附出来，残余成分留在活性炭孔隙内成为“固定炭”。在这一阶段，温度将达到800～900℃，为避免活性炭的氧化，一般在抽真空或惰性气氛下进行。接下来的活化阶段中，往反应釜内通入CO_2、CO、H_2或水蒸气等气体，以清理活性炭微孔，使其恢复吸附性能。因此活化阶段是整个再生工艺的关键。热再生法虽然有再生效率高、应用范围广的特点，但在再生过程中，需外加能源加热，投资及运行费用较高。

（2）生物再生法

生物再生法是利用经驯化过的细菌，解吸活性炭上吸附的有机物，并进一步消化分解成水和CO_2的过程。生物再生法与污水处理中的生物法类似，也有好氧法与厌氧法之分。由于活性炭本身的孔径很小，有的只有几纳米，微生物不能进入这样的孔隙，通常认为在再生过程中会发生细胞自溶现象，即细胞酶流至胞外，而活性炭对酶有吸附作用，因此在炭表面形成酶促中心，从而促进污染物分解，达到再生的目的。

生物再生法简单易行，投资和运行费用较低，但所需时间较长，受水质和温度的影响很大。微生物处理污染物的针对性很强，需就特定物质专门驯化。且在降解过程中一般不能将所有的有机物彻底分解成CO_2和水，其中间产物仍残留在活性炭上，积累在微孔中，多次循环后再生效率会明显降低，因而限制了生物再生法的工业化应用。

（3）湿式氧化再生法

在高温高压的条件下，用氧气或空气作为氧化剂，将处于液相状态下活性炭上吸附的有机物氧化分解成小分子的方法，称为湿式氧化再生法。再生条件一般为200～250℃，3～7MPa，再生时间大多在60min以内。湿式氧化再生法处理对象广泛，反应时间短，再生效率稳定，再生开始后无须另外加热。但对于某些难降解有机物，可能会产生毒性更大的中间产物。

传统的活性炭再生技术除了各自的弊端外，通常还有如下共同的缺陷：①再生过程中活性炭损失往往较大；②再生后活性炭吸附能力会有明显下降；③再生时产生的尾气会造成空气的二次污染。因此，人们应对传统的再生技术进行改进，或探索全新的再生技术。

219 活性炭吸附池在应用中应注意哪些问题?

一般采用普通快滤池、虹吸滤池、翻板滤池等形式设计活性炭吸附池的池型。设计规模比较小时也可以采用压力滤罐。有个别采用 V 型滤池形式的案例，但较难解决活性炭吸附池冲洗时的跑炭问题，因此不建议采用。为避免炭吸附池冲洗时对其他工作池接触时间产生过大影响，炭吸附池个数一般不得少于 4 个。

对露天设置的活性炭吸附池，池面要采取隔离或防护措施，如池面加盖或加棚等，避免夏季日照强烈引起池内藻类滋生，以及初期雨水与空气中的粉尘对水质的污染。对设置在室内的活性炭吸附池，池面上部建筑空间应加强通风，防止水中余臭氧（采用臭氧-生物活性炭工艺时）可能逸出对生产人员的伤害。

由于活性炭对氯有较强的吸附能力，为防止反洗水中存在余氯而无谓牺牲活性炭的吸附性能，采用砂滤池出水为冲洗水源时，滤池进水不宜加氯。

活性炭吸附池经冲洗后重新启动，通常存在初期出水浊度升高的现象。当炭吸附位于砂滤后时，因后续工艺一般不能再进一步降低浊度，从保证出厂水浊度的角度，宜设置初滤水排放设施。在炭滤池重新过滤时，先排放初滤水，排放时间可按 10～20min 考虑。

220 什么是生物活性炭技术?

生物活性炭是随着活性炭在饮用水处理中的大量使用而出现的。最早应用于德国的慕尼黑市 Dohne 水厂，中试和生产规模的应用分别于 1977 年和 1978 年开始。大量的试验研究和实践应用表明，采用生物活性炭技术后，与原先单独使用活性炭吸附工艺相比，出水水质得到提高，也提高了水中溶解性有机物的去除率，从而降低了后氯化时的氯剂投加量和三卤甲烷的生成量，而且延长了活性炭的再生周期，降低了运行费用。

研究表明，该技术可看作是物理吸附和生物降解的简单组合。吸附饱和的生物炭在不需要再生的情况下，可利用其生物降解能力，继续发挥控制污染物的作用，这一点正是其他方法所不具备的。

221 生物活性炭滤池在应用中应注意哪些问题?

原水高锰酸盐指数或氨氮较高时，宜采取必要的预处理措施和强化常规处理措施，如预氧化、粉末活性炭吸附、曝气增氧、生物预处理等，尽可能为生物活性炭工艺降低负荷，保持活性炭处理效率，延长活性炭运行年限。为保证出水水质合格，生物活性炭滤池进水高锰酸盐指数宜小于 4.0mg/L。

活性炭会吸附水中的余氯，余氯会对活性炭表面的生物膜产生破坏，影响微生物生长繁殖。因此，生产中必须控制活性炭滤池进水不得有余氯，反冲洗水也不宜含氯，故不宜采用出厂水作为冲洗水源。

每年应测定生物活性炭滤池主要参数 1～2 次，包括：各组滤池活性炭层高度、滤速、滤池冲洗强度、滤池冲洗膨胀率等。

目前国内生物活性炭滤池主要采用下向流方式，也有一定数量的深度处理水厂采用了上向流方式。根据实际运行经验，生物活性炭滤池采用下向流时，进水浑浊度宜小于 0.3NTU，采用上向流的进水浑浊度可适当放宽至 1NTU。

生物活性炭滤池工艺有可能存在生物泄漏风险，尽管泄漏的生物经消毒处理后大部分会被杀灭，但仍有部分耐氯性生物（如线虫、红虫等）在常规消毒剂量下难以灭活，容易进入供水管网，因此应当加强工艺运行管理和控制，可在炭滤池之后设置过滤或拦截装置。当出现微型生物泄漏时，应加强常规工艺出水生物量控制，延长活性炭滤池冲洗时间，提高冲洗频次，停止滤池冲洗水回用，清洗滤池池壁和渠道；当生物泄漏严重到影响出厂水水质时，应停运生物活性炭滤池并查找原因，经清洗恢复正常后再投入使用。

222 什么是臭氧-生物活性炭技术?

臭氧-生物活性炭技术综合了臭氧、活性炭两者的优点，将臭氧化学氧化、颗粒活性炭物理化学吸附和生物降解三种反应合为一体，是目前世界上公认的去除饮用水中有机污染物最为有效的深度处理方法之一，对氨氮、色度、浊度也有很好的去除效果。首先利用臭氧氧化作用分解水中的有机物及其他还原性物质，使水中难以生物降解的有机物断链、开环，转化成小分子有机物，降低生物活性炭滤池的有机负荷，使活性炭的吸附功能得到更好的发挥。活性炭能够迅速地吸附水中的溶解性有机物，同时在有充足溶解氧的条件下，表面能够生长出良好的生物膜，微生物能以有机物为养料大量生长繁殖，使活性炭吸附的小分子有机物充分生物降解。

从上述原理可见，若单独使用臭氧氧化，不仅成本高，且水中可生物同化有机碳（AOC）增加，导致水的生物稳定性变差；若单独使用活性炭，其吸附及微生物降解协同作用效果减弱，吸附的饱和周期缩短，为保持水质目标，必须经常再生。臭氧-生物活性炭联用工艺则有效地克服了以上两者单独采用的局限性，又充分发挥了两者的优点，使水质处理效果大为改善。此外，采用臭氧-生物活性炭联用工艺还能有效地降低 AOC 值，使出水的生物稳定性大为提高，活性炭上附着的微生物使其能长期保持活性，有效延长活性炭的再生周期。

臭氧-生物活性炭技术的发展较为成熟，现已广泛用于欧洲国家（如法国、德国、意大利、荷兰等）的上千座水厂中，在欧洲，臭氧-生物活性炭技术已被公认为处理微污染原水、减少饮用水中有机物浓度的最有效技术。北京市田村山净水厂建于 1985 年，建设规模为 $17\times10^4 m^3/d$，是北京市区第一座地表水厂，也是国内首家采用臭氧活性炭深度处理工艺的水厂。近年来，我国对臭氧-生物活性炭技术在饮用水深度处理中的应用开展了大量研究，随着饮用水水质标准和用户对水质口感要求的提升，臭氧-生物活性炭在我国给水厂的应用案例逐年增多。

223 典型的臭氧-生物活性炭饮用水深度处理工艺流程有哪些?

典型的臭氧-生物活性炭工艺流程有两种，一种是在国内比较常用的“常规处理＋深度处理”，即将臭氧-生物活性炭工艺放在砂滤之后，此时进水浊度宜低于 0.5NTU；另一种是放在砂滤之前，即在沉淀池后设置臭氧-生物活性炭工艺，再进行过滤、消毒处理，目的是将活性炭吸附后的生物残渣再经过滤把关，虽然对沉淀池出水浊度要求较高，但增加了出水的生物安全性，但此时应慎重控制前置工艺聚丙烯酰胺的投加量。

224 臭氧-活性炭处理工艺流程中各部分操作的作用是什么?

(1) 臭氧预氧化

① 臭氧氧化后生成的氧气无毒、无害，而且为后面活性炭上附着的好氧菌和硝化菌提供生长的营养源，防止水体发臭。

② 臭氧同时氧化水中溶解性的锰和铁，生成难溶性的氧化物，提高砂过滤的效果，使锰、铁的去除率增加。

③ 臭氧作为一种强氧化剂，能氧化分解水中的高分子有机物，如腐殖酸等，分解后的小分子有机物容易被活性炭吸附。

(2) 砂滤

沿袭传统的工艺，降低水的浊度。

(3) 生物活性炭

① 除臭味。活性炭作为一种多孔的物质，能够吸附水中浓度较低、其他方法难以去除的物质，如 2-甲基异莰醇、土臭素等，所以即使在枯水季节，也能保证较好的水质。

② 去除合成洗涤剂(烷基苯磺酸钠，ABS)。随着合成洗涤剂在工业、生活中使用量的加剧，原水中 ABS 的浓度不断增加，而活性炭吸附是一种有效的途径。

③ 生化降解的作用。活性炭孔隙多，比表面积大，成为细菌栖息的好场所，而水中的有机污染物在活性炭表面浓缩，为细菌的生长提供物质条件，因此活性炭出水的细菌使滤床有黏膜出现，造成水质变坏甚至阻塞滤床。若将此不利因素化为有利条件，提供足够的氧气(臭氧氧化后的产物)来促进细菌的降解作用，使吸附后的有机物迅速分解，则可减少活性炭的吸附负荷，大大地延长活性炭的使用周期。

④ 活性炭附着的硝化菌还可以转化水中的氨类化合物，降低水中氨氮的浓度。

(4) 臭氧氧化

臭氧的氧化性强于液氯，它破坏细菌体上的脱氢酶，干扰了细菌的呼吸作用，从而导致细菌的死亡，而且臭氧反应后没有致突变性物质产生，因此将生物活性炭过滤后的水用臭氧消毒非常安全。

(5) 后氯化

由于臭氧的化学性质不稳定，不能在水中长期保留，为了保证在运输的过程中水质不受污染，需在最后一步中投加氯消毒剂。由于有机污染物通过臭氧-生物活性炭已经基本去除，最后生成的致突变物质较少，水质清洁。

总之，臭氧-生物活性炭处理饮用水将臭氧的化学氧化作用、杀菌消毒作用与活性炭的物理化学吸附、生物氧化降解作用紧密结合在一起，互相促进，取得了多重效应。

225 膜技术的原理是什么?

膜技术是在 20 世纪 60 年代开始应用于水处理领域的。膜分离技术是利用具有一定选择透过性的膜，在推动力的作用下，对溶液中的一些物质进行分离、分级、提纯、富集的一种方法。膜分离过程是以选择性透过膜为分离介质，当膜两侧存在某种推动力(如压力差、浓度差、电位差、温度差等）时，原料侧组分选择性地透过膜，以达到分离、提纯的目的。在膜分离过程中，一种物质得到分离，另一种（或一些）物质则被浓缩，浓缩与分离同时进行，这样能回收有价值的资源。根据膜的选择透过性和膜孔径大小不同，可以将不同粒径的物质分开，大分子和小分子的物质分开，因此使物质得到了纯化而不改变它们原有的属性。膜分离工艺不损坏对热敏感和对热不稳定的物质，可以使其在常温下得到分离。

给水处理中常用的膜分离技术有微滤、超滤、纳滤、反渗透等。

226 膜分离技术有哪些特点?

膜分离技术的特点是：

① 膜分离技术可以有效地去除水中的臭味、色度、消毒副产物前体物及其他污染物，与常规水处理工艺相比产水水质更优。

② 在膜分离过程中，不需要从外界加入其他物质，这样可以节省原材料和化学药品，从而也减少了因加药产生毒性等问题。

③ 膜分离工艺适应性强，处理规模可大可小，占地面积少，操作及维护方便，易于实现自动化控制。

为了应对饮用水质健康风险带来的技术挑战，膜分离技术已逐渐成为饮用水处理领域研究的热点。膜分离技术在去除水中污染物的过程中不会产生副产物或其他有害物质，对水的天然属性影响最小，是典型的绿色净水技术，也是未来绿色饮用水净化技术发展的主要方向。通过不同膜工艺的耦合与集成，可形成针对不同原水水质和不同供水需求的膜滤净水体系，保障供水安全。随着膜成本的降低、运行经验的积累和运行效果的提升，膜技术作为21世纪的水处理技术在饮用水处理行业中已全面进入规模化应用的时代。

227 常用的膜技术和工艺主要有哪些?

（1）微滤（MF）

微滤是一种精密过滤技术，它的孔径范围一般为0.1～10μm，介于常规过滤和超滤之间。

（2）超滤（UF）

超滤以压力为推动力，是利用超滤膜不同孔径对液体中物质进行分离的物理筛分过程，其切割分子量（MWCO）为1～500000，孔径<100nm。

（3）纳滤（NF）

纳滤分离性能介于反渗透和超滤之间，是近十年发展较快的一项膜技术，其推动力仍为水压。纳滤膜技术的研究开发始于20世纪70年代，最初开发的目的是用膜法代替常规的石灰法和离子交换法的软化过程，所以纳滤膜早期也被称为软化膜。

纳滤膜有两个基本特点：

① 其截留分子量在100～1000之间，并对二价及多价离子有很高的截留率；

② 其操作压力在0.4～1.5MPa之间，低于反渗透膜。

纳滤膜有两个独特的分离特性：

① 对分子量为数百的有机小分子具有较高的截留率；

② 由于道南效应的影响，物料的荷电性、离子价数和浓度对纳滤膜的分离效率有很大影响。

(4) 反渗透（RO）

反渗透是以压力为推动力的，利用反渗透膜只能透过水而不能透过溶质的选择透过性，从某一含有各种无机物、有机物和微生物的水体中提取纯水的物质分离过程。从20世纪50年代提出发展到现在，反渗透已成为海水淡化和苦咸水淡化制取饮用水最经济的手段，这首先得归因于反渗透膜性能的大幅度提高、膜组件的改进和配套装置（特别是能量回收装置）的革新。

综上，微滤和超滤属于低压膜技术，能够截留水中的隐孢子虫、贾第鞭毛虫、细菌等物质，而保留水中微量元素及矿物质。与高压膜即纳滤膜和反渗透膜相比，低压膜有造价低、运行成本低、寿命长、易清洗等显著优势，因此，在膜分离技术处理饮用水领域内，低压膜的应用最为广泛。

228 常用和新型的膜材料有哪些?

膜材料是膜分离技术的关键。水处理用的膜系统应选用化学性能好、无毒、耐腐蚀、抗氧化、耐污染、酸碱度适用范围宽的膜材料。按照材质的不同，水处理用的膜可以分为有机膜和无机膜。相比于无机膜，有机膜材料（如聚偏氟乙烯、聚砜、聚醚砜、聚酰胺等）因为单位膜面积制造成本低、膜组件装填密度大、力学使用性能好等优势，在水过滤应用方面已经占领了膜市场更多的份额。国内外学者和膜技术公司通过对有机高分子膜进行改性，研究制备综合性能更高的新型膜材料。

另外，近年来陶瓷膜的研究与应用逐渐成为热点。陶瓷膜是无机膜的一种，具有较高的机械强度、化学稳定性和热稳定性等优点，能够耐受污染环境和清洗条件，适合在投加氧化剂的饮用水处理工艺中使用。MF和UF是应用最多的陶瓷膜饮用水处理技术类型。陶瓷膜工艺与其他工艺联合后，能够实现去除浊度、病原微生物和有机物的功能，而且能够减少后续消毒工艺中的消毒副产物。

与有机膜相比，陶瓷膜具有显著的材料性能优势，但还存在一些问题，如制备成本高、材质少、质脆和不易加工等。此外，应用较多的陶瓷膜多为管式和平板式，而这类形式的膜单位体积内有效过滤面积相对较小，这些因素都制约了陶瓷膜在饮用水处理中的推广应用。

陶瓷膜技术在国内的应用研究仍主要集中在工业废水处理领域，其在饮用水处理中的应用还处于起步阶段，目前国内已有少量小型农村供水项目开始工程应用，其规模化应用前景有待于进一步挖掘。在一些经济发达国家和地区，陶瓷膜在饮用水处理中的应用越来越多。日本是世界上应用陶瓷膜技术处理饮用水最多的国家。在未来的水厂升级改造中，陶瓷膜及其集成工艺有较好的应用前景。

229 膜处理工艺系统包括哪些基本子系统?

膜处理工艺系统应包括过滤、物理清洗、化学清洗、完整性检测及膜清洗废液处置等基本子系统。

① 过滤系统应由多个膜组或膜池及其进水、出水和排水系统组成，膜组或膜池数量不宜小于4个，在各种设计工况条件下，膜系统的通量和跨膜压差不应大于最大设计通量和最大跨膜压差。

② 物理清洗系统应包括冲洗水泵、鼓风机（或空压机）、管道与阀门等。气冲洗和水冲洗强度宜按不同产品的建议值并结合水质条件确定；冲洗水泵与鼓风机宜采用变频调速，以适应运行过程中过膜流量和压差的变化并实现节能降耗，同时应设置备用；由于膜孔易被水中细小的颗粒物堵塞，因此清洗用水应采用经过膜滤的产水。

③ 化学清洗系统应包括药剂的储存、配制、加热、投加、循环设施及配套的药剂泵、搅拌器、管道和阀门等。化学清洗包括低浓度化学清洗（次氯酸钠、柠檬酸）和高浓度化学清洗（次氯酸钠、盐酸、柠檬酸、氢氧化钠等），清洗周期通过试验或根据相似工程的运行经验确定。化学药剂的储存量应能至少满足1次化学清洗用量，次氯酸钠的储存天数不宜大于1周，避免其有效浓度下降很多而造成浪费。

④ 膜完整性检测系统应包括空压机、进气管路、压力传感器或带气泡观察窗等，通常有压力衰减测试、泄漏测试和声呐测试等检测方法，其中压力衰减测试和泄漏测试由于方法简单和结果准确而被普遍采用。

⑤ 物理清洗废水应收集于废水池或水厂排泥水系统。废水池可单独设置，宜分为独立的2格，并靠近膜处理设施，有效容积不应小于物理清洗时最大一次排水量的1.5倍。出水提升设备应满足后续回用或排放处理设施连续均匀进水的要求，并设置备用。

230 膜系统的设计特点和要求是什么？

由于没有统一的膜产品标准且成膜材料和工艺差异较大，即使在相同水质条件下，不同膜材料或产品的水处理性能也往往有较大差异，在水质水温变化条件下水处理性能变化更加明显。膜处理系统的主要工艺设计参数较难标准化，其主要设计参数应通过试验或根据相似工程的运行经验确定。

以中空纤维膜为例，在相同压力条件下，由于单位面积的产水量随水温的下降会有非常明显的下降，因此膜处理系统必须确定设计水温，才能使工程设计既满足工程实际需求，又能做到经济合理。膜过滤的正常设计水温与最低设计水温应根据年度水质、水温和供水量的变化特点，经技术经济比较后确定。正常设计水温不宜低于15℃，最低设计水温不宜低于2℃。对于夏季和冬季供水量变化不大的地区，也可将最低设计水温作为正常设计水温。

通常夏季水厂供水量大于冬季，从节约工程投资考虑，允许在不同水温时有不同的产水量，即在正常设计水温条件下，膜过滤系统的设计产水量应达到工程设计规模，在最低设计水温条件下，膜处理系统的产水量可低于工程设计规模，但应满足实际供水量要求。膜过滤系统的水回收率不应小于90%。

231 膜组件有哪些形式？

已经商业化、常用的膜组件有管式膜组件、中空纤维式膜组件、板框式膜组件和螺旋卷式膜组件。各种类型膜组件的优缺点见表6-1。

表 6-1 各种类型膜组件的优缺点

膜组件类型	优点	缺点
管式膜	流动状态好,流速易控制,安装拆卸、换膜和维修方便,能够处理含有悬浮固体的溶液,机械清除杂质比较容易	与平板膜组件相比,管式膜组件制备条件较难控制,单位体积内有效膜面积小,压力降大,管口密封也比较困难
中空纤维膜	膜的堆积密度小,不需外加支撑材料,浓差极化可忽略,价格低廉	制作工艺和技术复杂,易堵塞,不易清洗
板框式膜	构造简单,可单独更换膜片,不易被纤维屑等异物堵塞	装置成本高,流动状态不良,浓差极化严重,易堵塞,不易清洗,膜的堆积密度小
螺旋卷式膜	结构紧凑,单位体积内的有效膜面积大	料液需要预处理,膜组件的制作工艺复杂,要求高,尤其用于高压操作时难度大,易污染,清洗难度大

232 压力式和浸没式膜组件的特点分别是什么?

在饮用水处理领域，压力式或浸没式中空纤维微滤、超滤膜过滤是目前国内外普遍采用和得到广泛认同的过滤方式。

压力式膜处理工艺可采用内压式或外压式中空纤维膜，内压式的过滤方式可采用死端过滤或错流过滤，外压式应采用死端过滤。浸没式膜处理工艺膜组件应采用外压式中空纤维膜，过滤方式采用死端过滤，出水方式可采用泵吸出水或虹吸自流出水，在膜产水侧形成负压驱动出水是浸没式膜处理工艺的最主要特点。

压力式膜处理工艺采用泵压进水方式，相对浸没式膜处理工艺的真空负压出水的驱动力高，因此相同条件压力式膜处理工艺通量和跨膜压差的选择高于浸没式膜处理工艺。因压力式膜组件装填在封闭的壳体内且通量相对较高，发生污堵的可能性和洗脱难度相对较高，进水悬浮物高时采用死端过滤的方式可能会加剧污堵，采用内压式中空纤维膜时，可实现防污性能较好的错流过滤方式。

表 6-2 列出了压力式和浸没式膜系统基本设计运行参数。

表 6-2 压力式和浸没式膜系统基本设计运行参数

项目	参数
膜的平均孔径	≤0.1μm
水温	≥15℃(正常)≥2℃(最低)
水回收率	≥90%
清洗方式	物理清洗、化学清洗
设计通量	压力式:30～80L/(m^2·h) 浸没式:20～45L/(m^2·h)
最大通量	压力式:100L/(m^2·h) 浸没式:60L/(m^2·h)
设计跨膜压差	压力式:＜0.1MPa 浸没式:＜0.03MPa
最大跨膜压差	压力式:≤0.2MPa 浸没式:≤0.06MPa
物理清洗周期	压力式:＞30min 浸没式:＞60min
物理清洗历时	1～3min
预过滤精度	100～500μm

233 膜技术应用于饮用水处理有哪些困难?

(1) 膜的胶体污染

在膜组件中的水流常为层流，此时通过布朗扩散、内惯性力侧向迁移和剪切诱导扩散，使回流传输可能发生。典型的超滤，其传输流速为10～2.5cm/s，大于10μm的颗粒不污染超滤膜，大于45μm的颗粒才不会污染微滤膜。

溶解有机物可在膜表面形成一层凝胶层，或吸附于膜的基质内。因此原水中的总有机碳(TOC)是污染膜的有机物浓度的一个重要度量。在决定无机胶体对膜污染的影响时，钙与有机物的直接作用是重要的。因为吸收了有机分子的钙络合物，降低了颗粒的稳定性。同时，正电荷的Ca^{2+}与负电荷的羧基团相结合，降低了胶体表面的电荷。试验表明，具有同样固体浓度的地表水对膜的污染，比地下水要轻些。

(2) 有机物的吸附和膜污染

人们认为，大多数的膜污染是膜的多孔基质中吸附了有机物的结果。天然水中含有的污染膜的有机物可分为四类：多糖类、聚羧基芳香类、蛋白质和氨基糖。每种都有不同的滞留特性，当一起出现在水中时，其对膜的综合性影响将明显超过各自的影响。二价阳离子的存在和低pH值，会增加天然有机物的吸附性。

在用电渗析处理饮用水的过程中，水中带极性有机物被膜吸附后，会改变膜的极性，并使膜的选择透过性降低，膜电阻增加。

有机物对膜的污染有两个途径，即吸附到膜孔内和在膜表面形成凝胶层，为了减轻污染，可对膜和原水进行预处理。

(3) 无机物的污染

在电渗析处理系统中，高价金属离子（如铁、锰）会使离子交换膜中毒；游离氯使阳膜氧化，进水硬度高时会导致极化和沉淀结垢。

K. Khatib对用超滤膜处理Biwa河水来获得饮用水的研究结果表明，河水中硅、铁浓度随温度变化会对膜造成不可逆的污染，直接在膜表面形成铁-硅凝胶，凝胶的低渗透性是造成污染的主要原因。

(4) 生物污染

微生物既能产生淤塞也能造成污染。膜面微生物的沉淀和生长，形成一层增加渗透阻力的物质。微生物也释放有机物质，被膜截留而形成凝胶层。此外，醋酸纤维素膜易受细菌的侵蚀，细菌繁殖会污染膜并恶化出水水质。

234 微滤膜技术在饮用水处理中的应用情况如何?

微滤可以有效去除小颗粒有机物和悬浮固体，但天然和人工合成的有机物仅用微滤的方法是不能去除的，需要与其他方法相结合。微滤结合混凝、吸附预处理饮用水越来越引起人们的关注，最普通的方法就是投加金属盐混凝剂和粉末活性炭（PAC），混凝和吸附作为微滤的预处理不仅可以提高膜通量，降低天然有机物（NOM）含量以获得高质量的出水，还可以减缓膜污染，延长清洗周期。混凝预处理所需的反应时间很短，投加混凝剂后，絮体尺寸很快大于膜孔径，不需要长时间混凝，经混凝处理后的水即可进入膜分离单元。

由于微滤技术可以去除水中浊度和微生物，日本在20世纪90年代中期就开始了大规模应用，建立了几十个陶瓷膜过滤系统生产饮用水。实践证明，陶瓷膜具有高的抗破损能力和长的使用寿命。为了提高溶解性污染物的去除率，可以用活性炭和膜技术结合催化氧化技术去除溶解性污染物。投加活性炭还可以改善过滤性能，维持系统稳定运行。有研究表明，粒径为1μm的PAC比通常的PAC（粒径为10μm）具有更强的吸附能力，达到同样的去除UV254效果时，只需要通常PAC的1/3。催化氧化可以有效去除溶解性锰离子，氧化产物被陶瓷膜截留。这些给水厂为了减少运行和维护费用，都采用了聚铝进行混凝预处理以改善膜过滤性能。PAC投量从10mg/L增加到50mg/L，过滤性能逐渐提高，即使减少聚铝投量，也可以维持稳定的过滤性能。当PAC投量为50mg/L时，进水浊度增大到60NTU，但过滤性能未受影响。

当用PAC作为吸附剂时，如果接触时间太短就不能使PAC充分发挥吸附作用，因此，应保证有效的接触时间以提高吸附效率。还可以改进PAC性质，即通过粉碎普通的PAC来制造亚微粒PAC（直径在0.6～0.8μm之间），将其用作微滤前的吸附剂处理饮用水。试验表明，亚微粒PAC吸附NOM非常快，而且比普通PAC有更强的吸附能力。不同的接触时间对去除NOM效果不同，随接触时间的延长去除率增大，但是接触时间大于1min后，去除率增长很缓慢。用亚微粒PAC不仅可以缩短接触时间，而且可以节约75%的混凝剂。

日本的大中型水厂主要应用两类新型微滤膜，一类是大孔径微滤膜，孔径为2μm，能很好地去除粒径大于2μm的颗粒，也可以去除致病原生动物，在跨膜压差（TMP）为0.01MPa，通量为$208L/(m^2 \cdot h)$时，对隐孢子虫的去除大于六个数量级，且连续运行周期较长，不需频繁化学清洗。另一类是聚偏氟乙烯（PVDF）中空纤维膜，孔径为0.03～0.1μm，具有良好的机械性能和化学性能，通量大。

235 超滤技术在饮用水处理中的应用情况如何?

膜滤除了能去除“两虫”外，还能去除水中的致病细菌和病毒。水中最小的微生物——病毒的尺寸为0.02～0.45μm；纳滤膜孔径约为0.001μm；超滤膜孔径大于0.001μm，小于0.1μm；微滤膜孔径大于0.1μm。可见纳滤膜和孔径小于0.02μm的超滤膜能将水中包括病毒、细菌、原生动物等在内的所有微生物全部去除，是提高饮用水生物安全性最有效的技术。纳滤膜现尚需进口，且能耗较高；微滤膜不能将致病病毒全部去除；所以超滤是现今膜工艺水厂的主流产品。

当前在世界很多国家都建立了大规模的微滤/超滤饮用水厂。新加坡Chestnut饮用水处理厂规模为$27.3\times10^4m^3/d$，于2003年10月开始运行，工艺流程为原水—细格栅—加强絮凝—超滤—消毒—出水。运行方式为经混凝预处理后再进入超滤系统，用铝盐作为混凝剂，超滤膜为切割分子量500的ZENON膜，总的膜面积为$16\times10^4m^2$。运行表明，这种处理工艺具有稳定的出水通量和极好的出水水质，而且对溶解性有机物有很好的去除效果。该系统最显著的特点是不用出水泵，通过位差虹吸出水；另一个显著特点是系统结构紧凑，占地仅为$2500m^2$，相当于每平方米占地面积生产能力为$190m^3/d$。

236 纳滤技术在饮用水处理中的应用情况如何?

在饮用水深度处理中，纳滤（NF）不仅可以去除水中残留的微量有机物质（如农药、杀虫剂等）和消毒副产物（三卤甲烷、卤乙酸等），截留水中藻类、细菌、致突变物及病原微生物以保证生物安全性，去除重金属等有害多价离子，保留水中部分对人体有益的矿物质，还能够在水源水质波动和应急性条件下保证最终供水水质的稳定，满足不同水源条件下的用水需求。对于水源水质复杂且用水要求较高的经济发达地区，作为一种新型的分离膜，NF具有优异的分离性能，且操作压力小，选用NF膜技术作为饮用水水质的深度处理工艺可能是最为合适的选择。因此，纳滤技术在给水厂提标改造中具有很好的应用前景。

NF膜在饮用水深度处理工艺中已有较大规模的应用实例。采用纳滤膜制取饮用水在国外研究和应用较早，技术也较成熟，且保持着快速、强劲的增长势头。法国的梅里奥塞（Mery-sur-Oise）水厂是采用纳滤工艺的典型代表，在原供水规模 $20\times10^4m^3/d$ 的基础上，于1999年增建了 $14\times10^4m^3/d$ 的NF膜系统，通过两步NF分离过程，去除水中的硬度、有机物、杀虫剂和除草剂，向周边80万居民提供高品质的饮用水。最终水厂出水完全能符合欧盟的有关消毒副产物指标要求，出水TOC＜0.2～0.3mg/L，生物稳定性优良，能有效阻止输水管网中细菌繁殖。

国内NF膜用于饮用水处理的工程化应用也逐渐增多。张家港第三水厂供水规模为 $20\times10^4m^3/d$，原采用混凝＋沉淀＋过滤＋氯消毒的常规饮用水处理工艺，在正常原水水质条件下，产水可满足国家饮用水卫生标准。但为确保供水安全并提升日常供水水质，响应江苏省的供应优质饮用水的要求，结合原水水质特点，开展了水厂深度处理改造，采用现状常规工艺＋压力罐式微滤＋纳滤的净水工艺，设计产水规模为 $10\times10^4m^3/d$，主要目标为去除或杀灭水体中的微生物，控制有机物、消毒副产物和改善饮用水口感，同时应对水体突发污染。

NF组合工艺的核心问题是如何防止纳滤膜的污染，从而决定NF的预处理以及组合工艺的组成。原水在进入NF膜前需要进行预处理，预处理的主要目标污染物包括悬浮物、重金属离子、氧化性物质和pH等，因为较高浓度的悬浮物、氧化物等会加剧NF膜的污染或损伤NF膜，降低其分离效能。因此，基于NF膜分离的饮用水处理工艺应是以NF膜为核心的组合工艺。采用何种预处理工艺，要根据原水的水质情况，通过现场中试结果决定，实际应用有采用微滤或超滤作为NF工艺的预处理，效果较好。我国环保部2010年颁布的《膜分离法污水处理技术规范》（HJ 579）中，规定了进入NF膜的水质要求为：悬浮物≤1mg/L，污染指数（SDI）≤5，余氯≤0.1mg/L。但是目前还没有关于NF膜处理饮用水的规范，是今后亟待完成的重要任务。

另外，在海水淡化制取饮用水工艺中，NF膜也可作为RO膜的预处理单元。由于海水含盐量高、硬度大、浊度变动大，极容易在短时间内对RO膜造成污染，因此海水在进入RO装置之前必须进行有效的预处理。与传统的预处理方法相比，NF预处理工艺具有占地小、操作简单、处理效果好、能耗低等诸多优势，能有效降低RO膜两侧的渗透压，从而显著提高淡水回收率。

237 反渗透技术在饮用水处理中的应用情况如何?

膜技术应用于集中式生活饮用水处理工程时，通常采用微滤、超滤或纳滤，原因是反渗透不仅操作压力高、能耗大，而且在去除水中各种有害物质的同时，也会把有益于人体健康的有益元素去除掉。反渗透技术目前在我国供水行业中的应用主要集中在海水淡化、苦咸水淡化、应急保障供水以及家用供水这四个方面。

我国反渗透海水淡化工程发展迅速。海水淡化其中之一的用途为居民生活用水，主要集中在淡水资源严重短缺的沿海地区和海岛，如福建、海南、河北及山东等。

通常将矿化度含量大于 1000mg/L、氟化物含量大于 1.0mg/L 的无法直接利用或利用范围不大的劣质水资源称为苦咸水。我国地下苦咸水资源总量约为 $2\times10^{10}m^3$，主要分布在西北部和东部沿海地区。苦咸水含有较高浓度的可溶性固体、氟化物、重金属离子等物质，口感较差，难以直接饮用，长期饮用会导致消化系统疾病、氟骨病、高血压、心血管等疾病。因此，采用合适的技术对苦咸水进行淡化处理是确保饮用水安全和解决淡水资源缺乏的重要方法。

反渗透工艺可有选择地将氟离子、氨氮与水分离，是以地下水为水源，氟化物、氨氮等特征因子超标的原有水厂提标改扩建、新建水厂的可选技术路线。我国宁夏某水厂是国内首次较大规模采用反渗透除氟除氨氮的供水厂，日均供水量为 $4.5\times10^4m^3/d$，水源为地下水。原处理工艺为：水源地进水—清水池（二氧化氯消毒)—吸水井—送水泵房—城区供水管网。由于地质条件和水源污染的原因，出水氟化物、氨氮超标。采用了反渗透膜处理＋原水勾兑的处理方案进行提标改造，新增的建、构筑物包括原水池、净水间、反洗水池。采用多介质过滤器为反渗透进水的预处理设施，反渗透装置采用 2 段式，采用东丽 TM7 低压反渗透膜元件，运行通量为 $22\sim25L/(m^2\cdot h)$。工程于 2017 年年底建设完成，出厂水氟化物浓度在 0.91mg/L 左右，氨氮浓度在 0.35mg/L 左右，浑浊度在 0.5NTU 以下，满足现行生活饮用水卫生标准的要求，反渗透系统运行良好，运行成本增加 0.3135 元/t 水。

反渗透技术非常适合作为应急供水设备使用，其机动性强、效率高。某公司研发的应急净水车尺寸产水规模不小于 $5m^3/h$，采用预处理＋超滤＋反渗透的水处理工艺。其中，反渗透级别为一级反渗透，脱盐率大于 99%，回收率为 45%～75%，设计通量为 $18.38L/(m^2\cdot h)$。根据现场运行数据，该应急净水车的产水水质达到《生活饮用水卫生标准》(GB 5749) 的要求，可供直接饮用。

随着经济的快速发展，居民的生活水平越来越高，对饮用水水质的要求不断提升。自来水经过反渗透净水器处理，出水更加纯净，口感更好，符合百姓需求，反渗透净水器的市场份额在净水设备中超过 80%。目前，国内家用反渗透净水机常用工艺流程为“PPC 复合（或 PP 棉）＋前置活性炭棒＋RO＋后置活性炭棒”或“PP＋碳纤维＋高精度 PP 棉＋RO＋后置活性炭（棒）”。

238 反渗透技术在饮用水处理中的应用还存在哪些问题?

反渗透技术在饮用水中的应用还存在如下问题有待深入研究：

① 离子几乎全部被截留 反渗透在去除水体中有害离子的同时，也截留水中的其他离子，纯净水是否能被长期饮用一直存在争议。但多数研究者认为，选择性地保留一部分离子是非常必要的。因此，研究组合工艺实现部分离子的保留是健康饮水的研究方法之一。

② 反渗透浓水的处理 在实际生产过程中，反渗透浓水中的有机物浓度高，且可生化性差，无机盐含量高，电导率大，导致浓水处理难度大。如果直接排放，会给周围环境带来严重影响，需采取科学有效的技术方法加强对浓水的处理和综合利用，实现真正的“零排放”。

③ 膜污染控制 膜污染现象是反渗透技术应用中不可避免的问题，会造成回收率和脱盐率的下降及膜阻力的升高。因此，需寻求有效的膜污染控制方法。

239 防止膜污染的措施有哪些?

膜污染是由于金属氧化物、有机或无机胶体、细菌或其他小颗粒有机物而引起的。防止膜污染的措施很多，例如改进膜材料性能和膜组件结构、加强预处理、优化反洗和运行方式等。

当前膜制备的关键就是要解决膜污染问题，使生产的膜不仅具有高的物理化学稳定性，而且具有强的抗污染性能。

单独的滤膜对水中小分子物质和溶解性物质的去除不理想，而且膜污染较严重，因此，在实际应用中常常在滤膜之前设置原水预处理步骤，提高进入膜单元的水质，进而提高运行稳定性，减少膜污染，延长膜寿命，常用的预处理方法有吸附、混凝、氧化等。

由于水库和湖水富营养化，严重影响饮用水质量，有学者研究了藻类对微滤膜的污染情况。试验表明，藻类能引起显著的膜污染，滤饼层阻力与膜材料无关。在较低的进水藻类浓度下，滤饼层阻力很低可以忽略，但是当藻类沉积较多时，滤饼层阻力显著增加。在不变的跨膜压差（TMP）和相同沉积量下，藻类浓度较低的进水所过滤的体积要大于藻类浓度较高的进水。当藻类沉积密度大于 $2g/m^2$ 时，滤饼层阻力与进水浓度呈线性关系。化学混凝和臭氧氧化预处理可以有效地降低滤饼层阻力、延长膜的使用寿命。

化学清洗、空气反洗和维持反应器中一定浓度的粉末活性炭（PAC）是降低膜有机污染的有效方法，用次氯酸钠进行化学清洗能有效去除有机污染物。每间隔 1h 进行空气反洗 3min，可以有效防止 PAC 颗粒沉积和凝胶层形成。

陶瓷膜反应器在高通量下稳定运行时，反洗强度影响膜污染程度，试验证实降低膜污染的方法是保持短的反洗周期。通过分析发现，通过加大反洗强度可以使由铝絮体颗粒引起的不可逆污染变为可逆污染。研究表明，用陶瓷膜结合预混凝系统处理河水，在高强度的反洗和酸洗条件下，维持通量高达 $250\sim417L/(m^2 \cdot h)$ 是可能的。高强度反洗指缩短反洗周期，增大反洗水量或者用气水联合反洗，该法可以有效防止微小颗粒污染。

据报道，通过改进反洗方式来降低膜污染，改进后的反洗技术与常规的反洗不同，常规反洗在每个反洗周期只反冲洗一次，而新的反洗是在每个反洗周期连续反冲洗两次，试验证明是很有效的。利用这种新的反洗技术结合超滤用水库水生产饮用水，需要的混凝剂投量小并且出水水质好。当污染发生时，进行化学清洗可以基本恢复到初始状态，采用的清洗剂为 0.1%的柠檬酸溶液。

根据膜材料和混凝预处理对天然有机物（NOM）的去除以及对膜污染的影响研究，超滤去除 NOM 的能力主要取决于膜材料及膜的切割分子量，还有 NOM 与膜表面的相互作用以及操作条件等。吸附动力学表明，憎水有机物比亲水有机物更快地吸附在超滤膜上，亲水膜的污染速率较低。混凝预处理可以显著提高通量，不管有无预处理，憎水膜比亲水膜通量降低显著。过滤动力学表明，混凝预处理不仅可以有效降低膜污染，而且可以提高对溶解性有机物的去除，憎水膜由于颗粒沉积导致膜孔减小的情况要比亲水膜严重。

当前饮用水处理领域，多数研究者关心如何提高对 NOM 的去除率以及通过把小的胶体变为大的絮体来控制膜污染，但很少有人研究改变絮体结构对膜过滤性能的影响。有研究人员用不规则度来说明絮体结构对过滤性能的影响，絮体不规则度越小，滤饼层孔隙率越高、密度越小；相反，絮体不规则度越大意味着滤饼层孔隙率越低、密度越大。混凝剂投量和胶体浓度的比值影响絮体的不规则度，通过调节混凝剂和胶体的比例确定最佳混凝条件，使形成的絮体具有小的不规则度和大的尺寸，形成的滤饼层具有更好的过滤性能，降低滤饼层阻力。试验证明，当混凝剂投量与胶体浓度的比值为 0.25～0.5 时，形成的絮体结构最好。溶液中的离子力只影响絮体尺寸，当离子浓度增加时，絮体颗粒变大，但是不规则度基本不变。

240 紫外线在深度处理中有什么应用?

（1）紫外高级氧化技术

单独紫外线照射在常规水处理中经常被用于消毒工艺，还可以对水中部分微污染物有一定的去除作用，但对土臭素和 2-甲基异莰醇（2-MIB）没有去除效果。而基于紫外线的高级氧化工艺对土臭素和 2-MIB 有很好的去除效果，如 UV/O_3、UV/H_2O_2、UV/氯、UV/过硫酸盐等，其作用原理是在 UV 光辐射下激发产生氧化能力较强的自由基来降解水中的嗅味物质。研究发现，UV/O_3 工艺对土臭素和 2-MIB 有很好的去除效果，在 UV 辐射强度为 5000～6000J/m^2，O_3 浓度为 1.5～3mg/L 时，反应 2～3min 内就可以将土臭素和 2-MIB 全部去除；增加 UV 辐射后，可以加快 O_3 的分解速率，使反应在更短的时间内便达到很好的去除效果。增加 O_3 浓度能提高土臭素和 2-MIB 的去除效果，但是会导致副产物溴酸盐的增加。为解决嗅味物质去除效果和溴酸盐产生量之间的矛盾，有学者提出在 UV/O_3 工艺中加入 H_2O_2 构建 UV/H_2O_2/O_3 工艺，H_2O_2 可以加快 O_3 产生 · OH 的速率，减少反应体系中 O_3 含量，可以有效减少体系中的水合酸转化为溴酸盐的量，从而减少反应中溴酸盐的产量。

UV/氯、UV/过硫酸盐联用是一种新兴的高级氧化工艺，由于其在污染物降解方面的优越性，受到了越来越多的关注。当水体中存在自由氯或过硫酸盐时，在紫外光辐照下，可以生成自由基来达到降解嗅味物质的目的。WATTS 等研究发现 UV/氯和 UV/H_2O_2 均能实现土臭素和 2-MIB 的有效去除，且相同条件下 UV/氯技术所需要的费用仅为 UV/H_2O_2 技术的一半。在采用 UV/过硫酸盐体系进行水处理的试验中，硫酸根自由基对土臭素和 2-MIB 的去除发挥了最为重要的作用，但重碳酸根和天然有机物会对土臭素和 2-MIB 的去除效能产生一定影响。

（2）紫外高级还原技术

随着我国工业的快速发展，饮用水水源中卤代有机物浓度逐渐升高。这些卤代有机物主要包括氯代有机物（如氯化烃、氯酚、氯酸等）、氟代有机物［如全氟辛酸（PFOA）、全氟辛磺酸（PFOS）等］和溴代有机物（如多溴联苯醚）。卤代有机物往往具有持久性、高毒性和致癌性，不仅对水体环境造成污染，还严重威胁饮用水安全。近年来，人们尝试各种各样的方法去除饮用水中的卤代有机物，如生物法、高级氧化法、纳米零价铁还原法等。生物法虽有一定效果，但所需周期长，对水质营养配比、溶解氧要求高，并且大部分卤代有机物难以被彻底降解；高级氧化法受众多因素影响，且会产生有毒的中间产物；纳米零价铁还原能力较弱，难以将卤代有机物彻底脱卤。

近年来，而高级还原（ARPs）技术以其所具有的独特的对卤代有机物的降解与脱卤效能，越来越受到重视。卤代有机物的降解包括碳链的断裂、脱去卤素离子以及其他形式的转化。高级还原技术是以一定的方式活化还原剂产生一系列还原性自由基，高效还原目标污染物。目前，研究较多的高级还原体系主要有紫外/亚硫酸盐体系、紫外/碘化物体系、紫外/过硫酸盐/甲酸盐体系等。不同的高级还原体系中还原剂不同，产生的还原性自由基也不同。

卤代有机物的降解速率常数随着光照强度的增加而增加，较高的紫外辐射可以提高自由基的产生速率，进而提高了污染物的可降解性。通过研究高级还原对1,2-二氯乙烷的降解效果，观察到具有较高光强度的UV比具有较低光强度的UV更优异，较高的紫外线辐照度对1,2-二氯乙烷更具有破坏性。紫外/亚硫酸体系下，当紫外强度从100% I_0 下降到30% I_0 时，降解速率常数从0.118min^{-1}下降到0.020min^{-1}，脱氯率也相应降低。

七、典型水质指标的控制方法

241 色度的来源和处理方法是什么?

色度是水质的感官性指标。天然水中存在腐殖质、泥土、浮游生物、溶解的植物组分、铁和锰等金属离子，均可使水显色。自然水体的颜色主要是由有机物特别是腐殖酸和富里酸形成的，它们来源于土壤、泥炭和腐败植物。此外，地表水和地下水中的无机物（如铁、锰）、供水管网中铁和铜的溶解、微生物生长等均可能影响水的颜色。水中产生颜色的物质本身可能对人体健康并没有危害，但是水的色度直接影响使用者对饮用水的视觉评价。人们对色度高的水易产生不信任感和厌恶感。

一般主要通过混凝、沉淀（或气浮）、过滤的常规工艺流程即可去除水中的色度。如遇突发性水源污染导致色度异常升高，可以考虑投加粉末活性炭吸附，也可采用高锰酸盐复合药剂、臭氧等氧化剂进行预氧化，以降低出水色度。

242 原水异味的控制处理方法有哪些?

给水厂原水异味问题绝大多数情况与藻类、藻类的代谢物质或者是藻体腐败产生的物质有关。控制处理方法需要根据产生异味物质的种类及其性质确定，但在实际运行中，因部分致嗅物质的检测和确定需要时间，为了快速反应以保证出水达标，也可先通过粉末活性炭吸附及次氯酸钠/二氧化氯/高锰酸钾氧化小试试验确定去除效果，快速进行处理方法选择。

如确定产生气味的物质主要为土臭素、2-MIB这类易被吸附不易被氧化的物质，需要粉末活性炭吸附异味，同时可联合氧化剂进行杀藻。有条件的可在水源取水口（因吸附需要一定的时间，通过原水输水过程可有充足的时间进行吸附以降低药耗）投加粉末活性炭，同时可在水厂配水井/反应池前投加氧化剂进行杀藻，并适当增加混凝剂投加量强化混凝沉淀。

若确定产生气味的物质主要为硫醇硫醚类等易被氧化不易被吸附的物质，可在取水口投加高锰酸钾、二氧化氯或次氯酸钠进行氧化，在输水过程中氧化部分产生气味的物质和污染物，再在水厂配水井/反应池前投加粉末活性炭吸附其他可吸附的产生气味的物质和污染物，根据沉淀后水的异味情况决定是否在沉淀后加氧化剂再次进行氧化。

若以上产生气味的不同类物质均有，需要根据小试试验确定采取吸附和氧化并用的顺序，一般因活性炭吸附土臭素等物质所需时间较氧化反应的时间长，可在取水口投加粉末活性炭以减少投加量，在水厂配水井/反应池前投加高锰酸钾、次氯酸钠或二氧化氯氧化剂，同时适当增加混凝剂投加量强化混凝沉淀，最后通过滤后加氯/二氧化氯消毒环节同时氧化其他剩余的可氧化的物质。

为了方便读者参考，以下简单介绍几个应对原水异味的控制案例。

① 位于新疆伊宁市的某地表水厂，日处理规模为 $20\times10^4m^3$，水源为伊犁河，水质为Ⅱ～Ⅲ类。有两套可用的取水方式：方式一为直接取伊犁河地表水，原水经斗槽流入沉砂池初步进行澄清后经泵房泵入水厂；方式二为取伊犁河浅层地下渗水，河水渗入河床下渗管，渗管直通取水泵房前泵坑，后经水泵提升至水厂。水厂主体工艺为预沉池＋泥渣回流高效澄清池＋气水反冲均质滤池。由于夏季河道取用水量大以及上游跨河大桥施工等原因，河水流量明显变小，水深浅，流速慢，阳光直射，致使水中大量藻类繁殖，产生“泥腥味”“烂泥巴味”。发现原水异味问题后，水厂立即采取措施，采用 3 种手段处理原水异味问题：

a. 切换取水方式，主要使用渗管取水，不足部分再取河水。渗管取水将初步滤净原水中大量的藻类和泥沙。

b. 取水口沉砂池前设临时沙袋，使沉沙池上部分水流入泵坑，防止下层泥水流入。

c. 投加 W-5 型饮用水用脱色除味剂。脱色除味剂主要成分为高锰酸钾与活性炭。投加方式为在细格栅加装螺旋给料机，直接将药粉投入细格栅原水中。

经过以上措施，每日对出厂水进行检测，出厂水“臭和味”指标为 0 级，处理效果良好。土臭素和 2-MIB 均在标准限值以下。

② 浙江省湖州市某水厂的总设计供水规模为 $12\times10^4m^3/d$，水厂水源为水库水，水质属于Ⅰ～Ⅱ类。水厂采用反应＋沉淀＋过滤＋消毒的常规处理工艺。近年由于降水量少，水源水库常年处于低水位，富营养化严重，出现大量藻类，原水和出厂水出现臭味。第三方水质检测报告显示水库原水藻类计数 1.2×10^6 个/L（硅藻 92%；绿藻 8%）。根据水库原水藻类检测数据结合水厂实际情况，提出了投加粉末活性炭吸附水中异臭味的方案。

先是在水库取水口管道中投加次氯酸钠，在源头杀灭部分藻类，然后在厂内配水井端增设一套粉末活性炭临时投加装置，通过投加粉末活性炭（木质活性炭）来去除水中异味。应急投加粉末活性炭除味时，以 5000L 水投加活性炭 120kg 进行配置，每 4h 配制 1 次，每日配制 6 次，使用量为 720kg/日，活性炭配制浓度为 24g/L。投加量根据进水量人工调节出口阀。

投加粉末活性炭后，化验室人员每天按频次取样出厂水，进行加热检测，无异味，用户也不再反映自来水有异味，控制效果良好。

③ 山东省潍坊市某给水厂的日供水能力 $2\times10^4m^3$，水源为水库水，经取水泵站提升，通过 5km 左右的原水管线送到水厂。水库水质整体属于Ⅲ类，近年来夏秋季原水出现臭和味异常情况。检测原水 2-MIB 持续超过 35ng/L，土臭素正常。

水厂为常规处理工艺，主要工艺流程为折板反应池—平流沉淀池—双阀滤池—清水池（二氧化氯消毒）—送水泵房。水厂最初在距离厂区进水处投加粉末活性炭，对臭和味去除效果显著，但受距离和吸附时间限制，在 2-MIB 超过 70ng/L 时，单纯用粉末活性炭很难将其降到标准限值以下。

经小试试验，水厂制定了高锰酸钾氧化+活性炭吸附的应急处理工艺。和上游管理单位协调，在取水泵站投加高锰酸钾，充分利用原水管道长度，增加高锰酸钾反应时间，对原水进行预氧化，去除水中部分藻类及2-MIB等物质，在高锰酸钾基本消耗完毕后，再在水厂投加粉末活性炭，利用活性炭的吸附功能，有针对性地吸附2-MIB。用水将高锰酸钾溶解在PE罐中，配药浓度为3.33%，由电磁计量泵投加，通过调节频率来控制投加量。粉末活性炭配制浓度为2.67%，根据原水水质情况和供水量随时调节投加量。原水2-MIB在80ng/L以下时，高锰酸钾投加量稳定在0.5mg/L，粉末活性炭投加量在20mg/L；原水2-MIB超过80mg/L时，高锰酸钾投加量上调至0.8mg/L，粉末活性炭投加量最高达到40mg/L。按此方法处理，水厂出厂水臭和味达到《生活饮用水卫生标准》(GB 5749)的要求，证明高锰酸钾加粉末活性炭去除该类臭和味效果显著。

水厂运行实践证明，高锰酸钾与粉末活性炭联用除味具有协同作用，在使用时要注意投加位置和用量，需保证在投加活性炭之前高锰酸钾基本消耗完毕。该处理方法的优点是投加比较简单，效果显著，缺点是粉末活性炭药剂成本较高，达到0.2元/t水，短期投加成本尚可接受，但若长期投加成本压力大。

④ 山东省潍坊市某给水厂的设计规模为$9.6\times10^4m^3/d$，采用混凝、沉淀、过滤、消毒常规工艺处理流程，采用重力流输水方式为城区供水。水厂原水为水库水，经36km的原水输水管线自流进入水厂。近年夏秋季，原水藻类浓度有时达到10^8个/L以上，土臭素浓度超过400ng/L，2-MIB浓度在40ng/L左右，土霉味明显，严重影响水厂的制水效果。为保证供水水质安全，水厂对原水水质开展了检测分析，并制订了生产运行优化方案。确定在距取水口下游1km处投加1.0mg/L高锰酸钾，在跌水网格混合池投加40mg/L聚合氯化铝铁，在折板反应池前和V型滤池后分别投加次氯酸钠6mg/L和9mg/L，在藻类和嗅味高发期保证了出厂水各项检测指标均合格。在上述优化后的运行参数下，出厂水嗅味等级为0级，2-MIB和GSM均符合10ng/L的限值要求。出厂水消毒副产物浓度也得到较好控制，三氯甲烷浓度为0.01mg/L左右，余氯为0.40～0.60mg/L，高锰酸盐指数、浊度等各项指标均符合《生活饮用水卫生标准》(GB 5749)的要求。药剂投加运行成本为0.06元/t水。

243 原水pH值异常的控制处理方法有哪些?

《生活饮用水卫生标准》(GB 5749)中出厂水pH的限值为6.5～8.5。pH的调节除了需满足出水水质要求外，混凝过程也需调节pH以确保混凝沉淀效果，此时应根据不同混凝剂的适用范围和待处理离子的溶度积调节。值得一提的是，混凝处理中pH的理论控制点指混凝反应之后，而通常投加混凝剂后pH值会下降0.2～0.5(水解作用)，故调整pH时应留出此部分降低的余量。建议原水需要调节pH时在投加点前后适当位置设置在线pH仪表，监测前后的pH变化，便于及时调节投加量或实现自动投加。

地表水厂更常遇到的是原水pH值偏高的情况，这是因为一些地表水源由于富营养化或长距离明渠输送，在夏秋季容易发生藻类数量大量增长的情况，藻类生长过程中会进行光合作用，消耗水中二氧化碳，进而导致pH值升高。pH值过高会导致投加含铝混凝剂后絮凝效果不佳，引发出厂水铝离子升高甚至超标问题。

原水 pH 值异常一般通过酸碱调节即可处理，最重要的是达到合适的调节幅度和控制药剂成本。pH 高时采用饮用水处理级或食品级盐酸、硫酸、二氧化碳调节；pH 低时投加饮用水处理级或食品级（熟）石灰、氢氧化钠、碳酸钠等调节。一般水厂需要调节的 pH 范围不大，故碱性药剂中常使用的是石灰，这是因为少量的氢氧化钠就能引起较大的 pH 波动，不利于控制，在需要较大幅度调高 pH 值才建议使用。酸性药剂中二氧化碳生成的碳酸为弱酸，更利于稳定调节 pH，且价格低廉，绿色安全。二氧化碳投加方式可利用汽化器将液态二氧化碳汽化，再利用管道式水射器将高压动力水和气态二氧化碳混合后产生碳酸溶液，注入原水进水管道中进行混合。山东滨州西海自来水厂、河北衡水武强县水厂、上海徐泾水厂、惠南水厂、航头水厂等采用二氧化碳调节原水 pH 的方法，均取得了非常好的运行效果。以衡水武强县水厂为例进行简要介绍，以便读者参考。

武强水厂现阶段建成规模为 $2\times10^4 m^3/d$，原水取自南水北调中线，采用配水井（投加聚合氯化铝、二氧化氯）—网格反应池—斜管沉淀池—V 型滤池—二氧化氯消毒的常规处理工艺。水厂位于南水北调中线工程下游，由于中线工程长距离明渠输水的特点，近年来，该厂原水水质在夏秋季（6 月到 9 月）存在着高温（30℃左右）、高藻（$>10^7$ 个/L）、高 pH（8.5 左右）的季节性水质特点。在此原水条件下，混凝效果不佳，水厂 PAC 投加量高达 14mg/L 以上，药剂成本高；出水铝浓度最高达 0.18mg/L，接近国家标准限值 0.2mg/L，存在铝超标风险。

为解决混凝效果不佳、出水铝偏高、絮凝药剂用量大的问题，经小试和中试论证，发现控制 pH 值是维持适宜絮凝工况的关键因素。水厂经过多次试验在进厂原水管线上加装了水质 pH 调节系统，包括二氧化碳储液罐、汽化装置、投加装置。实施方式为：根据原水水质情况，利用汽化器将液态二氧化碳汽化，再利用管道式水射器将高压动力水和气态二氧化碳溶解后产生碳酸溶液，并注入原水进水管道中进行混合，将原水水质稳定控制 pH 至 7.9～8.0 的范围内。从实际投加效果来看，混凝沉淀效果明显提升，出水铝离子含量与同期相比下降约 50%左右，混凝剂用量下降 70%以上，在保障水质安全的同时，经济效益明显。另外，根据实际运行经验，将原水 pH 值从 8.5 降到 7.9～8.0，二氧化碳投加单耗 1.3～1.5mg/L；当调节 pH 由 8.5 降至 7.4～7.5 时，二氧化碳的消耗量约在 8～10mg/L，用量会大幅增加。因此可结合原水 pH 情况合理设置调节范围，以达到最优使用效果。

244 原水铁和锰超标的处理方法有哪些?

我国地下水资源中，存在着不少铁和锰超标的水源，过量的铁和锰对生活饮用水和工业用水都有一定的危害性。我国《生活饮用水卫生标准》（GB 5749）规定：铁＜0.3mg/L，锰＜0.1mg/L。

铁的毒理性不高，但是容易导致色度升高，产生“黄水”。去除铁的方法一般为预氧化（高锰酸钾、二氧化氯、氯、次氯酸钠、溶解氧等，也可曝气或臭氧氧化，但应急处理时不如投加药剂类操作方便），将溶解性二价铁氧化为颗粒性的三价铁然后通过沉淀过滤去除。二价铁非常容易被氧化，水中溶解氧对其氧化作用也比较显著，混凝沉淀对铁的去除率达到 90%以上，二氧化氯预氧化去除率会增加几个百分点，过滤后去除率几乎百分之百。因铁容易氧化去除，故为了不增加水厂使用的药剂种类，可以直接采用水厂所用的消毒剂进行预氧化除铁。若水厂既有游离氯（氯、次氯酸钠）消毒剂又有二氧化氯消毒剂，因游离氯更易被氨氮等物质消耗使药剂消耗量大，成本高，建议优先使用二氧化氯进行预氧化除铁。

也可以采用接触过滤氧化法除铁，即以溶解氧为氧化剂，固体催化剂（羟基氧化铁）为滤料，以加速二价铁氧化。含铁地下水经曝气充氧后进入滤池，二价铁首先被吸附于滤料表面，然后被氧化，氧化生成物作为新的催化剂参与反应。为避免过滤前二价铁氧化为三价铁，胶体颗粒穿越滤层，应尽量缩短充氧进入滤层的流经时间。

锰与铁具有类似的性质，原水中的锰一般以二价形态存在。去除锰的方法一般也是预氧化（高锰酸钾、二氧化氯、氯、次氯酸钠、臭氧等），将溶解性二价锰氧化为颗粒性的二氧化锰然后通过沉淀过滤去除，但去除难度大于铁。溶解氧不能氧化锰，氯也难以直接氧化锰。高锰酸钾氧化法较为常用，因为高锰酸钾是比氯更强的氧化剂，可以在中性和微酸性条件下迅速将水中二价锰氧化为四价锰。

因以地下水为水源的水厂一般只有消毒工艺，在遇到铁、锰超标时不能有效处去除，需要增加沉淀、过滤等处理工艺，在土地和时间允许的情况下可以建设曝气池、沉淀池、（锰砂）滤池等工艺构筑物，若空间和时间条件受限，可以考虑一体化处理设备。当然，铁和锰超标不仅限于地下水源，部分湖库地表水源也存在季节性或偶发性铁和锰超标现象。

发生水源突发锰污染时，水中锰可能超标数十倍。此时可采用高锰酸钾、二氧化氯预氧化除锰，而氯的氧化去除效率较低。高锰酸钾与锰离子反应速度很快，提前投加或与混凝剂同时投加均有很好的去除效果，但需要精确控制投加量。根据反应公式，氧化1mg/L的二价锰离子需要1.92mg/L的高锰酸钾。因为反应产物新生态二氧化锰对二价锰有吸附作用，能进一步提升混凝效果，故在锰浓度超标不超过50倍（5mg/L）的情况下，高锰酸钾投加量与原水锰浓度的最佳质量比在1.5～1.7，pH在7～9时预氧化3min，能将出厂水锰浓度控制在0.02mg/L以下。试验研究表明，对原水中的Mn^{2+}的去除率，高锰酸钾＞二氧化氯＞次氯酸钠，且pH值对次氯酸钠除锰影响较大，在6.5～9.0范围内pH值越高去除率越高，但在此范围内pH对二氧化氯和高锰酸钾除锰的影响不大。

为了方便读者参考，以下简单介绍几个应对原水锰超标的控制案例。

① 广西南宁市某水厂以水库水作为水源，设计规模$13\times10^4m^3/d$，采用混凝—沉淀—过滤—消毒常规处理工艺，年平均日供水量$11\times10^4m^3$。水库原水通过13.4km的球墨铸铁管输送到水厂，原水水质大多数指标可达到地表水Ⅱ类，但锰浓度一般在每年8月至次年3月会出现超标问题，浓度在0.11～0.74mg/L之间（集中式生活饮用水地表水源地标准限值为0.1mg/L）。

水厂以往采用以次氯酸钠为主的预氧化除锰工艺，在水库取水点、水厂配水井投加次氯酸钠进行氧化除锰，一般原水pH值低于7.5时还需投加石灰等碱性药剂提高pH，若原水锰浓度较高，两级次氯酸钠氧化仍不能保证出厂水色度或锰合格，将在沉淀池末端继续投加二氧化氯进行三级氧化除锰。水库取水口因场地限制采用有效氯为10％的成品次氯酸钠投加的方式，水厂已安装有次氯酸钠发生器和二氧化氯发生器，故采用发生器产生的溶液进行投加，其中电解产生次氯酸钠溶液的有效氯为

0.7%左右，熟石灰为溶解固体药剂后进行投加。根据原水锰和 pH 值的不同，该处理方式的药剂成本在 0.04～0.08 元/t。虽然该三级氧化除锰工艺对锰的去除有一定效果，但环节多、成本高，且在原水锰含量出现较大波动时会出现出厂水色度升高的现象，给水质安全造成隐患。因此，需要继续优化除锰工艺，寻找效率高、稳定性好、成本低的工艺方法。

水厂经过试验研究，发现次氯酸钠对锰的去除率低，且水厂有二氧化氯发生器，故将以次氯酸钠为主的多级氧化除锰改为在水厂配水井进行一次二氧化氯氧化除锰，且无须调整 pH 值。

优化调整后，在原水锰含量由 0.17mg/L 上升到 0.37mg/L 的情况下，出厂水锰浓度基本持平，锰去除率由 91%提升到 95%，药剂处理成本由 0.041 元/t 下降到 0.027 元/t，单位成本下降 34.1%。从该水厂的实际运行情况看，在水厂有二氧化氯发生器的情况下且 Mn^{2+} 浓度在 1mg/L 以下时，可优先采用二氧化氯氧化除锰。另外，因二氧化氯氧化性强，极易将少量 Mn^{2+} 氧化为二氧化锰而显色，故在原水锰较高、滤后锰≥0.06mg/L 时，建议使用次氯酸钠或氯消毒，尽量避免使用二氧化氯消毒而使锰显色。

② 贵州省遵义市某水厂原水取自水库，水库距离水厂 10km，采用泵提经渠道自流进入水厂。原水水质属于Ⅲ类水，但存在原水季节性锰超标问题，主要出现在每年的 5～11 月份，超标浓度一般在 0.15～0.2mg/L。水厂建设规模为 $10\times10^4m^3/d$，实际供水规模为 $6\times10^4m^3/d$，采用混凝—沉淀—过滤—消毒常规处理工艺。

水厂通过试验比较，选择在原水进厂区处投加高锰酸钾溶液进行除锰。水厂监测到锰超标时，开启高锰酸钾投加系统。根据混凝搅拌试验得出原水溶解锰和高锰酸钾投加浓度之间的比例关系。原水锰检测为在线监测和人工检测相结合，若一日内在线数据变化较大，需增加人工检测频次。高锰酸钾投加方式分为现场手动调节和中控室远程调节。通常采用远程调节，优点是操作简单，调节及时，处理效果稳定，减少员工劳动强度；缺点是自控维护要求高。同时水厂设置合理的质控点，对工序水和出厂水进行检测，确保出厂水稳定达标且控制在内控范围内。

③ 河南省南阳市某地下水厂始建于 1998 年，建设规模为 $3\times10^4m^3/d$。水厂原来共有 12 眼地下水井，原水水质属于地下水Ⅲ类水，自 2009 年以来，地下水开始出现锰超标现象且逐年加重，锰含量在 0.4mg/L 以上，水厂因此被迫关停了超标严重的水源井，目前水厂供水能力由 $3\times10^4m^3/d$ 下降到 $1.5\times10^4m^3/d$ 左右，故急需进行除锰改造。

经过多次技术经济论证，水厂决定采用一体化除锰设备对生产工艺进行改造。除锰设备在 PLC 控制系统控制条件下自动运行，主要由复式沉淀池、T 型过滤器组、加药系统组成。

a. 复式沉淀池由化学氧化区、反应混凝区、泥渣混合反应沉淀区、填料过滤沉淀区、斜管沉淀区、清水集水管等组成。化学氧化区是降解水中微污染物，使水中溶解状态物质通过化学反应被氧化为容易与水分离的形态。原水经氧化后投加混凝剂，进行混凝反应，通过布水管进入到泥渣混合反应沉淀区，并与该区沉淀的泥渣进行混合反应进行一次沉淀，水流向上进入填料过滤沉淀区与填料接触进行填料过滤，水流继续向上进入斜管沉淀区进行二次沉淀，通过两次沉淀分离后水流继续向上，由集水管分别流至各个 T 型过滤器组。

b. T 型过滤器组由五个 T 型过滤器组合而成，与复式沉淀池连为一体，每个过滤单元均设有进/出水管、布水管、双层滤料、反冲洗进/出水管。复式沉淀池出水分别通过管道进入各个过滤单元进行双层滤料过滤以进一步提高水质，每个过滤单元设有一个手动出水阀与出水总管连接，出水总管上设有出水总阀，其出水进入清水池前投加消毒剂，经消毒杀菌处理满足生活饮用水卫生规范要求。在反冲洗工艺程序中，T 型滤器组采用分单元逐个反冲洗，当 T 型滤池组需要反冲洗时，关闭出水总阀，开启需反冲洗过滤单元的反冲洗排污阀，同时关闭其进水阀，利用其他四个过滤单元的出水即可反冲洗该 T 型过滤器组，五个过滤单元逐一反冲洗完成后开启出水总阀，设备进入正常产水运行，设备不另设反冲洗系统。反冲洗周期视进水水质状况而定。

c. 加药系统为投加除锰氧化剂高锰酸钾和混凝剂聚合氯化铝。依据高锰酸盐氧化原水中锰离子形成二氧化锰沉淀的原理，结合调试、运行经验，高锰酸盐的投加量建议为原水中锰离子含量的 2～2.5 倍，絮凝剂则需要通过现场小试确定最佳投加量。其中，氧化剂采用 2.5%的高锰酸钾溶液，聚合氯化铝采用 10%的液体。

由于原水锰含量存在波动，该方式运行要点为对原水锰含量进行及时检测并及时调整加药量。该厂生产运行中利用快速测定仪器进行人工检测，检测频次为 1～2 次/d，今后考虑增加锰在线监测仪表以更好地进行加药量控制。若出水锰含量低于内控值（标准限值的 70%），即可认为无须调节药剂投加量，若出水锰超出内控值，便需进行加药量调节。实际运行情况表明，利用该设备和方法，对原水锰的去除率可达 92%以上，出水浊度为 0.1NTU 左右，整体处理效果良好。

总结该工艺有以下优点：

a. 采用化学氧化法处理超标锰，处理效果稳定、可靠，与曝气氧化相比，减少了修建曝气池土建费用，减少了占地和电耗；

b. 该设备不需要建设反冲洗系统，减少了土建及安装费用，减少了反冲洗电耗；

c. 自动化程度高，节省人力成本。

该一体化除锰设备主要存在以下缺点：

a. 设备运行要求有稳定的水源（最好流量及压力稳定），增加了运行调控的难度；

b. 设备过载能力弱，抗冲击能力不强。

245 除铁除锰效果的影响因素有哪些?

铁和锰往往同时存在于地下水或地表水中。Fe^{2+} 和 Mn^{2+} 争夺溶解氧和氧化空间，同时 Fe^{2+} 和 Mn^{4+} 还能发生氧化还原反应，将固态高价锰氧化物重新还原为 Mn^{2+} 并溶于水中，在 Mn^{2+} 的生物氧化过程中也需要 Fe^{2+} 的参与。因此在确定除铁除锰工艺流程时，必须根据水质条件统筹考虑。

地下水中的溶解性硅酸含量对空气直接氧化法除铁有明显影响。溶解性硅酸含量越高，生成的 $Fe(OH)_3$ 粒径越小，凝聚越困难。工程实践表明，水的碱度较低和溶解性硅酸较高，特别是大于 40～50mg/L 时，就不能采用空气直接氧化法除铁。但采用氯氧化法和接触过滤氧化法除铁不受溶解性硅酸的影响。

从铁、锰被去除的化学反应式可知，水的 pH 越高，越有利于铁、锰的氧化。接触氧化除铁要求水的pH值在6以上，当pH大于8.5～9.5时，水中的Mn^{2+}迅速被溶解氧直接氧化去除，也就是碱化除锰法。采用对地下水曝气的方式，既可以向水中溶氧，还可以散除水中的二氧化碳，以提高水的pH。碱度对除铁除锰的影响比溶解性硅酸的影响还要大，因此应在工艺设计前进行充分试验，合理选择曝气形式及设计参数。

当原水中含有较多有机物时，会对除铁除锰效果产生影响。如除铁除锰滤池的滤料表面会吸附大量难以被氧化的有机质铁锰络合物，从而降低滤料的催化作用和氧化再生能力，使氧化过程和再吸附过程受到阻碍。可以在滤前水中连续加氯以排除有机物的影响。

此外，总硬度、硫化物、水温、还原物质等也对除铁除锰效果有不同程度的影响。

246 饮用水除氟的方法有哪些?

去除氟化物的方法主要有化学法、吸附法、离子交换法、电化学法和反渗透法等。

目前我国应用最多的是吸附过滤法，优点是比较经济和有效，适用于大水量。用于吸附的滤料主要有活性氧化铝、活性炭、骨炭、磷酸三钙等。活性氧化铝是一种白色颗粒状多孔吸附剂，由氧化铝的水化物在约400℃下焙烧产生，具有很大的比表面积，耐酸性强。活性氧化铝是两性物质，等电点约在9.5，pH低于此值时可吸附阴离子，大于此值时可去除阳离子，因此在酸性溶液中对氟有极大的选择性。

当除氟的同时要求去除水中氯离子和硫酸根离子时，可以选用电渗析法，效果良好，不用投加药剂，只需调节直流电压，这是其他除氟方法难以做到的，但设备投资大，水回收率低，不适合大水量生产。而且对于原水水质有一定要求，如含盐量需在500～10000mg/L，浊度在5NTU以下，对有机物、铁、锰、细菌、藻类都有一定限制。

化学絮凝沉淀法适合于含氟量低的除氟处理，这是因为此法絮凝剂投加量远大于去除浊度所需的投加量，容易造成氯离子或硫酸根离子超标，也会增加大量的污泥。该法适合于原水含氟量低于4mg/L，处理水量小于$30m^3/d$的小型除氟工程。絮凝剂一般采用铝盐，投加量（以Al^{3+}计）一般为原水含氟量的10～15倍（质量比）。

当给水厂采用常规处理工艺，原水氟化物短时超标时，由于水厂大多不具备离子交换法、电化学法和反渗透法处理条件，因此主要考虑化学法和吸附法。当原水氟化物长期超标时，除了采用活性氧化铝或活性炭吸附方法，条件允许时还可进行工艺改造加设离子交换树脂或反渗透膜进行处理。

247 活性氧化铝除氟的影响因素有哪些?

影响氧化铝除氟的主要因素如下。

① 颗粒粒径　活性氧化铝的颗粒粒径对吸附能力有明显影响，粒径越小，吸附容量越高，但颗粒强度也会越低，会影响使用寿命。

② 原水氟浓度　初始氟浓度越高，吸附容量相应较大。高氟水中含氟量为10mg/L以下时，可以处理至含氟量低于1mg/L。若氟浓度过高，处理效果急剧下降。

③ 原水pH　pH对活性氧化铝的吸附能力有很大影响。当pH大于5时，pH越低，活

性氧化铝对氟的吸附容量越高。天然含氟量高的水，往往 pH 较高，可以采取调节措施在进入滤池前降低原水 pH。一般可以将 pH 控制在 5.5～7.0 之间。

④ 原水碱度　原水中的重碳酸根浓度是影响活性氧化铝吸附容量的因素之一。重碳酸根浓度高，吸附容量将降低。

⑤ 砷　活性氧化铝对水中的砷有吸附作用，砷在活性氧化铝上的积聚会造成对氟离子吸附容量的下降，且使再生时洗脱砷离子比较困难。

⑥ 原水浊度　当原水浊度大于 5NTU 或含砂量较高时，应在吸附滤池前设置预处理。

248 饮用水除砷的方法有哪些?

砷的去除方法主要有预氧化铁盐混凝法、石灰沉淀法、吸附法、过滤法（活性氧化铝、铁矿石）、离子交换法、膜技术等。

出现原水砷突发性污染时，石灰沉淀法和预氧化铁盐混凝法比较容易实施。考虑到经济可适用性和技术成熟度，上述的其他办法不予推荐。但对于小型水厂，经常性出现砷超标情况或超标倍数大时（超标 50 倍以上），可考虑使用吸附剂，增加离子交换、膜技术等特殊处理工艺。

研究表明，铁盐混凝剂对五价砷的去除效果明显优于铝盐。原水砷浓度小于 0.5mg/L 时，各工艺参数按如下规则设定：聚硫酸铁（剂量为常规混凝处理的 1.5～2 倍）、二氧化氯预氧化（按配水井出水余量在 1.5mg/L 左右控制），pH 为 6.5～8.5（混凝剂投加后 pH 会显著下降），即可将超标 50 倍以内的砷含量处理至达标（出厂水限值 0.01mg/L）。若是采用 $KMnO_4$ 预氧化，$KMnO_4$ 与 $FeSO_4$ 物质的量之比应控制在 0.25，且预氧化混凝的效果优于氧化混凝同步。若原水砷浓度大于 0.5mg/L，则需适当增加混凝剂投加量或使用其他除砷吸附剂，例如负载有水合氧化铁的活性炭或阴离子树脂。有时为应急处理，也可在水源处（或上游河道）投加石灰，采用石灰沉淀法在污染源处截留砷，Ca 与 As 最佳质量比约为 16∶5。

249 什么是高锰酸盐指数? 怎样控制?

高锰酸盐指数（COD_{Mn}，又称耗氧量）是一个有机物综合指标。去除 COD_{Mn} 的方法主要有混凝沉淀、臭氧-活性炭法、离子交换法、膜技术。

研究指出，水厂的常规混凝沉淀工艺对 COD_{Mn} 的去除率为 25%～50%，高污染期间可能降至 35%。温度和混凝剂投加量是影响常规工艺对 COD_{Mn} 去除效果的主要因素。混凝剂投加量大于 20mg/L 时，常规工艺对 COD_{Mn} 的去除效果明显改善，对于常规微污染水源，通过优化混凝剂投加量可满足 COD_{Mn} 的去除需要。常规工艺水厂面对突发性 COD_{Mn} 升高时，应密切监测各出水单元 COD_{Mn} 含量，且通过混凝搅拌实验结合生产情况确定混凝剂投加量，寻求最为经济有效的 COD_{Mn} 控制参数。

当遇 COD_{Mn} 短期超标的情况，可在原水管道或配水井处投加粉末活性炭或高锰酸钾应急处理。若是 COD_{Mn} 长期超标，可再结合臭氧工艺，在混凝沉淀后结合臭氧-活性炭工艺，混凝沉淀去除大部分分子量大于 10kDa 的有机物，而臭氧-活性炭工艺主要针对水中小于

3kDa的有机物（例如三卤甲烷等消毒副产物），整个工艺的去除率可增至50%～75%。必要时也可以使用离子交换法或膜技术。

国内淮安自来水公司首次引进了磁性离子交换树脂（MIEX）系统作为预处理（混凝沉淀前），联合常规水处理工艺，能将COD_{Mn}从约4mg/L控制在1.1mg/L，总去除率达69%，该套工艺的总处理成本为0.24元/m^3左右。

江苏盱眙城东水厂以洪泽湖为水源，水厂建设规模$3\times10^4m^3/d$，工艺为网格絮凝斜管沉淀池+V型砂滤池+液氯消毒。夏季时原水COD_{Mn}、氨氮指标有时出现偏高情况。针对原水COD_{Mn}指标超标问题，水厂采用投加高锰酸钾的方法来进行处理，主要措施为：

① 强化原水、工艺过程水水质监测，调整人工检测频率，每4h检测原水、沉淀池出水、砂滤池出水及出厂水COD_{Mn}；

② 结合混凝搅拌试验，确定高锰酸钾理论最佳投加量，当原水中COD_{Mn}为7.43mg/L时，高锰酸钾投加量为0.28mg/L，并根据水质检测情况，及时调整高锰酸钾投加量。实际运行情况表明，COD_{Mn}去除率为47%左右，可保证出厂水COD_{Mn}合格。

珠海某地表水厂采用传统的“混凝—沉淀—过滤—消毒”的工艺，针对原水有机物等微污染情况，将过滤工艺中的部分砂滤池改造为炭砂滤池，将滤池中的均质石英砂滤料置换为活性炭和石英砂双层滤料，以期在保留原有的对颗粒物去除截留效果的基础上，通过增加颗粒活性炭对有机物的吸附作用和强化滤层中微生物对污染物的生物降解作用，达到提高有机物去除效果和改善过滤出水水质的目的。改造完成后，炭砂滤池的COD_{Mn}平均去除率为19.3%，而原有砂滤池的COD_{Mn}平均去除率仅为10.0%，炭砂滤池对有机物的去除效果明显优于砂滤池。因此将砂滤池改造为炭砂滤池，是在不增加水厂用地的前提下应对原水长期有机微污染的一种可行的升级改造方式。

250 原水氨氮超标的处理方法有哪些?

氨氮的去除方法已较为成熟，包括氧化法、化学沉淀法、吹脱法、离子交换法、膜技术等。应急处理最常用的为氧化法（折点加氯）。以Cl_2与氨氮反应为例，在中性pH条件时，反应过程如下：

$$Cl_2+H_2O=\!=\!=HOCl+HCl$$
$$NH_3+HOCl=\!=\!=NH_2Cl+H_2O$$
$$NH_2Cl+HOCl=\!=\!=NHCl_2+H_2O$$
$$NHCl_2+HOCl=\!=\!=NCl_3+H_2O$$

中性至弱碱性条件下三氯胺几乎不存在。由反应式可知，当Cl/N质量比达到8∶1时，氨基本都被反应完，余氯达到最低点，进一步加氯即可产生自由余氯，接触时间为0.5～2h。研究表明，Cl/N的质量比为9.4时，在最佳pH 7.6条件下，能将2.5mg/L的原水氨氮处理至0.5mg/L以下，去除率达90%以上。而当Cl/N约为5.2∶1时，反应主要生成一氯胺。对于氨氮略微超标的情况（略超0.5mg/L），可以考虑加氯量控制在此比例，即能将出水氨氮处理至达标，同时节省加氯量，但应注意采用氯胺消毒接触时间至少2h以上。

折点加氯法效果有限，一般去除率在90%。同时考虑到加氯量过大可能引起消毒副产物超标的情况，故该方法应对的最大氨氮浓度不宜超过2mg/L。

如果原水氨氮长期处于较高浓度的微污染状态，可以考虑增加生物预处理单元。生物预处理多采用生物膜法，世代周期长的亚硝化杆菌和硝化杆菌共同发挥作用，可经济高效去除氨氮及亚硝酸盐。我国上海、浙江部分给水厂采用了生物接触氧化预处理工艺，对氨氮的去除率可以达到70%以上。

251 出厂水残余铝的控制方法有哪些？

铝是一种低毒且为人体非必需的微量元素，是引起多种脑疾病的重要因素，长期摄入过多的铝可导致老年性痴呆。《生活饮用水卫生标准》(GB 5749) 中出厂水铝的限值为0.2mg/L。出厂水铝含量受原水铝浓度、混凝剂种类及投药量、pH和水温等多因素影响。其中混凝剂种类、混凝过程的效果不佳都可能造成出水铝浓度超标。实际生产中对铝含量的调控主要是变更混凝剂种类、改善混凝剂性能、调控pH。

研究表明，pH呈弱碱性或碱性会增加铝的溶解度。当原水pH<8.2时，使用PAC混凝效果较好，也不易造成出水铝浓度超标问题，取得最低残留铝含量的水体pH为7～8。pH在8.2～8.4时，建议采用铁盐混凝剂［如聚合硫酸铁（PFS）］，可有效降低出水铝含量。pH>8.4，需要先降低pH再选用合适的混凝剂。故结合实际情况，控制pH为7～8，不仅能降低出水铝超标风险，也利于PAC发挥混凝作用。

252 原水藻类数量增高的处理方法有哪些？

由于受到市政污水或工业废水的排放污染，致使大量的氮磷营养物和有机污染物排入河流、湖泊、水库，从而引起水体富营养化。在富营养化状态的水源中，浮游植物群落以绿藻和蓝藻为主，在适宜的条件下会暴发性增殖，发生“水华”。当藻类数量大于100万个/L或足以妨碍混凝、沉淀、过滤工艺正常运行的水源水，称为含藻水。藻类暴发时的数量有时会大于1000万个/L甚至更高，对水处理工艺和出厂水产生不利影响。其主要影响有：

① 藻类生长代谢产生藻毒素，具有健康风险；

② 产生土臭素、2-甲基异莰醇等代谢物，嗅阈值极低，具有明显的腥臭味，藻类死亡还会生成硫醇、硫醚类恶臭物质；

③ 影响絮凝沉淀效果，药剂投加量大，滤池易发生堵塞，反冲洗频率增加。

消除藻类污染对城市供水水质的影响，关键要做好水源和水处理两方面的工作。一是限制进入水源水体的营养盐含量，控制水体富营养化，维持水体良好生态，防止藻类大量滋生；二是在给水厂采取高效的除藻技术，尽量减少藻类污染对出厂水水质的影响。

在取水口的设计上，当湖泊、水库的水深大于10m时，应根据季节性水质沿水深的垂直分布规律，在表层水以下分层取水。取水口下缘距底部距离不宜小于1m。

对于含藻水的处理应设置预处理工艺，可采用化学预氧化、粉末活性炭吸附等方法。常用的化学预氧化药剂有高锰酸钾、臭氧、二氧化氯、液氯。药剂投加点可设置在取水泵房或给水厂，优先选择在取水泵房处，以充分利用原水输送的接触时间。当在厂内投加时，应注意避免各种药剂之间的相互影响。当含藻水中致嗅物质浓度较高，为减少藻体细胞破裂的风险，应尽量避免使用化学预氧化，可采用粉末活性炭吸附，投加量根据水质和试验确定，可为10～30mg/L。

针对含藻较多且浊度不高（100NTU以下）的原水，可以采用气浮池代替沉淀池，或设置在沉淀池后，对藻类去除效果更好。气浮池常年运行的费用较高，一般将混凝沉淀与气浮串联，在藻含量高时运行气浮，保障对藻类的去除，藻含量低时将气浮池超越，这样既保证了水质又节省了运行成本。目前也有气浮与沉淀相结合的气浮沉淀池，可以在冬季低温低浊时或藻类大量繁殖季节以气浮方式运行，当原水浊度较高、藻类数量不高时按沉淀池运行，这样能充分发挥两种处理方法的各自特长，提高综合净水效果。但应注意，气浮池的藻渣必须全部收集并处置，严禁直接排入水体。

253 微囊藻毒素-LR怎样去除?

只有在藻类暴发情况发生时才有可能出现微囊藻毒素-LR暴露风险。微囊藻毒素-LR的去除方法有活性炭吸附法和氧化法（氯、二氧化氯、高锰酸钾、臭氧等）。

若藻毒素在细胞内不被释放，常规的混凝沉淀对其去除率能达90%，但对胞外藻毒素仅有<10%的去除率。采用氧化剂处理，由于氧化剂对细胞具有穿透能力，故会引起藻毒素的释放。因此藻毒素的最终去除效果受氧化剂种类、投加量和反应时间的影响。二氧化氯和高锰酸钾的去除效果较氯（氯气、次氯酸钠）更显著。氯更容易引起含藻水释放藻毒素。实验证明，2mg/L的高锰酸钾氧化反应5～8min能将50μg/L的藻毒素处理至限值以下，增大高锰酸钾投加量或延长反应时间均会引起胞内藻毒素的释放，去除率降低。0.5mg/L的二氧化氯能将3.4μg/L的藻毒素处理至限值以下，但投加量超过1mg/L时也会出现去除率降低的情况。因此使用氧化法要根据实际情况确认投加量和预氧化时间。试验表明，某原水条件下，20mg/L的粉末活性炭将0.005mg/L的微囊藻毒素处理至限值以下需要至少90min以上，故应增加活性炭池，且木质炭的处理效果优于煤炭和椰壳炭。此外值得注意的是，水体中的DOC会影响吸附作用，研究报道有DOC时吸附常数K和$1/n$可降为原来的一半以上。

254 低温低浊水的特点是什么？怎样处理？

根据我国《低温低浊水给水处理设计规程》(CECS 110：2000）中的定义，水温在4℃以下、浊度在15NTU以下的地表水称为低温低浊度水。但在很多生产实践中，把温度低于10℃、浊度低于30NTU的地表水也称为低温低浊水。由于低温低浊水黏度大，含有的颗粒数量少，颗粒发生碰撞机会少，发生混凝的概率降低；而且由于水化膜内的水黏度和重度增大，影响了颗粒之间的黏附度；水温对混凝剂的水解反应有明显的影响，温度低使水解反应速率减缓，影响混凝效果，因此低温低浊水的处理难度较大。

低温低浊水不利于净化的水质特点，影响着水处理的每个环节。要对其进行有效处理，使出水水质符合饮用水标准，就要针对其水质特征，在絮凝过程中，以形成体积大、密而实的絮体为目的，创造良好絮凝条件。对低温低浊水进行有效处理，除选择好混凝药剂外，处理方法有泥渣回流法、溶气气浮法、微絮凝过滤法、微涡旋絮凝低脉动沉淀法及深度处理法等。

新疆某市地表水厂设计日处理规模 $20\times10^4m^3$，水厂生产工艺为原水—细格栅（前加氯）—泥渣回流高效澄清池—气水反冲均质滤池（后加氯）—清水池、高位水池—用户。该市地表水厂一年中不同季节的水质差异较大，特别是浊度、水温变化较大，冬季进水浊度普遍在 0.8～10NTU 之间，水温低至 1～8℃，属于典型的低温低浊水，处理难度偏高。针对低温低浊水处理，水厂在建设和运营期，从如何保证运行时的温度以及优化絮体颗粒沉淀效果两个方面进行了工艺优化。根据低温低浊期进水浊度不同，澄清池出水浊度在 0.3～3.0NTU 之间，达到较好的处理效果。主要措施如下：

（1）构筑物加盖，增加保温效果

为了防止工艺构筑物和管路系统结冰，水厂在设计时就建设成工艺车间形式，同时建筑物外墙敷设保温层，进一步提高室内温度；车间内部通过锅炉进行加热。

（2）管线增加保温措施

厂内水处理流线的管道全部埋至冰冻线以下，冰冻线以上部分管线外部加保温层处理；药剂处理设备全部安放在车间内部，室外管线埋至管沟内部，并全部增加保温层。冬季 PAM 药剂溶解效果不好，为提升水温，将地暖管盘在水箱内部，利用采暖热水对溶药进行加热。经过实际使用，水温达到 15℃以后，即可杜绝“鱼眼”现象（即药剂没能在水中完全溶解而发生结块的现象）的发生，满足生产需要。

（3）合理调整高效澄清池运行参数

当进水浊度介于 3～10NTU，且水温较低时，调整高效澄清池运行工况：

① 调整回流污泥比，通过增加回流污泥量，增加絮凝区污泥浓度；

② 调高絮凝区搅拌器转速，增加颗粒碰撞概率；

③ 增加 PAM 药剂投加量，提升颗粒碰撞结合形成大颗粒的能力。

经验证，在天气寒冷时，PAC 和 PAM 的耦合使用，不仅能明显提升出水水质，还能降低混凝沉淀处理药剂费用。

（4）微絮凝处理

当进水浊度小于 3NTU 时，浊度已经满足水厂高效澄清池出水内控值的要求，已无投加混凝剂的必要，此时采用微絮凝法进行降浊处理。实践经验表明，只有当浊度低于 3NTU 时，微絮凝方法才适用，原水浊度偏高时，易发生滤池表面堵塞，导致过滤周期急剧缩短。在微絮凝处理时，水厂停止 PAM、PAC 前加药系统，将高效澄清池絮凝区、混凝区搅拌器全部停止，以免搅起池底污泥；开启 PAC 后加药进行微絮凝。此时只需 0.2～0.3mg/L 的 PAC 药剂投加即可使滤池出水浊度合格，且滤池反冲洗频率未明显上升。

255 什么是高浊度水？其处理工艺特点是什么？

高浊度水指的是含沙量或浊度较高，水中泥沙具有分选、干扰和制约沉降特征的原水。按照是否出现清晰的沉降界面，分为界面沉降高浊度水和非界面沉降高浊度水两类。界面沉降高浊度水含沙量一般大于 $10kg/m^3$，以黄河流域的高浊度水为典型代表。非界面沉降高浊度水浊度一般大于 3000NTU，以长江上游高浊度水为典型代表。

高浊度水的处理流程可分为一级沉淀（澄清）、二级或三级沉淀（澄清）等。一级沉淀（澄清）处理指原水不经预处理，直接进行混凝沉淀（澄清）即可满足滤池进水水质要求的处理流程。二级或三级沉淀（澄清）指原水浊度较高，沙峰持续时间较长，需先进行第一级预处理后，再经第二级或第三级沉淀（澄清）处理，才能满足滤池进水水质要求的处理流程。对于没有备用水源的给水系统，或者PAM投加量超过国家标准的，应采用二级或三级沉淀（澄清）处理。

预处理设施设置在常规处理工艺前，以降低原水含沙量或浊度为主，包括取水头部预处理、斗槽或渠道预处理、沉沙池预处理、调蓄水池预处理、沉淀（澄清）构筑物预处理等形式。大型高浊度水给水工程的预处理设施宜设置于水源地附近，预处理流程和构筑物形式，应根据沙峰历时、泥沙颗粒组成、水量变化、水质变化、场地条件等因素，并结合当地管理经验，经技术经济比较确定。

辐流沉淀池宜用于大中型高浊度水处理的第一级沉淀构筑物。平流沉淀池宜用于大、中型工程的预处理和二级处理。斜管沉淀池宜用于进水浊度为500～1000NTU，短时进水浊度不超过3000NTU的非界面沉降高浊度水处理。机械搅拌澄清池宜用于高浊度水处理的中小型工程。水旋澄清池宜用于中、小型工程的高浊度水处理。泥沙外循环澄清池宜用于原水水质、水量变化较大，受占地条件限制的高浊度水处理工程的第二级澄清处理构筑物。

高浊度水取水泵宜选用低转速卧式离心泵，以及耐磨蚀叶轮、泵壳和密封件，并配备足够数量的易损部件。

256 总大肠菌群和菌落总数怎样控制?

总大肠菌群和菌落总数可通过液氯、次氯酸钠、二氧化氯、氯胺及臭氧、UV等高级氧化消毒技术的方式杀灭或膜技术截留。液氯成本较低，操作简单，应用广泛，但由于易产生有害的消毒副产物，且存在运输、储存的安全隐患，逐渐被次氯酸钠、二氧化氯等消毒剂替代；氯胺消毒作用较弱，且需要2h以上的接触消毒时间；臭氧、UV等高级氧化技术设备成本较高，适合小规模或经济条件较好的水厂。

一般情况下，水厂常用的是二氧化氯和次氯酸钠作为消毒剂，其次为液氯。研究表明，1.0mg/L的有效氯作用3min即可将5×10^4～5×10^5CFU/100mL的大肠杆菌全部杀灭。次氯酸钠的氧化性稍弱于二氧化氯，但1.0mg/L的次氯酸钠搅拌30min也可有效将2×10^5CFU/100mL的大肠菌群量降低至生活饮用水标准。消毒对总大肠菌群灭活效果是比较好的，故正常情况下只要消毒剂投加量足够，可保证总大肠菌群和菌落总数合格。

需要注意的是，由于出厂水经过较长的管网才能到达用户端，管网系统中可能出现细菌的二次污染（细菌复苏、细菌繁殖），故按国家标准一定要保证出厂水游离氯≥0.3mg/L，或是ClO_2≥0.1mg/L，采用氯胺消毒则需控制出厂水总氯≥0.5mg/L，并保证规定的与水接触时间和管网末梢水消毒剂余量。

257 什么是“两虫”？怎样去除?

饮用水中的“两虫”指贾第鞭毛虫和隐孢子虫。

病原性原生动物及其孢子对消毒剂的抵抗能力比细菌和病毒强得多，杂质颗粒将对病原微生物起保护作用，从而影响消毒剂的作用和病原微生物的去除效果，因此水处理中采用的消毒剂剂量往往难以充分灭活，需要通过强化混凝—沉淀—过滤的常规工艺去除。发生此类生物大规模污染时，可通过加大混凝剂投加量，改善混凝条件及强化消毒等方式灭活。

隐孢子虫比贾第鞭毛虫更微小、对消毒剂抵抗力更强、致病剂量更低，在相同条件下，如果隐孢子虫被去除，同时贾第鞭毛虫也会被完全去除。因此，许多研究都将隐孢子虫作为两虫的控制目标。

对于常规处理工艺水厂，滤后水浊度普遍可达到低于0.5NTU，通过增加混凝剂投加量强化混凝过滤等措施能有效控制隐孢子虫和贾第鞭毛虫。有臭氧、紫外线消毒条件的可采用臭氧或紫外线消毒。

研究认为浊度与隐孢子虫的去除率具有较好的相关性，严格控制出厂水浊度能够有效控制水中的两虫数量。如果处于最佳运行条件（滤后水浊度为0.1～0.2NTU时），隐孢子虫的对数去除率可达2.9，贾第鞭毛虫对数去除率可超过3。直接过滤、GAC过滤、砂滤、双层滤料过滤的效果大致相同。慢滤池对隐孢子虫的对数去除率可达4。控制滤后水浊度在0.3NTU以下时，隐孢子虫对数去除率可以达到3～4。

常规消毒剂对两虫灭活效果很差，而臭氧和紫外线消毒是灭活两虫的较好方法。采用臭氧灭活隐孢子虫，在*CT*值为5～10mg·min/L时去除率可达到2个lg。采用臭氧灭活贾第虫，在*CT*值为1.43mg·min/L时去除率可达到3个lg。建议采用0.5mg/L臭氧，灭活3min以上即可满足要求。由于臭氧在水中不稳定，易消失，为保证管网水质安全，还应配以氯消毒。

258 水蚤类浮游动物怎样去除?

近年来，以剑水蚤为代表的水蚤类浮游动物已在许多城市水源特别是水库、湖泊类水源水中出现。哈尔滨、天津、石家庄、大庆及南方一些城市水厂的清水池乃至管网中都曾发现过剑水蚤。剑水蚤类浮游动物具有很强的游动性，容易穿透滤池进入管网，给用户带来不良的感官影响。它还具有较强的抗氧化性，常规水处理的消毒工艺难以将其杀灭。剑水蚤是诸如血吸虫、线虫等水中致病生物的中间宿主，从而成为传播疾病的重要媒介，给饮用水安全性带来潜在威胁。

氯胺、臭氧、臭氧-过氧化氢、二氧化氯、液氯对剑水蚤均具有很强的灭活作用，可作为有效的杀蚤剂。在氯胺投量为3mg/L有效氯，氯和氨的投加比例在3∶1的情况下，先氨后氯投加方式，接触30min，最高可以达到95%的灭活效果，但水体中的有机物含量对灭活有很大影响，因有机物会消耗氯胺降低其有效含量。试验表明，臭氧与过氧化氢联合时除蚤效果非常好，臭氧投量1mg/L、过氧化氧为4mg/L时，先加臭氧后加过氧化氢，投加间隔时间为30～60s，接触30min后灭蚤率达到100%。当用二氧化氯投量为1～2mg/L的情况下，接触30min，滤池出水的剑水蚤去除率达到100%。当采用氯气进行灭蚤，接触时间在1h以上才有一定的灭活效果，投加量1.5mg/L，灭活率可达到76%；投加量2.2mg/L时能杀灭90%左右的原水蚤类。

在对水体进行除蚤预氧化的同时，优化制水工艺对剑水蚤的去除也有积极作用。在有剑水蚤存在的情况下，作为水处理工艺重要单元的滤池负荷明显增加，首先可以考虑缩短滤池工作周期，比如由48h缩短为24h，同时调整反冲洗强度，并增加聚合氯化铝投加量，强化絮凝。在容易滋生剑水蚤的回水区，在工艺上需要注意排掉回流水，适当缩短排泥周期并清洗沉淀池，以防止剑水蚤在积泥区富集。

在工艺调节的基础上，如果出现剑水蚤穿过滤池，为保证出厂水安全，在滤池出水管上加装 80 目过滤网罩，每隔一段时间换滤网，效果明显。当然，除此之外，在原水的取水方式上也可以考虑变更取水层，错开剑水蚤多的水层。在输水管网上加氯，保证管网的生物安全。

259 土臭素和 2-甲基异莰醇是什么？

土臭素（Geosmin）和 2-甲基异莰醇（2-MIB）通常是放线菌、蓝藻、黏细菌和真菌的次生代谢产物，具有强烈的土霉味，且嗅阈值极低（4～10ng/L），均为饱和环叔醇类物质，分别属于萜类化合物中的单萜和倍半萜，既存在于藻细胞内部，又存在于细胞外部，一般分为胞内和胞外，即结合态和溶解态。虽然毒理分析并未明确指出这两种嗅味物质会对人体健康产生不良影响，但它们的存在会严重影响饮用水的安全性和可接受性，已成为自来水消费者投诉比例最高的一类问题。

截至目前，已有 200 多种藻被证实能产生土臭素或 2-甲基异莰醇。据报道，日本的霞浦湖和琵琶湖、美国的 Mathews 湖、加拿大的 Marimba 湖，以及我国的洋河水库、青草沙水库、密云水库、于桥水库、高崖水库等饮用水水源中均出现不同程度的嗅味问题。2007 年洋河水库发生的土臭素嗅味问题是由螺旋鱼腥藻水华引起的，密云水库秋季发生的 2-甲基异莰醇嗅味问题是由颤藻产生的，青草沙水库、于桥水库等饮用水水源地存在的 2-甲基异莰醇嗅味问题则主要是由假鱼腥藻产生的。现有调查研究表明，在藻类繁殖季节我国湖泊、水库等部分水体中 2-甲基异莰醇及土臭素浓度超过 10ng/L。

水体中 2-甲基异莰醇及土臭素可采用顶空固相微萃取-气相色谱质谱法进行检测，该法成熟、稳定、灵敏度高、准确度好。

2-甲基异莰醇及土臭素两项指标在《生活饮用水卫生标准》(GB 5749—2022) 中为水质扩展指标，限值均为 10ng/L。

260 土臭素和 2-甲基异莰醇的去除方法有哪些？

由于土臭素和 2-甲基异莰醇在水中存在两种形态，单一的技术往往不能将其彻底去除，为了提高去除率，通常采用组合技术将其去除，组合技术是各除嗅技术间协同促进作用的最终体现，有很好的研究价值和应用前景。目前常用的去除土臭素和 2-甲基异莰醇的组合技术主要有高锰酸钾-活性炭（$KMnO_4$-PAC）强化混凝沉淀技术、预氯化-活性炭联用技术、臭氧-生物活性炭（O_3-BAC）联用技术、吸附与超滤联用技术等。

对于水中不同存在形态的土臭素和 2-甲基异莰醇，PAC 对溶解态去除效果较好，对结合态去除效果不佳，而水厂常规工艺对结合态去除比较有效，因此 PAC 和常规工艺组合技术可以很好地去除水中土臭素和 2-甲基异莰醇。但当水中藻类数量较高时，常规工艺对结合态去除效果显著降低，因此可以考虑采用 $KMnO_4$ 预氧化与 PAC 吸附和常规工艺组合技术来去除。由于预氯化可以使胞内的土臭素和 2-甲基异莰醇释放到胞外成为溶解态，而PAC对溶解态有很好的吸附效果，因此预氯化与PAC联用技术也可以有效地去除水源水中的土臭素和2-甲基异莰醇。由于O_3-BAC组合技术可以同步实现O_3氧化功能、GAC吸附功能和GAC外表面附着的生物膜的降解功能，因此该技术可以作为水厂深度处理工艺来有效去除水中的土臭素和2-甲基异莰醇，同时还可以在该工艺之前增加预臭氧，以提高土臭素和2-甲基异莰醇的去除效率。随着人们对饮用水水质要求的提高，膜滤技术也逐渐在水厂中应用，膜滤与PAC吸附组合技术可以充分发挥PAC的吸附性能，同时利用膜拦截活性炭及微生物，进而使土臭素和2-甲基异莰醇高效去除。

应急处理时一般采用粉末活性炭吸附法。研究表明，活性炭在原水条件下可应对的土臭素最大污染超标倍数为23～81倍（0.00024～0.00082mg/L），可应对的2-甲基异莰醇超标倍数为19倍（0.0002mg/L）。在原水中土臭素浓度为109.628ng/L、2-甲基异莰醇浓度为92.509ng/L时，投加粉末活性炭40mg/L，吸附30min，再加入20mg/L的聚合氯化铝溶液混凝沉淀后，去除率分别可达到98.27%和90.49%。

261 硬度高的原水怎样处理?

硬度是由一系列溶解性多价态金属离子形成，按阴离子可划分为碳酸盐硬度和非碳酸盐硬度。水中的硬度主要来自于沉积岩、地下渗流及土壤冲刷。硬度高主要是钙、镁离子含量偏高，会使热水系统产生结垢问题，还会增加洗涤时的肥皂消耗。我国《生活饮用水卫生标准》(GB 5749）中规定总硬度（以$CaCO_3$计）的限值是450mg/L。总硬度超标常出现在使用地下水为饮用水水源的情况。在实际工程应用中，除硬度的方法主要有药剂软化法、离子交换法、膜技术（纳滤+反渗透)、电渗析法。

总硬度短期超标可采用软化药剂法应急处理。石灰法主要用于处理暂时硬度高（HCO_3^-含量高)、永久硬度低的水。若原水的暂时硬度和永久硬度均大（硬度＞碱度的水)，则可采用“石灰-苏打”软化工艺。

值得一提的是，由于pH是影响混凝效果最主要的因素，投加软化药剂后pH通常会显著升高，故应选用PAC、六水合氯化铝/铁、硫酸铁等pH值适用范围较宽的药剂作为混凝剂。投加顺序为先投加石灰，反应至出现小矾花后再投加混凝剂。研究表明，$Ca(OH)_2$投加量约300mg/L，原水总硬度（以$CaCO_3$计）可由约300mg/L降至110mg/L，去除率可达62%；原水总硬度为249mg/L（暂时硬度：永久硬度约1：1)，投加78.5mg/L石灰和60.8mg/L的碳酸钠可将总硬度降至109mg/L，去除率达57%。另外，软化混凝后的出水pH通常较高，故需进行水的酸回调，或与原水按1：1比例混合后再进入滤池处理。

膜技术对硬度离子有较好的截留作用。研究表明，原水硬度达480～500mg/L，纳滤法能将水中总硬度降低控制在40～50mg/L，而反渗透技术能将其降低至10mg/L以下，因为反渗透膜对低价离子的去除效果优于纳滤膜。值得注意的是，由于反渗透膜技术可去除水中大部分离子，使得pH值降低，可能会出现出厂水pH不达标的情况。

262 原水氯化物超标怎样处理?

地表水中氯化物含量一般较低，氯化物主要存在于海水中，当海水倒灌饮用水源则容易引起原水氯化物超标。饮用水中氯化物含量过高会影响味觉，水中氯化钠、氯化钙的味阈值为200～300mg/L，但当水中钙、镁离子占支配地位时，1000mg/L的氯化物也不会出现典型的咸味。去除氯化物的工艺主要有化学沉淀法、离子交换树脂法、吸附法、电渗析法和膜技术（超滤纳滤结合RO膜处理）。

高浓度氯化物一般无法通过常规工艺去除。可以考虑化学沉淀法和吸附法。若原水氯化物浓度长期超标，则需参考海水淡化的处理方法，增加深度处理工艺如“超滤/砂滤＋反渗透”技术将氯化物浓度控制到限值以下。

水滑石材料对氯化物的吸附比较有效，根据研究，工业级水滑石中，500℃煅烧后的水滑石（CLDH，Mg∶Al物质的量比约为4∶1）对氯离子的吸附较好，吸附效果与吸附剂浓度、氯离子浓度、温度均有关系。原水氯离子浓度达1000mg/L，CLDH投加量2g/L，30℃下能够达到149.7mg/g的最大吸附量，去除率为30%。在设置处理条件时，应根据以下原则判断：原水氯离子浓度越低、CLDH投加浓度越高、温度越高（30℃为最佳），单位吸附量则越小。市面上的水滑石去除率大多在21%～64%之间。此外还有氯铝酸钙沉淀技术，石灰、铝盐与初始氯离子摩尔浓度比为5∶2∶1时效果最好。原水氯离子浓度达1420mg/L，25℃下反应2.5h，去除率可达60%～70%。

263 硝酸盐和亚硝酸盐如何去除?

硝酸盐是硝酸衍生的化合物的统称，常见的硝酸盐有硝酸钠、硝酸钾、硝酸铵、硝酸钙、硝酸铅和硝酸铈等。硝酸盐广泛存在于土壤、水域及植物中。调查显示饮水是人体接触硝酸盐的主要途径之一。儿童是硝酸盐暴露的敏感人群，长期超标摄入可能导致儿童出现高铁血红蛋白血症（俗称蓝婴症），临床上患高铁血红蛋白症的婴儿症状为缺氧，皮肤蓝紫色，严重者可造成死亡。《生活饮用水卫生标准》（GB5749—2022）中硝酸盐（以N计）指标限值为10mg/L，小型集中式供水和分散式供水因水源与净水技术受限时限值为20mg/L。

饮用水脱硝是一个世界性的难题。脱硝的方法有物理化学法和反硝化法两大类。物理化学法包括膜分离法和离子交换法（可处理90mg/L的硝酸盐达到饮用水标准）。反硝化是将硝酸盐氮还原为氮气，可通过化学法也可通过生物法实现。也可采用水源勾兑的方法来保证出水达标。

膜分离法对硝酸盐无选择性，能去除所有的无机离子。但其处理费太高，产生浓缩无机盐废水，存在着废水排放问题。而且水经膜法处理后，其整个成分发生了变化，因此从人类健康、成本费等方面考虑，膜分离法的实用性较差。

离子交换法由于稳定、快速及其易于自动控制，是物理方法中最普遍的一种去除硝酸盐的工艺，它不受温度的影响，所以在小型或中型处理厂有很大的潜力。离子交换工艺去除水体中硝酸盐的基本原理就是将被污染的原水通过含有强碱阴离子交换树脂的树脂床，硝酸根离子与树脂中的氯离子或者碳酸氢根离子发生交换而被树脂吸附。当树脂交换容量耗尽后，可以用高浓度的氯化钠溶液等对交换树脂进行再生。但是会形成高浓度的再生盐水，且物理方法所需费用过高，不具有选择性，且只是发生了硝酸盐污染物的转移或浓缩，实际上并没有彻底地去除，所以该方法在应用上受到一定的限制。

利用化学反硝化也能脱氮。在碱性条件下，投加铁和铝可以发生还原反应，但会产生大量的含铁铝污泥，并且需要通过充气来去除产生的氨氮，费用较高。该工艺适合用石灰软化水的水厂使用，可以节省部分调节 pH 的费用。

此外，氢气在钯铝催化剂和铅（5%）铜（1.25）Al_2O_3 催化剂的作用下将硝酸盐氮还原成氮气（98%）和氨。该方法可将初始浓度为 100mg/L 的硝酸根完全脱除。反应经 50min 完成。催化剂去除硝酸根的活性为 3.13mg/(min・g 催化剂)，比微生物反硝化的活性要高 30 倍。该工艺可在通常地下水的条件下进行（10℃，pH 6～8），并且易于自动化和操作，适于小型水处理。

但上述方法均需具备相应的处理设施及条件。事实上，饮用水脱硝至今仍然是一项颇具挑战性的工作，投资和运行费用都还比较高，且这些技术距实际应用还有距离，因此需要进一步优化现有的工艺和开发新的工艺。在实际生产中，各水厂运行依据自身条件参考上述工艺进行处理，出水水质硝酸盐超标时需降低供水量或切换水源，以保障供水安全。

亚硝酸盐的去除方法包括化学法（氧化法、还原法）、生物法（生物滤池）、膜技术、离子交换法等。应急处理时常用的为化学氧化法。常用的氧化剂有次氯酸钠、氯气和高锰酸钾，处理亚硝酸盐所需投加的氧化剂量按化学计量关系计算即可。根据反应式，处理 1mg/L 的 NO_2^- 需要的 Cl_2、NaClO 和 $KMnO_4$ 量分别为 1.54mg/L、1.62mg/L 和 1.37mg/L。研究表明，纯水条件下处理 5mg/L 的 NO_2^-，NaClO 和 NO_2^- 物质的量为 1∶1，反应 1min 即可将其处理至 0.5mg/L 以下，去除率达 90%以上。但实际处理中原水还存有其他杂质，故需适当增大氧化剂的量。应注意，亚硝酸盐会被氧化为硝酸盐，注意出厂水硝酸盐不要超标。

264 典型农药及杀虫剂的去除方法有哪些?

随着社会环保意识增强以及农药的使用更加严格规范，一些农药已经停止生产并禁用，饮用水水源中的农药含量逐年降低。近年来的饮用水监测数据显示六六六（总量）、对硫磷、甲基对硫磷、林丹和滴滴涕等指标在我国饮用水中的浓度未见超过限值要求的情况，且呈逐渐降低趋势。下面介绍几种典型农药的处理方法。

① 草甘膦　可采用臭氧氧化方式去除草甘膦，其作用原理为：臭氧将草甘膦氧化成小分子有机物，然后小分子有机物再接着被臭氧氧化直至完全矿化去除。根据文献研究，针对原水草甘膦浓度为 80mg/L 的条件下，当氧化时间为 20min，控制臭氧浓度为 4.76mg/min，草甘膦的去除率可达到 99%以上，出厂水的草甘膦浓度满足《生活饮用水卫生标准》(GB 5749) 要求的浓度上限 0.7mg/L。

② 百菌清　百菌清是一种保护性茎叶喷洒取代苯类杀真菌剂，具有一定的致癌作用和致突变性。百菌清的去除方法一般为投加粉末活性炭和超滤-反渗透处理。当原水中百菌清的质量浓度为 0.05mg/L 时，粉末活性炭投加量设定为 20mg/L，吸附基本达到平衡的时间为 2h 以上，平衡时百菌清的质量浓度已小于 0.01mg/L。

③ 灭草松　灭草松是触杀型兼具内吸性的除草剂，使用广泛，具有低毒或中等毒性。灭草松的去除方法一般为投加粉末活性炭或超滤-反渗透处理。当自来水中灭草松的质量浓度为 1.385mg/L 时，粉末活性炭投加量设定为 20mg/L，吸附基本达到平衡的时间为 2h 以上，平衡时灭草松的质量浓度已小于 0.3mg/L。超滤-反渗透处理方法对灭草松去除率很

高，当原始质量浓度为 13.6mg/L 时，去除率大于 99.99%，处理后水中灭草松浓度小于 0.0002mg/L。

④ 乐果　乐果是农药污染来源之一，具有较高的毒性，在生物体内易形成具有生物活性的轭合残留和结合残留，对人体健康和环境构成潜在威胁。乐果的去除方法一般为投加粉末活性炭、双膜法处理和 O_3 氧化。当自来水中乐果的质量浓度为 0.407mg/L 时，粉末活性炭投加量设定为 20mg/L，吸附基本达到平衡的时间为 2h 以上，平衡时乐果的质量浓度已小于 0.08mg/L。乐果原始浓度为 0.346mg/L 和 0.249mg/L 的情况下，臭氧氧化工艺 *CT* 值分别为 2.3mg·min/L 和 11.4mg·min/L 时，均可去除至水质标准限值。超滤-反渗透处理方法对乐果去除率很高，当原始质量浓度为 0.62mg/L 时，去除率为 99.16%。

⑤ 六氯苯　六氯苯是一种有机氯杀菌剂，结构稳定，难以生物降解，易在环境中蓄积，对人体健康和环境均有严重危害。六氯苯的去除方法一般为投加粉末活性炭和 UV/O_3 氧化。研究表明，当原水中六氯苯的质量浓度为 0.0388mg/L 时，粉末活性炭投加量设定为 20mg/L，吸附基本达到平衡的时间为 2h 以上，平衡时六氯苯的质量浓度已小于 0.001mg/L。研究表明，UV/O_3 高级氧化法对六氯苯降解有一定成效，实验条件为初始浓度 0.2mg/L 的六氯苯，UV/O_3 高级氧化法在 60min 后对六氯苯的去除率达到 60%。

⑥ 五氯酚　五氯酚具有“三致”（致癌、致畸、致突变）效应，对人体会产生重大危害影响。五氯酚的去除方法一般为投加粉末活性炭。当原水中五氯酚的质量浓度为 0.0496mg/L 时，粉末活性炭投加量设定为 20mg/L，吸附基本达到平衡的时间为 2h 以上，平衡时五氯酚的质量浓度已小于 0.009mg/L。

⑦ 马拉硫磷　一般采用投加粉末活性炭的方法去除。当原水中马拉硫磷的质量浓度为 1.25mg/L 时，粉末活性炭投加量设定为 20mg/L，吸附基本达到平衡的时间为 2h 以上，平衡时马拉硫磷的质量浓度已小于 0.25mg/L。臭氧氧化技术对去除马拉硫磷效果明显。分别用 1.5mg/L、1.0mg/L、0.5mg/L 浓度的臭氧去除原始浓度为 0.750mg/L、0.805mg/L、0.685mg/L 的马拉硫磷，10min 以后均能达到水质标准。

⑧ 七氯　七氯是有机氯农药之一，有机氯农药大多具有“三致”（致癌、致畸、致突变）效应和遗传毒性，对环境影响严重。七氯的去除方法一般为投加粉末活性炭。当原水中七氯的质量浓度为 0.002mg/L 时，粉末活性炭投加量设定为 20mg/L，吸附基本达到平衡的时间为 2h 以上，平衡时七氯的质量浓度已小于 0.0004mg/L。

⑨ 溴氰菊酯　溴氰菊酯是一种广谱杀虫剂，在仓库害虫及卫生害虫方面利用较广，水中溴氰菊酯的去除方法有强化混凝和粉末活性炭吸附。研究表明，当原水中溴氰菊酯的质量浓度为 0.0943mg/L 时，粉末活性炭投加量设定为 20mg/L，吸附基本达到平衡的时间为 2h 以上，平衡时溴氰菊酯的质量浓度已小于 0.02mg/L。

⑩ 2,4-滴　2,4-滴是最早研制成功的选择性除草剂，使用广泛，高浓度的 2,4-滴影响中枢神经。2,4-滴的去除方法一般为投加粉末活性炭。研究表明，当原水中 2,4-滴的质量浓度为 0.15mg/L 时，粉末活性炭投加量设定为 20mg/L，吸附基本达到平衡的时间为 2h 以上，平衡时 2,4-滴的质量浓度已小于 0.3mg/L。

⑪ 敌敌畏　敌敌畏是一种有机磷杀虫剂，对人体毒性极大，会造成严重的生命危险。主要去除方法为活性炭吸附、O_3 氧化和超滤-反渗透处理。当原水中敌敌畏的质量浓度为 0.012mg/L 时，粉末活性炭投加量设定为 20mg/L，吸附基本达到平衡的时间为 2h 以上，平衡时敌敌畏的质量浓度已小于 0.001mg/L。臭氧（浓度 4.1～6.2mg/L）反应 30min 后可

以完全降解敌敌畏。超滤-反渗透处理方法对敌敌畏去除率很高，当原始质量浓度为1.29mg/L时，去除率大于99.98%，处理后水中敌敌畏浓度小于0.0002mg/L。有研究表明，投加15.8mg/L的高锰酸钾进行氧化，反应时间30min，可以完全降解敌敌畏；但另有研究表明，高锰酸钾氧化敌敌畏后，急性毒性增强，在天然水体中毒性增长更快，应避免使用高锰酸钾氧化技术处理敌敌畏。

⑫ 毒死蜱　毒死蜱是一种有机磷杀虫杀螨剂，杀虫谱广，但对水生生物毒性大，影响环境。毒死蜱的去除方法一般为投加粉末活性炭和超滤-反渗透处理。研究表明，当原水中毒死蜱的质量浓度为0.15mg/L时，粉末活性炭投加量设定为20mg/L，吸附基本达到平衡的时间为1h以上，平衡时毒死蜱的质量浓度已小于0.03mg/L。研究表明，超滤-反渗透处理方法对毒死蜱去除率很高，当原始质量浓度为0.621mg/L时，去除率大于99.67%，处理后水中敌敌畏浓度小于0.002mg/L。

⑬ 呋喃丹　为氨基甲酸酯类杀虫剂和杀线虫剂，属于高毒农药，主要抑制人体内胆碱酯酶活性，对其他环境生物毒性也很高。呋喃丹的去除方法一般为投加粉末活性炭和臭氧氧化。当原水中呋喃丹的质量浓度为0.035mg/L时，粉末活性炭投加量设定为20mg/L，吸附基本达到平衡的时间为2h以上，平衡时呋喃丹的质量浓度已小于0.007mg/L。研究表明，臭氧初始浓度为4.1～6.2mg/L，臭氧氧化技术可以在30min内将5μmol/L（1.106mg/L）的呋喃丹完全降解。

265 有毒有害金属污染物怎么应急处理?

（1）锑

锑在水中的价态包括三价和五价，主要通过铁盐沉淀法去除，并且需要在偏酸性的pH环境下，具体pH值根据原水锑超标情况确定。在需要调节pH时，应先调节pH再投加铁盐混凝剂，考虑到盐酸直接投加到金属管道中对管道和混合器腐蚀严重，可在水厂配水井或絮凝池最前端投加酸。因沉淀后矾花仍较多，矾花上吸附有锑酸根或亚锑酸根，若需要加碱回调pH，而投加点在沉淀后pH调高会使吸附的锑再次释放，削弱滤池对锑的去除效果，故推荐将加碱点设置在滤后。若考虑一次回调存在控制不稳定的情况，也可多点投加调节，在沉淀后少量投加，在滤后主要投加，出厂可设置应急补投加用于偶尔出厂pH值未调节合适时的应急调节。因pH对除锑效果影响较大，应对原水、沉淀后水、出厂水进行在线实时监测pH，有需要时也可增加滤后监测点，以及时调节酸/碱投加量。研究表明，铁盐除锑效果明显优于铝盐混凝剂。同时，pH对混凝影响较大，低pH情况下（pH=4～6）能显著提高混凝剂除锑效能。在锑的不同价态中，三价锑容易被铁盐混凝沉淀去除，而五价锑则不容易被去除。

（2）镉

发生镉污染时，镉主要以溶解态形式存在。镉的去除办法主要为碱性化学沉淀法和硫化物沉淀法。研究表明，若浓度<0.022mg/L，常规混凝沉淀对镉能有较好的去除效果。超过此值则难以保证滤后水水质。广东北江镉污染事件中研究者对除镉提供了技术指导：采用碱性化学沉淀法，调节pH至9～9.5，则能应对超标50倍的镉污染浓度（0.25mg/L）。但高pH情况下，出水残余铝浓度可能超标，故三氯化铁比聚铝更合适作为混凝剂。同时出厂水

pH需用酸回调至限值。中性pH下硫化物沉淀法能应对超标>47倍的隔离子浓度。采用硫化物沉淀法，处理1mg/L的镉离子需要0.3mg/L的S^{2-}。此时要注意残余硫浓度不超标（<0.02mg/L）。

（3）铬

当以地下水为水源时，容易出现铬的累积扩散，造成浓度超标。六价铬的处理方法有还原-化学沉淀法、活性炭吸附法、生物修复法和离子交换法等。应急处理时常采用的为还原-化学沉淀法，此外，采用活性炭能进一步提升去除效果。中性pH下，活性炭投加0.01～0.2g/L，对0.5mg/L的原水铬浓度去除率约为50%，继续增大投加量效果不变，出水浓度无法达标。故采用活性炭吸附法只能应对铬微超标的情况（原水铬浓度约0.1mg/L），或在混凝沉淀前用活性炭预处理，提升整体的去除效果。直接采用还原-沉淀法处理，可应对最大铬浓度超标>30倍的情况。反应时无须调节pH（常规pH为6～9均可）就能达到不错的处理效果，混凝剂使用硫酸亚铁，六价铬被还原为三价铬，Cr^{2+}和Fe^{2+}反应的摩尔比应>1∶3，还原时间30min，沉淀时的pH建议控制在8.5左右，去除率能在80%以上，最高可达99.1%。但要注意过高的硫酸亚铁投加量可能导致出水中铁及色度超标（当Cr^{2+}/Fe^{2+}达1∶24）。

（4）铅

水体中铅的去除办法主要有化学沉淀法、吸附法（活性炭、沸石等）、离子交换法和金属氧化还原法。应急处理时常采用的是化学沉淀法，低浓度污染时也可以使用活性炭吸附法。根据研究，针对超标5倍、10倍的铅突发污染，分别投加5mg/L和10mg/L的粉末活性炭，再经常规混凝沉淀工艺即可将出水铅浓度处理至标准限值（0.01mg/L）以下。但更高浓度污染时（超标20倍及以上），增大活性炭投加量并不能达到要求。而采用碱性化学沉淀法，能够应对超标500倍（5.0mg/L）的铅污染，pH要求>7.3。投加$Ca(OH)_2$调节pH效果优于NaOH，将原水的pH控制在8.4～8.7(但需加酸对出水pH进行略微回调)，此时$Ca(OH)_2$还起到微絮凝和混凝凝聚核心的作用。

（5）汞

汞被列为金属类内分泌干扰物之一，故饮用水源中汞的长期低浓度效应不容忽视。汞污染的处理办法主要有化学沉淀法和活性炭吸附法。碱性化学沉淀法能应对5倍以上的超标浓度，反应pH需要>9.5（汞在高pH下生成氢氧化汞沉淀）。由于铝盐混凝剂在高pH下易水解导致出水铝超标，故使用聚合硫酸铁、三氯化铁混凝剂较合适。而硫化物沉淀法在中性pH条件下可以应对超标倍数大于100倍的汞污染，Hg^{2+}和S^{2-}的质量比理论上为25∶4。国内外已有不少的成功案例采用的是活性炭吸附法作为除汞的应急处理措施。针对0.01mg/L的原水汞污染，pH值10.6的条件下，20mg/L的粉末活性炭吸附1h，再结合常规工艺去除率可达82%，但不能完全达标。故在污染情况严重，其他方法无法保证水质合格时，可考虑硫化物沉淀法，硫化物可以在水厂内和铝盐混凝剂一起投加，大部分硫化物和汞污染物结合成沉淀物通过混凝沉淀去除，为了避免硫化物的二次污染，在进入滤池前需加入一定剂量的氧化剂，将残余的硫化物氧化去除。

（6）钡

钡离子和硫酸根离子可以生成硫酸钡沉淀，硫酸钡的溶度积$K_{sp}=1\times10^{-10}$。水源水中都含有一定量的硫酸根离子，可以形成硫酸钡沉淀，一般情况下钡不会超标。如有少量钡时，可投加硫酸盐去除。硫酸铝投加量为 20mg/L，可将 4mg/L 钡降至标准限值以下。当钡含量超过 20mg/L 时，需要将硫酸铝投加量增加至 100mg/L 以上，药耗较大。但提高硫酸盐投加量，可应对较高浓度的钡污染。在混凝剂投加量不足时，由于硫酸钡沉淀与絮体吸附性差，难以沉淀，因此常规水处理工艺对钡的去除能力有限，需关注其沉淀效果，必要时需增加投药量强化混凝等方法提高其去除率。

（7）铊

铊在水中主要以一价铊存在，据试验研究表明，常规处理工艺以及生物处理、活性炭吸附等办法均难以降低铊在水中的浓度。水处理中去除重金属主要采用氧化沉淀法。预氯化对铊去除效果有限，在高浓度预氯化背景条件下（NaClO 投加量 3.2mg/L），在进水铊浓度为 0.16μg/L 时，滤后水最佳效果为 0.12μg/L，去除率约为 25%，处理出水水质难以满足标准要求。在预氯化的基础上，增加高锰酸钾预氧化可有效除铊。在高锰酸钾投加量 0.5mg/L，进水铊浓度为 0.16μg/L 时，滤后水的铊浓度为 0.08μg/L，去除率约为 50%，处理出水水质可以满足标准要求。调节原水 pH 至弱碱性，增加高锰酸钾预氧化浓度，有利于铊的去除。调节 pH 至 9.56，高锰酸钾投加量 1mg/L，采用三氯化铁做混凝剂，在进水铊浓度为 0.16μg/L 时，滤后水的铊浓度为 0.02μg/L，去除率约为 87.5%，处理出水水质可以满足标准要求，且有余量。因此，若存在铊超标风险，水厂可在预氯化基础上增加高锰酸钾预氧化，即采用"高锰酸钾预氧化＋预氯化-强化混凝沉淀工艺"。若依然无法保障出厂水铊稳定达标，则实施开展"弱碱性高锰酸钾预氧化＋预氯化-强化混凝沉淀工艺"，即在上述工艺基础上，在反应池调节 pH 至弱碱性，提高除铊效果，同时监测滤后水的 pH，若大于 8.5，则加盐酸回调 pH，确保出厂水各项指标稳定达标。若出厂水铊依然无法满足标准，在上述工艺基础上，提高预氧化高锰酸钾浓度，并在沉后增加焦亚硫酸钠消解过量高锰酸钾，确保出厂水铊、色度、锰、浊度等各项指标稳定达标。

（8）钼

目前含钼水的主要处理方法包括化学沉淀、吸附、离子交换、萃取、膜分离等。其中化学沉淀法和吸附法由于应用范围广、成本低并且易操作等优点，是实际应用中比较常见的两种方式。钼在水中以 MoO_4^{2-} 形式存在，使用混凝沉淀工艺去除水中的钼时，推荐使用硫酸铁作为混凝剂，在弱酸性条件下（pH 为 5 左右）有较好的处理效果。采用弱酸性铁盐混凝沉淀除钼需在水厂工艺中作出以下调整：采用铁盐混凝剂，保证混凝剂投加量；控制进水 pH，使混凝沉淀区 pH 为 4.5 左右；在滤池前加碱，控制 pH 在 7.5 左右。对于高浓度含钼水的处理或原水钼长期超标，应采用二级混凝沉淀工艺，即一级混凝——一级沉淀—二级混凝—二级沉淀—过滤。

（9）镍

在水厂现有混凝工艺的基础上，通过应急投加高锰酸钾、调节 pH 及投加助凝剂来强化去除污水中的镍。当高锰酸钾投加量为 1.5mg/L，pH 为 9.5，PAC 投加量为 18mg/L，PAM 投加量为 1.0mg/L 时，处理镍质量浓度为 0.1mg/L 的水样，可使镍离子降至 0.009mg/L，去除率达到 91%，且此方案可使镍质量浓度低于 0.22mg/L 的水样处理后符合国家饮用水卫生标准要求。在镍浓度进一步增加后，需采用碱性化学沉淀法，使用铁盐作为混凝剂。试验表明，预调 pH 至 9.0 以上，镍的可应对浓度最大为 1mg/L 左右。

(10) 铜

天然水环境中铜含量很低，当流经含铜矿床或使用铜盐抑制藻类生长时铜含量会增加。铜在水中基本以二价形式存在，大于5mg/L时会使水产生颜色和令人不快的涩味，大于1mg/L时会使洗过的衣服变色。去除铜的方法有碱性化学沉淀法（pH＞7.0～7.5），硫化物沉淀法（中性pH下）、吸附法，离子交换法等。但饮用水处理中尚未有硫化物沉淀法去除金属污染物的先例，故此方法可作为一种储备技术。自来水处理厂中去除铜常用的工艺为碱性化学沉淀法。工艺流程为调节pH—强化混凝—沉淀—过滤，即在常规工艺基础上采取调节pH、增加混凝剂投加量或改变混凝剂类型的操作。研究表明，当原水铜浓度＜5mg/L时，单纯调节pH至8.0后通过常规处理工艺即可使出厂水质达标。但铜浓度超过5mg/L时该处理方法无法满足要求。此时可以加入碳酸钠，与铜离子结合生成碳酸铜胶体颗粒，可以提高后续混凝沉淀效果。10mg/L原水铜浓度时投加6mg/L的碳酸钠，并调节pH至8.0则能控制出水铜浓度达限值以下（1.0mg/L）。混凝剂的类型对处理工艺也有较大影响。原水pH较高时，使用聚合氯化铝会有出水铝超标的风险，此时应选用铁盐混凝剂如三氯化铁（混凝最佳pH为9.5）。若将pH控制在7.5～8.0，则可以使用聚合氯化铝（PAC）或聚合氯化铝铁（PAFC）作为混凝剂。

(11) 锌

可采用碱性化学沉淀法（pH＞8）、硫化物沉淀法（中性pH）、生物吸附法、离子交换法去除水中的锌，必要时也可增加深度处理工艺如膜技术等。自来水厂的常规工艺对锌的去除率不到10%。pH是影响锌去除效果的关键因素，采用铁盐混凝，pH需大于8.5；采用铝盐混凝，则需pH在8～9.5之间。另有研究表明，当原水锌浓度超标5倍时（5mg/L），添加助凝剂高锰酸盐复合药剂（PPC）能大大提升混凝效果。此时最佳处理条件为调节pH至8，并在混凝前1min投加4mg/L的PPC。采用硫化物沉淀法，对于锌污染浓度不超过20倍的原水，硫化物（用$Na_2S \cdot 9H_2O$）与Zn^{2+}的质量比值为3.7，则能控制出水锌浓度＜0.3mg/L，硫化物浓度＜0.01mg/L。同时为避免对硫化物产生氧化，应选用铝盐混凝剂而不用铁盐混凝剂。

(12) 铍

铍具有难溶的氢氧化物和碳酸盐。一般可在弱碱性或碱性条件下通过混凝沉淀过滤去除。研究表明，5mg/L的三氯化铁、聚合硫酸铁、聚合氯化铝均可有效处理0.1mg/L左右的含铍废水，且残余铁或铝含量符合标准要求。

在铍初始浓度为0.2mg/L时，需采用去除铍效果较好的聚合氯化铝，且提高投加量。在铍初始浓度为0.5mg/L时，需调节pH=9，且将聚合氯化铝提高至150mg/L以上，必要时需延长反应时间。值得注意的时，氢氧化铍为两性化合物，当pH≥10时，氢氧化铍沉淀物返溶，导致水中铍浓度升高。因此，必须严格控制原水的pH值。

266 典型非金属毒理指标如何去除?

硼通常以硼与氧结合的化合物的形式存在。世界硼资源丰富，我国硼矿资源量较大。地球上大部分的硼出现在海洋中，淡水中硼的含量取决于多种因素，如流域的地球化学环境、靠近海洋沿海地区、工业和城市污水排放等。硼可由经口和吸入途径吸收，完整的皮肤途径吸收较少或不吸收，破损皮肤对硼有少量吸收。硼经口暴露后可由胃肠道快速吸收，90%以上的剂量可在短时间内排出体外。

现阶段硼的去除主要依靠反渗透及离子交换法。化学沉淀法需要消耗大量的沉淀剂，需要调节pH值至碱性，而且由于沉淀不完全或沉淀吸附作用使得分离不完全，为了提高硼的去除率，通常将该方法作为前期处理与其他除硼方法联合使用。有关化学沉淀法和吸附法除硼的研究表明，在室温下通入氨并快速加入羟磷灰石可将硼浓度由17.5mg/L降低至1mg/L。部分高分子吸附剂对硼也有一定的去除效果，如含有葡甲胺基团的壳聚糖，在pH约为8时，硼吸附量可达3.25mmol/g，加入壳聚糖1.2g/L即可使海水硼浓度从4.8mg/L降至0.5mg/L以下。

硒主要是以硒酸根离子和亚硒酸根离子的形式存在，后者比前者更为普遍且亚硒酸盐毒性更大。硒的去除方法主要有化学沉淀法、吸附法（活性炭、镁铝水滑石、天然铁氧化物、针铁矿等）、离子交换法、纳滤反渗透相关膜技术。常采用的是铁盐化学沉淀法和吸附法。聚合硫酸铁（FPS）的去除效果明显优于聚铝（PAC），且中性pH即可。但该方法需要高剂量的铁盐，铁和硒的质量比至少需为40：1，从而增加了药耗和污泥处理成本。研究表明，4g/L的粉末活性炭投加量即可将40μg/L的硒浓度处理至限值以下。考虑到活性炭加入过多会造成后续水体浊度处理成本高的问题，实际生产中应按需调整。同时pH值在5～8略偏酸性的吸附效果最好。

267 有毒有机污染物怎样去除？

有毒有机污染物属于毒理性指标，种类繁多，往往对人体健康产生严重的影响，如出现呼吸道刺激、头痛、头晕、焦虑、麻醉等中毒现象。多数有毒有机污染物可采用粉末活性炭吸附法、曝气吹脱法、氧化法及膜分离法去除。下面介绍几种典型有毒有机污染物的处理方法。

（1）挥发酚类

挥发酚类化合物种类繁多，以苯酚污染最突出。《生活饮用水卫生标准》(GB 5749）中规定挥发酚类（以苯酚计）的限值为0.002mg/L。原水发生挥发酚污染时，水质会有轻微嗅味，但色度、浊度、COD以及感官上几乎无变化。除酚常用的办法有粉末活性炭吸附法、预氧化法（二氧化氯、高锰酸钾、臭氧等）。

传统的混凝沉淀工艺对酚类去除效果较差，即使加大混凝剂投加量，去除率也低于10%。酚类含量短期超标，常用高锰酸钾氧化法和活性炭吸附法。若经常性出现酚超标问题，也可考虑增加臭氧处理装置，成本较高但效果显著。根据反应公式，处理1mg/L的苯酚需要2.24mg/L的高锰酸钾，或0.72mg/L的二氧化氯。但只有酚含量轻微超标时（<0.03mg/L），才能达到95%以上的去除率，使得出厂水达标。除了预氧化，活性炭吸附法能够应对超标30倍的原水酚超标情况，去除率达97%。根据理论计算，原水0.03mg/L的苯酚浓度需要约38mg/L的活性炭，且投加点在配水井处最为有效（接触时间至少45min）。而当原水酚含量达0.06mg/L时，粉末活性炭投加量需增加至80mg/L以上，接触时间2h后可将苯酚浓度控制在0.002mg/L以下，同时要适当提高混凝剂投加量以避免活性炭穿透现象。

值得一提的是，若是采用液氯或次氯酸钠作为消毒剂，发生酚类物质污染时，氯和酚类可能会反应生成有毒的有机氯代物（氯代酚）或前驱物质（苯醌），导致臭和味不合格的情况。此时应改用二氧化氯作为消毒剂。此外，由于滤砂对酚有一定的截留作用，缩短滤池的过滤周期也可起到临时应急的效果，一般取正常情况下过滤周期的1/2。

（2）苯

苯是较易被活性炭吸附去除的芳香族化合物，故应急处理推荐的是活性炭吸附法，去除率可达70%～90%。苯初始浓度为0.045mg/L的原水，粉末活性炭投加量为10mg/L时，吸附时间为60min时达到平衡，残留苯的浓度低于0.01mg/L，满足国标要求。

（3）甲苯

去除方法有活性炭吸附法、曝气吹脱法、紫外光（UV）降解、催化氧化法等。应急处理时推荐使用活性炭吸附法。用20mg/L的活性炭吸附3.43mg/L的甲苯污染，30min的接触时间可处理至达标，满足水厂应急处理可达的要求。

（4）二甲苯

二甲苯是重要的石油化工产品和溶剂，具有挥发性，生产、储存和运输过程中容易释放到环境中造成污染。二甲苯的去除方法一般为投加粉末活性炭，有条件的也可采用超滤-反渗透。当原水中二甲苯的质量浓度为2.0mg/L时，粉末活性炭投加量设定为20mg/L，吸附基本达到平衡的时间为2h以上，平衡时二甲苯的质量浓度已小于国标限值0.5mg/L。

（5）1,1-二氯乙烯、1,2-二氯乙烯、三氯乙烯、氯乙烯

去除主要采用曝气吹脱法，影响去除效果的关键参数为气水比。气水比为3时，能将0.2mg/L的1,1-二氯乙烯浓度处理至达标，去除率＞75%；随着气水比的增大，去除率还能进一步提升，气水比10以下去除率可达到99%，气水比达15时能基本完全去除，但用气量太大。将原水中0.3mg/L的1，2-二氯乙烯处理至达标（0.05mg/L）需要的气水比为4，去除率达80%以上；发现污染物时，如有条件可以检测污染物结构，反式1,2-二氯乙烯比顺式1,2-二氯乙烯的处理效果更好；气水比达15时能将0.44mg/L的污染物基本完全去除。处理0.35mg/L的三氯乙烯，气水比为5.1时能将其处理至达标，去除率为80%；气水比为10时去除率可达95%。吹脱气水比为1.8能将0.025mg/L的氯乙烯处理至限值以下，去除率达80%；气水比2.6时去除率可达90%；气水比为10时几乎可达99.9%。综上，气水比一般在10以内为宜。

（6）其他

除以上有机物外，氯苯、1,4-二氯苯、三氯苯、四氯乙烯、六氯二丁烯、苯乙烯、2,4,6-三氯酚等在应急处理时均可采用投加粉末活性炭的方式，效果明显。长期偏高或超标可以考虑采用活性炭滤池。

268 消毒副产物是什么？怎样控制和去除？

消毒副产物（disinfection by-products，DBPs）是在消毒过程中由消毒剂与水中存在的天然有机物（NOM）、人为污染物及卤素离子等前体物质反应生成的一类次生污染物，其浓度水平一般在ng/L～μg/L级别。毒理学研究显示，大部分已被识别的DBPs具有细胞毒性、神经毒性和遗传毒性，且含氮消毒副产物（nitrogenous DBPs，N-DBPs）的毒性高于

含碳消毒副产物（carbonaceous DBPs，C-DBPs），此外 DBPs 的毒性按卤素种类大致可如下排序：碘代 DBPs＞溴代 DBPs＞氯代 DBPs。流行病学研究表明，氯消毒饮用水的长期饮用和罹患膀胱癌、结肠癌和孕妇流产之间存在一定联系。自 21 世纪初以来，饮用水中被识别的 DBPs 从 500 余种增至 700 余种，其中约百余种 DBPs 的细胞毒性和遗传毒性得到了毒理学试验研究，数十种 DBPs 被纳入各国饮用水水质标准中。

饮用水中 DBPs 的控制方法大致可分为源头控制、过程控制、末端控制三大类，以及将这三类方法耦合使用的协同控制方法。其中源头控制是指在消毒剂投加之前通过水源保护或饮用水厂处理工艺削减水中 DBPs 前体物的浓度；过程控制即为通过改变消毒方式及优化消毒工艺等方式来减少 DBPs 的生成或改变 DBPs 的生成种类；末端控制则是利用物理或化学方法去除一系列已生成的 DBPs；协同控制即是通过耦合源头、过程和末端控制方式以实现多类 DBPs 的高效控制。

(1) 源头控制

水源保护是通过降低水源水中 DBPs 前体物（包括 NOM 和卤素离子等）浓度以控制饮用水中 DBPs 的含量。就控制 NOM 而言，一方面可通过控制水源水的营养化程度以及营养物质的循环过程限制藻类的生长，从而达到控制原水中藻源有机物的目的，另一方面可利用河岸渗滤以及含水层储存和回采等方式净化原水。另就控制卤素离子而言，首先需要防止海水或苦咸水入侵至饮用水水源，其次需要关注水源地相关产业发展，尤其是海产养殖业等易导致外加卤素进入水源的产业。

在源头控制方法中，给水厂的水处理工艺起到至关重要的作用。DBPs 的前体物特性各异，如 C-DBPs 的前体物一般为疏水性、具有芳香结构的大分子物质，而 N-DBPs 的前体物则更多是一些亲水性、富含氮元素的小分子物质。总的看来，常规工艺（混凝—沉淀—砂滤）对溶解性有机碳（DOC）的去除率通常高于溶解性有机氮（DON），期间 C-DBPs 前体物的控制效果优于 N-DBPs。常规工艺主要是为了去除水中的悬浮颗粒，而粉末活性炭强化混凝工艺可进一步改善常规工艺对溶解性有机物（DOM）的处理效果，较显著地提高 DOC 和 DON 的去除率以及对 DBPs 前体物的控制效果。

化学预氧化是一类广泛用于饮用水厂的处理工艺，可用于解决水中的色度及嗅味问题、去除 NOM 和无机离子、提高混凝工艺的效率以及处理原水中存在的藻类，并在一定程度上控制后续消毒产生的 DBPs，常见的预氧化剂包括有氯、二氧化氯、臭氧、高锰酸钾以及高铁酸盐等。但由于水中 DBPs 前体物种类繁多，且不同前体物与各类氧化剂的反应活性、反应路径及反应产物迥异，而预氧化剂的种类、预处理条件（预氧化剂投加量和反应 pH 条件等）以及对象水体的水质特征（如高藻水或高溴水）均会影响预氧化对 DBPs 前体物的影响，则有关预氧化工艺对 DBPs 的控制效果很难得到定论。

高级氧化工艺（AOPs）指的是利用在环境温度和压力下原位生成的高活性羟基自由基（·OH）降解水中污染物的过程。利用 AOPs 控制 DBPs 前体物受到了广泛关注。AOPs 会改变 DBPs 前体物的性质，当水中原有的 DOM 与消毒剂的反应活性较低时，高级氧化工艺可能会导致后续消毒过程中生成的 DBPs 增多；而当水中原有的 DOM 与消毒剂的反应活性较高时，其与自由基的反应产物可能在消毒时生成更少 DBPs。而当自由基的投加量足够致使体系发生矿化反应时，原有 DOM 的性质不会影响实验结果，AOPs 工艺可实现对有机 DBPs 的控制效果。

磁性离子交换（MIEX）树脂是一种具有磁性的以聚丙烯为骨架的大孔型强碱性阴离子

交换树脂，其功能基团为季铵基团，可交换离子为氯离子。MIEX 工艺被公认为是一种可高效去除原水中 NOM 的预处理工艺，其具有运行灵活、占地面积小以及处理效能高等优势，在全球多家水厂投入使用。实际运行效果表明，MIEX 工艺可以对原水中 THMs 前体物和 HAAs 前体物实现一定去除，还可降低后续消毒剂的投加量，从而在一定程度上实现对 DBPs 的控制。

(2) 过程控制

常用的液氯/次氯酸钠消毒会生成较多 THMs 和 HAAs 等标准内 DBPs，为满足水质标准，越来越多水厂开始使用其他消毒方式，包括使用氯胺、紫外光（UV）、O_3 或 ClO_2 等替代消毒剂，或采用组合消毒方式，如 O_3/氯、O_3/氯胺、UV/氯和 UV/氯胺等。然而，每种常见消毒剂的使用都会导致生成一些特定的 DBPs。需要强调的是，在通过改变消毒方式以控制 DBPs 时，消毒剂的消毒效果也是应纳入考虑的关键因素。在各类替代消毒剂中，氯胺的氧化消毒能力较弱，而 UV 和 O_3 不能在管网中产生持续消毒效果。

(3) 末端控制

烧水是一种常用的家庭水处理技术，对于无直饮水供应的国家及地区而言，其是保障饮用水微生物安全最末端也是最重要的一道屏障。在水的加热过程中，挥发性 DBPs 的浓度会因挥发作用而降低，而其他部分难挥发的 DBPs 也可通过水解或脱羧等反应被去除。

从反应机制角度对化学法末端控制 DBPs 进行分类，主要可以分为氧化法和还原法两类，前者即指在氧化剂作用下去除 DBPs，常用的氧化法主要包括利用超声（US）、UV/H_2O_2、UV/过硫酸盐（PS）和 UV/O_3 等 AOPs，该过程中发生的反应主要包括有氧化脱卤、脱羧及矿化；而后者则是通过还原性物质实现 DBPs 的还原脱卤，常用的还原法主要有零价铁（ZVI）及其衍生材料和工艺、亚硫酸盐处理、高级还原工艺（ARPs）和电化学法等。

以上 3 种常见控制策略各有优劣，如源头控制很难完全去除水中的 DBPs 前体物，每种替代消毒剂的使用都会导致生成一些特定 DBPs，而优化消毒工艺需在确保消毒效果及满足其他饮用水水质参数的前提下操作。此外，末端处理过程中通常也伴随着 DBPs 的转化与生成，相关能耗问题和二次污染风险不容忽视。

269 阴离子合成洗涤剂怎样去除?

阴离子合成洗涤剂的去除方法包括高级氧化（如紫外-过氧化氢去除率可达到 90%）、微电解混凝、吸附法（活性炭、复合金属氧化物）、氧化剂氧化（如二氧化氯）等。应急处理中，应用最为广泛的是活性炭吸附法和氧化法。

常规混凝沉淀工艺对阴离子合成洗涤剂去除效果较差，原水阴离子合成洗涤剂浓度为 3mg/L 时，去除率仅为 5.8%。微量污染的情况下，可用二氧化氯氧化，投加二氧化氯 1mg/L，能将 0.35mg/L 的原污染浓度降低至 0.14mg/L，去除率达 60%。

活性炭吸附法效果更显著。实例研究中，20mg/L 的活性炭对 1.5mg/L 的阴离子合成洗涤剂去除率最大可达约 95%，接触时间需约 2h（快速吸附阶段为 30min），同时投加点需尽量设在原水进厂的前端。强化混凝＋粉末活性炭吸附工艺可应对 42 倍超标倍数的阴离子合成洗涤剂浓度。

270 氰化物与氯化氰怎样处理?

氰化物属于还原性较强的物质，可通过投加强氧化剂的方法处理。氰化物的应急处理技术有主要为氧化法（如氯、次氯酸钠、臭氧、过氧化氢、高锰酸钾等）和活性炭吸附法。其中，Cl_2 和 O_3 的氧化效果较好，$KMnO_4$ 和 ClO_2 较差。为保证出水残氰达标，Cl_2 投加量应满足与氰化物发生完全氧化反应。根据反应式，Cl_2、NaClO 和 CN^- 的理论质量比分别为 6.83 和 7.17。研究表明，原水氰化物浓度为 0.22mg/L，pH 中性条件下，投加量分别为 1.82mg/L 的 Cl_2，9.648mg/L 的 O_3 和 1.2mg/L 的 ClO_2，去除率达 98%，90%和 36.4%。但 O_3 的溶解度和稳定性较差，且去除相同浓度氰化物所使用的臭氧量远多于 Cl_2。NaClO 的处理效果同样不错，研究表明 0.5mg/L（超标 9 倍）的原水氰化物含量，在 pH 为 10，NaClO 与 CN^- 质量比≥8 的条件下，去除率能达 98%。此时应注意出水 pH 是否超标。

氯化氰化学反应活性很高，能与很多化学物质发生反应，且在高 pH 下会分解为 CNO^-，然后进一步水解为 NH_3。臭氧及氯气对氯化氰有较好的去除效果。游离氯（液氯、次氯酸钠）具有较高的氧化性，可以氧化脱氰。氯和氰离子反应十分有效且迅速。一般 1mg/L 的氰离子需要投加 6.8mg/L 的氯。第一级反应需在 pH＞10 的碱性条件下进行操作，以免产生剧毒的氯化氢气体，第二级一般要调节 pH 至中性，以提高氧化氰酸根的能力。臭氧的氧化效果受投加量、反应时间和 pH 的影响。通过提高 pH 值、添加过氧化氢等方法可以强化自由基反应，从而使得整体氧化效果提高。

271 丙烯酰胺如何控制?

丙烯酰胺的聚合物为聚丙烯酰胺（PAM），是水处理中常用的助凝剂。丙烯酰胺单体对人体有害，《生活饮用水卫生标准》(GB 5749）中规定丙烯酰胺的出厂限值为 0.0005mg/L。首先应控制助凝剂聚丙烯酰胺的使用量，对聚丙烯酰胺产品的质量要进行检验和控制。在此前提下，应对丙烯酰胺污染的方法主要为氧化法，以投加高锰酸钾为常用方法。离子交换树脂和活性炭对丙烯酰胺的吸附能力十分有限，无法将污染物处理达标。用膜渗析也可以处理微量污染，但成本高，不推荐。研究表明，纯水条件下 2mg/L 的高锰酸钾在 15min 内能将 100μg/L 的丙烯酰胺污染物处理至限值以下。此外，原水中的其他离子如 S^{2-}、Fe^{2+} 能明显降低氧化能力，地表水中常存在的腐殖酸、富里酸也有一定影响。故应根据实际原水情况考虑氧化剂投加量。由于原水中高锰酸钾投加量＞5mg/L 时出厂水色度易超标，要注意控制高锰酸钾投加量。

272 硫酸盐与硫化物如何去除?

硫酸盐大量存在于矿物中，水中的硫酸盐主要来自工业生产。摄入大量硫酸盐的主要生理影响是腹泻、脱水和刺激胃肠道。硫酸盐会使水产生明显的味道，硫酸钠最低味阈值为 250mg/L。硫酸盐还会对管网系统造成腐蚀。去除硫酸盐的主要工艺有化学沉淀法、冷冻法、生物法、吸附法、离子交换树脂法和反渗透法。其中化学沉淀法（快速投加药剂）最为有效方便。如污染更为严重，则可考虑离子交换法、反渗透等特殊处理工艺。研究表明，分步投加 PAC、氯化铝和氧化钙/氢氧化钙，溶液中的 SO_4^{2-} 与 Al^{3+} 和 Ca^{2+} 形成复合物，经过混凝沉淀可去除。质量比为 3∶3∶10，pH 为 7～8 时，对硫酸盐去除率可达 37%～45%。去除率主要受 pH、Al^{3+} 含量和反应时间影响。其中 pH 影响最大，pH 值从 10 提高到 10.5，硫酸盐去除率可从 43.6%增加至 90.5%，因此在形成复合物沉淀阶段应增大 pH 值以提高效率。反应过程中 Al^{3+} 的使用量在 30～40mg/L 为宜，混合反应时间需 1h，同时应注意出水 pH 是否超标和回调。按分步投加聚合氯化铝（PAC）、氯化铝和氧化钙（或氢氧化钙）的化学沉淀法去除率最高 45%考虑，控制出厂水硫酸盐浓度为 220mg/L，最高可应对的硫酸盐浓度为 400mg/L，超过此浓度，应考虑膜技术将硫酸盐浓度处理至限值以下。

硫化物及其类似化合物包括一系列金属和类金属元素与硫、硒、碲、砷、锑和铋结合而成的矿物，是还原性强的物质，即便在原水中有其他有机物，氧化剂也能优先与硫化物反应。水中硫化物的天然来源明显大于人为排放来源。硫化物的检出率较低，且近年监测未见超过限值要求的情况。硫化物最佳应急处理方法为氧化法（如二氧化氯、氯、高锰酸钾、臭氧等）。根据投加量的不同，硫化物能与氧化剂发生不同的反应。根据反应式计算，氧化 1mg/L 的硫化物需要的氯气、次氯酸钠、二氧化氯、高锰酸钾的量分别为 2.22mg/L、2.33mg/L、3.38mg/L 和 3.29mg/L。反应无须特意调节 pH，氧化生成的单质硫再通过混凝沉淀得到去除。值得注意的是，若氧化剂投加过多，可能进一步氧化生成硫酸盐，生活饮用水标准对硫酸盐限值为 250mg/L，考虑原水本来的硫酸盐后，应注意反应产物不要超标。研究表明，原水硫化物浓度为 0.17mg/L 时，0.5mg/L 的次氯酸钠需预氧化约 20min 将其处理至限值以下，而与 1mg/L 的次氯酸钠反应 5min 即无法在出水中检出。因此实际处理工艺中应在取水口、原水管道或配水井处投加氧化剂，以保证足够的接触时间。

273 放射性物质是什么？怎样去除？

在《生活饮用水卫生标准》(GB 5749) 中，放射性指标分为总 α 放射性和总 β 放射性两种，指导值分别为 0.5Bq/L 和 1Bq/L。放射性指标如超过指导值，应进行核素分析和评价，判定能否饮用。

一般来水，天然总 α 放射性在采用矿井水或地下水源作为生活饮用水时水平较高，主要是铀、镭的几种同位素。常用的处理工艺有化学沉淀法、离子交换法、吸附法、膜技术、反渗透法、电渗析法、石灰软化法等。在常规的混凝沉淀工艺上加以改良，就能实现较好的总 α 放射性处理效果。研究表明，处理 1.36Bq/L 的总 α 放射性，采用 ClO_2 预氧化—PAC 混凝—高岭土吸附—沉淀—石英砂过滤工艺效果显著且成本合理，投加药量如下：1.5mg/L 的 ClO_2，60mg/L 的 PAC，200mg/L 的高岭土吸附剂，过滤后去除率达 87.8%。此外也可加入 0.2mg/L 的 PAM 助凝进一步提升去除效果。投加吸附剂是必要的，但粉末活性炭作为吸附剂的使用量非常大，成本高。

总 β 放射性的处理工艺与总 α 放射性类似，主要有化学沉淀法、吸附法、膜处理技术（纳滤、反渗透）、离子交换法和电渗析法。考虑运行成本和工厂规模影响，推荐的方法是化学沉淀法和吸附法。和处理总 α 放射性采用相同的改良常规工艺，即 ClO_2 氧化—PAC 混凝—高岭土吸附—沉淀—石英砂过滤，能将原水总 β 放射性浓度从 1.11Bq/L 降至 0.3Bq/L，去除率为73%。值得一提的是，相同工艺下，无论采用高岭土还是活性炭作为吸附剂，总α放射性的去除率都明显优于总β放射性，但添加PAM助凝剂对总β放射性去除效果更胜一筹，故在处理同时污染情况时，应该考虑助凝剂和吸附剂结合使用。

设备设施管理

274 设备管理的内容有哪些？

设备全过程管理是指把设备的一生，即设备的整个寿命（从研究、设计、选型、采购、安装、调试、使用、维护维修、大修理、改造到报废）作为管理对象，加强全过程中各环节之间的横向协调，以实现设备的良好投资效益。

设备管理的内容包括设备前期管理、设备运行管理、设备维护管理、设备维修管理、设备重置改造管理、固定资产管理、设备安全管理、设备档案信息管理、设备状态的分析评定等。

水厂应编制所有设备的运行操作及其安全技术规程，以及设备巡检及其安全技术规程，详细规定每台设备的操作步骤和巡检内容、巡检方法。设备操作、巡检及安全技术规程每年要至少进行一次适宜性修改，并做好记录。

设备操作、巡检及安全技术规程必须以书面形式分发到各班组，关键设备操作规程必须上墙。设备运行值班人员必须通过培训考试合格，或具备相应的职业技能检定等级证书，并能够按照操作巡检规程要求熟练完成设备操作和巡检。新入职的运行员工的转正考试也必须包含设备运行操作巡检规程的内容。

生产运行部门和设备管理部门要通力合作，对设备操作、巡检及安全技术规程的执行情况进行督促检查。

275 设备前期管理包括哪些内容？

设备前期管理主要是指管理部门负责制定设备前期管理办法，对设备的购置计划、订购、开箱、安装、调试、验收、转固定资产等管理作出规定。水厂设备管理部门和采购部门明确责任、各负其责、协调一致，做好设备前期各阶段的管理工作，保证设备采购制造质量、安装调试质量，不留后患。同时，做好各阶段资料、记录等凭证的收集整理工作，相关凭证按时归档。

276 设备运行值班管理包括哪些内容？

设备运行值班由水厂生产运行部门负责，运行人员应严格履行岗位职责，遵守各项规章制度，持证上岗。

对生产运行部门的设备运行值班管理主要有以下要求：

① 严格执行设备操作规程，正确使用、操作设备，保证设备使用安全。

② 严格执行设备巡检规程，按时按程序巡视检查设备，保证设备运行安全，发现问题及时处理和报告。

③ 认真做好职责内的设备日常维护工作，配合检修人员做好定期保养及设备的检修。

④ 掌握设备经济运行方法，充分发挥设备运行效率，保证生产质量，努力降低能耗。

⑤ 按时准确填写设备运行记录、巡检记录、异常情况处理记录。

⑥ 严格遵守设备安全技术规程，杜绝违规操作。

⑦ 严格执行交接班制度，做好交接班记录。

⑧ 参与水厂要求完成的设备保养及检修后的验收工作。

277 设备操作技术规程包括哪些内容?

水厂应制定、补充和完善设备运行操作及其安全技术规程。设备操作技术规程内容应包括以下内容：

① 设备的用途、工作原理、结构与性能。

② 开机前准备工作。

③ 开停机操作步骤：设备手动、远控、自动等操作模式下正确的启、停程序，即每步程序操作过程、每步操作后设备正确状态，需要进行参数调整的设备还必须说明调整过程和调整后状态。

④ 操作安全注意事项及异常情况的应急处理步骤。

278 设备巡检管理包括哪些内容?

水厂应结合厂内设备实际情况制定、补充和完善设备巡检及其安全技术规程。

(1) 三级巡检

设备巡检可以分为三种级别，每级巡检的内容、重点和周期各不相同。

① 一级巡检由运行值班人员在运行操作及巡检过程中同时完成，主要通过运行设备的声音、温度、振动、电流等参数的变化情况判断设备运行是否正常，发现异常情况应做好应急处理，并及时书面通知维修班或设备管理部门；

② 二级巡检由设备维护维修人员负责完成，重点针对转动类设备，在一级巡检的基础上通过进一步检查测量运行设备的参数变化来判断设备是否正常，发现异常情况能当即处理的应立即处理，一时无法处理的应及时书面通知维修班长或部门领导；

③ 三级巡检由设备管理部门相关专业技术人员和维修人员负责完成，通过对设备阶段性运行情况的综合分析、故障诊断等手段对设备完好情况进行综合评估，作为制订并实施维护保养、维修计划的依据。

(2) 巡检周期、方法和安全保障规定

① 巡检周期：一级巡检一般每 2h 一次，二级巡检一般每天一次，三级巡检一般每周至少一次。

② 巡检方法：明确制定切实可行的巡检方法，配备必要的巡检工具，把巡检工作落到

实处。

③ 安全保障：应明确巡检时的安全注意事项和安全措施，防止人身设备事故发生。

(3) 设备巡检方法

设备巡检应采取中控监视和现场巡查相结合的方法，是诊断设备状态、及时发现设备异常、保证设备稳定运行的重要手段。

① 中控监视：水厂应制定自动控制系统运行操作规程，详细规定设备运行的正常工作状态和参数变化范围。中控值班日志应记录关键设备的状态和运行参数。中控值班人员应通过监控微机连续监控设备运行状态，发现异常要及时到现场巡检确认或通知维修人员现场确认。

② 现场巡检：水厂应按照设备巡检及其安全技术规程的要求建立各级设备巡视记录表，各级巡检记录中应包含每台设备的巡检内容、设备状态、存在问题。巡检时严格按照技术规程中所规定的巡检周期、巡检内容、巡检方法巡检，并采取必要的安全防范措施，防止意外事故发生。

279 设备维护保养的工作范围及实施要点有哪些?

设备维护保养是指设备的日常维护和定期保养工作，按照“养修并重，预防为主”的原则，有计划地对设备进行维护保养，使设备保持高效（精确）、整洁、整齐、润滑、安全，处于完好状态。

设备维护保养的主要内容包括检查、调整、防护、清洁、润滑、防腐、更换易损件等工作。水厂应明确各岗位对设备的日常维护工作，设备的定期保养按照计划实施，保证质量。

水厂应根据厂内设备实际情况编制每年水厂的设备维护保养计划，该计划应涵盖所有生产类设备（包括化验设备、仪器仪表、检修工具及停用设备等）的维护保养类型和计划实施时间。计划的编制必须以设备的日常维护保养记录和设备运行状态的分析评估为基础。

为确保设备维护保养到位、不流于形式，水厂必须对年度设备维护保养计划进行认真的讨论审核，确定最终计划。在实施过程中，应根据年度设备维护保养计划和设备运行状况，在当月的月底前编制下月的月度设备维护保养计划。月度设备维护保养计划应明确实施保养的时间、工作内容、所需材料等，经水厂领导批准后实施。月度设备维护保养计划与年度设备维护保养计划不一致或者调整的，要说明理由和调整时间。

对于日常的设备维护工作可与“6S”管理相结合，水厂要建立设备维护责任制，确保设备清洁、标识完整清晰。

对于定期的设备保养工作，水厂根据月度设备保养工作计划和部门岗位职责，对设备进行维护保养。设备管理部门应就设备维护保养工作与生产运行部门进行充分沟通协调，避免因维护保养影响工艺运行，必要时可以协调生产运行部门人员配合完成。

设备保养完成后，由保养实施人填写设备维护保养记录表，交给设备管理部门负责人审核，并存档。对重要设备维护保养，每台设备应由维护人员单独填写维护保养记录，其他设备可以按照工艺段或工号顺序按类填写维护保养记录。维护保养记录应包含设备基本信息、检查内容和结果、更换的油或备品配件型号、数量等详细内容，以及维护保养后设备运行参数和状态。

水厂每月对设备维护保养工作进行核查和汇总，填写设备维护保养月报表，并归档。

年度设备维护保养计划完成率要求达到100%，如果对设备维护保养计划进行调整，要说明理由并做好记录。

设备维护保养工作必须保质保量，按照技术规程规定的内容把维护项目做全、做到位。严格保证维护保养材料的质量，从采购源头抓起，严防假冒伪劣产品。

合理使用设备维护保养材料和工器具，提倡节约、反对浪费，做好维护保养材料的领用、退库工作。

仪器仪表的定期校核属于仪器仪表维护保养的重要内容之一，应当按照使用说明书或相关标准的规定进行定期校核，其中国家或当地政府部门有明确规定必须由专门机构校核的在线水质仪表、化验仪器等，应按照规定予以校核。校核后的相关资料保存于设备档案内。

下述停用和备用（包括冷备和热备）设备（包括但不限于）：离心鼓风机、罗茨风机、离心水泵、离心式脱水机等，应根据设备维护保养及其安全技术规程定期进行保养，上述设备的转动部件盘车间隔时间不超过1d或按照设备说明书要求，热备设备的运行切换时间一般不超过3d，最多不超过7d。

设备维护保养的安全管理也是必须重视的工作。设备维护保养过程中要严格遵守工作程序、安全注意事项和防护措施，确保人身设备安全。

280 设施维护保养包括哪些类别？

水厂设施维护保养包括日常保养、定期维护和设施大修三种主要类别。其中，日常保养主要应检查运行状况，保持设备、环境卫生清洁，按规定润滑传动部件。定期维护工作应包含定期对设施的巡检，对异常情况及时检修或安排计划检修，并根据需要进行全面强制性的检修。

在水厂设施大修中，应有计划地对设施进行全面检修及对重要部件进行修复或更换，使设施恢复到良好的技术状态。

281 设备润滑管理的要点有哪些？

设备的良好润滑是延长设备使用寿命、保证设备安全可靠运行的前提。设备润滑管理是设备维护保养管理最重要的内容之一，水厂应结合厂内设备实际情况制订切实可行的润滑管理标准，严格要求、规范操作。

设备润滑管理必须坚持“五定”原则，即：定人、定点、定期、定质、定量。水厂制订的设备维护保养及其安全技术规程必须把设备润滑标准作为重要内容进行规定。

设备润滑标准编制的依据包括设备制造厂家提供的设备使用说明书和图纸，以及国内外同类设备的实际资料。标准应规定设备润滑部位、周期、数量、润滑方法和润滑油（脂）的品种、规格。

润滑油（脂）的正确采购和科学存储是做好设备润滑的基础。正确选购润滑油（脂）和加油器具，尽量采购进口或国产优质品牌的油品，所购油品必须符合参数要求，有检验合格证，注意质保期和储存方法。严禁使用假冒伪劣和过期产品。

润滑油（脂）的正确使用是做好设备润滑的关键，润滑记录中的“润滑标准”各项目应当填写清楚，作为润滑的标准依据。研究分析润滑油脂劣化的原因、变化趋势，找出正确的润滑方法。

废润滑油（脂）合理利用与处理。对于能够再加工利用的油（脂）要进行回收处理；对于无法利用的废润滑油（脂）要按照国家相关规定妥善处理，防止造成污染。

282 设备防腐管理的要点有哪些?

由于水厂设备的使用环境较为恶劣，防腐工作在设备管理中的重要性尤为突出，所以水厂应当进一步提高认识，加强管理，以确保设备防腐性能满足正常生产的需要。

水厂应根据厂内设备及设施的实际工作情况，编制设备和设施的年度防腐计划。设备和设施的防腐工作由水厂组织实施。如果采用委外作业，委外防腐工程在实施前必须签订防腐施工合同，合同条款应明确工程验收标准、工程量、质保期及质保金等。防腐实施工作记录于设备和设施的防腐记录表。

283 设备维护保养的检查与考核包括哪些内容?

设备维护保养的主要考核指标包括设备完好率、年度设备维护保养计划完成率和设备维护保养费用。针对给水厂的特点，建议设备完好率不应低于96%，年度设备维护保养计划完成率达到100%，设备维护保养费用控制在责任目标内。

水厂应对设备维护保养过程进行监督检查，对维护保养原始记录进行统计分析，核算设备完好率。

设备的维护保养质量和设备完好率的考评可以根据水厂管理需求纳入对各部门、各岗位的绩效考核。对于不按照标准规范维护保养，导致设备损坏的，一经查实应按照相关规定对责任人进行处理。

一般设备维护保养完成后，由维修班长组织验收；关键设备的维护保养由设备管理部门组织验收，验收合格后由验收人签署验收意见，将设备移交给具体使用部门。

在基础数据完善的条件下，水厂可以对设备日常维护和定期保养工作制定工时定额和物资消耗定额，每月进行核算、考核，提高员工的工作效率，降低维护成本。

284 设备安全经济运行管理包括哪些内容?

水厂应加强设备巡检安全管理。巡检人员应特别注意电气设备巡视安全距离、严防有毒气体伤害、防止滑倒跌落等。

生产运行部门和设备管理部门要通力合作，对设备运行操作、巡检及其安全技术规程执行情况进行督促检查；定期对运行操作巡检人员进行培训，提高专业技能和安全意识；定期对设备运行操作及巡检记录、故障记录进行分析总结，掌握设备运行状况，为制定设备维护保养、维修计划提供依据。

水厂应每季度组织设备管理部门和生产运行部门对设备运行参数进行分析，计算设备能耗、效率等经济运行参数，分析总结提高设备能效的方法。

水厂可提倡员工对设备安全经济运行提出合理化建议，集思广益，对实施后效果良好的建议人进行奖励。

285 设备维修的主要类别有哪些?

设备维修主要包括预防性维修和纠正性维修两大类。

预防性维修是以设备运行时间为基础进行的维修方式，具有对设备进行周期性修理的特点。根据设备的磨损规律、维修周期、维修难易程度等事先确定修理类别（大、中、小修）、修理间隔期（月、季、年）及修理工作量（工时、费用）。预防维修所需的备件材料可以预计，因此可作较长时间的安排，修理计划按设备的实际运行台时数合理安排。设备预防维修包括日常安排进行的中、小型维修和大修（含委外维修）。

纠正性维修是指设备发生故障或性能、精度降低到工艺最低要求水平以下时，所进行的非计划性修理。设备的纠正性维修可采取一般维修或应急抢修方式。

按设备维修的复杂性和难易程度，可以将设备维修分为设备日常维修和设备大修理两类。

286 设备日常维修的工作要点有哪些?

水厂设备管理部门负责设备日常维修工作的组织实施。日常设备维修通常按以下三种方式安排实施：计划维修、通知维修和应急抢修。

① 计划维修　计划维修是设备管理部门会同生产运行部门组织技术人员、维修班、运行班每月对设备状态进行分析评估（设备完好率检查），根据评估结果、运行巡检记录制定月度维修计划，对设备进行计划检修。

② 通知维修　通知维修是指运行值班人员发现设备异常或故障，通知维修班或设备管理部门进行维修。生产运行部门出具维修通知单给设备管理部门，设备管理部门安排维修班维修，维修后设备管理部门和生产运行部门共同验收，签署验收意见。小修项目也可由运行班直接通知维修班维修，维修班维修完成后及时向设备管理部门备案。

③ 应急抢修　关键设备突发性故障影响生产正常运行，需要立即抢修的情况下，设备管理部门组织维修人员应急抢修。重大故障按照应急预案由水厂领导组织抢修，必要时可以申请委外抢修。

287 设备维修的成本控制、检查与考核有哪些要点?

水厂制定设备维修方案应当坚持经济适用的原则，编制合理的预算计划。设备委外维修（服务）和配件采购应当根据水厂的采购管理制度进行招标、比价或其他规范的采购方式进行采购。

设备维修过程中要控制维修材料的领用、使用，执行物资回收制度，严禁浪费。设备维修记录要核定每个维修项目所花费的工时和材料费用。

水厂负责设备日常维护费用和设备大修理费的控制和使用。每月初设备管理部门负责统计分析上月设备日常维护费用和设备大修理费的使用情况，并与财务部门对账。

设备维修的主要考核指标包括设备通知维修完成率、设备维修计划完成率和设备维修费用。其中，应要求设备通知维修完成率达100%，月度设备维修计划均按时完成，设备维修费用控制在预算范围内。

设备管理部门应对设备维修过程进行监督检查，发现违规操作要及时纠正并进行处罚，确保维修质量和维修安全。对设备维修工作制定工时定额和物资消耗定额，提高维修工作的质量和效率，合理控制相关成本。

与维护保养一样，设备维修计划完成率和维修质量的考评也可以纳入部门及岗位绩效考核。对于不按照标准规范维修，导致设备损坏的，一经查实应按照相关规定对责任人进行处理。

288 设备委外维修（服务）管理有哪些要点?

设备委外维修（服务）是设备维护保养、设备维修或大修理的一种实施方式，内容包括委外零配件加工、委外维护、委外防腐、委外修理、委外安装、委外调试、委外清洗或委外清淤等委外服务事项。

设备委外维修（服务）项目方案应包括设备状况评定、实施理由、方案的可行性分析与技术经济比较、实施方案、预算、付款方式等内容，要求理由充分、选型比价资料齐全、方案合理、表述清楚、预算合理。

设备委外维修（服务）项目批准后，水厂应与承修单位签订书面维修（服务）合同。合同条款应包括委外维修（服务）项目的名称、维修（服务）内容，质量要求及验收标准，维修（服务）费用和付款方式，质量保证及双方应负的责任和义务，争议解决方式等基本内容。条款应当详尽、明确。

设备委外维修（服务）项目实施过程中，水厂应当安排专业技术人员或维修人员积极参与设备维修工作，虚心学习维修技术，协调维修进度，监督控制维修质量，收集相关维修资料。

289 设备大修管理实施有哪些要点?

设备的大修理是指对设备的全面维修，使设备完全恢复精度和额定工作能力，需要对设备所有零部件进行清洗检查，更换和维修主要零部件，调整机械和操作系统，配齐安全装置和必要附件，按设备出厂时的性能进行验收。

因专业维修技术力量不足、维修工器具不具备等原因造成水厂无法完成设备维修工作的，可以采用设备委外维修服务的形式，委托外部公司承担相应工作。

（1）设备大修计划管理

每年水厂应编制年度设备大修计划表，大修计划应包括设备状况评价、大修理由、大修方案、预算、计划实施时间等内容。

（2）设备大修组织实施

设备大修方案应包括设备状况评定、实施理由、方案的可行性分析与技术经济比较、实施方案、预算等内容，要求理由充分、选型比价资料齐全、方案合理、表述清楚、预算合理。

(3) 设备大修的验收

设备大修完成后，由水厂组织相关技术人员对设备大修质量评定，并填写设备大修验收记录表。如果验收不合格，需返修。大修完成后及时将设备大修资料整理归档。

290 设备新增重置改造的条件和管理内容有哪些?

(1) 改造原则

水厂不可盲目新增设备，确有需要新增设备时需要进行需求评估，主要包括以下几个方面：

① 为满足工艺扩建、改造或优化的需求，必须新增设备；

② 为提升安全防护等级的需求，必须新增设备；

③ 为新增工作项目的需求，必须新增设备。

(2) 前提条件

对于现有设备的重置改造，也需要评估相应的前提条件，主要可参考以下内容：

① 设备已超过设计使用寿命，其主要结构和零部件已严重磨损，使用效能达不到设计工艺最低要求，无法修复或修复费用已超过重置改造价值的 1/2；

② 设备因意外灾害或重大事故受到严重损坏，无法修复使用的；

③ 设备的现状严重影响生产和使用安全，继续使用将会污染环境，引发人身安全事故与危害健康，进行维修改造费用超过设备价值的 1/2；

④ 设备的技术性能落后，能耗较高，精度不符合要求，或已无配件来源；

⑤ 设备需要经常维护和维修才能使用，维护维修成本过高，且维修和维护后已严重影响其使用功能；

⑥ 因生产工艺更改，现有设备不能满足生产运行的要求；

⑦ 国家明文规定必须淘汰停用的设备；

⑧ 虽然没有达到设备设计使用寿命，但已达到其经济寿命；

⑨ 由于技术进步，性能效率已远远落后于同类产品的设备。

(3) 管理内容

设备重置改造的管理内容主要有：

① 水厂负责设备重置改造方案的编制，并严格按照方案组织实施和验收工作。

② 设备重置改造应遵循“技术先进、经济合理、管理方便”的原则，以适合工艺运行需求为目的。设备的技术经济分析是制定设备重置改造方案的基础，是保证方案合理的重要手段。

③ 设备管理部门应严格控制设备重置改造项目的过程管理，严格控制设备采购、安装、调试、验收等方面进度、质量、资金、安全的管理，确保设备重置改造的成功。

291 设备新增重置改造年度计划的编制要点有哪些?

编制年度设备新增重置改造计划具有技术性强、涉及费用高、需多部门协调配合才能完成等特点，因此应列为水厂最重要的工作之一。最终形成的设备新增重置改造计划应当包括设备现状、原因分析、初步重置改造方案、计划实施时间和预算明细等内容，便于下一年度实施时依照落实。

在制定设备新增重置改造计划前，必须组织设备管理部门会同生产运行部门一起对工艺、设备状况进行充分的调研分析评估，只有满足设备新增重置改造条件才能列入设备新增重置改造计划。分析评估要求包括以下三点：

① 对设备现状和历史档案进行调研分析，分析设备存在的主要问题，判断是否满足设备新增重置改造的条件。水厂领导要组织设备、生产运行部门相关技术人员通过分析工艺、设备运行记录、维护维修、大修记录等信息，评价工艺需求和设备运行状况，以此为依据确定设备新增重置改造的必要性。

② 设备新增重置改造要有可行的方案。多方案、多视角对设备选型进行技术经济分析，确定性价比高的方案作为初步方案。

③ 设备新增重置改造项目预算须合理。项目预算包括项目所需的设备、材料费用及安装调试费用，并经过初步询价比价及核算，各项费用须合理，对不合理的费用要进行分析修正。对项目实施后的经济效果进行预测分析，进一步判断项目实施的必要性。

设备新增重置改造的方案编制工作非常重要。对于水厂来说，尤其是节能技改工作的方案编制工作应受到足够的重视，方案应至少包括现场技术参数的测算、校核，如水泵扬程、流量等关键参数等；新增重置改造的设备的初步选型、询价等内容。水厂可以邀请设备生产厂家现场勘查，出具现场技术参数并提供推荐的选型方案。对于节能技改项目，水厂在初步询价的基础上，对比设备技改前的实际能耗与技改后预估能耗，差值作为估算节能量，用直接投资金额和估算节能金额来计算节能技改投资回收期。

方案应包括以下几个部分内容：

① 现状问题简要描述和分析；

② 拟技改选型方案，包括设备主要设备技术性能参数及曲线、比价材料等；

③ 节能效果核算、投资回收期分析；

④ 主要参数的校核分析，如水泵需要重新核准扬程、流量，鼓风机需要风量、风压核准，核准过程要以当前运行工况为主，兼顾考虑设计工况和将来变化趋势。

292 设备新增重置改造项目的实施要点有哪些?

设备新增重置改造计划执行前，水厂应组织设备管理部门和生产运行部门重新对工艺、设备状况进行评估，根据评估结果优化实施方案，或者决定提前、暂缓、取消重置改造计划。

(1) 重点关注内容

新增重置改造实施应重点关注以下内容：

① 设备重新评估报告。

② 实施方案：包括设计图纸、设计说明；设备规格型号、主要技术参数；安装、调试、试运行方案，人员组织方案，进度计划，工艺调整方案，安全保障方案等。

③ 实施费用清单。实施方案中应包括明确的设备、材料、安装调试费用等，并经过符

合水厂要求的采购程序确定。设备采购、合同与付款、到货验收等管理须按照水厂的相关管理办法执行，严格控制项目支出在预算范围内。

（2）实施要点

水厂设备管理部门负责组织设备安装、调试和试运行，实施过程中应重点做好以下几点：

① 水厂要成立项目实施小组，设备管理部门牵头，生产运行部门积极配合，水厂负责人须对项目实施全过程进行有效监督和支持。

② 按照新增重置改造实施方案，水厂组织精干力量积极参与到设备的安装、调试、试运行工作中，确保设备安装质量良好、调试合格、试运行达到设计要求。

③ 项目实施期间尽量保证生产正常运行，运行值班人员严格执行工艺调整方案，发现问题及时汇报、调整。

④ 项目实施过程要与培训相结合，为设备运行、维护维修奠定基础。实施过程中要做好记录，及时收集实施过程资料和设备技术资料。组织设备操作、巡检、维护维修及其安全技术规程的编写，并对运行、维护维修人员进行培训。

293 设备新增重置改造项目的验收与评价要点有哪些？

新设备试运行期间，水厂设备管理部门可对重置改造项目进行初验，初验合格再组织最终验收。新设备试运行期间，项目验收小组须密切关注新设备运行情况，认真做好试运行记录，发现问题及时妥善处置。

新设备试运行出现较严重的质量问题时，由项目验收小组签发设备新增重置改造项目实施整改通知单，项目负责人组织整改，并填写整改记录，直至试运行验收合格。

建议在新设备试运行一周后（复杂设备的试运行期可以视情况适当延长），验收小组对项目实施结果进行评价，收集相关资料、分析运行数据，对重置改造前后的技术经济效果进行评价，出具设备新增重置改造项目验收报告。验收合格后，新设备投入正式运行。

项目验收小组须认真核查交验设备技术资料归档情况。重置改造项目存档资料应包括：重置改造项目申请报告、项目实施方案、各种审批文件、设计（竣工）图纸、工程建设资料、设备随机使用手册、合格证、设备安装调试记录、项目验收资料等。

设备新增重置改造验收合格后，水厂应严格按照项目实际成本费用发生情况进行项目决算。

294 设备新增重置改造项目的安全管理要点有哪些？

设备新增重置改造实施方案中要包含重置改造安全保障方案，详细规定设备安装、调试、试运行的安全保障措施和应急预案，将项目实施对生产正常运行的影响降到最低。

项目实施过程中对实施人员要首先进行安全交底，进行安全保障措施的培训和教育，并组织监督检查。

设备调试人员在调试前要首先把设备的安全运行注意事项了解清楚透彻，反复检查电气系统、安全保障系统，无误后才能启停设备。

加强设备调试、试运行期间的巡检工作，做好运行记录，做好数据的统计分析，发现问题及时报告、处理。

295 设备停用管理要点有哪些?

(1) 停用条件

满足以下条件的设备可以申请设备停用：

① 设备完好，但因工艺改进等原因已不再需要该设备；

② 设备完好，但设备性能已不能满足生产需要，已被替换；

③ 经过3～6个月运行验证，设备停用后对生产运行和产品质量没有影响，停用后可以减少维修或维护费用，可降低能耗，节约运行成本；

④ 设备不完好，不再使用，但又不符合设备报废条件。

(2) 停用手续

预备停用的设备应按照以下的步骤办理停用手续：

① 设备管理部门根据设备在生产中所发挥的作用及其运行状况、维护维修等情况提出拟停用设备的评估报告；

② 符合申请停用条件的设备，由设备管理部门提出设备停用方案（包括设备停用后的维护保养措施和实施周期）；

③ 设备停用应经水厂负责人审核审批，设备停用后须及时对设备台账进行备注。

(3) 管理及处置

停用设备仍作为水厂的固定资产进行管理，但根据具体情况，停用设备的管理及处置有以下要点：

① 作为冷备设备；

② 设备停用后，由设备管理部门对停用设备进行妥善保存，并按停用方案对停用设备进行维护保养，并做好记录。

296 设备工单管理的要点有哪些?

工单是岗位标准化作业程序，工单管理包括工单分类、工单创建（编制）、工单执行程序以及工单考核评价等。

工单内容包含工单类型、工单名称、工单模式（内容）、工单来源、发单人、接单人、工单执行节点及流程、工单状态、工单考核评价要点及标准等。

将复杂工作任务分解成标准化工单是工作标准化的核心。水厂设备管理人员按照工作任务分解成一个或一组工单，填写工单内容并设置工单执行流程，形成工作标准化成果。

按照通用性、专业性、工作难度和协作程度划分，工单可以分为三级：

① 一级工单　一级工单主要指水厂通用型工单，其执行人员可以不限部门，不限岗位，如清洁绿化、物品搬运、水质采样、一般设备设施维护保养等。如果水厂管理有相应需求，一级工单可以采用抢单式派发，激励员工多劳多得。

② 二级工单　二级工单应该规定执行部门和执行人员的岗位，是水厂内各部门权限内

的标准化任务，涵盖在岗位职责之中，如巡检工单、维护保养、一般维修工单等。

③ 三级工单　三级工单是专业性强且需要跨部门协同工作的复杂工单，具备规定的工作流程，数据和其他工作记录应根据流程进行相应的流转。三级工单适用于水厂内外协同工作的复杂任务或非标准化任务，如大修重置改造事项、工艺技改、应急预案处理等。

对于常规的周期性设备管理工作，例如设备巡检、维护保养、大修周期，其定额关联工单周期性下达，避免预防性过修和失修；大修技术规程应对关键设备的大修周期、大修费用（包括人工费用和材料备件费用）进行定额管理，提高效率。

297 设备工单绩效考核包含哪些内容？

对于实行设备工单管理的水厂来说，工单是绩效考核的依据，可以根据设备工单的完成情况进行员工的绩效考核。工单考核是指按照各类工单绩效考核指标进行评价分析，并明确评价标准和方法、计算公式，得出考核分数。工单考核的依据是工单评价汇总统计表。

工单评价一般由下发工单的人员负责，也可以由上级领导对工单完成情况进行评价。工单评价主要包括对工作完成质量进行评价，对工时进行审核分析，对完成效率、维修成本进行评价；还应对工单派发合理性、完成时限等工单编制质量和执行程序进行多维度评价；对设备故障经验教训分析总结，对工单进行优化修订。工单评价指标可以包含以下内容：

（1）工单质量评价指标

① 完成质量　考核人对工单完成质量进行评价，评价是否符合质量标准，是否有创新性。

② 编制质量　评价工单内容是否合理，工作程序是否合理。编制质量指标主要考核发单人或工单编制人。比如权限内本身应该自行处理的工单向上级或其他部门推送，被退回的无效工单。

（2）工单时效指标

① 工时和时限　工单流程审批时限和工单执行工时、等待工时、延误工时；延误原因（审批延误、物资延误、安全许可延误、其他延误）。

② 完成率　工单下达数量（一般工单、紧急工单）、工单完成数量（一般工单、紧急工单）、工单延误数量（审批延误、物资延误、安全许可延误、其他延误），计算工单完成率（区分及时率、延误率）。

（3）工单成本指标

统计每张工单的工时、人工成本、物料成本、工具成本、服务成本，分析总成本、分项成本是否在合理区间，以此评价工单成本的合理性。评价有无节约成本的措施和方法。

（4）工单技能等级指标

工单的技能等级指标可以根据工单中所含任务的难度系数和技术含量确定。如果水厂采用工单技能等级指标进行管理，则在发单时就可以匹配相应技能等级的员工执行工单。

298 设备设施的固定资产管理包括哪些内容？

水厂应建立固定资产台账，承担固定资产维护、维修管理及保持完好的责任。各部门应建立所使用设备的分类台账：生产运行部门建立生产设施、化验设备的分类台账；行政综合部门建立包括办公楼、食堂、取暖、绿化等生活设施、办公设备和车辆的设备分类台账；设备管理部门建立生产设备分类台账，并负责设备总台账的维护管理。

其中，对于生产设备设施而言，设备台账包括生产设备、辅助生产设备和工器具等；设施台账包括建筑物、构筑物、管道等。设备台账作为生产设备设施固定资产管理的明细，是设备管理的重要凭证，其主要项目应与固定资产台账一致、数据相符。设备转固定资产前应根据管理需要进行编号和分类。按照统一的格式对设备进行标识，制作设备标牌。

水厂在对固定资产进行重置、改造、转移、停用、报废等变更前，应及时将变化记录入台账中。水厂每年底组织设备管理部门和财务部门进行一次生产设备设施固定资产的对账盘点，对固定资产进行细致的状态调研分析评估，找出设备设施存在的问题，研究整改方案，作为编制下一年度的设备重置改造计划的依据。

299 水厂常用的物资主要有哪些类别?

物资统指有价值的生产、生活资料，主要是指水厂在生产、生活中所需要的设备、备件、材料。水厂常用物资按其用途分类一般分为以下几类。

① 设备　包括生产、办公、后勤用的各类设备，也包括处于库存或闲置、报废状态的非在用设备。设备非在用状态时既作为物资管理，又须按照相应的设备管理办法管理。

② 设备备件　分为关键设备备件、一般设备备件。关键设备备件是指鼓风机、水泵、脱水机、变配电设备、在线仪表等水厂关键设备的备件。

③ 原材料　是指生产用净化、消毒等所用药剂。该类物资用量大、一般批量采购，也称为大宗物资。

④ 管线管件　是指供水管网建设、维修所用的管道、管件及阀门等，一般批量定点采购，也称为大宗物资。

⑤ 生产材料　主要包括设备、设施的维护维修材料。

⑥ 化验试剂和化验用品　由于化验试剂、化验用品有特殊的管理要求，因此从生产材料中单独分离出来管理。

⑦ 工器具　包括维护维修用工具、仪器，防汛、消防器具等。

⑧ 办公后勤用品　包括办公、清洁用品、耗材、厨房、绿化用品、安保用品等。

⑨ 其他用品　以上类别之外的其他物资。

300 物资库存管理有哪些要点?

(1) 物资的库存分类

为了便于库存物资的管理，按照物资类别、存放要求以及用途，将水厂常用物资进行分类。物资应按照类别放置在库房，以便于查找和管理，物资台账应按照类别建立分账目，与库房物资一一对应。

(2) 物资的入库验收

物资到货后，由采购部门组织使用部门对物资的数量、规格、质量等方面进行验收。经验收合格的物资，填写物资验收单，由库管员入库。如果采购物资验收不合格，则采购单位必须调货或者退货。

(3) 库房管理

物资库房必须具备防潮、防火和防盗措施，确保物资不受到损坏和丢失。物资必须分类存放，摆放整齐，并进行标识。化学危险品的管理按照有关法律法规的规定执行。

(4) 物资的账务管理

物资管理人员对库存物资必须及时建立物资台账和标识卡片，认真做好账、卡、物管理，做到账、卡、物相符。

(5) 库存物资的上下限管理

为满足设备设施维护维修对物资的需要，缩短维护维修时间，同时又避免库存物资占用大量资金，水厂应当根据设备设施维护维修周期科学预测、合理设置各类备品备件的库存量，即确定物资库存的上限和下限数量。

库存物资的上限和下限可以在物资标识牌上标示清楚，便于日常管理。库房管理人员应当对发放物资的库存量与库存上下限进行核对，当物资的库存数量低于下限时，应及时将该信息填写物资库存信息反馈表并反馈给使用部门，以便及时购买补充。补充后的数量不得超过库存上限。

(6) 物资的领用

物资领用时，领用部门应根据水厂管理要求填写物资领用申请单，经批准后方可领用。

可回收物资的领用执行“以旧换新”的原则，即凭拆换下的废旧物资领取新物资，特殊情况下无法交回废旧物资时，库管人员要进行记录，并限期追缴。

物资领用时须填写发料单，完成签字手续后方可发放物资。

(7) 物资发票报销

采购人员应核对发票内容与所购实物是否相符，凭物资入库验收单、发票，经主管领导审核签字后，送交财务报销。

领用后的物资，库管人员应及时将发料单送交财务，以便作列销处理。周转材料的摊销由财务部门按有关规定执行。

(8) 物资回收和退库管理

物资管理必须严格执行以旧换新制度，将回收的已损坏的且有回收价值的物资分类集中存放，标识清楚，并填写物资回收登记表，统一处理。对于已失效的润滑油等附属油品，应当统一回收，不得随意排放；对于有利用价值的物资，应当建立回收物资台账，按照正常物资的领用手续领用、记录，积极合理利用回收物资；对于管道工程、设备维护维修剩余材料，必须及时办理物资退库手续，退库物资必须登记，旧物资要登记造册，便于查询。

301 物资的入库验收要点有哪些?

物资入库，应先入待验区，检验不合格不准进入存货区，更不准发放和投入使用。

物资购回后，采购人员主动到库房办理入库手续，库管员应根据采购单、送货单、随产品数据和发票对进厂器材的外观、封装、名称、型号、规格、质量、数量逐项核对，详细检查。完整无损和证物相符后方可接收，并按入库单的要求签字。验收中发现的问题，采购人员要及时处理。

对有一定的技术和质量要求的有关设备和器材，相关技术人员配合进行验收，合格后方可办理入库手续。

物资经验收合格后，填写物资验收单，由库管员入库。对于一般物资的验收要在24h内完成；对批量大、技术复杂的物资可适当延长验收时间，但建议不要超过3个工作日。

物资附带的有关证明书、技术资料、图纸、合格证、化验单、质量证明单等必须核对点清，妥善保存。采购人员必须将物资的保管办法及注意事项告知库管员。

在物资验收过程中发现与采购计划或原票据不符合时，按以下情况分别进行处理。

① 数量短缺时：当实际数量与计划数量相比短缺时，应按实际数量验收入库，短缺的部分要求采购人员及时补足；当实际数量与票据数量相比短缺时，应当查明原因，根据情况分别按实际数量入库或暂不入库处理，情况严重的，应当追究有关人员责任。允许存在损耗的物资在验收时发生的差异在误差允许范围内，视为正常。但如果某供应商的供货数量一直存在负偏差，应当与供应商协商并加以解决；如果差额超过允许值，应当缓收，并及时通知供应商补足。

② 质量不合格时：应当拒收，物资退回供货单位，重新购买；当不能退货时，应当追究有关人员责任。

③ 规格不符合时：应当及时更换或退货处理；不能退货，又不能按等同价值另作他用，则应当追究有关人员责任。

不进入仓库而直接运送至生产使用现场的物资，如药剂、建筑材料等，物资的入库验收、使用统计、库存管理与普通入库物资的管理一致。

302 库房管理包括哪些内容?

物资库房必须具备防潮、防火和防盗措施，确保物资不受到损坏和丢失。物资必须分类存放，摆放整齐，并按照规定进行标识。化学危险品的管理按照有关法律法规和水厂有关规定执行。

库存物资必须全部建立保管台账，根据物资保管要求，做好油封、防锈、防腐、防老化等维护工作，确保物资质量。有油封期和保管期的器材，应按期进行油封或定期复检。保管员应在到期前两周完成以上工作，需要报废的根据相关程序报废，并再申购。

材料库房要布局合理、整齐清洁、安全防盗。材料的码放要科学化、技术化，凡吞吐量大的落地堆放，周转量小的用货架存放，按类分区，摆放整齐，横向成线，竖看成行，道路畅通，无积存垃圾杂物。同类物资堆放，要考虑先进先出，发货方便，留有回旋余地。露天存放的材料，垛底要牢固，防止雨淋、日晒造成损失。所有物资堆放必须留有消防通道。

库管人员对库存物资要勤保养、勤打扫、勤通风、勤晒晾、勤整理、勤核对，使材料不锈、不潮、不坏、不变形，做到日清月结，实物与记录相符。

库管人员对库存、代保管、待验材料以及设备、容器和工具等负有经济责任。库房物资如有损失、盘盈、盘亏等，库管员应及时分析原因，报部门领导，查明责任，按规定办理报批手续，金额较大应及时向总经理反映。库管员不得采取“盈时多送、亏时克扣”的违纪做法。

库管员必须严格贯彻执行安全防火制度，无关人员不得任意进入库房，如有违反，库管员应负责制止，否则照章处罚。每天检查不安全因素并及时纠正，做好十防工作：一防火种，二防雨水，三防潮湿，四防锈蚀，五防变形，六防变质，七防盗窃，八防破坏，九防人身事故，十防器材损伤。

库房内及其附近应设置消防器材，门口有消防器材配置图。

凡易燃、易爆、剧毒等危险品应与其他材料隔离保管、单独存放，严格收发。

材料库房防盗门窗每日由库管员检查、锁好，做好防盗工作。

303 设备备件管理包括哪些内容？

(1) 备品备件的范围

① 各种配套件，如滚动轴承、皮带、链条、皮碗油封、液压组件、电气组件等。

② 设备说明书中所列出的易损件。

③ 传递主要负载而自身又较薄弱的零件，如小齿轮、联轴器等。

④ 经常摩擦而损耗较大的零件，如皮带、滑动轴承等。

⑤ 保持设备主要精度的重要运动零件，如主轴等。

⑥ 加工困难、生产周期长、需要外单位协作或制造的复杂零件。

⑦ 直接影响生产的关键（重点）设备，应储备更充分的易损件或成套件。

⑧ 备品备件不包含常用标件（如螺钉、螺帽等）。

(2) 设备备件储备的基本原则

① 从维护和维修实际出发，满足设备维护维修需要，保证设备正常运转。

② 重点设备及停工损失很大的设备，其备件应优先储备，储备品种也应适当增加。

③ 同型设备的数量较多，在已经掌握了零件的磨损规律的情况下，为减少维修工作量和时间，可适当扩大备件的储备品种。生产用重要设备的备品备件和采购周期长、采购难度大的备品备件，作为主要备品备件。

④ 备用设备较多的设备备件可以不存或少存。

⑤ 易于采购的、通用性的备件可以不存或少存。

(3) 备品备件数量依据制定方法

① 设备管理部门建立主要设备的备件台账，根据生产厂家设备说明书和相关标准以及实际使用数量、损坏周期、采购周期等因素确定每种备件的技术参数、备件数量、供货渠道等。设备备件台账的内容根据设备状况、供货渠道的变化每年修订一次，作为库存备件数量和采购标准的依据。

② 使用周期低于一年的易损件原则按照50%备用，非易损或更换周期较长的备品备件按照10%～20%备用。

③ 同时投产设备的数量。当设备使用到一定年限时，多台同种设备的某些零件将会出现同时达到磨损极限的情况，即出现消耗高峰。在此之前，应适当增加备件的储备品种和储备量。

④ 零件的通用化程度。生产厂家不同、出厂年月不同、机型不同的设备，凡能通用或

互相借用的零件，应统一考虑，以减少备件的储备品种。

⑤ 每年根据实际情况修改一次最低库存量表。

(4) 备品备件的补充

① 库房管理人员应依据备品备件最低库存量表中的项目经常核对和检查。

② 库房管理人员依据表中所列项目，在检查中发现主要备品备件实物达到最低库存量时，填写申购单向材料计划员提出采购需求。

③ 备品备件应根据设备维护维修计划和对设备状态的判断编制采购计划，每月逐步填充库存，切勿一次性采购过多，占压库存过重，并造成维护维修资金无法充分利用。

304 物资的账务管理要点是什么?

物资管理人员对库存物资必须及时建立物资台账和标识卡片，认真做好账、卡、物管理，做到账、卡、物相符。

对库存物资每月月终盘点一次，组织有关人员对库存物资进行盘点，要求账、卡、物相符，参加盘点的人员不得少于两人，同时填制库存物资月盘点表。如有盘亏或盘盈，应书面写明原因上报。

每月月终将物资收入、支出和库存等情况记入物资收支存明细表，与财务部门核对账物是否相符，并存档备案。对物资出现盈亏的要查明原因，编制盈亏报告，报有关领导批准后作相应处理。

物资账册应符合以下要求：

① 记账标准、准确、字迹清楚、账面整洁、项目详细。

② 单据定时装订成册，保持完整，查找有据。

③ 库管员每月月初结出上月收、耗材料汇总表，每年初结出上年收、耗材料汇总表上。

库管员工作调动时必须办理账务移交手续。

305 设备供应商评价应该注意哪些事项?

设备供应商应具备以下基本条件：

① 供应商为产品直销单位或授权代理商，本地有固定的经销场所，或者非本地但能及时供货者；

② 经销单位常年有产品库存，能够保证供应者；

③ 所经销产品为业内质量信誉较高的产品；

④ 价格合理，信誉良好，服务及时到位。

进行设备供应商评价时，应注意以下几个方面：

① 该供应商的所供产品是否有明显的性价比优势；

② 该供应商是否存在重大的产品质量、服务质量等方面的问题；

③ 该供应商是否存在不佳的社会信誉；

④ 该供应商提供的资料是否真实、有效；

⑤ 对供应商的评价必须坚持实事求是的原则，对所填报的信息要负完全责任，必须多

方求证，力求信息准确可靠。

306 设备信息管理包括哪些内容？设备档案应该涵盖哪些信息？

设备信息管理主要包括设备基本信息、设备运行信息和设备档案资料的管理。

设备基本信息以设备台账和设备备件台账为载体，包括设备基本参数的记录、统计、分析、变更管理，保持数据的准确性、完整性、可利用性。设备基础信息作为设备管理的设备信息源，每台设备独立创建，设备编号作为设备的唯一识别码，贯穿设备的全生命周期管理，务必准确可靠。

设备运行信息是指在设备运行、维护、维修过程中产生的数据，是进行设备状态评估的基础。设备管理部门应通过规范值班运行日志、维护保养记录、维修记录以及相关的检查评定、统计分析等，做好数据的采集、整理工作。包括：设备信息卡、基础运维库、设备运行状态、设备履历、全周期成本信息，其中设备履历应当包括设备维护保养记录、维修记录、大修记录等重要内容。

设备档案资料管理包括对设备原始资料的管理和运行中产生记录（文本和电子版）的管理，设备管理部门应规范设备档案资料的入档、保存、借阅、封存、销毁等工作。

水厂应按每台设备建立档案卷宗，保存在资料室，设备档案应当包括前期技术资料以及生产运行和管理记录等。

设备的前期技术资料主要是指设备的采购计划、订购合同、设计资料、使用说明书、检验合格证、装箱单、安装记录、交接验收资料等，包括但不限于：设备购置（重置）计划表、设备购置（重置）申报表、设备订货合同书、设备开箱检查验收单、设备入（出）库单、机械设备安装精度检验记录单、设备安装调试的试运行记录及相关图纸资料、设备资产转固手续。

除前期技术资料外，对设备运行中产生的各种维护、检修、大修记录以及相关会议、培训、检查等原始记录应每月收集整理，归档至设备档案。资料内容包括设备巡检记录表、在线仪表维护/校验记录、设备润滑记录表、设备防腐记录表、设备维护保养记录表、设备设施维护维修费用核算表、设备运行时数统计表。

此外，年度设备大修重置改造计划及执行情况、年（月）度设备维护维修计划及执行情况、设备月报表等应每年整理归档一次。设备管理制度、工作标准每年修订后归档一次。设备台账修订记录应归档。

307 设备现场标识标牌应包含哪些信息？

设备标识牌需列清名称、编号、规格型号、厂家、出厂日期、技术参数，悬挂位置适宜；主要工艺设备应有明显编号标识（便于区分同类多台设备）。

设备应设置运行状态标识牌，阀门应设置开启状态标识牌；风机、水泵电动机应设置转向标识。

不同类型管道（非隐蔽工程）需标识介质名称、识别色、流向。

308 设备月度管理分析有哪些要点?

月度对设备管理工作开展统计与分析，形成管理分析报告（包含但不限于上月问题整改情况、计划与工单执行情况、工时统计与分析，设备维护维修费用预算及执行情况、大修重置改造计划及执行情况、经济运行情况、设备人员绩效考核，管理难点、改进措施，下月计划及需要支持的资源）。

设备维护维修费用预算及执行情况、大修重置改造计划及执行情况、物资库存支出账目及台账、固定资产台账等，设备管理人员须与财务人员定期对账，确保数据一致。

309 如何编制设备操作维护规程?

设备操作维护规程是要求设备操作人员正确掌握设备操作与维护的技术性规范，它是根据设备的原理、性能、结构和特点，以安全运行为目的，规定设备操作人员在其全部操作过程中必须遵守的事项、程序及动作等基本要求。

设备操作技术规程的内容必须包含：设备的用途、工作原理、结构与性能；开机前准备工作；开停机操作步骤；设备手动、遥控、自动等操作模式下正确的启、停程序，即每步程序操作过程、每步操作后设备正确状态，需要进行参数调整的设备还必须说明调整过程和调整后状态；操作安全注意事项及异常情况的应急处理步骤。

设备操作维护规程应注意以下几个方面：

① 设备的操作规程和安全注意事项必须明示于设备现场。指示设备状态的信号必须完好、明确；设备名称、操作按钮的功能标牌必须完好、明确；安全操作警示适用、明确。

② 水厂要建立必要的设备启停的请示、报告制度，理顺设备运行操作与维护维修的工作流程，规定运行值班人员与维护维修人员的沟通联系途径，做好安全防护，防止对生产、人身安全构成危害。

③ 设备操作必须遵循“检查—操作—确认”的顺序，严禁野蛮操作，严防误操作，确保操作安全。

④ 变配电设备的操作必须符合电气安全技术规程的要求，正确使用安全防护用具，按照正确的程序操作。高压设备的倒闸操作要正确填写操作票，并进行模拟和监护。

⑤ 设备操作专用工器具要定置管理，保存规范，取用方便。

⑥ 生产自动控制系统要有明确的操作规程，值班运行人员要熟练掌握自动控制系统的使用方法，熟知设备状态指示、异常情况的判断标准和处理方法。

⑦ 对设备的启停、调节、轮换等情况应进行真实、清晰、翔实、全面的记录。

⑧ 正确记录关键设备的运行参数，为评估设备运行状态提供依据。

310 取水构筑物日常维护保养项目包括哪些?

① 观察格栅的堵塞及装置完好情况，并清除垃圾，保持场地清洁，对于格栅淹没较浅的取水构筑物，及时清理水中的大型漂浮物或杂草，避免对取水造成影响。

② 检查机电设备的运转部件，检查是否有润滑油泄漏并按规定加注润滑油；维持填料函密封良好，必要时调节填料紧力；检查阀门、调整阀门填料；擦拭机电设备外壳，保持清洁。

③ 在气温为0℃或0℃以下时，将停用的水泵、附件及管道内的水放空，避免结冰损坏设备。

④ 检查水位计（如无自动记录，应每日抄记水位）。对于某些取水构筑物，当枯水季节水位过低或河床高程可能淤高会影响取水安全时，应每日锤测取水口水深一次并做记录（由水厂根据值班人员的操作条件，规定每年锤测的点位，并将水深换算成为河床高程，记录长期保存）。

⑤ 对取水构筑物向水厂长距离输水的管线（或渠道）应有人负责巡线，消除影响输水安全的因素，并检查处理管线的各项附属设施及仪表有无失灵、漏水、损坏或丢失。

311 配药间的运行操作要点有哪些?

① 操作前准备：

a. 检查提升泵油位是否正常，提升泵是否有电。

b. 检查管道是否畅通，阀门是否打开。

c. 检查是否有原料（固体净水剂或液体净水剂）。

d. 检查搅拌机油位是否正常，是否有电。

② 按配制浓度的要求，往溶解池倒入相应数量的净水药剂。

③ 打开溶解池的进水阀门。

④ 待进水达到预定刻度时，关闭进水阀门。

⑤ 开启溶解池搅拌机电源开关，搅拌30min左右。

⑥ 搅拌好的药剂静止30min。

⑦ 打开溶解池出液阀门。

⑧ 开启所使用提升泵的进水阀和出水阀。

⑨ 开启对应提升泵电源开关，同时关闭溶解池搅拌机电源开关。

⑩ 待溶解池的溶液通过提升泵往储液池输送完后，关闭提升泵电源开关。

⑪ 关闭提升泵的进水阀门和出水阀门。

⑫ 关闭溶解池出液阀门。

⑬ 开启储液池搅拌机电源开关，搅拌5min，使新旧药剂溶液充分混合。

⑭ 关闭储液池搅拌器电源开关。

312 PAC投加的操作要点有哪些?

(1) 计量泵操作规程

① 检查计量泵、储液池等设备、设施是否正常。

② 按下储液池放液阀“开阀”按钮。

③ 检查放液管路是否有漏液现象。

④ 打开相应计量泵的进液阀门和出液阀门。

⑤ 按下计量泵启动按钮，并根据水质情况调整好计量泵的频率。

⑥ 检查加液管道是否有漏液现象，并观察反应沉淀池矾花形成情况。

⑦ 根据矾花形成情况对计量泵频率作出调整。

⑧ 当取水泵站停机时，按下计量泵“停止”按钮，最后关闭计量泵的进液阀门和出液阀门。

(2) 加药量控制

① 网格絮凝反应池矾花观察。从絮凝池最后两排观察矾花情况，颗粒清晰，水与颗粒界限清楚，并有分离倾向，絮凝池后部泥水分离清晰而透明，进入沉淀池后，即开始分离，这表示凝聚良好。

投药量过大现象：反应池后部出现泥水分离过早沉淀，未能在沉淀池形成沉淀，沉淀池出口处有大量矾花带出，并呈乳白色，出水浊度过低。

措施：减少投药量；整流槽排泥

投药量过小现象：反应池后部没有泥水分离倾向现象，水呈浑浊模糊状。

措施：增大投药量，一种方法是增加溶药池溶药浓度，另一种方法是增大投药流量；减少上水量；沉淀池排泥。

② 沉淀池矾花观察。在沉淀池入口，如观察到明显的泥水分离，证明投加量较为合适，如果泥水分离位置距离入口较远，则投加量偏小，依据沉淀池泥水分离位置可判断投加量是否合适。

③ 根据网格反应池的矾花、沉淀池泥水分离位置和沉淀出水浊度合理调节投加量。

313 PAC投加计量泵日常维护保养项目包括哪些?

计量泵的日常保养项目包括：

① 润滑油位　日常巡检注意检查润滑油位情况。

② 清洗泵头部　在提升矾液时，如遇到困难，移去泵的头部并清洗。一般应1～3个月清洗一次，可根据矾液的特性而定。

③ 出液管　长时间工作时，管中会有沉积物并堵塞出液管，所以必须定期清洗输矾液的管线。清洗周期一般为3个月左右（如果该管线在不输送矾液时能放空，则可以延长清洗周期）。

314 投加液氯的操作要点有哪些?

(1) 准备工作

① 准备好氯源。

② 检查加氯机、加氯管道、水压是否正常。

③ 换好氯瓶，氯瓶嘴要与地面垂直，加氯连接管要同氯瓶上嘴连接，同时要用氨水检测。

（2）加氯操作

① 检查加氯机的真空度表。

② 按规程慢慢打开氯瓶阀门，观察压力是否正常。

③ 利用氨水（浓度约10%）检查氯瓶至加氯机管道、阀门、仪表接口处是否严密，如果有白烟冒出必须进行处理，直至漏泄溢散现象消失才能进行下一道工序。

④ 利用加氯机的调节开关和转子流量计投加到所需用量。

（3）注意事项

① 液氯使用，各类容器（气化器、缓冲器）压力应在≤0.2MPa以下，严禁超压使用。

② 使用时，应保证液氯钢瓶压力大于使用端压力。

③ 严禁使用蒸汽、明火直接加热钢瓶。可采用45℃以下的温水加热。

④ 严禁将油类、棉纱、有机溶剂等易燃物和与氯气易发生反应的物品放在钢瓶附近。

⑤ 液氯钢瓶内的余氯不能用完，保留有0.1MPa压力，确保其他化学物料不致倒吸进入钢瓶。充装量1000kg的钢瓶保留5kg以上的余氯。

⑥ 在使用过程中，更换液氯钢瓶时，应先关闭系统进氯阀，再关闭出氯阀。

⑦ 对新来氯瓶应仔细检查，如出厂合格证、总重量、液氯重量等参数应做好记录。

⑧ 吊装氯瓶时，不能发生碰撞，安装柔性连接管时，应特别小心，不应将管折扁，并更换新垫片。

⑨ 经常用浓氨水检查加氯管线，特别是经常拆装的易泄氯点，如发现问题及时处理，并报告值班主管。

⑩ 各种应急处理工具齐备，能熟练运用防毒面具。

⑪ 根据每台加氯机的工作时间及工作条件，日常对加氯机的养护程度和出现故障情况来确定加氯机是否需要拆卸清洗。

（4）漏氯应急处理

① 液氯钢瓶泄漏时的应急措施

转动钢瓶，使泄漏部位位于氯的气态空间。

易熔塞处泄漏时，应有竹签、木塞做堵漏处理；瓶阀泄漏时，拧紧六角螺母；瓶体焊缝泄漏时，应用内衬橡胶垫片的铁箍箍紧。凡泄漏钢瓶应尽快使用完毕，返回生产厂。

严禁在泄漏的钢瓶上喷水。

一般方法不能制止漏氯，则持续使用泄氯吸收装置吸收泄漏的氯气。

② 使用系统泄漏时的应急措施

容器、管道等系统接头处因天长日久腐蚀发生微量漏氯时，应用氨水查出漏气地点，再关闭氯瓶出氯总阀，针对漏气部位进行修理。

遇漏氯量较大，一时判断不出漏氯地点，应首先将液氯钢瓶阀关闭，再将液氯钢瓶阀少许开启，查出漏氯部位和原因，再关闭液氯钢瓶阀加以修理。

③ 抢救中应利用泄氯吸收装置，降低现场氯气浓度，以便进行抢修、救援。

④ 在进行抢修、救援或撤离时，应急人员和逃生人员应处于上风口状态。

⑤ 液氯钢瓶阀门不能开启时，应向现场管理人员报告，有关人员不得擅自处理。应由水厂安排技术人员进行处理。

（5）急救措施

① 皮肤接触：立即脱去被污染的衣着，用大量清水冲洗，并立即就医。

② 眼睛接触：提起眼睑，用流动清水或生理盐水冲洗。

③ 吸入：迅速脱离现场至空气新鲜处。呼吸心跳停止时，立即进行人工呼吸和胸外心脏按压术。同时拨打急救电话。

315 加氯机日常维护保养项目包括哪些?

在检漏和校准时，为了避免可能发生的人员伤亡和设备受损，在拆开接头或维修设备之前，供氯罐的供气必须切断，并且系统中的气体必须排尽，关掉供气阀，直到供给真空计读数满刻度，转子流量计的浮子停在底部，然后关掉水射器的供水。

(1) 漏氯检查

为避免可能发生的人员伤亡和设备受损，不允许出现泄漏，万一发生缺陷，应立刻维修好。当进行泄漏检查时，应戴有防护面罩。

可涂抹氨水来检查连接处、阀门等的泄漏情况，如果有白烟冒出，必须进行处理，直至漏泄溢散现象消失才能进行下一道工序。当有泄漏时，立刻切断供气，并且用通风装置排去逸出的气体，继续操作水射器，在工作前消除泄漏状况。

注意逸出的气体需抽空排入大气，排气装置必须设置在气体不能导致人员伤亡和设备受损的地方，不可将排气系统安置在有工作人员的地方。

如在金属部分发现绿色或微红的覆盖层就说明有泄漏。当接头处暂时被打开时，没有氯气味的，应用设备来检查。

当任何连接处破损时，甚至很短的时间，都必须立刻用橡皮塞把破损处塞住，防止潮湿。设备的任何部分都必须保持干燥（干燥的氯气没有腐蚀性，但潮湿的氯气对于金属如黄铜、钢等有极强的腐蚀性）。

(2) 漏水检查

常规维修时，不允许水泄漏的出现，一旦发现泄漏，及时维修所有的泄漏处。

(3) 水射器检查

① 在水射器头部的管线上需安装过滤器，防止水射器堵塞。

② 只有所有的孔口清洗干净后，水射器才能很好地运行，在拆除颈部后可用肉眼进行检查。

(4) 其他零部件检查

在拆下清洗后，再次安装前，按如下步骤检查处理：

① 检查损伤，拆除并更新受损部件（支架、螺丝等）。

② 拆除并更换所有 O 形环、密封圈、垫圈。

③ 检查隔膜是否磨损或破裂，更换受损隔膜。

(5) 设备停机的操作

如果加氯机在寒冷天气被停止工作，按下列步骤操作：

① 关闭供气罐阀。

② 关闭供水和到水射器的排放管线。

③ 排空溶液输出管线，并且防止水流进入。对于 ϕ25mm(1in) 的水射器，拆去排放阀，把一支笔或类似物体插入孔内，将球阀移开，把里面的水放空，放空后再安上排放阀。

如果设备拆下来储存，在储存期间，用橡皮塞堵住所有的接头和供气管线，防止潮气进入。如果加氯机是季节使用（长时间内停止工作），在开机前检修一下。

（6）功能检查

为了确保系统所有部件的正常功能，应每3个月检测一次，步骤如下：

① 供气罐阀门打开，真空调节器打开，水射器运行，加氯机的供给达到最高值，加氯机的供给应稳定，并可在任何位置固定；转子流量计的浮子在任何一点时，加氯机的供给应稳定，并可在任何值固定；转子流量计的浮子在任何一点不能出现阻塞或不稳定。

② 水射器继续运行，关掉供气罐阀门。

③ 关掉水射器供水。

④ 如果系统与自动切换真空调节器安装在一起，加氯机的运行仅仅只用打开一个部件，打开第二部件时，关闭供给第一设备的供气罐阀。

⑤ 关掉供气罐阀，切断水射器并保持正常回压。

⑥ 当水射器切断，供气罐关闭时，关掉真空调节器。

（7）其他

① 清洗真空调节器、转子流量计、V形槽塞、水射器部件、球阀、反虹吸水射器、主控制部件和辅助部件等。

② 更换控制部件隔膜，检查压力释放阀。

316 投加二氧化氯的操作要点有哪些?

（1）二氧化氯发生器开机前准备

① 观察盐酸计量泵旁的液位管水位，可见度应大于最低水位。

② 检查水射器系统的压力表，压力应在系统规定压力范围之间。

③ 打开水射器阀门，使其正常工作。氯酸钠计量泵旁液位管的液位上下大幅度波动，证明发生器可正常工作；否则必须检查各管道是否存在漏气部位，直至氯酸钠计量泵旁液位管的液位上下波动为止。

④ 打开盐酸计量泵和氯酸钠计量泵的进料阀门。

⑤ 开阀后检查盐酸和氯酸钠各连接管道的密封是否渗漏。

⑥ 残液分离器的进口阀和出口阀在打开的状态，超越阀处在闭合的状态，残液分离器控制器处在自动状态（强制时转换到手动即可）。

⑦ 开机前提前半小时打开温控电源，使温度升至设定温度。

（2）开机

① 自动操作。在电控柜的主控制画面，计量泵固定频率和加热器按相应机组的启动键即可，状态变成绿色；根据水中二氧化氯量的大小，点击频率数字格，输入所需要的频率数字，可改变频率的大小，进而改变投药剂加量大小。

② 手动操作。在自动状态下，按手动按钮将控制转为手动，出现的数字是频率的大小，可根据生产情况调节上下键到合适的频率，再按启动键便可启动计量泵进料（手动运行只是作为应急运行，因此无法加热）。

③ 进料后可听到发生器内有鼓泡声，发生器正常运行。

④ 计量泵流量可根据水中二氧化氯量的大小来修正。一般情况下，冲程在100%位置不变，只是调节频率即可。

(3) 关机

① 自动状态

a. 取水泵站停机前 10～20min，在控制柜的液晶显示屏上按下“停机”按钮，计量泵停止加料；干式加热停止加热，其状态由绿色变成红色。

b. 关闭盐酸计量泵和氯酸钠计量泵的进料阀门。

c. 1～2h 后，待水射器将发生器中的气体尽量抽完，关闭水射器前水阀。

② 手动状态

a. 取水泵站停机前 10～20min 分别按计量泵的停止按钮，使盐酸计量泵和氯酸钠计量泵停止运行。

b. 关闭盐酸计量泵和氯酸钠计量泵的进料阀门。

c. 1～2h 后，待水射器将发生器中的气体尽量抽完，关闭水射器前水阀。

如出现突发事故，应立即停机，请专职技术人员排除。

遵守各项规章制度，保持设备、环境整洁和卫生。

317 二氧化氯发生器日常维护保养项目包括哪些?

(1) 设备清洗

设备长时间运行后，反应器中沉淀物会增加，影响设备产率，应定期进行清洗。一般 3 个月清洗一次。设备主机背侧有排污口时，可进行清洗排污。清洗时，在水射器正常工作状态下，从进气口抽入清水，清水将随反应器内的液体一同被水射器抽走；也可打开安全阀，往里注入清水进行清洗，当反应室液位管液体颜色变浅后，打开排污阀，将残液排净，反复几次，直至清洗干净为止。设备停机超过 2 天后恢复使用时，要进行清洗。

(2) 清理过滤阀

原料罐出口阀门中带有过滤网，应定期进行清洗。清洗时，先关闭阀门，然后将球阀外丝头卸下，清理其中过滤网上的杂质。

(3) 计量泵的维护

计量泵在使用时或冲洗设备时一定要注意防水，否则会烧毁控制器。原料罐加完料后应检查计量泵输料管中是否有气体进入，如有，应及时排掉。应经常检查计量泵有无泄漏，如有渗漏，应及时上紧泵头螺栓或进行维修。

(4) 温控器

温控器超温后应立即停用，并检查故障原因并进行维修。

(5) 水射器清洗

水射器长时间使用后内部会发黑，可用盐酸清洗。

(6) 浮球水位开关

浮球水位开关属于易损件，长时间使用后会损坏，需更换，更换时一定注意安装方向。

318 混凝沉淀设施日常维护保养项目包括哪些?

① 首先，混凝药剂投加量以混凝搅拌试验为指导，根据进水量、原水浊度、pH 值、温度及沉淀池出水浊度，结合混凝沉淀设施的运行状况，及时调整混凝剂投加量。当更换药剂时，及时增加混凝搅拌实验频率。

② 日常维护时，应每日检查机械混合及絮凝装置的电动机、变速箱、搅拌装置运行状况，加注润滑油。

③ 对于絮凝沉淀池要注意是否有积泥，及时排除。可根据实际运行经验设定自动排泥周期。在洪水期应手动调节排泥周期，必要时可不间断运行排泥设备。

④ 对平流式沉淀池和斜管、斜板沉淀池、各种澄清池、沉砂池，每日检查进出水阀门、排泥阀门、排泥机械的运行情况及排泥效果，并加注润滑油进行保养；检查排泥机械电源、传动部件及各种附属机械装置的运行情况，并进行保养；疏通管道。

⑤ 对于穿孔管排泥，应注意孔目是否有堵塞；对两斗共用一排泥阀的排泥装置，要注意每斗的积泥是否均能排除。

⑥ 对于排泥行车，应检查运行是否正常，维护设备整洁，清除泥浆、油污，并做好设备的日常紧固、润滑工作，做好防雨、防冻措施。

⑦ 对于斜管沉淀池、沉砂池，还应检查斜管是否完好、有无浮动。

⑧ 对于气浮池，要注意检查回流压力水系统、空压机系统、溶气和气体释放系统及排除浮渣的刮泥机等设备运行是否正常。

⑨ 做好混合、絮凝、沉淀池的环境和设备的清洁工作。

319 滤池投入操作的要点有哪些?

滤池投入操作分为自动投入操作和手动投入操作两种，应优先选择自动投入操作。

(1) 自动投入操作

① 检查各气动阀门和气路压力是否正常。

② 把滤池操作台的选择开关旋至“自动”。

③ 观察操作台的指示灯和水位显示是否正常。出水阀会自动根据滤池的进水量调节开度，使水位恒定过滤。

④ 如果自动投入不正常，请检查相关设备之后再重试。

(2) 手动投入操作

① 检查各气动阀门和气路是否正常。

② 把滤池操作台的选择开关旋至“手动”。

③ 按下进水阀门“开”按钮。

④ 根据水位计显示，当到达预定高度水位时旋动出水阀门旋钮，调整出水阀门的开度使滤池水位基本恒定在 1.2m 高度过滤。

⑤ 如果手动投入不正常，请检查相关设备之后再重试。

320 滤池强制手动反冲洗的操作要点有哪些?

如因自动化故障或反冲洗设备故障等原因造成自动反冲洗不能运行或运行不完全时，需要在滤池现场进行强制手动反冲洗。现场强制手动反冲洗由运行值班员进行操作。具体步骤如下：

（1）反冲洗前准备

首先把滤池控制箱“自动/手动”转至“手动”位置，关闭进水阀门，调大出水阀门开度（一般70%以上）以降低该滤格水位。然后到电气柜上把按钮切换到现场模式，选择相应的反冲洗风机和水泵，关闭备用的风机和水泵的电磁阀，然后打下电源闸刀。

（2）反冲洗过程进行

观察当滤格的水位下降到合适水位之后，再执行以下操作：

① 关闭出水阀；

② 打开排水阀；

③ 启动鼓风机，打开气冲阀，将频率调整至所需气量对应的风机频率，进行单独气冲洗；

④ 观察单独气冲效果；

⑤ 单独气冲进行规定的气冲时间后，打开水泵，打开水泵相应管路的水阀，先把水泵频率调整在较低水平；

⑥ 打开水冲阀，调高反冲洗水泵频率到气水冲所需水量对应的水泵频率，进行气水反冲洗；

⑦ 观察气水反冲洗效果，待气水反冲洗进行规定的气水冲时间后，调小反冲洗风机频率，关闭气冲阀，然后关停反冲洗风机，调大反冲洗水泵频率到单独水冲所需水量对应的水泵频率，进行单独水冲；

⑧ 打开排气阀，排清反冲洗气压管路中气体；

⑨ 观察水冲效果，待发现水冲时水颜色等变淡，依稀看见滤沙，持续一段时间后，再关闭排水阀，关停水泵和水冲阀。由运行值班人员对反冲洗后水进行检验，检验合格即可以将滤格打回自动，投入正常运行。

上述过程即完成一次反冲洗。反冲洗结束后，运行值班人员应该对初滤水水质进行检测，发现超出要求时，应暂时停止该滤格的运行，以防其滤后水影响整体滤后水水质。若反冲洗失败是由突发原因引起或者故障已排除的情况下，间隔10～15min后应优先对其再次反冲洗。滤池反冲洗失败应做好详细记录，特别是导致失败的原因，以备检修。

321 电气设备日常维护保养项目包括哪些?

（1）电动机日常维护项目

① 应经常保持清洁，周围无杂物，不允许有水滴、油污或尘粒落入电动机内；

② 经常检查轴承温度及油位；

③ 检查电动机各部分的声音及振动是否正常；

④ 检查电动机的温升是否符合规定；

⑤ 若电动机的冷却空气由外引入，应注意空气管路是否畅通；

⑥ 对绕线型异步电动机和同步电动机应检查有无打火现象，如发现有火花时，应清理表面，用零号砂布磨平滑环，校正弹簧压力；

⑦ 检查机壳接地是否良好。

(2) 变压器日常维护项目

① 保持变压器及周围环境的整洁，护栏应符合有关安全规定；

② 检查音响是否正常，一般应为稳定的嗡嗡声；

③ 检查油标管指示油位应正常；

④ 检查散热管温度是否正常；

⑤ 检查温度计指示是否正常，带负荷后温度应缓缓上升；

⑥ 检查一次、二次母线及接线端子有无过热现象；

⑦ 检查吸潮剂是否失效，失效则应及时更换；

⑧ 检查防爆管隔膜是否完好；

⑨ 油箱及各部件应无渗、漏油现象；

⑩ 检查瓦斯继电器应充满油；

⑪ 检查瓷套管有无放电现象；

⑫ 电压表、电流表的指示应正常；

⑬ 冷却装置运行应良好（包括风冷、水冷、强迫风冷）。

(3) 高低压配电装置日常维护项目

① 保持配电装置区域的环境整洁，各种标志应悬挂正常，位置醒目；

② 严密监视其运行状态，详细记录各种运行数据，包括电压、电流等；

③ 检查油断路器的油色有无变化，油量是否适当，有无渗漏油现象，负荷是否正常，分合闸指示是否正常，控制回路是否完好；

④ 检查瓷绝缘有无破裂，是否清洁，有无放电现象，在阴雨等特殊天气时应更加注意；

⑤ 检查低压断路器负荷是否符合额定值规定；

⑥ 检查分合闸指示是否正确，连接点有无过热现象，有无放电声响；

⑦ 检查交流接触器的负荷是否在额定值以内，分合指示是否正确，线圈有无过热，声音是否正常，连接点有无过热现象；

⑧ 检查熔断器通过的电流应与熔体的额定电流相配合，无破损、变形过热现象等，对于有熔断信号指示器的熔断器，其指示是否保持正常状态；

⑨ 检查各型热继电器负荷应与熔体的额定电流相配合，连接处应可靠，无过热现象，环境温度不应超过允许范围（－30～40℃）；

⑩ 对于各种刀闸、开关，应检查底座有无裂损，连接是否牢固，环境是否清洁，负荷应在额定容量内；

⑪ 铁壳开关接地线应可靠。

322 常用泵类设备有哪些？各类泵的工作过程特点是什么？

泵是输送液体并提高液体压力的机械设备，使用范围极广，输送液体的化学、物理性质各不相同，温度、压力的变化范围也非常大，为了适应不同的使用要求，发展了各种不同结构型式的泵。

按照工作原理，泵可分为叶片式泵和容积式泵两类。叶片式泵主要通过叶片与流体的相互作用，将机械能转化为液体的动能和压力能，常用的形式有离心泵、轴流泵、混流泵等；容积式泵主要是依靠工作时工作腔容积的改变来输送液体，如往复泵和回转泵等。给水厂中取水、送水、加压泵站常用叶片式泵，在净水加药环节和脱泥系统进泥环节常用容积式泵。

离心泵是利用叶轮旋转时产生离心力，而使水发生离心运动来工作的。水泵在启动时，泵轴带动叶轮和水做高速旋转运动，水发生离心运动，被甩向叶轮外缘，经蜗形泵壳的流道流入水泵的压水管路。离心泵在给水厂被广泛采用，流量、扬程的适用范围广，结构简单，但流量小时效率较低。水泵启动前，泵轴低于吸水池池面，可自动启动；高于吸水池池面，需要先用水灌满泵壳和吸水管道。

轴流泵叶轮转速较低，叶轮中液体围绕泵轴螺旋上升，在导叶作用下将水流转为轴向流动。适用于低扬程、大流量，多用于取水泵房、排水泵房，立式较多，构造简单、紧凑、占地面积小。

混流泵也是一种低转速泵，适用于中低扬程、大流量，扬程、抗汽蚀性能和效率较轴流泵高。

回转泵是一种容积式泵，它由静止的泵壳和旋转的转子组成，它工作时，靠泵体内的转子与液体接触的一侧将能量以静压力形式直接作用于液体，并借旋转转子的挤压作用排出液体，同时在另一侧留出空间，形成低压，使液体连续吸入。工作过程中工作腔的位置随着转子的转动周期性变化，当工作腔与进口连通时吸入液体，此时出口被转子另一侧封闭；然后随着转子的旋转，入口被封闭而工作腔与出口连通，工作腔内的液体就被挤出到出口管道中。

323 给水泵站有哪些类型?

按照水泵机组设置的位置与地面的相对标高关系，泵站可分为地面式泵站、地下式泵站与半地下式泵站。地面式泵站的优点是施工方便、造价较低、运行条件较好，但同时存在水泵启动前需要进行引水等缺点；而地下式泵站水泵启动比较方便，缺点是用材多、施工复杂、造价高，工作环境不如地面式，易被水淹，日常运行管理不方便，需上上下下爬楼梯。

按照操作条件及方式，泵站可分为人工手动控制、半自动化、全自动化和远程控制泵站四种。半自动化泵站指开始的指令由人工按动电钮使电路闭合或切断，以后的各操作程序利用各种继电器来控制。全自动化的泵站中，一切操作程序则都由相应的自动控制系统来完成。远程控制泵站的一切操作均由远离泵站的中央控制室进行。

在给水工程中，给水泵站按泵站在给水系统中的作用可分为取水泵站、送水泵站、加压泵站及循环水泵站四种。

324 取水泵站、送水泵站、加压泵站各有什么特点?

(1) 取水泵站

取水泵站在水厂中也称一级泵站。当水源为地表水水源时，取水泵站一般由吸水井、泵房及闸阀井（又称闸阀切换井）三部分组成。

对于这一类泵房，一般采用圆形钢筋混凝土结构，其平面面积的大小，很大程度上影响整个泵站的工程造价。所以在取水泵房的设计中，有“贵在平面”的说法。机组及各辅助设施的布置，应尽可能地充分利用泵房内的面积，水泵机组及电动闸阀的控制可以在泵房顶层集中管理，底层尽可能做到无人值班，仅定期下去巡检。

设计取水泵房时，在土建结构方面应考虑到河岸的稳定性，在泵房的抗浮、抗裂、防倾覆、防滑坡等方面均应有周详的计算。在施工过程中，应考虑到争取在河道枯水位时施工，要抢季节，要有比较周全的施工组织计划。在泵房投产后，在运行管理方面必须使用好通风、采光、起重、排水以及水锤防护等设施。此外，由于取水泵站扩建比较困难，泵房内机组的配置，可以近远期相结合，对于机组的基础、吸压水管的穿墙嵌管以及电气容量等都应考虑到远期扩建的可能性。

在近代的城市给水工程中，由于城市水源的污染、市政规划的限制等诸多因素的影响，水源取水点常远离市区，取水泵站是远距离输水的工程设施。因此，对于水锤的防护问题、泵站的节电问题、远距离沿线管道的检修问题以及与调度室的通信问题等都必须加以注意。

(2) 送水泵站

送水泵站在水厂中也称为二级泵站，抽送的是已经经过处理、达到生活饮用水标准的清水，所以又称为清水泵站。由净化构筑物处理后的出厂水，由清水池流入吸水井，送水泵站中的水泵从吸水井中吸水，通过输水干管将水输往管网。

送水泵站的供水情况直接受用户用水情况的影响，其出厂流量与水压在一天内各个时段中是不断变化的。送水泵站的吸水井既有利于水泵吸水管道布置，也有利于清水池的维修。吸水井形状取决于吸水管道的布置要求，送水泵房一般都呈长方形，吸水井一般也为长方形。

送水泵站吸水水位变化范围小，通常不超过 3～4m，因此泵站埋深较浅，一般可建成地面式或半地下式。送水泵站为了适应管网中用户水量和水压的变化，必须设置各种不同型号和台数的水泵机组，搭配运行，从而导致泵站建筑面积增大，运行管理复杂。因此，水泵的调速运行在送水泵站中显得尤其重要。送水泵站在城市供水系统中的作用，犹如人体的心脏，通过主动脉以及无数的支微血管，将血液输送到人体的各个部位中去。在无加压泵站的管网系统中工作的送水泵站，这种类比性就更加明显。

(3) 加压泵站

城市给水管网面积较大，输配水管线很长，或给水对象所在地的地势很高，城市内地形起伏较大的情况下，通过技术经济比较，可以在城市管网中增设加压泵站。在近代大中型城市给水系统中实行分区分压供水方式时，设置加压泵站已十分普遍。

加压泵站的工况取决于加压所用的手段，一般有两种方式。

① 采用在输水管线上直接串联加压的方式，水厂内送水泵站和加压泵站将同步工作。一般用于水厂位置远离城市管网的长距离输水的场合。

② 采用清水池及泵站加压供水方式（又称水库泵站加压供水方式），即水厂内送水泵站将水输入远离水厂、接近管网起端处的清水池内，由加压泵站将水输入管网。在这种供水方式中，城市中用水负荷可借助加压泵站的清水池调节，从而使水厂的送水泵站工作比较均匀，有利于调度管理。此外，水厂送水泵站的出厂输水干管因时变化系数降低或均匀输水，从而使输水干管管径可减小。当输水干管越长时，其经济效益就越可观。

325 水泵设备的能效如何评估?

为准确评估水泵设备的能效，应测算水泵机组的流量、实际功率、实际扬程等参数。

（1）流量

准确地掌握水泵出水量是实行水厂经济核算和科学管理的基础。凡已经在泵站总出水管安装了水表或其他计量仪器的，都可以根据表针的读数来测量泵站的流量。对于没有安装计量仪表的水厂来说，往往只根据水泵铭牌上的流量和水泵的运行时间来推算，准确性较差。

一座泵站中往往有多台水泵并联运行。水泵的流量是随着扬程的变化而变化的。如果水泵的转速不变，扬程越高，流量越小；扬程越低，流量越大。由于供水泵站，尤其是送水泵站的扬程是经常变化的，所以只有考虑水泵的实际扬程变化，才能掌握不同时间的供水量。常用的单泵流量测定方法有以下几种：

① 若单泵安装有流量计，则直接读出，泵房内所有并联泵流量相加为总流量；

② 若泵房安装有流量计，同时开启 n 台型号相同、运行频率相同的水泵，则单泵流量为流量计读数除以 n；

③ 若同时开启多台泵，且型号不同（或型号相同但变频频率不同），则单台泵流量无法准确读出。此时，可以根据扬程，在泵的“扬程-流量”特性曲线中反推出流量。若为变频泵，需在对应频率的特性曲线中估算流量。由于“扬程-流量”特性曲线是水泵在出厂时进行试验得到的，在实际工作中性能会有所下降，因此从“扬程-流量”特性曲线反推的流量会较实际流量偏大。

（2）功率

水泵的实际功率可用 1h 用电量测量，可使用电度表读出一段时间的用电量，再除以时长，得到实际功率。

取水泵房（取水段）、送水泵房（制水段）、加压泵房（送水输配段）和二次供水泵房（二供段）应单台或成组安装电度表，按电度表读数填报。如果未安装电度表，则可以根据泵组多功能表中读出的平均电压、电流和功率因数，由 1.732×平均电压（V）×平均电流（A）×功率因数/1000 估算得到 1h 用电量（kWh）。

（3）扬程

实际工作扬程核算是水泵机组或系统能效核算的重点和难点，务必准确可靠。由于供水泵站的扬程随供水量变动比较频繁，需要测算统计时间段内每 2h 的扬程，并按照时间进行加权平均得到平均扬程。具体测算方法如下，单位为 m。

① 若泵入口、出口均装表：

泵入口为压力表：扬程等于泵出口和入口压力表读数之差，换算单位为 m。

$$\text{扬程(m)}=\frac{\text{泵出口压力表读数(MPa)}-\text{泵入口压力表读数(MPa)}}{0.00981}$$

泵入口为真空表：扬程等于泵出口压力表读数与泵入口真空表读数之和，换算单位为 m。

$$\text{扬程(m)}=\frac{\text{泵出口压力表读数(MPa)}+\text{泵入口真空表读数(MPa)}}{0.00981}$$

② 若泵入口无压力表/真空表：

扬程为泵出口压力表读数（换算单位为 m）加上压力表至泵房吸水井平均液位的高差（压力表高于吸水井液位取正值，压力表低于吸水井液位取负值），再加上泵前吸水管管路损失。

$$扬程(m)=\frac{出口压力表读数(MPa)}{0.00981}+高差(m)+吸水管管路损失(m)$$

在此基础上，水泵机组效率计算方法如下：

$$水泵机组效率=\frac{9.81/3600\times 流量(m^3/h)\times 扬程(m)}{输入功率(kW)}$$

若多泵并联只安装一个出口压力表，建议安装在并联直管上。采用上述方法②测量时，若管路无止回阀、比较短，管道损失可以按 0.5m 进行估计；若出水管有止回阀，管线较长，几台泵并联运行，管道损失可以按 1.1m 进行估计。

（4）效率

$$效率=(清水密度\times 9.8\times 流量\div 3600\times 实际扬程)\div(实际功率\times 1000)$$

清水密度可取 1000（kg/m^3），则效率计算简化为：

$$效率=9.8\times 流量\times 扬程\div 3600\div 实际功率$$

上述方法计算得到的效率包含水泵效率、电动机效率、联轴器效率和变频器效率，即：

$$水泵机组效率=水泵效率\times 电动机效率\times 联轴器效率\times 变频器效率$$

当上式中流量、输入功率为多台水泵并联的系统流量和系统输入功率时，计算的效率为水泵系统效率。

除效率外，千吨水提升 1m 电耗和千吨水电耗也是常用的评估能效的参数。

千吨水提升 1m 电耗 ＝ 实际功率÷1h 流量（千吨）÷扬程

上式中，若流量和实际功率取单泵的值，则计算得到单泵千吨水提升 1m 电耗；若流量和实际功率取泵组的值，则计算得泵组千吨水提升 1m 电耗。

系统千吨水提升 1m 电耗与系统效率满足以下关系：

系统千吨水提升 1m 电耗＝2.72÷系统效率

千吨水电耗建议以水厂（或泵站）为单位，每月进行计算，与本水厂（或泵站）的历史数据进行对比，分析变化趋势，完善水厂（或泵站）开泵方式，或者调整不同水厂（或泵站）间的调度方式。

千吨水电耗＝实际功率÷单位时间供水量（千吨）

326 水泵机组和运行方式的经济性评价标准有哪些?

水泵的经济性评价以机组效率为主要指标。机组（含泵类设备和配套电动机设备）的实际运行效率应不小于 50%，较为经济高效的机组效率应大于 65%。若机组效率偏离经济高效范围，应考虑采取节能技改措施。

若通过重置进行节能技改，则重置选型的设备应符合经济运行要求，即设备的额定效率应大于以下标准中规定的节能评价值。泵类设备的额定效率应符合《中小型轴流泵》(GB/T 9481)、《清水离心泵能效限定值及节能评价值》(GB 19762)、《离心泵效率》(GB/T 13007) 等标准的节能评价值要求。电动机的额定效率应符合《电动机能效限定值及能效等级》(GB 18613)、《高压三相笼型异步电动机能效限定值及能效等级》(GB 30254) 等标准的节能评价值要求。

开泵方式经济性评价以千吨水电耗为主要指标。由于不同水厂（泵站）实际提升扬程不同，千吨水电耗指标仅需要同一水厂（泵站）对不同时期数据进行对比，分析该水厂（泵站）不同开泵方式对能耗的影响。

在管路压力要求不变的情况下，同一水厂（泵站）的千吨水电耗应逐月降低或持平。水厂（泵站）应合理评估取水段、制水段、送水输配段和二次供水段中各种开泵方式对千吨水电耗的影响，选取现有条件下最优开泵方式。若水厂电费存在峰平谷电价，应综合考虑峰平谷电价，合理规划开泵时间。

327 水泵运行低效时应从哪些方面进行分析？

（1）核定设备使用年限

一般而言，水泵的使用年限为10～14年，电动机的使用年限为11～18年。由于使用过程中存在磨损、腐蚀等现象，设备效率降低。水厂应核定设备的使用年限，若设备效率低且超过使用年限，应采取重置水泵或电动机设备的节能技改措施。

（2）核定设备额定效率

水厂应核定设备的额定效率，若设备额定效率不满足国家标准中规定的能效限定值，实际运行中难以通过调控使运行效率符合要求，应采取重置水泵或电动机的节能技改措施。

（3）核定电动机与水泵匹配程度

水厂应核定电动机额定功率与水泵额定功率的匹配程度，避免大马拉小车。

（4）核定水泵与实际需求匹配程度

若水泵实际运行工况点偏离高效运行区，说明水泵选型与实际需求不匹配。找到水泵高效运行区对应的扬程，若实际工作扬程偏离高效运行区，可初步判断其与实际需求不匹配，应采取节能技改措施。对于变频泵，则应对比实际工作扬程与实际运行频率下的高效运行区间。

（5）核定管道水力损失

水厂应从管道附属设备水力损失和经济流速两方面对水泵前后管道水力损失进行核定，可采用便携式压差计测定水泵进出水管道各附属设备的水力损失，比较其与同作用的其他型号设备的水力损失大小，综合考虑附属设备的必需性，判断是否采取管道附属设备改造的节能技改措施。水厂应根据流量和管径计算水泵进出水管道的实际流速，判断是否超过经济流速。

328 水泵优化运行应从哪些方面入手？

① 取水、送水和加压系统一般采用多泵并联至总管输送运行方式，并且流量、扬程波动大。运行值班人员应考虑大流量与小流量水泵搭配运行，以及工频水泵与变频水泵搭配运行，对各种运行工况下的并联组合运行方式进行测试，测算系统千吨水电耗，选取能满足水量和压力需求的千吨水电耗最低的运行方式，以此编制机组经济运行方案。江河在丰水期和枯水期的水位变化较大，取水泵组的扬程存在波动。对于送水泵房，在夜间低峰供水时，扬程较低。对于无蓄水前池的管道加压泵站，由于管道前端压力变化较大，加压泵组的扬程也

存在相应的变化。针对上述情况，应测算不同季节、不同时段的实际扬程。当泵房具备高、低扬程水泵时，可根据实测扬程，匹配运行额定扬程与实测扬程最接近的水泵或多台水泵组合，制定各季节、各时段下的开泵调度方案；当泵房不具备高、低扬程水泵时，可根据泵位和现有水泵情况，新增或重置水泵以满足高低扬程分时高效运行，降低能耗。运行值班人员应测试核算各种供水工况下机组最佳编组高效运行方式，提高供水系统运行效率。

② 水泵机组须工作在高效区内。运行人员必须熟知水泵“流量-扬程”性能曲线、效率曲线、能耗曲线，熟知高效工况点范围。应确保水泵运行常水位对应的扬程在水泵“流量-扬程”性能曲线高效区对应的扬程区间，水泵的高效区为最高效点效率的±15%对应的工况点区间。如：泵最高效率为80%，实际运行效率应不低于68%，假设电动机效率为90%，这台泵的机组效率应不低于61.2%。

③ 如果水泵运行在低效区，则必须采取措施提高机组效率。主要措施有更换合适的水泵叶轮、增加变频器等，以调整水泵运行工况位于高效区间。如果经测试仍不能满足高效运行要求，则考虑重置水泵，并进行必要的技术经济分析，确保投资效益、运行效益。

④ 为达到输送系统的经济运行，除了选泵高效外还要求管路设计经济，尽可能降低管路水头损失。

329 如何更好地控制泵站前池水位?

当系统效率基本不变时，水泵系统的千吨水电耗与扬程成正比。因此，当水泵在高效区运行时，应尽量保持泵站前池或水厂清水池高水位运行，从而降低水泵机组扬程，进而降低系统千吨水电耗。

供水厂清水池或供水泵站的前池主要承担管网水量需求变化与水厂生产或泵站取水供水变化中的调节作用。对于尚未满负荷运行或前池设计容积偏大的水厂、泵站，可通过本方法更好控制前池水位，来实现水泵机组的经济运行。需要注意的是，高水位运行时水泵扬程低流量大，可能会产生叶轮汽蚀导致水泵损坏，因此应定期检查水泵叶轮汽蚀情况。

330 选泵的主要依据是什么?

选泵的主要依据是所需的流量、扬程及其变化规律。在设计泵站时，选泵应首先确定一级泵站的设计流量，主要有两种情况：

(1) 泵站从水源取水，输送到净水构筑物

为了减小取水构筑物、输水管道和净水构筑物的尺寸，节约基建投资，通常要求一级泵站中的水泵昼夜均匀工作。因此，泵站的设计流量应为

$$Q_r=\frac{\alpha Q_d}{T}$$

式中，Q_r 为一级泵站中水泵所供给的流量，m^3/h；Q_d 为供水对象最高日用水量，m^3/d；α 为考虑输水管漏损和净水构筑物自身用水而加的系数；T 为一级泵站在一昼夜的总工作时间，h。

(2) 泵站将水直接供给用户或送到地下集水池

当采用地下水作为生活饮用水水源，而水质又符合卫生标准时，实际上是起二级泵站的作用。

如送水到集水池，再从那里用二级泵站将水供给用户，则由于给水系统中没有净水构筑物，此时泵站的流量为

$$Q_r=\frac{\beta Q_d}{T}$$

式中，β 为给水系统中自身用水系数，一般取 1.01～1.02。

二级泵站一般按最大日逐时用水变化曲线来确定各时段中水泵的分级供水线。分级供水的优点在于管网中水塔的调节容积远小于均匀供水时的容积。但是，分级不宜太多，因为分级供水需设置较多的水泵，将增大泵站面积和清水池的调节容积，此外，二级泵站的输水管直径也要相应加大，因为必须按最大一级供水流量来设计输水管道的直径。

通常对于小城市的给水系统，由于用水量不大，大多数采用泵站均匀供水方式，即泵站的设计流量按最高日平均时用水量计算。这样，虽然水塔的调节容积占全日用水量的比例较高，但其绝对值不大，在经济上还是合适的。对于大城市的给水系统，有的采取无水塔、多水源、分散供水系统，因此宜采取泵站分级供水方式，即泵站的设计流量按最高日最高时用水量计算，而运用多台同型号或不同型号的水泵的组合来适应用水量的变化。对于中等城市的给水系统，应视给水管网中有无水塔以及水塔在管网中的位置而定，可分多种情况通过管网平差后确定。

331 选泵的要点是什么?

选泵要确定水泵的型号和台数。对于各种不同功能的泵站，选泵时考虑问题的侧重点也有所不同，一般可归纳如下。

(1) 大小兼顾，调配灵活

众所周知，给水系统中的用水量通常是逐年、逐日、逐时变化的，给水管道中水头损失又与用水量大小有关，因而所需的水压也是相应变化的（对于取水泵站来说，水泵所需的扬程还将随着水源水位的涨落而变化)。选泵时不能只满足最大流量和最高水压时的要求，还必须全面顾及用水量的变化。在用水量（如所需的水位）变化较大的情况下，选用性能不同的水泵的台数越多，越能适应用水量变化的要求，浪费的能量越少。例如管网中无调节水量构筑物，扬程中水头损失占相当大比重的二级泵站，其供水量随用水量的变化而明显变化。为了节省动力费用，就应根据管网用水量与相应的水压变化情况，合理地选择不同性能的水泵，做到大小泵要兼顾，在运行中可灵活调度，以求得最经济的效果。

这类泵站的工作泵台数往往较多，一般为 3～6 台，甚至更多。当采用 3 台工作泵时，各泵间的设计流量比可采用 1∶2∶2。这样配置的 3 台工作泵可应付 5 种不同的流量变化。当采用 6 台工作泵时，各泵间的设计流量比可采用 1∶1∶2.5∶2.5∶2.5∶2.5。这样配置的 6 台工作泵可应付 14 种不同的流量变化。

(2) 型号整齐，互为备用

从泵站运行管理与维护检修的角度来看，如果水泵的型号太多，则不便于管理。一般希

望能选择同型号的水泵并联工作，这样无论是电动机、电气设备的配套与储备，管道配件的安装与制作均会带来很大的方便。对于水源水位变化不大的取水泵站、管网中设有足够调节容量的调蓄构筑物的送水泵站、流量与扬程比较稳定的循环水泵站，均可在选泵中侧重考虑型号整齐的水泵。当全日均匀供水时，泵站可以选2～3台同型号的水泵并联运行。上述两个要点，形式上似乎有矛盾，但在实际工程中往往可以统一在选泵过程中。

(3) 合理利用各水泵的高效段

单级双吸式离心泵是给水工程中常用的一种离心泵，其高效运行区间一般在0.85～1.15Q_p之间（Q_p为水泵铭牌上的额定流量值）。选泵时应充分利用各水泵的高效运行区间，保证尽可能多的时间段内水泵处于高效区运行。

(4) 近远期相结合

在选泵过程中应重视近远期结合的配置，特别是在经济发达的地区和年代，以及扩建比较困难的取水泵站中，可考虑近期用小泵大基础的办法，近期发展采用换大泵轮以增大水量，远期采用换大泵的措施。

332 选泵时还需考虑的其他因素有哪些？

① 泵的重新选型，扬程重新测算是必要的第一步，包括净扬程和管路、局部水损，不仅要看图纸，还要实地测量，尤其是净扬程，实际水位与图纸设计的运行水位难以一致，必须现场测量。同时，对管路进行评估，拆除不必要的阀门，尽可能减少管路弯头，优化管路设计，最大限度减低水头损失。

② 应保证水泵的正常吸水条件。在保证不发生汽蚀的前提下，应充分利用水泵的允许吸上真空高度，以减少泵站的埋深，降低工程造价。同时应避免泵站内各泵安装高度相差太大，导致各泵的基础埋深参差不齐或整个泵站埋深增加。

③ 应选用效率较高的水泵，如尽量选用大泵，因为一般大泵比小泵的效率高。

④ 水泵的构造形式对泵房的大小、结构形式和泵房内部布置等有影响，因而与泵站造价关系很大。例如，对于水源水位很低，必须建造很深的泵站时，选用立式泵可使泵房面积减小，降低造价。又如单吸式垂直接缝的水泵和双吸式水平接缝的水泵在泵站内吸、压水管的布置上就有很大不同。

⑤ 根据供水对象对供水可靠性的不同要求，选用一定数量的备用泵，以满足在事故情况下的用水要求。城市给水系统中的泵站，一般也只设一台备用泵。通常备用泵的型号可以和泵站中最大的工作泵相同，以保障不间断供水。当管网中无水塔且泵站内机组较多时，也可考虑增设一台备用泵，它的型号与最常运行的工作泵相同。如果给水系统中具有足够大容积的高地水池或水塔时，可以部分或全部代替泵站进行短时间供水，则泵站中可不设备用泵，仅在仓库中储存一套备用机组即可（冷备机组）。备用泵与其他泵一样，应处于随时可以启动的状态。

333 选泵后应怎样进行校核？

在泵站中水泵选好之后，还必须按照发生火灾时的供水情况，校核泵站的流量和扬程是否满足消防时的要求。就消防用水来说，一级泵站的任务只是在规定的时间内向清水池中补充必要的消防储备用水。由于供水强度小，一般可以不另设专用的消防水泵，而是在补充消防储备用水时间内，开动备用水泵以加强泵站的工作。因此，备用泵的流量 Q（m^3/h）可用下式进行校核。

$$Q=\frac{2\alpha(Q_f+Q')-2Q_r}{t_f}$$

式中，Q_f 为设计的消防用水量，m^3/h；Q' 为最高用水日连续最大 2h 平均用水量，m^3/h；Q_r 为一级泵站正常运行时的流量，m^3/h；t_f 为补充消防用水的时间，h，一般为 24～48h，由用户的性质和消防用水量的大小决定（参见《建筑设计防火规范》）；α 为净水构筑物本身用水的系数。

就二级泵站来说，消防属于紧急情况。消防用水总量一般占整个城市或工厂的供水量的比例虽然不大，但因消防期间供水强度大，使整个给水系统负担突然加重。因此，应作为一种特殊情况在泵站中加以考虑。虽然城市给水系统常采用低压消防制，消防给水扬程要求不高，但由于消防用水的供水强度大，即使开动备用泵，有时也满足不了消防时所需的流量。在这种情况下，可增加一台水泵。如果因为扬程不足，那么泵站中正常运行的水泵，在消防时都将不能使用，这时将另选适合消防时扬程的水泵，而流量将为消防流量与最高时用水量之和。这样势必使泵站容量大大增加。对于这种情况，最好适当调整管网中个别管段的直径，减小水损，进而降低需用扬程，而不使消防扬程过高。

334 泵站设计存在的常见问题有哪些?

目前泵站设计中，存在的常见问题主要有以下几个方面。

① 设计裕度与实际运行工况差异较大的问题。从设计角度，水量设计一定会选择一定的富裕量。但是泵站水量与实际供水量息息相关，对未来水量变化预测可能存在误差。出于安全考虑，设计时一定会留有余量。所以，在设计中，阻力损失的推算和流量的估算都不得不偏大。但是，在泵站的实际运行中，这样偏大的设计选型会造成能耗的无意义浪费。在极端情况下，甚至可能导致汽蚀等有害泵站安全稳定运行的现象。

② 在流量变化范围极宽的泵站，没有配备 1 台小泵，造成在小流量段电耗偏高。

③ 在接近额定扬程使用的泵站，每台水泵都配备变频器，增加了无意义的投资，还使电耗增加。

④ 在实际运行扬程与水泵额定扬程有一定差距的泵站，调速泵配备数量太少。

⑤ 在实际运行扬程范围很宽的泵站，调速泵配备数量太少。

335 泵站中调速泵的配置可以参考哪些因素?

在泵站设计时，配置调速水泵数量可以参考以下的因素。

① 实际运行扬程与额定扬程接近，配备 1 台调速水泵就可以；配备 2 台调速泵，则节电情况好一点但不多，设计时可根据投资情况取舍。

② 实际运行扬程对应的效率如果低于额定效率的 93%，就需要配备 2 台以上的调速水泵。

③ 实际运行扬程对应的效率如果低于额定效率的80%，就需要每台水泵配备1台调速装置。

336 水泵吸水管的设计安装有什么要求?

① 水泵吸水管不允许漏气，因为漏气后会减少水泵的水量或根本吸不上水，所以最好用钢管焊接以保证密闭性。埋在地下的钢管应注意防腐，以延长使用寿命。除了管道焊接质量要好以外，如果安装得不合理，也不能使水泵正常工作。因此安装吸水管时，应从吸水井向水泵方向有5%的上升坡度，使吸水管中的空气进入水泵，防止水流排出。吸水管路如安装得高低不平或上下弯曲，水泵吸水口的接出管没有用偏心弯管等，安装时稍有疏忽，就可能由于吸水管中的负压，使溶解在水中的空气释放出来，积存在这些地方。积存空气以后，管道中的水流断面缩小，阻力增加，从而减少了水泵的流量。

② 水泵应有单独的吸水管，并且直接伸入吸水井或清水池吸水。只有在吸水井、清水池或水源的水位高，使水泵安装在水面以下而能经常充水时，才可以将水泵的吸水管适当合并。但是考虑到吸水管合并后，万一发生漏气的情况，则相连的几台水泵都将被迫停止工作，所以合并后的吸水管数不得少于二条，并且管径适当放大，使得一条吸水管发生事故时，其余吸水管还能够保证应有的水量。

③ 吸水管一般不长，在确定管径时，可以采用较大的流速，所增加的水头损失并不多，但因管道和阀门口径的减小，可节省费用。管径大，流速可以相应取得大些。

④ 吸水管上是否装阀门，要看吸水井、清水池或水源的水位，如最高水位不会比水泵高，这样水泵需要检修时，不会有水从吸水管进入泵，则吸水管上就可不装阀门。

⑤ 水泵吸水口接出的管道附件须采用偏心渐缩管或偏心弯管，使上口水平防止积气。吸水管上的配件应尽量减少。吸水管端应装喇叭口，喇叭口直径约为吸水管直径的1.3～1.5倍，使其能均匀进水，减小水头损失。

337 电动机的关键参数有哪些?

电动机的关键参数包括电压、电流、功率、效率和功率因数。

水泵常用的电动机包括三相异步电动机和永磁同步电动机等。三相异步电动机结构简单、运行可靠，使用、安装、维护方便，价格经济；但功率因数滞后，当负载率下降到50%以下时效率迅速下降。因此使用三相异步电动机时需要审慎考虑其额定功率与水泵的匹配程度，保证运行负荷率在50%以上。

永磁同步电动机在满载、轻载和空载时，功率因数均可达到1.0左右，无功功率小；且效率特性有高而平的特点，在轻载到满载之间相当宽的区域内效率为最高；允许的过载电流大，可靠性高；无须经常维护；但初始投资较高。

338 如何选择给水泵站中的电动机？电动机与水泵机组如何匹配?

电动机从电网获得电能，带动水泵运转，同时又在一定的外界环境和条件下工作。因此，正确地选择电动机，必须解决好电动机与水泵、电动机与电网、电动机与工作环境间的各种矛盾，并且尽量保证投资节省、设备简单、运行安全和管理方便。一般应综合考虑以下四个方面的因素。

① 根据所要求的最大功率、转矩和转速选用电动机。电动机的额定功率要稍大于水泵的设计功率。电动机的启动转矩要大于水泵的启动转矩，电动机的转速应和水泵的设计转速基本一致。

② 根据电动机的功率大小，参考外电网的电压决定电动机的电压通常可以参照以下原则，按电动机的功率选择电压：a. 功率在 100kW 以下的，选用 380V/220V 或 220V/127V 的三相交流电；b. 功率在 200kW 以上的，选用 10kV（或 6kV）的三相交流电；c. 功率在 100～200kW 之间的，则视泵站内电动机配置情况而定，多数电动机为高压，则用高压，多数电动机为低压，则用低压。

③ 根据工作环境和条件决定电动机的外形和构造形式不潮湿、无灰尘、无有害气体的场合，如地面式送水泵站，可选用一般防护式电动机；多灰尘或水土飞溅的场合，或有潮气、滴水之处，如较深的地下式地面水取水泵站中，宜选用封闭自扇冷式电动机；防潮式电动机一般用于暂时或永久的露天泵站中。一般卧式水泵配用卧式电动机，立式水泵配用立式电动机。

④ 根据投资少、效率高、运行简便等条件，确定所选电动机的类型在给水排水泵站中，广泛采用三相交流异步电动机（包括鼠笼型和绕线型）。有时也采用同步电动机。对效率要求极高时，或电动机负载变化率大时，可考虑采用永磁同步电动机。

水厂及泵站应核定电动机额定功率与水泵额定功率的匹配程度，避免大马拉小车。根据《泵站设计标准》(GB 50265)，电动机容量的储备系数（按照水泵最大轴功率考虑）宜为 1.1～1.05。若电动机的额定功率超过水泵额定功率太多（由于选型为标准容量导致的情况除外)，则应考虑采取选型重置水泵或电动机设备的节能技改措施，避免由于电动机和水泵不匹配导致能耗高。

需要注意的是，若水泵为低比转速水泵，则由于水泵最大轴功率与其额定功率的比值较大，电动机的额定功率可相应选择较大的额定功率。

其中比转速（n_s）定义如下式：

$$n_s=3.65\frac{n\sqrt{Q/3600}}{H^{0.75}}$$

式中，n 为水泵额定转速，r/min；Q 为水泵额定流量，m^3/h；H 为水泵额定扬程，m。

339 阀门选择如何与水泵更好匹配?

在管道附属设备中不可避免地存在局部阻力损失，其大小主要与附属设备型式（与系数 ζ 相关）和过流流速 v 有关，如下式：

$$h=\zeta\frac{v^2}{2g}$$

根据《离心泵、混流泵与轴流泵系统经济运行》(GB/T 13469)，泵房管道应在保障设备安全的前提下，尽量减少管接头、弯头、三通、阀门等附属设备；管道通流截面应减少突然扩大缩小、急转弯的分流变向等情况，弯管曲率半径应不小于管道直径的 1.25 倍；出水管道宜采用无附加阻力阀或微阻力阀，从而减少管道局部阻力损失。

在出水管道，为防止停泵水锤对水泵机组的破坏，需要安装具备快关慢闭功能的止回阀。其中，部分型式止回阀需要与闸阀或球阀等联用，部分型式则具备一阀二用的功能。一般而言，一阀二用功能的止回阀中，液控蝶阀水力损失小于多功能阀，但初期投资略高于多功能阀，结构比较复杂，维护难度较大。一阀一用功能的止回阀中，静音式止回阀水力损失相对最优。

340 水泵维护维修对效率有什么影响?

随着水泵长时间运行，叶轮、轴承等部分部件磨损、间隙变大，会引起水泵效率下降。另外，如果水泵长时间偏离高效区间运行，除了水泵低效外，还会引起水泵振动偏大、泵机械密封轴承寿命大大缩短、叶轮产生汽蚀等问题，因此水泵应按照维护保养周期定期检修，防止水泵长时间处于低效运行区间，并造成水泵损坏。

加强水泵机组的维修，一是可以减少水泵的泄漏损失，即水通过叶轮和扣环间隙返回吸水端及水通过盘根渗漏的损失；二是可以降低水泵工作时的机械损失，主要有传动机构、轴承、轴封的摩擦损失和叶轮圆盘在泵壳内运行时和流体的摩擦损失。加强水泵机组的维修，校正机组的水平，及时换下弯曲的泵轴和损坏的轴承，保持良好的润滑状态，可以一定程度上减少机械损失，节约电能。

341 泵站节能的方法有哪些?

水泵是将电能转变成水的压能的水力机械，其效率的高低直接影响耗能的多少。对于中小自来水厂来说，水泵往往具备很大的节能潜力。节能的一般方法如下。

(1) 消除机组不配套

电动机的效率一般来说比较高，电动机当前存在的主要问题是与水泵不配套，也就是“大马拉小车”的问题，致使电动机效率由于负荷小造成大幅度的下降。如果电动机运行负载较低，运行效率也较低。例如电动机空载运行时效率为 0，1/4 负载时约 0.78，1/2 负载时约 0.85，3/4 负载时约 0.866，满载时约 0.875。可见，应把那些达不到满载的电动机换成与水泵配套的电动机，使其至少在 1/2 负载以上情况下运行，以保障高效率运行。

(2) 合理使用水泵

水泵在其特性曲线上有一高效运行区间。在使用水泵时，一定要调节工况点，使其在该范围内运行。除部分应该更新的陈旧设备外，其关键是保证水泵能经常在高效区运行，调节水泵工况点的办法如前所述有三种：

① 改变水泵的转速；

② 改变水泵的叶轮直径；

③ 改变出水闸门的开启度。

对于一般中小水厂而言，如果冬天与夏天用水量相差较大，可以采取准备两套叶轮按不同季节分别换装的办法。当水厂一天中水量波动较大时，有条件的水厂应尽量采用水泵调速的方法，使水泵出水压力在水泵高效范围内工作。值得注意的是，改变出水闸门的开启度将使部分能量消耗在克服管道阻力中，导致不必要的浪费。

另外，对于采取并联运行的水泵，切忌三台水泵出水扬程相差较大，以致其中一台水泵在并联时有可能经常在空转的状态下工作，白白地消耗电能。

（3）提高管路效率

提高管路效率也是泵站节能的一个主要方面，可结合水管维修，按经济管径扩大管径，进口加装喇叭口，出口增设扩散管，减少局部损失，提高管路效率。目前不少中小型水厂在水泵吸水管上装有底阀，虽然启动方便，但底阀耗电量大。因此在有条件时，应尽量采取取消底阀的吸水方法。

（4）提高传动效率

对部分有条件的机组，可以改为直接传动，或从设计、安装和使用上注意提高传动效率，一般可以提高装置效率4%左右。

（5）合理设计供电系统

除了工艺的合理设计和工艺设备选用合适外，电气设计也必须充分注意能耗的节约，主要包括：

① 合理设计电气系统，减少电压等级以减少电压转换产生的能耗（如10kV供电的给水厂，高压电动机尽可能采用10kV电压等级），低压配电中心应深入用电负荷中心，避免大电流长距离输电；

② 选择低损耗的变压器，容量选择应考虑使变压器大部分时间运行在高效区；

③ 在条件许可的情况下，水泵等负荷宜采用功率因数就地补偿的方式，可使系统保持较高的功率因数，减少系统无功损耗；

④ 主要的电缆宜按照经济电流密度选择截面。

（6）加强泵站运行管理，提高维修质量

一些试验和实测表明，机、泵、管、池及传动装置的运行效率，与管理水平和维修质量有很大的关系。故应及时清除进水池淤泥、杂物。据对两台轴流泵机组实测表明，虽然装置情况、设备技术及运行工况大体相同，一台机组前池及进水池进行清淤疏浚，另一台淤积达30cm，实测装置效率前者比后者高8.5%。出水管口铸铁拍门在运行中适当吊起，减小拍门阻力，可使装量效率提高1.5%以上。此外，还应防止进水管路及填料函带密封部位漏气；保持传动装置良好的运行状况；提高维修质量，调整轴流泵叶片安放角的一致，提高叶轮、导叶等过流表面的光洁度，校正叶轮与泵壳轴线同心度等。

342 泵站调度包括哪些内容？调度准则是什么？

（1）根据优化准则进行单泵站的运行调度

① 泵站内机组的开机台数、顺序及其运行工况的调节（包括主水泵的变速、变径、变角调节）。

② 泵站与其他相关工程的联合调度。

③ 泵站运行与供、排水计划的调配。

④ 在满足提水计划前提下，通过站内机组运行调度和工况调节，改善进、出水池流态，减少水力冲刷和水力损失。

（2）根据优化准则进行多泵站的运行调度

① 泵站水源供水能力与各泵站的提水能力，以及各泵站相应灌溉或城镇供水计划间的

科学调度。

② 各泵站的开机台数、顺序的控制及其运行工况的调节，泵站级间流量的调配。

③ 地面水利用与地下水开采的水资源合理调度。

④ 流域（区域）内泵站群与其他水利设施的联合调度。

⑤ 流域（区域）内或不同流域间排水与灌溉、城镇供水、蓄水、调水相结合的水资源调度。

(3) 调度原则

① 应合理利用泵站设备和工程设施，按灌溉、排水和城镇供水计划进行调度。

② 排水泵站抢排涝（渍）水期间应按泵站最大排水流量进行调度。

③ 扬程变化幅度大的泵站，应充分利用低扬程工况按水泵提水成本最低进行调度。

④ 扬程相对稳定的泵站，应在满足供、排水计划的前提下根据装置效率最高进行调度。

⑤ 多泵站联合运行应使站（级）间流量和水位配合最优。

⑥ 若水泵发生汽蚀和振动，应按改善水泵装置汽蚀性能和降低振幅的要求进行调度。

⑦ 当流域（或区域）遇到超标准的洪、涝或旱灾时，在确保工程安全的前提下，泵站管理单位应根据上级主管部门的要求进行调度。

(4) 利用电价变化优化调度实现费用的方法

为鼓励用电企业错开用电时间，部分省份电网销售电价采用在峰、平、谷时段不同购电价格的分时电价机制。当输配水环节具备容量富裕的调蓄设施（如清水池、水库等），可以根据峰、平、谷电价调整运行方式，即尽量在谷或平电价期间开启高能耗水泵设备，多取（供）水至调蓄设施，使调蓄设施中储水量尽可能满足用户在高峰电价期间的用水需求，在峰电价期间尽量停泵，降低电费。

343 什么是汽蚀？怎样防止汽蚀？

当泵入口压强低于被输送液体的饱和蒸汽压时，被吸入的流体在泵的入口处汽化，形成气泡混杂在液体中，由泵中心的低压区进入泵外缘高压区，由于气泡受压而迅速凝结，使流体内部出现局部真空，周围的液体则以极大的速度填补气泡凝结后出现的空间，可产生很大的冲击力，这一现象即为汽蚀。汽蚀会导致水泵效率下降，水泵的扬程降低；汽蚀通常伴随着振动和噪声，甚至使机器不能工作。汽蚀会损伤过流部件表面，大大缩短机器大修周期和使用寿命，严重时甚至会造成叶片断裂等重大事故。

汽蚀产生的原因有：泵的几何安装高度过大；大气压力过高；泵所输送的液体温度过高。

为防止出现汽蚀情况，需在设备选型与运转方面采取相应的措施，并注意以下事项：

① 在条件许可时尽量减少吸水高度或增加灌水高度；

② 合理布置吸水管道和放大口径，将水头损失降到尽可能小的程度；

③ 当水泵运行扬程变化大时，应对最高及最低扬程工况进行分析，使之控制在可以运行范围内工作；

④ 不采用进水阀门来调节流量；

⑤ 降低水泵的转速；

⑥ 堵塞漏气的隐患，防止吸入空气；

⑦ 采用耐汽蚀的材质。

344 什么是水锤？其产生的原因是什么？

在压力管流中因流速剧烈变化引起动量转换，从而在管路中产生一系列急骤的压力交替变化的水力撞击现象，称为水锤。这时，液体显示出它的惯性和可压缩性。

水锤也称水击，或称流体（水力）瞬变（暂态）过程，它是流体的一种非恒定流动，即液体运动中所有空间点处的一切运动要素（流速、加速度等）不仅随空间位置而变，而且随时间而变。

按照水锤成因的外部条件，泵站水锤一般可分为启动水锤、关阀水锤和停泵水锤三种。启动水锤一般发生于空管条件下启动水泵机组，由于水泵启动过程中扬程、转速、流量等都随时变化，会引起管道中流速的急剧变化，从而产生水锤。特别是当管道中的空气不能及时排出时，管道中压力会发生剧烈变化。关阀水锤是由于关闭阀门引起的。通常按正常操作程序关闭闸阀是不会引起很大的水锤压力变化的，但是如果违反操作程序或管道突然被堵塞等，管道中将发生不同程度的水锤。停泵水锤是正常运行的水泵机组突然失去动力所引起的。水泵机组失去动力的原因有很多种，如运行人员误操作、电网突然事故停电以及自然灾害等。泵站不同，水锤成因不同，水锤的危害程度也将不同。

345 水锤的危害有哪些？

泵站中发生水锤事故的现象是较为普遍的，其中以地形复杂、高差起伏较大的我国西北、西南地区尤为突出。泵站水锤一旦发生，轻则水泵机组产生振动和水力撞击噪声；重则水泵机组震坏，管道破裂造成停水事故。一些文献中还特别将泵站水锤危害列为泵站三害（即水锤、泥沙、噪声）之首。因此，泵站水锤对泵站工程的正常运行影响很大，不少泵站也因水锤而遭受了严重的破坏。1983 年北京某水厂由于维修上的疏忽，阀瓣突然脱落，堵截了阀体的收缩出口，从而在该处产生了巨大的水锤。巨大的水柱连同炸成碎片的盖子冲向 20 多米高的厂房屋顶，半小时内就有 10 台水泵的厂房被淹，致使当天北京西部地区停水达 10h 之久，对生产和生活造成了很大的影响和损失。

生产实践表明，由于失电或机械故障突然停泵所引起的水锤危害最大，尤其是处在下列情况的泵站：

① 供水地形起伏高差超达 20m；

② 水泵的全扬程较高；

③ 输水管道较长；

④ 管道流速过大。

停泵水锤瞬时升高的压力一般可以大于工作压力 2 倍以上，以致造成管道爆裂和击毁设备等事故。仅华东、中南、西南、西北四个地区的 30 多个较大泵站的统计资料，记录到的停泵水锤事故有 200 余次。一般事故造成跑水、停水，严重的发生击毁设备、淹没泵房，有的还引起次生灾害，如冲坏铁路、中断运输等。由于停泵水锤的破坏性最大，所以泵房设计应着重考虑对停泵水锤采取有效的对策。

346 停泵水锤的特点是什么?

(1) 水泵出水管上有止回阀的停泵水锤过程

发生突然失电事故，水泵转速迅速降低，压水管中的水流主要靠惯性继续向前方流动，水泵端压力则迅速下降并形成低压波向管道前方传播。当管中水的流速逐渐减慢降至零后，水流便开始向水泵侧倒流，流速逐渐加快，当倒流速率达到一定程度时，迫使止回阀很快关闭，由前方传来的增压水波冲击阀发生水锤，压力迅速升高。如果水泵机组惯性小，供水地势高，则压力上升越高，危害就越大。

(2) 水泵出水管上无止回阀时的停泵水锤过程

水泵失电开始阶段的工况与上述相同，以后则出现差异。开始停泵时，叶轮靠其惯性以减速继续正转，压水管中水的流速和流量逐渐减小，流量降为零时，开始出现倒流。此时，如果机组惯性很大，叶轮仍能继续正转，随着倒流水量的阻击，转速渐渐减慢，直到转速降为零，叶轮制动。然后，受倒流水的冲击，叶轮开始反转，反转速从零逐渐加快到某点时，反转速达到最大值，而反转矩则降为零。

如果压水管道的前方为高位水池，倒流水位基本稳定，水泵在恒水头作用下反转，其最大反转速率较大。如果前方为管网，倒流时管中存水逐步放空，压力逐渐减小，水泵在变水头情况下反转，最大反转速率则较小。城市水厂二级泵房供水一般都属于后一种情况。

347 消除或减小水锤危害的方法有哪些?

虽然供水管道系统在设计时可采用较大的安全裕度，使管道可以承受各种危险运行工况下可能出现的最大、最小压力，但这样耗资巨大。从工程经济性方面这样的设计无疑是不合算的。通常采用多种平压措施或运行控制方法来减小或消除过大的压力波动。管道设计一般会从众多包含和不含控制装置的方案中，挑选一个能使系统总造价经济、瞬变响应较好、操作灵活的方案。

目前常用的水锤防护措施主要有以下几种。

(1) 补水（补气）稳压

补水（补气）稳压可以减小水柱分离及其再弥合现象发生的可能性。属于这种类型的主要有普通调压池、单向调压池、空气阀等。

① 普通调压池　普通调压池为一只敞口水池，设于容易发生真空的地段，是防止水柱分离的一项有效措施。调压池中的高水位与水泵正常工作的压力线相当，能满足供水地点的压力要求。因此，设计时要充分利用地形，选择高地修筑水池以节省造价。调压池在停泵水锤升压阶段能帮助释压以消减水锤的压力，降压阶段则补水以防止水柱分离。调压池比补气具有更大优点，因补气后如果排气不畅，不仅给水泵再次启动带来困难，而且可能酿成气锤的危险，补水则无此后果。普通调压池结构简单，工作可靠，但水位变动较大，并应解决防冻和死水等问题。

② 单向调压池　单向调压池与普通调压池一样，都能有效防止水柱分离。当水泵工作

压力较高，无合适高地修筑普通调压池时，宜采用单向调压池。单向调压池同样置于容易产生真空的地点，具有一定的高程，池底与输水管连接，并装置止回阀。水泵正常工作时，管路压力大于调压池压力，止回阀关闭。水泵失电后，管路压力降低或出现真空，调压池止回阀开启向管路补水，以减小真空度，防止水柱分离。单向调压池的构造虽比普通调压池稍复杂，但其高度低，综合比较常比普通调压池经济，故多采用。

③ 空气阀　空气阀是一种用于防止停泵水锤过程中产生负压的特殊阀门。它通常装设在管线凸起部分，防止水压降低产生局部汽化；当管道内压力低于大气压时吸入空气，而当管道内压力上升高于大气压时排出空气。这种阀不允许液体泄入大气，在排出管道中空气时具有自动关闭的功能。

空气阀在泵站管道中的主要作用：一是水泵起动、管道充水的过程中排气，为了防止因急剧排气，水流迅速增速而造成较大的起动水锤，必须控制排气的速度；二是在管道中产生负压时吸入空气，当管道出现负压时，由空气阀吸入空气；三是管道中压力下降或溶解于水中空气游离出来形成气囊时，自动排出管道凸部上方集聚的空气。

(2) 阀门防护

泵站中常用的阀门有缓闭式止回阀、两阶段关闭液控蝶阀等。

缓闭式止回阀是一种清除停泵水锤的专用设备。阀门缓慢关闭或不全闭，允许倒流，能有效地消除由于停泵而产生的高压水锤。压力上升可控制在实际扬程的2倍以下，但必须慎重决定闭差时间。由于有相当水量倒流，故吸水井需考虑溢流措施，倒流还常使水泵电动机在超过额定转速的情况下运转。

(3) 泄水降压型

属于这种类型的主要有取消止回阀、使用水锤消除器等。

① 取消止回阀　停泵水锤的特点充分反映了水锤的危害主要是由于止回阀迅速关闭所造成的。不装止回阀，在水泵倒流初期，其倒流水对叶轮虽然也发生冲击，出现增压现象，但由于流量下泄，压力增升远比冲击止回阀为小，不致造成危害。早在20世纪60年代，我国就有不少单位开展取消止回阀以消除停泵水锤危害的试验与研究。武汉、福州、长沙等城市的水厂泵站、农灌站取消止回阀后，不仅有效地防止了水锤的危害，而且减小了水龙头损失，节省了电耗，出水流量还略有增加。

② 使用水锤消除器　水锤消除器有自闭式和气囊式等，必须安装在止回阀的下游，离止回阀越近越好。水锤消除器有成品供应，安装简单，适用于消除突然停泵所产生的水锤。

消除器直径应根据计算确定，当计算直径大于现有成品规格，可考虑两只或多只并联应用，其只数（n）按下式确定。

$$n \geqslant \frac{D^2}{d^2}$$

式中，D 为计算直径，mm；d 为实际采用直径，mm。

(4) 其他

增大机组惯性，防止停泵时压力急剧下降。

348 水锤防护中如何选择阀门?

基于水锤发生过程中三个工况的管道压力变化状态，在水泵出口安装两阶段关闭的可控阀或各种形式的缓闭单向阀，可防止水锤增压。所谓两阶段关闭是指在水泵启动时，能够先慢后快地自行开启；在因故障或突发原因突然停泵时，在“水泵工况”管道压力降低阶段能够自动地先快关某一角度，余下的角度则以相当慢的速度关完，即为随之而来的“制动工况”升高压力的倒流提供很小的阀腔过流断面，所以能够起到消除倒流压力的作用。

在相同的关阀条件下，全闭点附近特性变化比较均匀的阀门其压力上升较小。对于高扬程、大流量、长管道的泵站系统，为了防止水流倒泄和水泵机组反转，而又不产生过高的水锤升压，则可采用各种形式的缓闭式止回阀或两阶段关闭的可控阀，并合理地进行调节计算，有效地控制关闭过程。阀门慢慢地开启和关闭，可减小流速的变化率，可降低水锤压力的升高和降低程度；但关闭的时间还受水泵的运行条件及阀门驱动机构等条件的限制。

下面介绍的几种两阶段关闭（或缓闭单向阀）阀门，已被广泛应用在供水行业的取水和送水泵站的水泵出口，作为泵站水锤防护的一种措施，收到了很好的效果。

（1）蓄能式液控缓闭蝶阀

蓄能式液控缓闭蝶阀主要有重锤蓄能式液控两阶段关闭缓闭蝶阀和蓄能罐式液控缓闭止回蝶阀两大类。

蓄能式液控缓闭蝶阀应用在水泵出口，兼有闸阀和止回阀的功能，是一种能按预先调定好的程序，分开关和缓闭两阶段的动作来防止水泵倒转、消除水锤对管网破坏的理想设备。

无论在正常启闭水泵过程，或在突然断电后的水力过渡过程中，它能消除水锤危害，又不致使大量水倒泄并使机组长期反转。

该阀在功能上，既具有水泵出口操作阀门的作用，又有止回阀和水锤防护设备的作用，起到一阀三用的功能。

（2）缓闭止回阀

缓闭止回阀的作用是防止管路中的介质倒流。缓闭止回阀有重锤式和蓄能式两种。

阀门可以根据需要在一定范围内对阀门关闭时间进行调整。一般在停电后 3～7s 内阀门关闭 70%～80%，剩余 20%～30%的关闭时间则根据水泵和管路的情况调节，一般在 10～30s 范围。可以利用计算机模拟最佳时间，并现场调试确定。

当水锤过程中输水管中水倒流时，各止回阀相继关闭，把回冲水流分成数段，由于每段输水管（或回冲水流段）内静水压头相当小，从而降低了水锤升压。此项防护措施可有效用于几何供水高差很大的情况，但不能消除水柱分离的可能性。

缓闭止回阀的主要缺点是正常运行时水泵电耗增大、供水成本提高。

（3）水泵控制阀

水泵控制阀是一种水力自动控制阀，通过阀门的外装控制管路随时把阀门前后的压力变化传递到上下腔，控制主阀的运动。依靠阀体内弹簧或大小阀板，实现启泵时缓开、停泵时先快闭再缓闭的功能。这种阀门被很多水厂采用，安装、操作、维护简单，是一种既节能又有效的水锤防护阀门。

江西省某水厂供水量为 10000 m^3/d，开始时按设计要求在泵的出口安装了手动蝶阀和从国外进口的微阻缓闭单向阀，但是在运行中发现，即使在正常停泵的情况下，由于管道中的水锤会产生很大的响声和后坐力，从而破坏了管路支撑，使输水管的正常运行受到了严重威胁。后来将微阻缓闭单向阀换成了多功能水泵控制阀，很好地解决了这个难题。使用了多年，一直运行正常。

（4）静音单向阀

静音式锥体单向阀阀体内部水流通路采用流线型设计，水头损失小，阀瓣关闭行程很短，并且阀瓣打开和关闭都受到弹簧的制约，也具有两阶段关阀的功效，可以防止倒流及水锤对水泵的损害。这种阀门安装方便，占用位置小，完全依靠水流压力开启和关闭，不需人工操作，在水泵出口及管路中使用较多。

349 复合式排气阀和泄压阀在水锤防护中的作用如何？

（1）复合式排气阀

防止启动水锤的最有效的办法，是排除管道空气使管道充满水；突然停泵时，泵后的压力快速降低，在水泵出口和管道折点、高点易产生负压。因此，为防止启动水锤和突然停泵出现断流弥合水锤，在水泵出口和管道高点应设复合式排气阀，该阀高速进气、低速排气，能起到注气稳压作用。复合式排气阀有大、小两个排气口，当管内开始注水时，塞头停留在开启位置，进行大量排气，当空气排完时阀内积水，浮球浮起，传动塞头至关闭位置，停止大量排气；当管内水正常输送时，如有少量空气聚集在阀内达到一定量，阀内水位下降，此时空气由小孔排出。发生突然停泵管内产生负压时，塞头迅速开启，吸入空气，确保管线安全。

（2）泄压阀

当事故停泵后管中形成降压或升压水锤波时，泄压阀可将管中一部分高压水泄走，从而达到减弱增压，保护管道的目的。泄压阀经常安装于水泵出口或长输水管道。大流量、高扬程、远距离的输水管道适当分段设减压消能设施和适当延长阀门启闭时间，是行之有效的管道减压措施。泄压阀安装于旁通管上，当水锤波到来时，泄压阀打开，高压水经旁通管流走，从而起到泄水降压作用。

深圳梅林加压泵站供水规模为最高日 12000 m^3/d，扬程为 93m，输水管总长为 30km。该加压泵站分别采取了在每台水泵出口和管道高点设空气阀，每台机组设置缓闭单向阀等水锤防护措施，并在出水总管上增设 DN350 的旁通管，旁通管设一个美国 GA（Gaincom）公司的水击预防阀，水击预防阀可感应水锤降压波而预先开启，当高压波到来时，将高压水旁通泄流至吸水池，降低水锤最高升压值，并避免高压水流经水泵而使水泵高速倒转，导致损坏水泵。

350 如何选择给水泵站中变配电系统的负荷等级？

电力负荷的等级是根据用电设备对供电可靠性的要求来决定的。电力负荷一般分为三级。

（1）一级负荷

一级负荷是指突然停电将造成人身伤亡危险，或重大设备损坏且长期难以修复，给国民经济带来重大损失的电力负荷。大中城市的水厂及钢铁厂、炼油厂等重要工业企业的净水厂均应按一级负荷考虑。

一级负荷的供电方式，应有两个独立电源供电，按生产需要与允许停电时间，采用双电源自动或手动切换的结线或双电源对多台一级用电设备分组同时供电的结线。独立电源是指若干电源中，任一电源故障或停止供电时，不影响其他电源继续供电。同时，具备下列两个条件的发电厂、变电站的不同母线段均属独立电源：

① 每段母线的电源来自不同的发电动机；

② 母线段之间无联系，或虽有联系，但在其中一段发生故障时，能自动断开而不影响另一段母线继续供电。

(2) 二级负荷

二级负荷是指突然停电产生大量废品，大量原材料报废或将发生主要设备破坏事故，但采用适当措施后能够避免的电力负荷。对有些城市水厂而言，则应是允许短时断水，经采取适当措施能恢复供水，利用管网紧急调度等手段可以避免用水单位造成重大损失的负荷。

例如有一个以上水厂的多水源联网供水的系统或备用蓄水池的泵站，或有大容量高地水池的城市水厂。二级负荷的供电方式，应由两回路供电，当取得两回路线路有困难时，允许由一回路专用线路供电。

(3) 三级负荷

三级负荷指所有不同于一级及二级负荷的电力负荷，如村镇水厂、只供生活用水的小型水厂等。其供电方式无特殊要求。

351 如何选择给水泵站中变配电系统的电压?

水厂中泵站的变配电系统，随供电电压等级的不同而异。电压大小的选定，与泵站的规模（即负荷容量）和供电距离有关。目前，电压等级有下列几种：380V(220V)、6kV、10kV、35kV 等。其中 6kV 等级不是国家标准等级，将趋于逐步淘汰。对于规模很小的水厂（总功率小于 100kW)，供电电压一般为 380V。对于大多数中小型水厂，供电电压以 6kV 和 10kV 居多，今后将尤以 10kV 替代 6kV。对于大型水厂，大多供给 35kV 电压。

一般由 380V 电压供电的小型水厂，往往只可能有一个电源。因此，不能确保不间断供水。由 6kV 或 10kV 电压供电的中型水厂，视其重要程度可由两个独立电源同时供电，或由一个常用电源和一个备用电源供电。6kV 电源可直接配给泵站小的高压电动机。水厂内其他低压用电设备可通过变压器将电压降至 380V。10kV 级的高压电动机产品型号，近十年来已开始逐步增多。

352 如何选择给水泵站中变电所的类型?

变电所的变配电设备是用来接受、变换和分配电能的电气装置，它由变压器、开关设备、保护电器、测量仪表、连接母线和电缆等组成。

变电所大体有以下几种类型。

(1) 独立变电所

设置于距泵房泵站 15～20m 范围内单独的场地或建筑物内，其优点是便于处理变电所和水泵房建筑上的关系，离开人流较多的地方，比较安全。若附近有两个以上的泵房泵站，或有其他容量较大的用电设备，应选用这种形式。其缺点是离泵房内的电动机较远，线路长，浪费有色金属，消耗电能，且工人维护管理不便，故在给水排水工程中，一般不宜采用。

（2）附设变电所

设置于泵房外，但有一面或两面墙壁和泵房相连。这种形式采用较多。其优点是使变压器尽量靠近用电设备，同时并不给建筑结构方面带来困难。

（3）室内变电所

此种变电所是全部或部分地设置于泵房内部，但位于泵房的一侧，此外变电所应有单独的通向室外的大门。这种类型和第二种相近，只是建筑处理复杂一些，但维护管理却较方便。这种形式也采用较多。

353 如何配置变电所的位置和数目？

变电所的位置和数量可以按照以下方式进行考虑。

① 变电所的位置应尽量位于用电负荷中心，以最大限度地节约有色金属，减少电耗。

② 变电所的位置应考虑周围的环境，比如设置在锅炉的上风等。

③ 变电所的位置应考虑布线是否合理，变压器的运输是否方便等因素。

④ 变电所的数目由负荷的大小及分散情况所决定，如负荷大、数量少且集中时，则变电所应集中设置，建造一个变电所即可，如一级泵房、二级泵房等即是。如负荷小、数量大且分散时，则变电所也应该分散布置，即应建筑若干个变电所。如深井泵房，井数多，距离远，每个泵站一般只有一台水泵，故必要时在每个深井泵房旁边设置一套配电设备。

⑤ 根据泵站的发展，应考虑变电所布置有发展的余地。

变电所和水泵房的组合布置可以从下述几方面考虑：变电所应尽量靠近电源，低压配电室应尽量靠近泵房；线路应顺直，并尽量短；泵房应可以方便地通向高、低压配电室和变压器室；建筑上应注意与周围环境协调。图 8-1 所示为几种组合布置方案，可供参考。

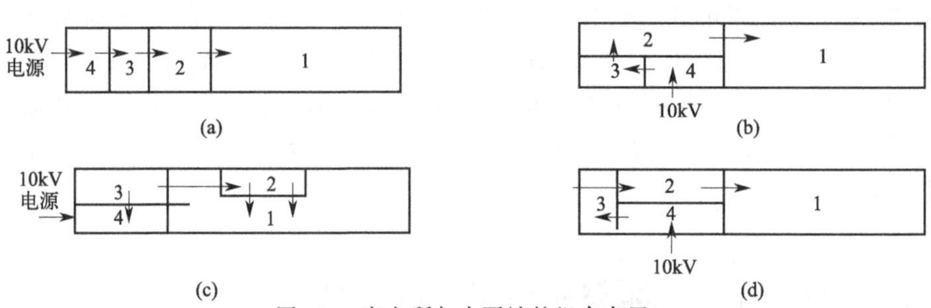

图 8-1 变电所与水泵站的组合布置

1—水泵站；2—低压配电室（包括值班室）；3—变压器室；4—高压配电室

354 泵站完好的标准是什么？

泵站完好的标准包括以下四个方面。

（1）设备状况好

① 泵房内所有设备完好，主体完整、附件齐全，不见脏、漏、松。

② 各种设备、管线、阀门、电器、仪表安装合理，横平竖直成行成线。

(2) 维护保养好

① 有健全的运行操作、维护保养制度，并能认真执行。

② 维修工具、安全设施、消防器具齐备完整，灵活好用。

(3) 室内卫生好

① 室内四壁、顶棚、地面干净。

② 设备见本色，轴见光。

(4) 资料保管好

仪表盘前后清洁整齐，门窗玻璃无缺，室内物品置放有序。

355 泵站日常维护保养项目包括哪些?

(1) 月度维护保养

① 检查设备整体完好度，应无缺失，无破损，无严重锈蚀。

② 检查叶轮缠绕、腐蚀情况，清理缠绕物，叶轮腐蚀、缺损超过10%时，必须更换。

③ 紧固电控系统端子连接接头，清扫内部灰尘。

④ 检查并清洁设备外壳。

⑤ 检查紧急停止功能并确保正常。

(2) 季度维护保养

① 检查泵和电动机的安装轴度是否精准，检查附件的坚固性。

② 检查全部连接螺栓，对腐蚀严重的进行局部防腐或更换，并全部紧固。

③ 检查电压是否允许范围内，电流是否正常。

④ 线缆破损龟裂排查，若有破损，使用同色热缩管或绝缘胶带进行修复。

(3) 年度维护保养

① 检查电动机绝缘情况，三相绕组阻值误差不大于5%。测试绝缘电阻不得≤5MΩ，测试接地电阻≤1Ω。

② 检查叶轮的磨损及耐磨环磨损情况，如间隙过大，更换耐磨环。

③ 检查端子，若存在氧化虚接情况，应更换端子或打磨氧化层并全部加以紧固。

④ 检查电缆接线盒及电缆入口的密封情况，及时更换密封圈。

⑤ 检查电动机保护器的保护功能，做预防性试验。

⑥ 检查并调整触头盒的安全隔板，使之启闭灵活。

⑦ 检查绝缘器件表面有无过热和炭化现象，空气断路器、交流接触器的主触头压力弹簧是否过热失效，否则应更换备件；检查其触头接触应良好，有电弧烧伤应磨光，如磨损厚度超过1mm时，应更换备件。

⑧ 刀开关的动静触头接触良好，无蚀伤、氧化过热痕迹。

⑨ 电流互感器铁芯无异状，线圈无损伤。

⑩ 检查电器的辅助触头有无烧损现象。

⑪ 检查电容补偿投切是否正常，电容是否有泄漏，电容量是否正常，必要时进行更换。

⑫ 各控制按钮、转换开关动作灵活、可靠，接触良好，损伤失灵者应更换。

⑬ 检查指示仪表无损伤，指针动作正常，指示正确；数字仪表显示正确无误；并做必要校验。

⑭ 试验报警音响和灯光信号灵敏、正确、可靠。

⑮ 保护装置的整组动作试验，判明整体动作的正确性。

356 泵站主水泵运行管理有何要求?

① 水泵长期在低效区工况点工作时，应对水泵进行更新或改造，使泵工作在高效区范围内。

② 水泵运行中，进水水位不应低于规定的最低水位。

③ 在泵出水阀关闭的情况下，电动机功率小于或等于 110kW 时，离心泵和混流泵连续工作时间不应超过 3min；大于 110kW 时，不宜超过 5min。

④ 泵的振动不应超过现行国家标准《泵的振动测量与评价方法》(GB/T 29531) 振动烈度 C 级的规定。

⑤ 轴承温升不应超过 35℃，滚动轴承内极限温度不得超过 75℃，滑动轴承瓦温度不得超过 70℃。

⑥ 除机械密封及其他无泄漏密封外，填料室应有水滴出，宜为每分钟 30～60 滴。

⑦ 水流通过轴承冷却箱的温升不应大于 10℃，进水水温不应超过 28℃。

⑧ 输送介质含有悬浮物质的泵的轴封水，应有单独的清水源，其压力应比泵的出口压力高 0.05MPa 以上。

357 泵站主电动机运行管理有何要求?

(1) 启动要求

启动应符合下列要求：

① 检查三相电源电压。

② 检查轴承油位及冷却系统。

③ 同步电动机或绕线式电动机，应检查滑环与电刷的接触状态。

④ 检查启动装置。

⑤ 不同型式的电动机，应按规定的操作方式合闸启动。

⑥ 交流电动机的带负载启动次数，应符合产品技术条件的规定；当产品技术条件无规定时，应符合下列规定：在冷态时，可启动两次，每次间隔时间不得小于 5min；在热态时，可启动一次。当在处理事故以及电动机启动时间不超过 2～3s 时，可再启动一次。

(2) 运行检查要求

运行检查应包括下列项目：

① 电动机的温升及发热情况。

② 轴承温度。

③ 轴承的油位、油色及油环的转动状况。

④ 同步机和绕线电动机的电刷与滑环接触情况是否良好，同步机励磁系统运行是否正常。

⑤ 电动机和各接触器有无异常声音、异味，各部温度、振动及轴向窜动的变化状况及开关控制设备状况。

⑥ 电动机的周围环境，通风条件等。

（3）停机要求

停机应符合下列规定：

① 鼠笼型异步电动机从电源侧断电；

② 绕线式异步电动机从电源侧断电，变阻器由短路恢复到启动位置；

③ 同步电动机从电源侧断电，励磁绕组连接灭磁电阻灭磁。

358 泵站工程管理有何要求?

① 泵站建筑物应按设计标准运用，当不得不超标准运用时，应经过技术论证并采取可靠的安全应急措施。

② 泵站建筑物应有防汛、防震措施。

③ 严禁在建筑物周边兴建危及泵站安全的其他工程或进行其他施工作业。

④ 应根据各泵站的特点合理确定工程观测的项目。

⑤ 泵站工程的观测设施和仪表应有专人负责检查和保养。

⑥ 对工程观测资料应进行整理分析。

⑦ 严寒地区的泵站建筑物应根据当地的具体情况，采取有效的防冻和防冰措施。

⑧ 泵站工程除做好正常维护外，应根据运用情况进行必要的日常维修和大修。

⑨ 靠近防洪堤建设的泵站，防洪排涝期间应加强对进、出水池的巡视检查。如发现管涌、流沙或水流对堤岸和护砌物的冲刷，应采取保护措施。

⑩ 应定期观测进、出水池底板，侧面挡土墙和护坡的稳定。

⑪ 如发现危及安全的变化，应采取确保建筑物的稳定和堤防安全的工程措施。

⑫ 当泵站进、出水池内泥沙淤积影响水流流态、增大水流阻力时，应及时清淤。严寒地区的泵站在冬季运行应防止进、出水池结冰。

⑬ 进、出水池周边宜设置防止地面杂物、来往人员和牲畜落入池内的防护栅墙。

⑭ 泵站运行期间严禁非工作人员在进、出水池内活动。

359 泵站科学试验与技术档案管理有何要求?

① 泵站管理单位应充分利用本站技术力量，积极与科研院校等单位开展技术协作，结合工程实际引进开发新技术，搞好泵站的安全生产，节约资源、降低成本，逐步实现泵站管理的科学化、现代化。

② 泵站管理单位必须按照上级档案管理部门规定，做好技术档案工作，对工程的建设（含改建、扩建）、管理、科学试验等文件和技术资料应进行分类管理，妥善保管。

③ 泵站工程技术档案的主要内容应包括以下方面：

a. 泵站工程建设的规划、设计、施工、安装、验收等技术文件、图纸和技术总结等；

b. 泵站管理单位所属范围的土地使用证；

c. 泵站工程管理中的各种标准、规范、规程，工程岁修、大修、技术改造以及科学试验等技术文件和资料；

d. 各项观测试验资料，包括工程、水文、气象，机电设备的运行、调试、检测的记录以及研究成果等。

④ 机电设备技术档案的主要内容应包括以下方面：

a. 涉及机组安装的土建图纸、资料和油、气、水系统图；

b. 主机组电气部分的全套原理接线图和安装图；

c. 水泵电动机的安装维护使用说明书和随机供应的产品图纸；

d. 机组安装、检查和交接试验的各种记录；

e. 机组运行、检修、试验和事故的记录和有关技术文件；

f. 机组及辅助设备的定期预防性试验及绝缘分析记录。

⑤ 变压器技术文件的主要内容应包括以下方面：

a. 制造厂提供的出厂试验报告单、说明书和图纸；

b. 安装竣工交接资料、试验记录和预防性试验记录；

c. 历次干燥记录、滤油加油记录和油质化验记录；

d. 大修记录及验收报告；

e. 变压器控制及保护回路竣工图；

f. 变压器事故及异常运行情况记录；

g. 变压器运行效率分析等。

⑥ 电力电缆技术档案的主要内容应包括以下方面：

a. 电力电缆的原始安装记录；

b. 电力电缆的事故处理记录；

c. 电力电缆的巡视、检修记录及预防性试验记录等。

⑦ 对于有条件的管理单位，技术文件和资料除采用书面方式存档外，还应采用电子方式存档。

⑧ 所有软件应备份存档。

为了管好用好泵站设备，应对主要设备建立技术档案。技术档案记录的主要内容有：设备的规格性能、工作时间记录、检查记录、事故记录、检修记录、试验记录等。有了这些记录，可以了解设备的历史和现状，掌握设备性能，为设备的使用、修理、改造、事故的分析处理提供可靠的依据，从而使设备实现安全高效、低耗的运行。

360 设备档案包括哪些内容?

设备档案一般有以下内容：

① 设备登记卡，包括水泵登记卡、电动机登记卡、变压器登记卡、开关柜（配电盘）登记卡等；

② 设备工作时间记录卡；

③ 设备检查记录卡；

④ 设备修理记录卡；

⑤ 设备事故记录卡。

以上五种卡片装订成册，写明设备技术档案，认真记录、妥善保存。有关该设备的试验报告接在后面。此外，还应将本站平面图、水泵安装图、电气接线图、水泵性能曲线等收集齐全、妥善保管，并最好复制一套模拟图张贴在值班室。

361 泵站的运行日志应包括哪些内容?

泵站不管大小都应设立运行日志，由操作管理工人定时记录机组的负荷、温度、出水量、扬程、开泵停泵时间、电力消耗和保养检修记录。有了这些原始资料，可以掌握泵机组的技术状态，为设备维修提供依据；还可根据这些原始资料分析、计算机组的技术经济指标，为技术改造提供依据。运行日志要认真记录，妥善保存。运行日志可参考表 8-1。

表 8-1 运行日志样例

<table>
<tr><td colspan="5">＿＿＿年＿＿月＿＿日</td><td colspan="6"></td><td colspan="2">天气</td><td colspan="6"></td></tr>
<tr><td rowspan="2">时间</td><td colspan="4">1＃机组</td><td colspan="4">2＃机组</td><td colspan="4">3＃机组</td><td rowspan="2">电压/V</td><td rowspan="2">总电流/A</td><td rowspan="2">电度表读数/A</td><td rowspan="2">变压器油温/℃</td><td rowspan="2">室内温度/℃</td><td rowspan="2">总出水量/t</td></tr>
<tr><td>扬程/m</td><td>电流/A</td><td>机组温度/℃</td><td>水泵轴承温度/℃</td><td>扬程/m</td><td>电流/A</td><td>机组温度/℃</td><td>水泵轴承温度/℃</td><td>扬程/m</td><td>电流/A</td><td>机组温度/℃</td><td>水泵轴承温度/℃</td></tr>
<tr><td>1:00
2:00
……
23:00
24:00</td><td></td><td></td><td></td><td></td><td></td><td></td><td></td><td></td><td></td><td></td><td></td><td></td><td></td><td></td><td></td><td></td><td></td><td></td></tr>
<tr><td rowspan="2">本日运行小时</td><td colspan="4" rowspan="2">时 分</td><td colspan="4" rowspan="2">时 分</td><td colspan="4" rowspan="2">时 分</td><td colspan="6">本日用电量(kW·h)：</td></tr>
<tr><td colspan="6">本日出水量(t)：</td></tr>
<tr><td rowspan="3">值班人员</td><td colspan="4"></td><td colspan="4" rowspan="3">值班时间</td><td colspan="10">自 时 分至 时 分</td></tr>
<tr><td colspan="4"></td><td colspan="10">自 时 分至 时 分</td></tr>
<tr><td colspan="4"></td><td colspan="10">自 时 分至 时 分</td></tr>
<tr><td>备注</td><td colspan="18"></td></tr>
</table>

362 交接班制度包括哪些内容?

为了明确责任，水泵站应该建立交接班制度，具体内容如下。

(1) 接班人要求

接班人要提前 15min 到达工作岗位，做好接班准备工作。

(2) 交接班步骤

① 交班人和接班人一起，巡视机电设备的运行情况。

② 查点工具、安全用具、仪表等是否缺损。

③ 将巡查情况由交班人记入交接班记录（见表 8-2）。

表 8-2 交接班记录

交接班时间	年 月 日 时 分
机组运行情况	
工作保管情况	
其他交接事项	

④ 凡领导指令，与其他工序或电力部门联系事项，需要接班人知道的，应口头交代清楚并在交接班记录中写明。

⑤ 双方签名后，才算完成交接手续。

（3）交接双方责任划分

如在交接过程中需要操作或处理事故，由交班人执行。双方在“交接班记录”上签名后，设备操作或事故处理均由接班人执行。

（4）其他规定

① 如果接班人未能按时前来接班，交班人不得离开工作岗位。

② 如果接班人饮酒或明显身体不适，交班人应拒绝交班。

③ 凡每班值班人员不止一人者，交接手续由双方班长负责进行。

363 泵站值班班长或值班负责人、值班员的工作标准包括哪些内容?

（1）值班长或值班负责人

① 值班长或值班负责人是运行班组的负责人。应带领全班人员严格遵守操作规程、进行安全生产，保证正常运行并对本班人员和设备的安全负责。

② 带头执行各种规章制度（包括交接班制度），及时向上级领导汇报运行情况，执行调度命令，填写运行报表，做好运行记录。尤其应详细记录故障与事故情况。

③ 在紧急情况下有权停机，并采取应急措施，组织本班人员进行处理，以防止设备或人身事故的发生或恶化。

④ 负责组织机电设备的维护保养，保证设备始终在良好的技术状态下运行。

⑤ 努力学习科学文化知识，熟练掌握运行和维修技能，不断提高运行质量。

⑥ 爱护国家财产，注意防火、防盗。

⑦ 负责新工人安全教育、技术培训，组织全班政治、技术、安全学习。

⑧ 由于违章操作、监视不严而造成的事故，要追究值班长的责任。

（2）值班员

① 在值班长领导下，严格遵守劳动纪律和安全操作规程、搞好安全运行和文明生产，完成厂部规定的各项操作任务。

② 值班期间要认真操作设备、认真监视、按时巡视、细心测量和记录运行数据，发现问题随时向值班长汇报，要对操作错误、监视不严而造成的事故负责。

③ 努力做好机电设备的维护、保养工作，做到“四不漏”（不漏油、不漏水、不漏气、不漏电）和“四净”（油、水、机泵、电气设备干净），保持设备技术状态完好，室内环境

整洁。

④ 如发现紧急情况，有权立即停机，以防人身或设备事故的发生和扩大，停机后应立即向上级汇报。一旦发生重大事故，应保护好现场。若发生触电事故，要设法立即抢救。

⑤ 努力学习科学文化知识，不断提高思想水平和业务能力，积极参加技术考试，达到机电工人与运转工的应知应会要求。

⑥ 搞好班内团结，开展批评与自我批评，互相帮助、共同进步。

364 水厂设备运行管理中设备使用人员的职责是什么?

为了加强设备操作工人的责任心，避免发生设备事故，必须建立设备使用者的岗位责任制。其主要内容如下。

(1) 遵守制度

操作工人必须遵守“定人定机”“凭证操作”制度，严格按照“三好”“四会”和设备操作维护规程等规定，正确使用设备和精心维护设备，包括对运转设备正确润滑，对设备及管路正确擦拭，班后清扫。

(2) 做好点检

对设备进行日常点检，认真记录。

(3) 做好维护

做好日常维护、周末清洗和定期维护。配合维修工人检查和修理自己所操作的设备。

(4) 管好设备

管好设备附件及各种常用工具、材料，工作调动时或更换操作设备时，要将完整的设备附件办理移交手续。

(5) 认真执行交接班制度和填写交接班记录

主要供水设备常为不间断运行，必须执行交接班制度。

① 交班人在下班前除完成日常维护工作外，必须将本班设备运转情况、运行中发现的问题、故障维修情况等详细记录在“交接班记录簿”上，并应主动向接班人介绍设备运行情况，双方当面检查，交接完毕后在记录簿上签字。

② 接班人如发现设备有异常现象，记录不清、情况不明或设备未清扫时，应请交班人补记清楚，否则可拒绝接班。如因交接不清，在接班后设备发生问题，由接班人负责。

③ 供水企业的生产设备有专人管理者，均需设交接班记录簿。值班人员对交接班记录簿要保持清洁、完整，不得涂改与丢失，用完后向车间交旧换新。

④ 设备维修组应随时到各有关车间查看交接班记录簿，从中分析设备技术状况，为状态管理和维修提供信息。维修组也内设维修记录，以记录设备故障检查维修情况。

⑤ 设备管理部门和使用单位负责人要随时抽查交接班制度的执行情况并作为车间劳动竞赛评比考核内容之一。

⑥ 对于一班制的主要生产设备，虽不进行交接手续，也应在设备发生异常时填写运行记录和故障记载情况，以便维修人员和有关领导掌握该设备的技术状态，为检修提供依据。

(6) 其他

① 参加所操作设备的修理和验收工作。

② 有权抵制违章作业的指令。

③ 发生设备事故时，应按操作维护规程的规定采取措施，保持现场，及时向值班长报告，等待处理。分析事故时，应如实说明经过。

365 水厂设备运行管理中对设备使用人员的“三好”“四会”要求是什么?

对设备使用人员的“三好”要求如下。

① 管好设备　操作者应负责保管好自己使用的设备，未经领导同意，不准其他人操作使用。

② 用好设备　严格贯彻操作维护规程，不超负荷使用设备，禁止不文明操作。

③ 修好设备　设备操作工人要配合维修工人修理设备，及时排除设备故障，按计划维修设备。

对设备使用人员的“四会”要求如下。

① 会使用　操作者应先学习设备操作维护规程，熟悉设备性能、结构、工作原理，正确使用设备。

② 会维护　学习运用设备维护技能，保持设备润滑、密封等正常运行状态，做到设备完好、清洁。

③ 会检查　了解自己所使用设备的易损件部位、性能和构造，熟悉日常点检及每个检查项目的完好标准和检查方法。

④ 会排除　熟悉所用设备特点，懂得拆、装的注意事项，能鉴别设备的正常与异常现象，会做一般的调整和简单故障的排除。自己不能解决的问题要及时报告，并协同维修人员进行排除。

366 如何对设备使用人员进行培训?

(1) 组织

应有计划地、经常地对现有操作人员进行技术教育。在大、中型供水企业应分以下三级进行技术安全教育：企业教育由教育部门负责，技术安全部门配合；水厂教育由厂长负责，工程师或技术员配合；班组教育由班长负责，班组其他成员配合。

新员工在独立使用设备前，必须对其进行设备结构性能、安全操作、维护等方面的技术知识教育（应知）和实际操作与基本功（应会）的培训，对新员工的培训一般由企业统一组织进行。

(2) 考试

经过技术训练的操作工人，要进行使用维护知识的应知应会考试，合格后方可独立使用该项设备。今后主要工种要逐步过渡到行业培训和考核，由各省主管供水行业的行政主管部门和供水协会联合组织供水行业的职业技能鉴定培训站来负责这一工作。

仪表与自动控制

367 常见给水过程检测仪表有哪些？

① 流量计，用于对原水、出水的流量进行指示、记录，优先选择电磁流量计。另外对加药管、反冲洗水管和反冲洗气管（用气体流量计）、回收水管可选择安装流量计。

② 压力变送器，一般采用电容式，用于对原水取水、出厂水的压力进行指示、记录。

③ 液位计，常用的有电容式、超声波、投入式等，用于对水源水、滤池、清水池、冲洗水塔（水箱）、（吸）水井、药液池水位进行指示、记录并带有上、下限报警。若有格栅的格栅前后需有液位计。

④ 浊度仪，用于对原水、沉淀水、滤后水和出厂水的浊度进行指示、记录，或深度处理中炭滤池或膜处理工艺后的浊度检测。

⑤ 压差变送器，一般采用电容式，用于对滤池的水头损失进行指示，并带有上限报警。

⑥ pH 计，用于对原水和出厂水的 pH 进行指示、记录，需要时沉淀水、滤后水可增加检测。

⑦ 水温计，主要用于对原水温度进行检测。

⑧ 余氯/二氧化氯分析仪，用于对出厂水的余氯/二氧化氯进行指示、记录，有预氯化时沉淀水可增加检测。

⑨ 漏氯检测仪和报警仪，用于加氯间的漏氯检测和报警。

⑩ 若有臭氧工艺，则需要有余臭氧监测仪（检测臭氧池后水中的余臭氧）、臭氧制备室应有臭氧泄漏检测仪和报警仪、氧气泄漏检测仪和报警仪，臭氧接触池池顶设尾气臭氧浓度检测仪。

⑪ 其他，如机泵、阀门、电气监测仪表，轴温、电流、电压、开停信号、开度信号等。

368 仪表该如何配置？

给水厂常用的在线检测仪表采集指标主要包括水质、流量、压力、电气设备运行参数。检测仪表应根据工程规模、工艺流程特点、取水及输配水方式、净水构筑物和生产管理运行要求等配置，覆盖对供水安全有影响的关键环节。应选用与现行国家标准或行业标准规定的检测方法原理一致的在线监测设备，并应定期与标准方法进行比对试验，确保能全面真实地反映状态信息。

所有带信号输出的检测仪表均应实现数据远传。常规检测仪表宜通过4～20mA电流模拟量的方式远传；重要流量和水质在线检测仪表应通过总线通信的方式远传。

检测仪表的变送器应配置专用仪表保护箱。仪表保护箱应选用不锈钢材质，内置仪表电源开关和浪涌抑制器等元件。

369 仪表该如何维护?

仪表的日常维护检修工作分为四个部分，即每日按规定频次巡视检查，定期的清扫与清洗，定期校验与检定，故障时对故障现象的分析、部件更换以及检修后校验情况等。定期检查仪表的测量误差、传输误差，确保现场仪表、自控系统数据的准确性、一致性。如果误差超出允许范围，则立即查明原因、校验修正。具体内容如下：

① 应保持仪表清洁、稳固，环境温湿度符合要求；

② 有管路的仪表，应保持仪表管路畅通，进出水流量正常，无漏液；

③ 按仪表说明书要求进行维护，部分水质在线仪表需要按要求更换易耗品和试剂；

④ 按要求对仪表进行检定，水质在线仪表应进行水样检测比对、清洗、校验等；

⑤ 保持监测站房内清洁，保证辅助设备正常运行。

370 在线浊度仪日常维护保养项目包括哪些? 如何进行?

对水厂操作者的要求仅限于周期性的实际水样比对、清洗、校验及维护外部设备。如果出现任何系统报警，应立即查找原因，以免发生更为严重的故障。操作者要经常监视控制单元指示器，以便了解出现的异常情况。

实际水样比对试验频次不应小于每天1次，比对试验误差在实际水样的标准方法检测值≤1NTU时，应在±0.1NTU以内，在>1NTU时应在10%以内，超出该范围时，应进行校验。周期性校验频次不应小于每月1次，故障检修后应立即进行校验。水源水在线浊度仪应根据水源水质情况确定清洗周期（因水源水浊度较各工艺环节的出水浊度高，清洗频次应增加），水厂内的浊度仪清洗频次不应小于每周1次。

在线浊度仪的校验方法如下：

① 将零浊度水倒入传感器中，待示值稳定后将其调为零。零浊度水应选择蒸馏水、电渗析水或离子交换水，用孔径0.1μm或0.2μm的微孔滤膜反复过滤两次以上，滤液即为零浊度水。将其储存于用该水润洗后的清洁玻璃瓶中。

② 分别用已知浊度的校正液对浊度仪进行校正，根据该在线浊度仪检测的水的浊度范围选择校正液的浊度，使日常检测的浊度在校正液浊度范围内且偏差不要太大，如校正液可选择2NTU、10NTU、20NTU、40NTU、100NTU、400NTU等中的2个，反复校正直至示值与对应校正液相对误差小于±5%。

③ 用复测液对在线浊度仪进行复测，根据复测结果判断校验是否合格。或校验后进行实际水样比对试验，并且比对试验误差符合上述要求。

371 在线余氯/二氧化氯仪日常维护保养项目包括哪些？如何进行？

对水厂操作者的要求仅限于周期性的实际水样比对、清洗、校验及维护外部设备。出现异常应立即查找原因，能够解决的按规范方法进行解决。

实际水样比对试验频次不应小于每天1次，比对试验误差在实际水样的标准方法检测值≤0.1mg/L时应在±0.01mg/L以内，在>0.1mg/L时应在10%以内，超出该范围时，应进行校验。周期性校验频次不应小于每月1次，故障检修后应立即进行校验。清洗和维护频次不应小于每两周1次。

在线余氯/二氧化氯监测仪的校验方法如下。

① 进行零点校正，对零点校正液进行检测，待示值稳定后将其调为零。零点校正液应采用符合现行国家标准《分析实验室用水规格和试验方法》（GB/T 6682）规定的一级水。

② 进行量程校正，分别选择余氯/二氧化氯浓度在0.05～0.1mg/L和0.5～1.0mg/L之间的水样，同时使用在线监测仪和通过检定的余氯/二氧化氯分析仪检测该水样，并以后者的测定结果对在线余氯/二氧化氯仪进行校准。

③ 进行实际水样比对试验，比对试验误差符合上述要求。

372 在线pH计日常维护保养项目包括哪些？如何进行？

对水厂操作者的要求同样仅限于周期性的实际水样比对、清洗、校验及维护外部设备。出现异常应立即查找原因，能够解决的按规范方法进行解决。

实际水样比对试验频次不应小于每月1次，比对试验误差超出±0.1时，应进行校验。周期性校验频次不应小于每月1次，故障检修后应立即进行校验。采用0.01mol/L的酸溶液清洗传感器的频率不应小于每月2次。

在线pH计的校验方法如下，在下列操作中选择两点进行校验：

① 将电极浸入pH=9.18（25℃）的标准溶液，将示值调为9.18。

② 将电极浸入pH=6.86（25℃）的标准溶液，将示值调为6.86。

③ 将电极浸入pH=4.00（25℃）的标准溶液，将示值调为4.00。

④ 重复进行两点校验操作，调节在线监测仪直至其示值与标准溶液值相差在±0.1以内。

373 仪表校验管理有哪些要点？

主要是水质检测仪表需要定期校验，校验管理需注意如下要点。

① 应采用有证标准物质进行校验，当有证标准物质无法获得时，可采用自行配制的标准样品进行校验；

② 校验周期和方法按照仪表的使用说明，或按现行《城镇供水水质在线监测技术标准》（CJJ/T 271）中的要求进行；

③ 当校验结果超出限值时，应分析原因，并对上次校验合格到本次校验不合格期间的

数据进行确认；

④ 校验完成后填写校验记录，并做好存档；

⑤ 进行校验操作的人员应经过培训，培训合格后才能上岗。

374 若水厂流量计无拆卸检定的条件，如何检定保证准确性?

很多水厂流量计无拆卸检定的条件，此时就需要进行原位的比对和检定。

① 由有检定资质的单位采用便携式流量计对水厂流量计进行比对和检定，出具检定报告；

② 水厂配置便携式流量计，并按要求由有检定资质的单位对该便携式流量计进行定期检定。水厂使用的流量计在有资质的检定单位两次检定期间可用便携式流量计定期（如每三个月）进行比对，发现异常并多次测定确认后，需请有资质的单位进行检定和校准。

375 如何确定给水厂自动化控制系统建设的目标、定位?

从近年来一些水厂的实际建设运行情况看，个别水厂对于建设自动化控制系统的目的和定位并未真正理解，似乎仅是为了体现门面或笼统的不使水厂技术落后，或为了满足投资方的要求，而不是为解决迫切的需求或问题。这样带来的问题就是可能会对需求了解得不透、不深，导致建成的自控系统不能完全满足实际要求，或者反过来过于超前投资，造成浪费，从而造成日后的自控系统使用效果不理想，出现建而不用或短期内不得不进行二次改造等情况。

为克服这些问题，在进行水厂自控系统建设前，明确项目建设目标是关键。水厂自控系统建设应该是为满足工艺条件而建设的，即自控为工艺服务，采用自控应该是能够更加确保工艺要求或进一步完善工艺要求；或者采用自控是为了达到节能降耗或为节能降耗提供技术手段；或者采用自控系统能够提高劳动生产率，有利于将来减员增效；或者有利于加强生产管理、减少人为操作的随意性，有利于减少设备故障，确保生产安全稳定等。针对具体对象要求的不同，自控建设的规模、档次应有所不同，关键是要恰如其分满足需求，适用为最好。

376 给水厂自动控制系统的设计原则是什么?

① 实用性。选择性价比高、实用性强的自动控制系统及设备。

② 先进性。系统设计要有一定的超前意识，硬件选择要符合技术发展趋势，选择主流产品。

③ 可扩展性。针对给水厂建设特点，自控系统设计要充分考虑可扩展性，满足给水厂分期扩建时对自控系统的需求。

④ 易用性。系统操作简便、直观，利于不同层次的工作人员使用。

⑤ 可靠性。应采取必要的保全和备用措施，必要时对自控系统关键设备进行冗余设计。

⑥ 可管理性。在仪表、设备选型及系统设计上应重视管理和维护的便利性。

⑦ 开放性。应采用符合国际标准和国家标准的方案，保证系统具有开放性。

377 给水厂自动化控制系统的主要功能有哪些?

不同的给水厂由于工艺的具体差异，要求自控系统所担负的任务功能会有所不同，但从目前的自动化水厂建设情况看，主要考虑完成以下功能。

① 配电系统的自控　现在许多水厂都是采用高压供电，水厂有单独的配电间。作为一个完整的自控体系，配电系统应纳入自控范畴，要做到对中压柜的监控及遥控，包括监测各电量、开关状态、故障信号、开关柜分合、倒闸、继保监测、电量趋势分析、故障趋势判断、电量报表记录等。

② 取/送水泵房的自控　泵房自控系统最主要的任务是完成水泵机组的一体化开关机，并能采集各种保护信号及控制量，必要时根据设定的控制量自动开关机或优化开关机，有变频装置的泵房根据设定要求自动调频。并附带完成泵房排水、通风等泵房安全运行的自动监控。

③ 混合、反应、沉淀部分的自控　自控系统主要完成清污机、搅拌机、排泥等系统的一体化控制及根据若干控制量指标进行自动控制，同时应负责水池水位、水质指标的监测、记录及故障的报警处理。

④ 滤池的自控　滤池的自控主要是监控滤池工作情况，实现自动反冲洗。其控制条件应能根据实际情况选择浊度、水头损失、运行周期作为控制量。

⑤ 投加系统自控　包括加混凝剂、加氯、加氨、加酸碱、加预处理剂等。其中有些设备（如加氯机）大多能够自成闭环，自控系统进行监测即可。而有些设备就需自控系统干涉，如加混凝剂控制，自控系统可通过流动电流检测仪（SCD/SCM）、模型法、模拟法、絮凝控制系统（FCD）等方法控制计量泵自动投加。但一个好的系统还应能完成自动配药、投药、系统故障监测、处理、报警等的智能化的控制与处理。

⑥ 信息管理系统　应能提供生产过程动态模拟显示，原始数据统计及自动报表、生产趋势分析，查询、报警等功能，有条件可进一步实现与通信网络、管理MIS系统的融合。

⑦ 其他系统　除以上功能外，有些水厂还建有回收、污泥处理、深度处理等控制系统。另外自控系统若要进一步做得更好，实现可靠的无人值守目标，可考虑建立闭路电视监视系统、自动保安、照明等系统。

378 给水厂自动控制系统的类型有哪些?

当前水厂采用的自动控制系统的结构形式，从自控的角度可以划分为SCADA系统、DCS系统、IPC+PLC系统等。

(1) SCADA系统

SCADA（supervisory control and data acquisition）系统，即数据采集与监视控制系统。SCADA技术建立在3C+S（computer，communication，control，sensor）基础之上。SCADA系统的应用领域很广，它可以应用于电力系统、给水系统、石油、化工等领域的数据采集与监视控制以及过程控制等诸多领域，尤其适宜在地理环境恶劣、无人值守的环境下进行远程控制。

(2) DCS 系统

DCS (distributed control system) 系统称为集散型控制系统，由多台计算机和现场终端机连接组成。DCS 侧重于连续性生产过程控制，主要是用于在同一地理位置环境下，通过网络将现场控制站、监测站和操作管理站、控制管理站及工程师站连接起来，共同完成分散控制和集中操作、管理的综合控制系统。

(3) IPC＋PLC 系统

该系统是 IPC（工控机）和 PLC（可编程控制器）组成的分布控制系统，可实现 DCS 系统的功能，其性能已经达到 DCS 系统的要求，而价格比 DCS 系统低得多。该系统开发方便，在国内水厂自动控制中得到最广泛的应用。

379 SCADA 系统的基本特点是什么?

SCADA 系统由一个主控站（MTU）和若干个远程终端站（RTU）组成。该系统联网通信功能很强。通信方式可以采用无线、微波、同轴电缆、光缆、双绞线等，监测的点数多，控制功能强。该系统侧重于监测和少量的控制，一般适用于被测点的地域分布较广的场合，如无线管网调度系统等。该系统的基本特点如下。

① 组网范围大，通信方式灵活，可以实现一个城市或地区那样较广地理分布的监测和控制。

② 系统分为主控机（MTU）和远程终端机（RTU）两部分，RTU 的控制较固定，处理能力较小。

③ 系统实时性较低，对大规模和复杂的控制实现较为困难。

④ MTU 或 RTU 通过通信接口进行协议变换后可与其他网络连接，可以组成较大、较复杂的通信网络。

380 DCS 系统的基本特点是什么?

DCS 系统一般适用于地理位置集中的区域（如水厂或以水厂为中心的区域），具有较高的可靠性及良好的扩展能力，注重功能分散以求危险分散，可根据用户管理体系的需要和用户功能要求，组成层次化（纵向分散）和功能化（横向分散）的各类系统，借助于网络技术，完成纵向和横向的通信，或向最上层的管理机构通信。在软件方面，有面向过程控制的支持软件和功能软件包，以便于过程控制工程师摆脱软件人员而独立编程（生成应用程序）。该系统的基本特点如下。

① 采用分级分布式控制。系统按不同功能组成分级分布子系统，各子系统执行自己的控制程序，处理现场输入输出信息，减少了对系统的信息传输量，使系统应用程序较为简单。

② 在物理上实现了真正的分散控制，使整个系统的危险性分散，系统的可靠性较高。

③ 有较好的扩展能力。借助网络技术，可以完成纵向和横向通信及向高层的管理机通信，系统的扩展方便。

④ 系统的软、硬件资源丰富，可以适应各种特殊的要求。

⑤ 响应时间短，实时性较好。

⑥ 应用软件的编程工作量较大，对开发和维护人员要求较高，开发周期较长。

381 IPC+PLC系统的基本特点是什么?

① 可实现分级分布控制。

② 可实现集中管理分散控制的功能，将危险分散，大大提高了系统的可靠性。

③ PLC本身可靠性高，组网方便。PLC往往工作在环境非常恶劣的工业现场，这就要求PLC具有很长的平均无故障间隔时间。因此，在PLC设计中，在硬件上对元器件进行严格的筛选和老化，采用电源多级滤波和稳压措施、电磁屏蔽，可实现输入输出滤波、光电隔离及通道间绝缘，输入电源与输出电源均可相互独立，此外还设置了连锁、检测与诊断电路；在结构上采用密封防尘抗震的内部结构、外部封装；在软件上采用循环扫描工作方式、程序语法检查、故障检测与诊断及出错后报警、保护数据、封锁输出及自动恢复等措施。所有的特殊设计使PLC的平均无故障间隔时间达5万～10万小时。PLC的组网通信能力也很强，一般都至少支持2～3种现场通信协议，高端产品直接支持TCP/IP以太网连接。

④ 编程方便，开发周期短，维护方便。虽然PLC利用了微处理器，但PLC没有采用微机控制中常用的汇编语言或其他的专用控制高级语言，而提出了梯形图语言。它与大多数工程师所熟悉的电气控制线路图相类似，面向控制对象、面向控制过程，易于编写、易于调试，它可进行在线编辑、修改。这也是PLC受到广大电气技术人员欢迎，得到迅速普及、广泛应用的原因之一。

⑤ 系统内的配置和调整非常灵活。由于PLC产品已系列化、模块化，不仅具有逻辑运算、定时计数、顺序控制等功能，还具有A/D与D/A转换、数学运算和数据处理等功能。它能根据对象需要，方便灵活地组装成大小相异、功能不一的控制系统。它既可控制一台单机、一条生产线，又可利用通信功能组成一个复杂系统来实现群控；既可现场控制，又可实行远程控制。此外，PLC的核心是微处理器，所有控制是通过软件来实现的，因此，当控制要求发生改变时，只要修改软件即可。

⑥ 与工业现场信号直接相连，易于实现机电一体化。由于IPC＋PLC系统运行可靠性高，能实现中心控制室、现场监控子站和就地控制的分级控制，结构模块化，扩展灵活，结构开放，组网能力强等优越性，而被众多水厂采用。

382 给水厂自动控制系统的系统结构一般是怎样的?

从功能上来分，给水厂自动控制系统一般采用设备层、控制层、信息层三层结构，各层通过通信网络连接起来。

（1）设备层

设备层位于自动控制系统的底层，包括现场运行设备、传感检测仪表、控制执行设备和现场总线网络等，功能是采集现场数据，执行设备控制。设备层的设备安装于生产控制现场，是生产状态与数据的直接感知者，是调度与控制的最终实施者，还负责现场指示、显示与操作。设备层信号主要通过输入输出模块连接至控制层，重要水质分析仪表、流量计、多功能电表等宜采用Modbus-RTU通信方式连接至控制层。随着近年来互联网技术的进步，设备层也在逐步走向智能化和网络化。

（2）控制层

控制层向上与信息层连接，向下与设备层联接，接受设备层提供的工业过程状态信息，向设备层给出执行指令，负责调度和控制指令的实施。控制层可分为现场控制层和中央控制层。

现场控制层由分散在各主要构筑物内的现场控制主站、子站、专用通信网络构成。一般可在工艺构筑物内单独设置控制室，用于安放现场控制层设备；当按无人值守的管理模式设置时，可不设置专用控制室以减少构筑物的建筑面积。PLC是给水厂最常用的现场控制设备，具有高可靠性、强抗干扰性、易维护性、高经济性的特点。PLC站点设置优先考虑以相对独立完整的工艺环节作为一个控制主站的范围，比如泵房部分、加药部分等；零星设备或系统并入临近现场控制站，或在设备相对集中的场所设置现场控制站。现场控制站根据维护人员需要，配置现场人机接口用于正常巡检及维护。

中央控制层主要由位于水厂监控中心的工程师站、操作站等直接用于水厂实时运行控制的设备以及通信设备、大屏幕显示设备等监控操作装置及专用局域网组成，一般设置在水厂综合楼的中央控制室内。

（3）信息层

信息层是自动控制系统的顶层设备和网络，进行生产监控与管理，一般由分布在水厂各职能部门的管理计算机、数据服务器以及管理局域网组成。原则上应统一部署在中央控制室。软件上，应能实现水厂实时控制系统的远程监视功能，具有完善的运行、财务、物流、工程、人事行政管理等信息的存储、计算、分析、归类的功能，以及厂内公文处理、信息流转、对外信息发布等功能。

对于厂外的给水设施，如取水泵房、加压泵站等，可根据管理权限需求，利用运营商专用网络与厂内自动控制系统建立连接通信，在与本地控制层网络交汇处应配置防火墙进行安全隔离。取水泵房等厂外控制站点应首选有线网络，偏远或零散分布的站点可选用无线网络。

383 给水厂的自控硬件配置应满足哪些要求?

① 应根据水厂规模、工艺流程特点、取水及输配水方式、管网及泵站构筑物组成、水处理构筑物组成、生产管理运行要求等确定。

② 应保证供水系统安全可靠，保障供水水质，便于运行，节约成本，改善劳动条件，提高劳动效率。

③ 设备应能够在所在环境中安全、长期、稳定地运行。

④ 能够监视与控制全部工艺过程及相关设备运行，能够监视供电系统设备的状态。

⑤ 应符合国家现行有关规范及标准的规定。

384 给水厂的安防系统应满足哪些要求?

给水厂应根据国家、地方及有关部门规定，设置全厂安防系统，及时发现并制止异常情况的发生，以保证水厂的正常运行及安全供水。

水厂安防监控系统主要包括视频安防监控系统、周界防范系统、门禁控制系统及电子巡查系统等，还需根据消防要求设置火灾报警系统。

在当今网络高度发达的情况下，国外已出现过给水厂的自动控制系统被黑客入侵的事件，对公众健康安全造成很大威胁，国内水厂应引起高度重视。

385 给水厂自动控制在我国的应用现状如何?

我国给水自动化起步较晚，但发展很快。随着自动控制技术、系统控制设备和机电仪表设备的发展，滤池自动化、投加自动化、泵站自动化、水质检测自动化技术逐步成熟，电脑应用日益普及，我国水厂的自动化程度和水厂规模都在稳步提高。尤其是改革开放以来，通过引进国外的先进技术，水厂的自动化建设突飞猛进，以PLC为基础的集散型控制系统得到广泛应用，已成为当今水工业自动化系统的主流。事实上，20世纪90年代也是国内水厂自动化产生实质性经济效益的时期。但从总体来看，城市供水系统的自动化和优化方面的研究和应用水平仍大大落后于石油化工等行业的水平。

国内实现水厂自动化的方法主要依靠新建和扩建水厂，部分进行旧厂的自动化改造。随着近几年智慧水务的兴起和迅速发展，作为智慧水厂基础的自动控制也得到了发展，新建和扩建的水厂基本均实现了全厂或绝大部分环节的自动控制，部分老水厂尤其是地级市及以上水厂也纷纷开展自动化改造。

给水系统的自动化程度可分为三级。第一级，水厂单项构筑物（如泵房、沉淀池、滤池、加药系统等）控制系统；第二级，全厂自动控制系统；第三级，整个城市给水系统运转调度。第三级属于城市自来水公司的控制系统，它是根据城市管网检测和计算，控制各水厂的优化运行。第一级和第二级属于水厂控制系统。

目前我国供水企业自动化水平不一，大城市的供水企业的自动化硬件设备比较先进，装置单元的自动化水平比较高，已经实现了给水系统自动化的第一级，基本完成第二级，正在向第三级迈进。中小城镇的给水系统自动化程度和管理水平相对较低。总的来看，国内大多数水厂已经实现了单项构筑物的自动控制，并加以全厂联网，可由中控室进行集中监测；部分水厂各个单项构筑物之间联动运行，根据全厂范围进行整体上的自动控制和优化调度；整个城市给水系统运转调度还在发展中。

386 给水厂的单项构筑物自动控制包括哪些内容?

① 取水泵房　取水泵房目前大都根据厂区清水池液位来调节水泵机组的运行台数和泵后阀门的开度，包括真空泵子系统的自动开、停。

② 二级泵房　二级泵房目前大都根据出水管道压力来调节水泵运行台数和阀门的开度。运行的水泵发生故障时，备用水泵能自动投入运行。采用若干台调速电机水泵机组来调节出水流量和压力。二级泵房自动化的最终目标是根据城市用水量变化或管网中压力变化随时调整水泵运行方式，即实现最佳运行。

③ 投药自动控制　混凝剂投加自动控制目前采用较多的是根据原水浊度和流量来调节

投药量，已有专门的自动投药装置生产。投氯量目前主要根据滤后水中余氯量来自动控制。自动投氯装置的关键是要求有精密可靠的余氯连续测定仪。

④ 沉淀池　目前沉淀池的自动控制内容是自动排泥。可以定时排泥，也可以根据池中泥位自动排泥。

⑤ 滤池　目前主要根据滤层水头损失或规定冲洗周期来控制滤池冲洗。

387 取水泵房自动化控制的内容是什么?

取水泵房机组一般由给水厂控制，有远距离控制和自动控制两种情况。取水泵房机组的控制内容有：水泵机组的开停，出水电动阀及进水电动阀的启闭。用真空泵引水时则还应包括真空泵的开停及真空管道的通断。

① 远距离控制一般在水厂中心控制室内进行操作。小型水厂可采用简单的单线遥控或简易的分频制遥控装置。大型取水泵房可选用分散型数字远动装置。远距离控制一般均应反映水泵机组的开停信号、电动机的电压、电流读数等。

② 自动控制目前大都根据清水池水位来进行。比较简单的控制方式是：泵房内有一定数量的基本水泵在经常运行，根据清水池水位的高低由水位继电器发信号控制机动水泵的开停。在采用自动控制时，清水池的容量应适当放大，以免水位涨落过大，水泵开停频繁，对设备不利。

泵房内的排水泵可采用干簧式水位继电器进行自动控制。在大型半地下式或地下式水泵房内，一般设有两台容量不同的排水泵，小容量排水泵作经常排水之用，大容量排水泵作事故排水之用，因此水位继电器应按两个水位考虑。

388 沉淀池及澄清池自动化控制的内容是什么?

澄清池的排泥可按规定时间由继电器发出信号，采用长延时的时间继电器控制开阀，采用短延时的时间继电器控制关闭，时间的整定应由值班人员根据水质情况及时调整。

水平沉淀池一般采用桁架式移动吸泥机，经常运行的吸泥机可无人管理，由装于池两端的终端开关控制吸泥机的运行，也可利用时间继电器做定时运作。移动吸泥机一般采用移动式软电线供电，移动式软电缆装置在沉淀池壁外侧的吊索上（在排水槽一侧）。如沉淀池不高出地面时，则采用架空吊索作装置电缆之用。

斜管沉淀池一般采用底部刮泥机，将泥集中到池两端的集泥槽内，通过槽内穿孔管上的电动阀定时排放，这种排泥阀可采用装在后束绞盘上的终端开关来自动控制其启闭。

389 滤池及反冲洗站自动化控制的内容是什么?

该站主要完成滤水及协调风机房反冲洗两项控制任务，一般将滤池工作状态分为三种：停水、滤水、反冲洗。主要进行采集滤池水位、水头损失信号和处理反冲洗排队、最大工作周期设置等工作。

在滤水状态下，控制程序都是利用 PLC 的 PID 控制功能实现恒水位滤水，设置遥控滤池排泥阀、滤阀开度操作，以处理突发生产问题。在停池状态下，设置进行所有阀门遥控操作的程序，以方便检修等生产工作。

滤池反冲洗依靠周期及水头损失两个参数来启动，但依靠水头损失启动反冲洗的机会很少，而且水头损失压力计经过长期运行生产，如果不及时校准，其数据往往不可靠。气水混合反冲洗分为五个阶段：滤池排水、气冲洗、气水混合冲洗、水冲洗、滤池进水。利用罗茨风机冲洗滤池，启动风机时噪声大，利用变频器进行软启动能够较好地降低噪声污染。在水冲洗、气冲洗、气水混合冲洗过程中，所需气、水量不同，多采用1台风机和1台水泵。有的水厂采用了新的反冲洗工艺：在气、水单纯反冲洗时，分别采用2台风机、2台水泵；气水混合冲洗时，采用1台风机和1台水泵。这样就使反冲洗的气、水流量趋于合理，但随之却使控制程序复杂化。

反冲洗设备可以采用国产设备，为了克服国产电机启动柜内设备的故障问题，可以在相关的继电器上采集监控数据，利用软件及时发现启动柜在启动或运行时产生的故障，防止事故进一步扩大。

390 混凝剂投加自动化控制的内容是什么?

给水厂常用的混凝剂自动投加系统主要指的是自动溶解、提升、储存并用计量泵投加的系统，实现混凝剂原液的自动输送、设定浓度溶液的自动配置和计量泵定量加注的功能。

从混凝剂加注量的自动化控制方面来看，加注量随原水的水质而变化，且与净水构筑物的工作情况有关，其中最主要的影响因素是水量、原水浊度、水温、pH值、碱度等。混凝剂自动加注时应确定一个最佳加注率，使处理的每吨水均能保证水质符合要求，而加注率最小。

若能根据大量的历史数据进行统计分析，就有可能找出混凝剂加注的规律，导出一个数学模型来。国内外的给水厂都曾进行过这方面的工作。利用数学模型实现自动加药控制，可以采用以下方式。

① 用原水水质参数和流量共同建立数学模型，给出一个控制信号，控制加注泵的转速或冲程，实现加注泵自动调节加注量。

② 用原水水质参数建立数学模型，给出一个信号，用原水流量给出另一个信号，分别控制加注泵的冲程和转速，实现自动调节。

③ 用原水流量作为前馈给出一个信号，用沉淀水浊度作为后馈给出另一个信号，分别控制加注泵的转速和冲程，实现自动调节。

④ 用原水水质参数和流量建立数学模型，给出一个信号，用沉淀水浊度给出另一个信号，分别控制加注泵的转速和冲程，实现自动调节。

391 加氯自动化控制的内容是什么?

为保证液氯消毒时的安全和计量准确，需使用加氯机投加液氯。目前越来越多的给水厂采用自动真空加氯机，可实现全自动控制，有利于保证水厂安全消毒和提高自动化程度。全自动控制可以按流量比例自动控制、余氯反馈自动控制、复合环（流量前馈加余氯反馈）自动控制三种模式，其中后两种方式多用于滤后加氯消毒的控制。

根据水中余氯量来控制投氯的加注量是比较理想的方法，但这要求有精密可靠的余氯在线测定仪表。

392 二级泵房自动化控制的内容是什么？

二级泵房水泵机组的自动控制可以根据送水管道中水压的高低逐步开启或停止各台水泵。运行的水泵机组发生故障时，备用机组能自动开启。送水管道中的水压采用电接点压力表或压力继电器发出信号。水泵机组的控制（包括真空引水控制、阀门启闭控制等）与取水泵房的机组控制相同。

依靠调节出水阀门的开启度来调节出水压力或流量，会大大降低水泵机组效率、增加能耗，因此是不可取的。最好的方法是采用变速电动机。近年来采用可控串级调速的滑环电动机正在增多。这种调速电机具有恒转矩调速特性，符合水泵负载特性，调速范围一般在电机额定转速的50%～100%之间，有的更小些。速率降低后多余的能量仍反馈回电网中去，而不是消耗在调速设备上，因而在这一范围内电机效率还是很高的。

水泵机组功率较小（0.6～200kW）时，也可采用一种转差离合器自动控制装置实现对电磁调速电动机（或称滑差电动机）的恒转矩交流无级调速。这种电动机虽然在低速运行时涡流损耗较大，效率较低，但对于通风机及泵类负载来说，即使在低速时的效率也是很高的。

在需要保证出口压力恒定、流量恒定或管网末端压力恒定的自动控制系统中，应采用可变速的水泵电动机。在这种情况下，必须通过大量数据的分析，找出一个数学模型，利用计算机求出水压力和流量，演算出管网控制点压力，来调节水泵电动机的转速。

393 给水厂自动化管理有何要求？

① 依靠自己的技术力量，完成安装调试任务，为投产后的生产管理奠定技术基础；

② 不断熟悉引进设备的技术性能，提高对系统的开发能力；

③ 建立自动化控制系统的管理规程；

④ 做好自动化控制系统的防雷保护；

⑤ 建立一支专业化的管理队伍。

394 给水厂自动化的发展方向是什么？

① 降低自动化投资，提高水厂自动化设计中设备国产化使用比率及控制软件的智能化程度。由于经济条件限制，我国的水厂自动化设计需要具有一定的特点，以促进水厂自动化在国内的发展。提高水厂自动化系统中国产设备比率，是我国必须要走的路。事实上，我国很多水厂的自动化都使用了国产控制设备，有效地降低了自动化投资。但在自动化运行中，会由于设备的可靠性以及与控制系统的匹配性等方面存在问题，出现设备误动作或故障的现象，这就需要努力提升国产设备的质量，在自动化设计工作中逐步提高设备国产化使用比

率、降低自动化投资的同时，加强控制系统可靠性，提高控制程序智能化程度。也就是说技术设计人员要熟悉水厂国产设备的性能，准确设定设备监控报警信号，发挥自动化监控及保护的功能，加强设计方案的安全性和可靠性。只有在自动化设计工作中加强和改善这个问题，才能有效降低水厂自动化投资，提高水厂自动化运行安全系数。

② 改造老式水厂，实现老式水厂更新换代。自动化水厂的出现，使老式水厂落后于潮流。改造老式水厂成为当前水厂自动化工作的任务之一。老式水厂的工艺、布局、设备千差万别，每个水厂改造都要具体分析，只有把自动化技术与生产工艺合理结合，才能达到成功改造、节约投资的目的。

在老式水厂改造工作中出现一种趋势，就是着重保证净水系统自动化，这是在现阶段根据实际情况作出的选择。净水系统的两大工艺——滤池和投加系统又是其中的重点。滤池设备多使用进口设备，可靠性较好。技术人员不约而同地将主要研究力量放在了投加系统，尤其是净水剂投加方面。对于投加净水剂的实践研究应用，下面的例子较好地体现了其发展特点。

福州东南区水厂高位药池重力投加自动化改造，体现了新旧工艺结合的特点，该厂依据投药自动化的基本原理，利用反馈信号控制调节阀，不改变原来的建筑结构，仍然依靠重力作为投加动力。改造工作不仅节约了土建设备投资，而且实现了新旧生产系统较好的结合。镇江金西水厂的投矾自动化改造，体现了技术人员对控制系统改造的新颖思路，他们没有采用流动电流控制器，而是利用原水流量计和滤前水浊度计构成控制系统。另外，针对在控制净水剂投加时预防突变因素的功能较弱的问题，上海闵行水厂利用的模糊控制功能对信号进行改善，使投加量随原水参数变化的实时性得到加强，当原水流量变化率为100%时，滤前水浊度能够保持在5NTU左右。这三个水厂都成功地实现了老式水厂净水剂投加的自动化改造，投资成本低，效果比较好。三者都涉及自动化系统的研究，体现了国内水厂自动化技术深入发展的趋势，技术人员从过去的单纯引进阶段，进入自行研究时期。

③ 加强水厂自动化生产运行管理。自动化水厂的生产管理是水厂自动化应该考虑的问题。在实际生产中，不少水厂经过几年的运行，自动化变成手动，这种现象多出现在早期建设的自动化水厂中。

出现这种现象的原因是多方面的。其一是设计思想、方案不清晰，与实际水厂生产管理脱节。比如，有的水厂在自动化设计的同时，增加了过多的手动操作设备，不仅造成重复投资，还使生产人员产生了不正确的依赖心理。另外，由于技术人员不了解生产实际情况，其设计往往与生产实际有出入，造成自动化设计局部失败。其二是生产管理人员没有认识到水厂自动化的管理方法。有的水厂仍然按照老式水厂生产模式，片面地把人员划分为电工、机械工、制水工和泵房值班机电工等。各岗位明显的条块分割，不完全适应水厂自动化生产的需要。自动化水厂应该以控制系统为单元进行安全效益生产管理，不同于老式水厂以孤立的设备落实管理制度。其三，管理人员不能切实掌握自动化水厂的技术维修工作。目前流行的控制系统虽然具有较好的可靠性，但经过数年运行后也会因设备老化出现不同的故障。由于网络通信线路老化引起的通信误报警、组件变形导致接触不良、个别组件输入点损坏等，这些都要求生产管理人员根据实际情况及时处理设备维护问题。

395 怎样选择水厂自动化设备?

设备选型工作是水厂自动化系统设计的一个重要环节，选择设备要满足控制要求，并注意设备投资的经济性。在关键设备选择上，进口设备运行的可靠性相对较高。目前在水厂自动化设计中，PLC、主要水质仪表、滤池阀门、投加自动化设备多选用进口设备。

（1）合理选择进口设备

选择进口设备时要实际了解其工作性能，这样可以合理选择到投资较低的设备。例如水厂投加、水质检测自动化设备，进口设备报价就有很大差别。如果企业具有一定的技术力量并充分开展市场调研，就可以通过设备采购环节大大降低水厂自动化投资。通过广泛了解进口设备，不难发现同一家公司或销售商的不同设备报价也有区别，这也为选择控制设备时降低投资提供了条件。

（2）合理配置国产设备

目前在自动化设计工作中，较可靠的国产或合资厂家的检测设备包括压力传感器、流量计、浊度计、流动电流控制仪、监控电脑、各种电缆、防雷器等。有较多品牌的产品可供选择，只有选用了产品质量好的控制设备才能符合水厂自动化控制的要求，达到设计可靠性要求。一般来说，采用进口技术的合资或独资企业的产品，其可靠性可以与进口设备媲美。另外，在设备选型问题上不要只采用一家公司或销售商的配套选型方案，这样的设备报价往往较高。能够真正了解产品性能，通过自己的设计将不同品牌的设备合理布置在一个水厂控制系统当中，是降低水厂自动化投资的一种有效方法。所以在水厂自动化设计工作中，恰当选择设备能够较大幅度降低投资，降低幅度可以超过10％～20％。

安全管理

396 给水厂安全管理的主要内容是什么?

给水厂安全管理的主要内容从对象上分，主要包括人、物（设备设施等）和环境的安全；从生产过程上分，主要有水源安全、制水过程安全、水质安全等；从物理要素上分，包括消防安全、用电安全、特种设备安全、危险品安全、有限空间作业安全、交通安全等；从管理要点上分，主要包括安全教育培训、安全操作、安全防护、危险源管理、安全隐患排查与治理、安全事故应急预案管理、职业健康管理、安全档案等。管理要点包括：

① 安全教育培训包括新员工“三级”（公司、部门、班组）安全教育，“四新”安全培训（采用新工艺、新技术、新材料或者使用新设备时，应当对有关从业人员重新进行有针对性的安全培训），变换工种或离岗后复工的安全教育，特殊人员安全培训，与工作相关的其他安全培训等，并进行培训后的考核；

② 安全操作主要指根据水厂制定的安全操作规程进行正确的操作；

③ 安全防护主要包括安全防护设备设施及劳动防护用品等；

④ 危险源管理包括危险源分类、危险源识别和危险源控制；

⑤ 安全隐患排查与治理包括安全隐患分级、排查和整改等环节；

⑥ 安全事故应急预案管理包括应急预案编制、应急预案宣贯、应急物资、应急预案演练、应急预案实施（遇到需启动预案的情况时）、应急事故总结、应急预案修订等；

⑦ 职业健康管理包括职业病危害因素检测、职业危害防护、职业健康体检、建立职业卫生档案、应急处置等；

⑧ 安全档案包括但不限于以上各要点的记录和资料等。

397 给水处理所用化学处理剂有哪些要求?

给水处理所用化学处理剂应符合现行国家标准《饮用水化学处理剂卫生安全性评价》(GB/T 17218) 的规定。

① 饮用水化学处理剂在规定的投加量使用时，处理后水的一般感官指标应符合《生活饮用水卫生标准》(GB 5749) 的要求。

② 饮用水化学处理剂带入饮用水中的有毒物质是《生活饮用水卫生标准》(GB 5749)

中规定的物质时，该物质的容许限值不得大于相应规定限值的10%。

③ 饮用水化学处理剂带入饮用水中的有毒物质在《生活饮用水卫生标准》(GB 5749)中未做规定时，可参考国内外相关标准判定，其容许限值不得大于相应限值的10%。

④ 如果饮用水化学处理剂带入饮用水中的有毒物质无依据可确定容许限值时，必须按《饮用水化学处理剂卫生安全性评价》(GB/T 17218) 中附录B的评价程序和方法确定该物质在饮用水中的最高容许浓度，其容许限值不得大于该容许浓度的10%。

398 给水处理药剂及材料管理的主要内容有哪些?

① 索证及验收　给水处理药剂及材料应具有生产许可证、卫生许可证、产品合格证及化验报告，并执行索证及验收制度。

② 质量抽检　每批给水处理药剂及材料在进厂时、久存后和投入使用前必须按照国家现行有关标准进行抽检；未经检验或者检验不合格的产品，不得投入使用。

③ 规范存储　根据药剂及材料的性质进行规范存储，分类、分区合理，标识明确，做好防潮防晒等措施，无药剂材料的抛、撒、滴、漏现象。

④ 药剂配制　部分药剂尤其是固体药剂需要配制成液体后投加，或液体药剂需要稀释后投加，需要根据药剂性质要求和实际投加量确定合适的配制浓度或稀释浓度，并准确记录。

⑤ 时间要求　给水处理药剂必须在有效期内使用；易分解的药剂（如次氯酸钠）需更严格地控制存放时间，避免有效氯降低过多。

399 加药间中药剂的储藏应注意什么问题?

(1) 储藏量

药剂的储藏量要根据药剂周转时间与水厂交通条件确定，一般要储备15～30d的混凝剂用量。药剂周转使用时要贯彻先存先用的原则。但硫酸亚铁切不可积压过久，否则会变质成硫酸铁，呈酱油色的冻胶状，使混凝效果大为降低。

(2) 药剂的堆放

混凝和助凝药剂一般有固体、液体之分，都应堆放在干燥、避光处。固体的药剂分包装药剂和散装药剂，其堆放的一般规定如下。

① 包装药剂　包装药剂一般成袋堆放，堆放高度根据工人操作条件一般在0.5～2.0m，药剂之间要有适当的通道，通道宽度要保持1.0m左右，以便使用方便。

② 散装药剂　散装药剂（如硫酸亚铁）的堆放，则在药库内设几道隔墙分开，隔墙高度在3.0m左右，分格设在药库的一侧或两侧，设在两侧时中间要有通道。散装的药库一般地坪都做有1%～3%的坡度，中间设地沟，沟上铺穿孔盖板，用水冲洗后可沿地沟流至溶药池。

③ 液体药剂　液体药剂可以用坛装，每30kg一坛，可按坛排列，中间应有小手推车搬运的通道。现在一般用罐装，罐的大小根据药剂储量配置。

④ 溶药缸的防腐　中小型水厂溶药缸不少采用陶瓷罐，如果采用混凝土或砖砌则需

加防腐处理。简单的防腐处理办法有用耐酸瓷砖衬砌、贴硬聚氯乙烯板或用环氧玻璃钢。

400 加氯间的岗位职责是什么?

① 严格执行加氯机操作规程，了解加氯机的结构和性能。

② 严格执行安全用氯的规定，做到安全用氯，确保不漏氯、氯瓶不真空，瓶内余氯在规定的范围内，0.5t 氯瓶为 3～15kg，1t 氯瓶为 5～15kg，加氯机不回水，阻止其他人员触动投氯设备。

③ 根据水厂的指令、化验室的指导及水源变化的需要，正确地投氯以达到规定要求。

④ 满瓶、空瓶应分别堆放在指定范围内。满瓶应放在空区内，做到先到先用。

⑤ 执行巡回检查，做到勤跑、勤看、勤检查。遇到故障要及时排除，不能排除的要及时向调度员及有关领导汇报。

⑥ 按时正确地做好报表上需填的项目，对用瓶区域和满瓶、空瓶的数据都要填写详细。

⑦ 做好本车间内及卫生保管区的卫生工作，做到文明生产。

⑧ 完成上级交办的其他工作。

401 加药间的岗位职责是什么?

① 固体药剂需按要求的浓度进行药剂的溶解配制，药剂需要先到先用。

② 根据日供水量确定溶解量，满足溶解池始终能够保障连续生产的适量的溶液量。

③ 定期清理溶解池，将未溶解的固体残渣清理干净。

④ 根据水厂的指令、化验室的指导及水源变化的需要，正确地投药以达到规定要求。

⑤ 执行巡回检查，做到勤跑、勤看、勤检查。遇到故障要及时排除，不能排除的要及时向调度员及有关领导汇报。

⑥ 按时正确地做好报表上需填的项目，如做好本班药剂用量统计，并登记好库存情况等。

⑦ 做好本车间内及卫生保管区的卫生工作，做到文明生产。

⑧ 完成上级交办的其他工作。

402 加药间及药库布置的要求有哪些?

(1) 加药间布置的一般要求

① 加药间与药库宜合并布置。原则为：药剂输送、投加流程顺畅，操作管理方便，车间清洁卫生，符合劳动安全要求，高程布置符合投加工艺及设备条件。各种药剂投加设施的合并布置应有利于水厂总体布置，减少管理点和风险。

② 当水厂采取分期建设时，加药间的建设规模宜与水厂其他生产性建筑物的规模相协调，可按总规模设计土建，分期配置设备。

③ 加药间位置应尽量靠近投加点。

④ 各种管道宜布置在管沟内，管沟应有排水措施，并防止室外管沟积水的倒灌。管沟

盖板应耐腐蚀和防滑。

⑤ 搅拌池边宜设置排水沟，四周地面坡向排水沟。

⑥ 根据药剂品种确定加药管管材，一般可采用硬聚氯乙烯管。

⑦ 与混凝剂和助凝剂接触的池内壁、设备、管道和地坪，应根据药剂性质采取相应的防腐措施。

⑧ 加药间应保持良好的通风。室内应设有冲洗设施（如洗眼器）以及保障工作人员卫生安全的劳动保护措施。

⑨ 药剂仓库和加药间应根据具体情况，设置计量工具和搬运设备。

(2) 药库布置的一般要求

① 药剂的固定储备量应根据当地供应、运输等条件确定，一般可按最大投药量的7～15d用量计算，其周转储备量应根据当地具体条件确定（周转储备量是指药剂消耗与供应时间之间差值对应的储备量)。

② 药库外设置汽车运输道路，并有足够的倒车道，一般应设汽车运输进出的净宽不小于3m的大门。

③ 混凝剂堆放高度一般采用1.5～2.0m，当采用石灰时可为1.5m，有机械吊运设备时，堆放高度可适当增加。

④ 药库面积根据储存量和堆高计算确定，并留有1.5m左右宽的通道以及卸货的位置。

⑤ 药库应有良好的通风条件和保障工作人员卫生安全的劳保措施。

⑥ 地坪与墙壁应根据药剂的腐蚀程度采取相应的防腐措施。

⑦ 对于储存量较大的散装药剂，可用隔墙分格。

403 加药间的管理制度有哪些?

(1) 工作标准

加药间工作标准的主要内容有：

① 按规定的浓度和时间配制混凝剂与助凝剂溶液；

② 根据原水水质变化、进水量大小和沉淀池出水水质的要求调整加药量；

③ 提出净水药剂的使用计划，保管好库中的混凝剂和助凝剂；

④ 维护管理各种投加设备，及时保养检修，保持设备完好；

⑤ 做好各项原始记录，准确填写各项日报；

⑥ 保持加药间的环境整洁。

(2) 巡回检查制

加药间的巡回检查应按规定的路线每1～2h进行1次，检查内容有：

① 溶药缸和溶液池水位是否正常；

② 加药设备、液箱、管线等是否有漏液或杂物堵塞现象；

③ 混合、絮凝以及沉淀池水位与水质是否正常；

④ 其他与生产有关的情况。

(3) 安全技术操作规程

① 配制混凝剂要穿戴工作服、胶皮手套和其他必要的劳保用品；

② 配制混凝剂与助凝剂必须按规定的浓度，称取规定的数量；

③ 放入溶药缸时要按固定的水位，并均匀搅拌、消化溶解后才放入溶液池，数量及稀释的水量都要按事先规定的进行；

④ 投药前对所有投药设备及水射器进行检查，确保正常后方可按规定的顺序打开各控制阀门；

⑤ 确定投药量必须按进水泵房开机数量和原水水质、按试验数据或事先规定的投加标准进行，投加后及时观察矾花生成情况和沉淀池出口浊度并加以调整，在未正常前不得离开工作岗位；

⑥ 必须按时正确地测定原水浊度、pH 值、沉淀池出口浊度，按控制出口浊度大小来调整投加量；

⑦ 水泵停泵前应提前 3～5min 关掉投药开关，以减少残留液、减轻水泵叶轮或吸水管道的腐蚀；

⑧ 各种机械设备应按相应的安全操作规程进行。

404 氯库及加氯间的布置要求有哪些？

① 为操作管理方便，氯库和加氯间往往合建，有时也与加矾药库及加矾间合建，但必须各自设置独立对外的门。

② 加氯间必须与其他工作间隔开，一般应设在靠近投加地点，并处于水厂最小频率风向的上风向，与厂外经常有人的建筑物保持尽可能远的距离。加氯间应将氯瓶与加氯机分隔布置。

③ 氯库的固定储备量按当地供应、运输等条件确定，城镇给水厂一般可按最大用量的 7～15d 计算。其周转储备量应根据当地具体情况确定。

④ 氯库应设置单独外开的门，不应设置与加氯间相通的门。氯库大门上应设置向外开启的人行安全门，并能自行关闭。

⑤ 氯库和加氯间应设置泄漏检测仪和报警设施，检测仪应设低、高检测极限。

⑥ 氯库应设置漏氯的处理设施，储氯量大于 1t 时，应设置漏氯吸收装置，处理能力按 1h 处理一个所用氯瓶漏氯量计；漏氯吸收装置设在临近氯库的单独房间内。

⑦ 氯库和加氯间应设有每小时换气 8～12 次的通风系统。氯库应设有根据氯气泄漏量开启通风系统、关闭通风系统或开启全套漏氯吸收装置的自动控制系统。照明和通风设备应设置室外开关。

⑧ 氯气投加时，真空调节器应安装于氯库内。

⑨ 加氯设备（包括管道）应保证不间断工作，并根据具体情况考虑备用。

405 氯库安全注意事项有哪些？

① 除岗位值班及维修人员外，禁止他人入内，确需进入的应按规定登记。

② 液氯岗位值班操作人员，需接受专业技术教育和培训，获得上岗证后，方准上岗。

③ 进入氯库人员禁止携带可燃、易燃物品。库房中不得堆放可燃、易燃、腐蚀性物品

及与氯性质相抵触的物质。

④ 钢瓶禁止靠近热源堆放，严禁阳光直晒。满瓶与空瓶应分开放置，并持标牌明示，禁止混放。

⑤ 液氯钢瓶应横向卧放，瓶阀朝向一致，牢靠固定，防止滚动，每行瓶两侧应留有通道。

⑥ 防毒面具及抢修工具应定期检查并保持良好可用状态。

406 液氯系统的设计应符合哪些规定?

用氯设备（容器、反应罐、塔器等）设计制造，应符合压力容器有关规定，液氯管道的设计、制造、安装、使用应符合压力管道的有关规定。

① 氯气系统管道应完好，连接紧密，无泄漏；

② 用氯设备和氯气管道的法兰垫片应选用耐氯垫片；

③ 用氯设备应使用与氯气不发生化学反应的润滑剂；

④ 液氯气化器、储罐等设施设备的压力表、液位计、温度计，应装有带远传报警的安全装售。

407 加氯机的安全操作规程是什么?

(1) 启用前

检查加氯机是否完好，高压水是否正常，水射器是否正常工作，氯瓶与加氯机是否匹配，接头有否松动，出氯管是否通畅，两个接头是否处在垂直方向。

(2) 使用

① 先打开窗户及排风扇，再开高压水，使加氯机水射器工作，调节水箱平衡阀，使钟罩内不再有气泡溢出；

② 缓慢开启氯瓶总阀的 1/3 转，用氨水检验氯瓶总阀是否有漏气现象；

③ 缓慢开启弹簧膜阀，使转子稳定在需要的刻度，再用氨水检查加氯间有否漏气；

④ 再调节水箱平衡阀，使钟罩内不再有气泡溢出为止，方可正式投入运行；

⑤ 根据实际情况，确定是否关闭排风扇。

(3) 停用

① 关闭氯瓶总阀；

② 转子下落后，继续抽气至钟罩内无黄色为止；

③ 关闭弹簧膜阀；

④ 关闭平衡箱进水阀和高压水阀门。

408 氯瓶储存、运输、吊装应注意哪些问题?

(1) 氯瓶储存

① 氯瓶应统一编号，建立完整的氯瓶档案，并应指定专人负责管理本厂使用的氯瓶。

② 氯瓶入库前必须认真检查验收，满瓶入库，由水厂即时检查验收。氯瓶外表应符合规定（外表颜色为草绿色，标有液氯字样的颜色为白色），当气瓶外观出现明显变形、针形阀阀芯变形、防震圈不全、无针形阀防护罩时应拒绝入库。必须检查是否有漏氯现象。如有漏氯，必须及时进行处理后才可入库。

③ 氯瓶应专库存放，氯库与热源明火的距离不得小于10m，防止潮湿，严禁露天堆放，具有良好的通风系统和报警系统。

④ 氯库内需具有相应的专用工具和材料（如专用启闭扳手、活动扳手、钢丝钳、防毒面具、防护手套、靴子、专用服装，10%氨水、直径6cm竹签、木塞、铅塞、瓶阀盖等）。

⑤ 空瓶和重瓶必须分开单层放置，禁止混放，空瓶、满瓶应有字样标示，重瓶存放期不得超过3个月，从储存之日起，应每隔20d开闭阀门一次，检查阀门是否正常。

⑥ 氯瓶堆放应横向卧放，防止滚动，并留出一定通道。

⑦ 氯瓶瓶嘴严禁靠墙，瓶嘴一律朝同一方向。

⑧ 氯库和加氯车间应挂有明显的警示标志，严禁非工作人员入内，参观人员必须由专人带领。

（2）氯瓶运输和吊装

① 氯瓶应指定专车装运，严禁混装，严禁搭人。专车必须有危险物品准运证，驾驶员有危险品准驾证，不得在人口稠密区停靠。

② 装运液氯瓶只能单层放置并加设垫木，防止滚动和碰撞，车厢应高于氯瓶。运输车辆应配有处理意外情况的工具器材和氯气呼吸器。多天运输时应配有遮阳器具，防止氯瓶在阳光下曝晒。为防氯瓶阀体撞断，氯瓶搬运时顶部应罩上防护盖。

③ 运输氯瓶时，应有专人跟车押运。押运人员应经过专门的安全技术培训，具备处理氯瓶意外情况的能力，在押运过程中要密切注意观察氯瓶有无异常情况。

④ 氯瓶在装车前和下车后，押运人员要认真检查防震圈、安全帽、针形阀出口密封帽等附件，只有完好齐备的才允许装车和下车。

⑤ 装氯瓶应使用起吊设备，严禁使用叉车，严禁碰撞和车上直接推下，起重设备起重量应大于瓶体重量的1倍。装运时，一般应横向放置，头部朝向车辆行驶方向的右方。

409 使用液氯时应注意什么问题?

① 使用液氯时，必须将氯瓶放在磅秤上计量，各厂应每3个月检查磅秤计量是否准确。

② 投入使用的卧置氯瓶，其两个主阀间的连线应垂直于地面。氯瓶使用时，应先检查其放置位置是否正确，再试开氯总阀，开启氯瓶时应有监护人员，当发现氯瓶总阀打不开时，应报安全管理人员，并请专业人员或送化工厂处理，严禁硬扳等不规范行为。

③ 使用时要使水射器前压力保持在0.3MPa，自动加氯机负压不小于−0.3MPa。加氯管应保持畅通，轻微泄漏时用10%氨水检查，发现问题要及时上报和及时处理。

④ 加氯量的大小在加氯机控制阀上调节，更换氯瓶时应先关闭氯瓶总阀，等输气干管氯气抽完后，再换瓶，使用的氯瓶应挂上“正在使用”的标牌。

⑤ 为防止杂物进入氯瓶，氯瓶不能完全用尽，瓶内应保留液氯10～15kg。如有异常（如瓶阀损坏，关闭不严，过期瓶、易熔塞有损等），必须用尽。

⑥ 氯瓶应由专人负责使用。禁止夜间更换氯瓶。氯瓶及加氯系统，实行三级安全检查，运行人员、厂长、负责生产/安全的公司领导一般按每日、每周、每月检查一次。

⑦ 负责加氯的值班人员要认真负责，严守工作岗位，做好原始记录和交班记录，在值班时要严格做到“三勤四到”（勤检查、勤调查、勤维护；人到现场、眼睛看到、耳朵听到、鼻子闻到），以保证及时发现异常情况。

⑧ 水厂要有一套氯处理预案和经过培训的抢险人员。

410 液氯使用过程中遇到特殊情况应如何处理?

① 液氯泄漏抢修人员应具有用氯安全知识，在事故现场保持冷静。

② 当发生氯气泄漏时，抢修、抢救人员进入现场前，必须检查防毒面具是否有效，确认并戴好后才能进入泄漏现场作业。现场人员要关闭氯瓶出氯角阀，立即开启排风设备强制排风，用10%氨水寻找漏氯点。

③ 将现场情况迅速报告有关领导，组织抢修和抢救。其他无关人员向逆风方向撤离泄漏现场。

④ 输氯管漏氯时，应先关闭钢瓶角阀再抢修；氯瓶瓶体漏氯，应先使漏氯部位处于最高处，防止液态氯流出，尽快用竹楔堵塞，并立即把氯瓶移到安全地带。

⑤ 开启漏氯吸收处理装置。

⑥ 抢修、抢救结束后，操作人员应仔细检查漏氯报警器及切换系统情况，尽快恢复加氯系统正常工作。

⑦ 急救措施包括：如果皮肤接触，立即脱去被污染的衣着，用大量清水冲洗，并立即就医；如果眼睛接触，提起眼睑，用流动清水或生理盐水冲洗；如果大量吸入，迅速脱离现场至空气新鲜处，呼吸心跳停止时，立即进行人工呼吸和胸外心脏按压术，同时拨打120急救电话。

411 二氧化氯的储存、运输有哪些安全要求?

① 对稳定性二氧化氯、生产原料中的氧化剂、酸和次氯酸钠溶液等，应选择避光、通风、阴凉的地方分别存放。二氧化氯溶液要采用深色塑料桶密闭包装，储存于阴凉通风处，避免阳光直射和与空气接触，运输时要注意避开高温和强光环境，并尽量平稳。

② 稳定性二氧化氯及其生产原料、次氯酸钠溶液等的运输工作应由具有危险品运输资质的单位承担。不得与易燃物、可氧化物质（有机物）及还原剂共储、共运。

③ 二氧化氯气体易爆炸，较难运输储存，一般在现场现制现用。给水厂通常采用盐酸还原氯酸钠的方法制备二氧化氯。如盐酸投加过快，会导致二氧化氯的生成速度加快。这样会造成反应液中二氧化氯的过饱和状态，而使二氧化氯逸出到反应系统中，导致反应系统承压增加。若密封性较差，二氧化氯就会逸出到空气中，同时，反应系统气相压力超过反应器承压极限时，还会发生爆炸事故。因此反应器、气路系统、吸收系统应确保气密性，并应防止气体逸出。对二氧化氯生产设备应定期进行检修，同时应使生产环境保持通风。

412 二氧化氯使用的安全要求有哪些?

① 二氧化氯是强氧化剂，其输送和存储都要使用防腐蚀、抗氧化的惰性材料，要避免与还原剂接触，以免引起爆炸。

② 采用现场制备二氧化氯的方法时，要防止二氧化氯在空气中的积聚浓度过高而引起爆炸，一般要配备收集和中和二氧化氯制取过程中析出或泄漏气体的措施。

③ 对每种药剂应设置单独的房间，在房间内设置监测和警报装置，并要有排除和容纳溢流或渗漏药剂的措施；在工作区和成品储藏室内，要有通风装置和监测及警报装置，门外配备防护用品。

④ 稳定二氧化氯溶液本身没有毒性，活化后才能释放出二氧化氯，因此活化时要控制好反应强度，以免产生的二氧化氯在空气中的积聚浓度过高而引起爆炸。

⑤ 制取设备要能自动地校正氯水溶液的适当 pH 值，使二氧化氯产量最大，而氯酸盐和亚氯酸盐的残留量最小；制取设备要能够调节产量的变化，适应供水量的变化和投加量的改变。

⑥ 在进出管线上设置流量监测设备；经常检测药剂溶液的浓度，有现场测试设备；定期停止运转，并仔细地检查系统中各部件。

413 高压气体使用的安全要求有哪些?

高压气体（气瓶）在使用过程中应当严格管理，确保安全，尤其需要注意：

① 在使用前，应按规定到安全监管部门办理相关许可证件。特别是使用高压气体钢瓶时，应符合国家有关气瓶安全监察的规定。

② 气体车间应建立、健全规章制度，建立包括岗位责任制度、巡回检查制度、交接班制度、安全防护制度和事故处理报告制度等在内的制度、流程，加强高压气体使用的全过程管理。同时，在使用过程中，应当根据供水规模、运行方式、设备设施的繁简不同，结合本厂的实际情况和特点，健全和完善制度，使岗位明确职责，做到办事有程序，操作有规程，工作有标准。

③ 加强记录填写的完整性、规范性。气体投加车间还应建立运行记录、交接班记录、维护检修记录、高压钢瓶登记使用等各项原始记录。通过日常原始记录的积累、统计和分析，清晰掌握岗位工作的第一手资料，达到合理使用原材料，发现管理方面的薄弱环节，从而采取相应的措施予以预防和排除的目的。当设备、设施发生异常或故障时，也利于分析原因和责任。

414 气瓶的充装、使用要求有哪些?

气瓶充装前应有专人对气瓶逐只进行充装前的检查，确认完好无缺陷和无异物方可充装，并做好记录。气瓶有以下情况时，不应充装：

① 颜色标记不符合《气瓶颜色标志》（GB/T 7144）规定或未对瓶内介质确认的。

② 钢印标记不全或不能识别。

③ 新瓶无合格证。

④ 超过技术检验期限。

⑤ 瓶体存在明显损伤或缺陷。安全附件不全、损坏或不符合规定；瓶阀和螺塞（丝堵）上紧后，螺扣外露不足三扣；瓶体温度超过40℃。

415 使用氧气有哪些安全注意事项？

给水厂氧气主要是供制备臭氧使用，使用过程中应当注意：

① 氧气气源设备的四周应设置隔离区域，除氧气供应商操作人员或供水厂专职操作人员外，其他人员不得进入隔离区域。

② 距氧气气源设备30m半径范围内，严禁放置易燃、易爆物品以及与生产无关的其他物品，不得在任何储备、输送和使用氧气的区域内吸烟或有明火。当确需动火时，应做好相应预案；动火作业前，应检测作业点空气中的氧气浓度，作业期间应派专人进行监管。

③ 所有使用氧气的生产人员在操作时必须佩戴安全帽、防护眼罩及防护手套。操作、维修、检修氧气气源系统的人员所用的工具、工作服、手套等用品，严禁沾染油脂类污垢。

④ 氧气及臭氧设备的紧急断电开关应安装在氧气及臭氧车间内生产人员易于接近的地方。

⑤ 氧气以及臭氧输送投加管坑应避免与液氯、液氨、混凝剂等投加管坑相通，同时应防止油脂及易燃物漏入管坑内。

416 设备安全管理包括哪些内容？

设备的安全管理包括设备运行、巡检、操作、维护维修安全技术规程的建立、执行和监督检查，以及设备事故发生后的事故分析、上报和处理。

水厂必须建立设备安全技术规程，规范设备安全检查、检测周期和内容以及保证设备安全运行的标准。通过安全管理，及时消除设备安全运行的隐患，杜绝设备带病运行，避免人身伤害和设备损坏。

水厂应结合实际情况建立设备突发事故应急预案，应定期组织员工进行培训和演练，提高设备异常突发事件的应急处理能力。每月至少组织一次全面的设备安全检查，对查出的安全隐患及时整改。设备安全技术规程每年必须作一次适宜性修订。

417 发生设备事故以后处理程序应注意哪些事项？

设备事故发生后，第一发现者应根据实际情况采取相应措施，防止事故扩大；同时向主管领导报告（直接领导不在时，可越级报告）。在保护好相关现场证据的同时，相关领导和部门应积极组织设备的抢修及生产恢复工作，力争将损失降到最低。

应急处理结束后，水厂应按分级管理原则由相关领导或部门组织事故分析会，坚持“事故原因未查清不放过；事故责任人未受到处理不放过；事故责任人和周围群众没有受到教育不放过；事故没有制订切实可行的整改措施不放过”的“四不放过”处理原则，进行严肃认真的调查处理，接受教训，防止同类事故重复发生。

418 供水突发事件包含哪些类型?

根据供水突发事件的发生过程、性质和机理，可划分为自然灾害、工程事故和公共卫生事件三类。

(1) 自然灾害

① 连续出现干旱年，地表水源水位持续下降，取水设施无法正常取水，导致供水设施不能满足城市正常供水需求；

② 地下水位大幅度下降，导致地下水开采量锐减甚至出现供水设施断供、停供等；

③ 地震、台风、洪灾、寒潮、滑坡、泥石流等自然灾害导致城市供水水源破坏，输配水管网破裂，输配电、净水工程和机电设备毁损等。

(2) 工程事故

① 战争、恐怖活动等导致供水水源破坏，取水受阻，泵房（站）淹没，机电设备毁损等；

② 取水堤坝、管涵等发生垮塌、断裂致使水源枯竭，或因出现危险情况需要紧急停用维修或停止取水；

③ 主要输配水管网发生爆管，造成大范围供水压力降低、水量不足甚至停水，或其他工程事故导致供水中断；

④ 供水消毒、输配电、构筑物等发生火灾、爆炸、倒塌、液氯严重泄漏等；

⑤ 城市供水调度、自动控制、营业等计算机系统遭受入侵、失控或毁坏。

(3) 公共卫生事件

水源或供水设施遭受有毒有机物、重金属、有毒化工产品、致病微生物、病毒、油污或放射性物质污染，或藻类大规模繁殖、咸潮入侵等影响正常供水。

419 给水厂供水应急预案编制的目的和原则是什么?

为了有效预防和及时控制供水突发事件，最大限度减少突发事件造成的危害，提高应对突发事件的能力，从而保障供水安全，给水厂应编制供水应急预案。编制的原则主要遵循以下几个方面。

① 以人为本　避免或减少供水突发事件损失，保障水厂和供水范围内的公众健康、饮水安全和生命财产安全。

② 预防为主　通过提前深入分析供水可能发生的突发事件，事先制定减少和应对突发事件的对策，提前做好各项准备工作，才能在突发事件发生时，做到有条不紊，从容应对。

③ 明确责任　实行分级管理，明确组织机构、职责与责任追究制度，建立健全供水应急管理体制。

④ 协调一致　预案应与本地区、本单位其他相关预案相协调，建立指挥统一、协调有序、运转高效的应急管理机制。

⑤ 可操作性　以文字和图表形式表达，形成书面文件。

420 突发性水源水质污染的应急预案要点是什么？

突发性水源水质污染指由于污染物异常排放或自然灾害、生产事故等因素，导致污染物进入饮用水水源保护区或其上游水体，突然造成或可能造成饮用水水源地水质超标，影响或可能影响水厂正常取水，危及公众身体健康和财产安全，需要采取紧急措施予以应对的事件，具有偶发性、不确定性，往往具有持续时间短、污染物浓度高的特点。

针对突发性水源水质污染的应急预案，是做好应急准备与完成应急过程的基本指南，核心是技术预案。应急预案一定是结合各项目自身实际特点制订的，其文本框架可以通用，但内容一定是个性化的。

应急预案建立在风险源调查与风险分析的基础上，对不同的事件进行分类指导。预案应涵盖应急过程的基本环节，包括监测预警与污染物快速识别、应急措施、事后评估等。主要内容包括突发事件的应急管理工作机制，监测与预警方法，事件分级和应急处理工作方案，信息的收集、分析、报告、通报制度，应急处理技术，预防与处理措施，应急供水设施设备及物资储备与调度，应急处理专业队伍的建设和培训等。

根据应急预案建立相应的应急指挥机构，对应急过程加强组织领导是非常必要的。指挥系统和组织程序要符合应急的需要，不应过于烦冗，以便发生突发性污染时能够快速、从容应对。

用于应急的技术和措施也不应简单堆砌和组合，不宜采用投资过大或启动缓慢的工程设施（如仅仅为了应急处理而新建生物预处理设施或臭氧设施），而是要结合水厂工艺现状与特定风险源情况选择合理、经济的技术与措施。应急设施以各种药剂投加设备为主，投资小、启动快，与水厂原有处理工艺设施配套共同承担应急处理任务。

各种应急设备设施应有具体的操作指南，要让操作者一目了然，知道何时用、怎么用，平日也要重视应急培训和演练。

421 为了完善应急管理，给水厂应开展哪些准备工作？

（1）通信与信息

水厂应组织各相关部门、班组建立健全有线、无线相结合的基础应急通信系统，有关单位的联系方式保证能够随时取得联系，调度值班电话保证 24h 有人值守，应通过有线电话、移动电话、网络等通信手段，保障通信畅通。

（2）物资与装备

依据突发事件应急处置的需求，水厂应逐步建立健全应急物资储备体系，包括但不限于以下种类：消防装备、气防装备、抢险装备、抢险物资（包括材料、备品等）、紧急避难所、救护装备、可燃及有毒气体检测装备、个人防护装备、灭火器等应急物资。对关键设备应有一定的备用量，设备易损件应有足够量的备品备件。

（3）应急队伍

完善水厂救援机制，建立应对突发事件的抢险队伍，主要包括义务消防队伍、工程抢险队伍、后勤保障队伍，并加强应急队伍业务培训和应急演练，提高员工应对突发事件的能力。

（4）应急培训

利用安全领导小组会议时间对应急小组成员进行培训；车间利用班组安全活动时间组织对员工进行应急预案培训。

（5）预案管理

要定期修订应急预案。每次演练后，要对演练情况进行总结，同时对预案的有效性、实用性、符合性、可操作性进行评估，依据评估结果对预案进行修订。一般来说，水厂应具备综合应急预案和专项应急预案。其中专项应急预案包括：

① 火灾事故应急预案；

② 环境突发事故应急预案；

③ 停电应急预案；

④ 公用工程故障应急预案；

⑤ 重大自然灾害应急预案；

⑥ 群体性突发事件应急预案；

⑦ 其他专项应急预案。

特别是那些易受台风、洪水、咸潮等自然灾害影响的给水厂，以及针对大面积传染病流行等突发事件，更应制定切实可行的安全生产应急预案。

（6）预防措施

① 在设计阶段即应融入应急管理意识，关键管线慎重选材，重点考虑耐腐蚀、不易老化的材料；

② 关键设备、环保设施加强监控力度，定期巡检，加强日常维护保养；

③ 加大安全环保投入，适当增加安全环保监测仪表、监控设施的投入应用，及时发现初期的泄漏；

④ 按照设备检修规程，定期进行检测、检修，及时消除隐患。

422 给水厂的日常环境风险有哪些？

环境风险具有两个主要特点，即不确定性和危害性，应引起注意并采取防范措施避免发生。给水厂的日常环境风险包括以下几种。

① 排水管道由于堵塞、破裂和接头处的破损，会造成大量的排泥水、反冲洗水外溢，污染地下水及地表水。

② 厂内生活污水泵站由于长时间停电或污水泵损坏，排水不畅时易引起污水浸溢。

③ 排泥水处理系统、回收水系统、污泥处理系统由于停电、设备损坏、处理设施运行不正常、停车检修等造成生产废水或污泥未经处理直接排放。

423 给水厂检修作业风险分析与安全控制措施有哪些？

给水厂的检修作业风险分析与安全控制措施见表10-1。

表 10-1 检修作业风险分析与安全控制措施

序号	风险分析	安全措施
1	作业人员不清楚现场危险状况	作业前必须对作业人员进行安全教育
2	检修系统未彻底隔绝	关闭所有连接阀门,必要时加盲板或拆除一段管道隔绝
3	监护不足	指派专人监护,并坚守岗位
4	劳动防护用品佩戴	按相关规定正确佩戴劳动防护用品
5	作业现场与生产现场联系不足	检修前,检修项目负责人要与当班班长取得联系
6	运转设备检修	切断需检修设备的电源,并经启动复查确认无电后,在电源开关处挂"禁止启动"的安全标识
7	检修器材不符合安全要求	检查材料、器具、设备是否符合要求
8	使用移动式电动工具	配有漏电保护装置
9	检修现场存有腐蚀性介质	备有冲洗用水源
10	检修现场存在坑、洼、沟等	铺设与地面平齐的盖板,也可以设置围栏或警戒标识
11	需要进行高处、动土、动火、有限空间、吊装作业	按规定办理相关的作业许可证
12	作业人员违反操作规程	立即停止作业,进行相关教育

424 泵站安全管理有何要求?

① 管理单位应建立、健全安全管理组织。

② 泵站管理单位应根据泵站的特点制订以下安全管理制度:

a. 运行值班制度;

b. 交接班制度;

c. 巡回检查制度;

d. 安全防火制度;

e. 设备与工程防冻、防冰维护管理制度;

f. 泵站建筑物沉降、位移观测制度;

g. 进、出水池流态、淤积及冲刷观测制度;

h. 安全保卫制度;

i. 安全技术教育与考核制度;

j. 事故应急处理制度;

k. 事故调查与报告制度;

l. 泵房清洁卫生制度。

③ 泵站工作人员进入现场检修、安装和试验应执行工作票制度。

④ 工作票签发人应对以下问题作出结论:

a. 进行该项工作的必要性;

b. 现场工作条件能否确保安全;

c. 工作票上指定的安全措施是否正确完备;

d. 指派的工作负责人和工作班人员能否胜任该项工作。

⑤ 工作负责人(监护人)的安全责任应包括以下方面:

a. 负责现场安全组织工作;

b. 督促、监护工作人员遵守安全规章制度;

c. 检查工作票所提出的安全措施是否已在现场落实；

d. 对进入现场的工作人员宣读安全事项；

e. 工作负责人（监护人）必须始终在施工现场，及时纠正违反安全的操作；

f. 如因故临时离开工作现场，应指定能胜任的人员代替，并将工作现场情况交代清楚；

g. 只有工作票签发人有权更换工作负责人。

⑥ 工作许可人（值班负责人）的安全责任应包括以下方面：

a. 按照工作票的规定在施工现场实现各项安全措施；

b. 会同工作负责人到现场最后验证安全措施；

c. 与工作负责人分别在工作票上签名。

⑦ 泵站工程所在的堤防地段，应按防洪的有关规定做好防汛抢险技术和物料准备。

425 泵站安全运行有何要求?

① 泵站运行期间单人负责电气设备值班时，不得单独从事修理工作。

② 高压设备无论是否带电，值班人员不得单独移开或翻越遮栏。若有必要移开遮栏时，必须有监护人在场监护，并与高压设备保持一定的安全距离。安全距离应符合表10-2的规定。

表 10-2 设备不停电时的安全距离

电压等级/kV	安全距离/m
≤10	0.70
≤35	1.00
≤110	1.50

③ 雷雨天气需要巡视室外高压设备时，应穿绝缘靴，并不得靠近避雷器和避雷针。

④ 高压设备发生接地时，在室内距故障点4m、在室外距故障点8m周围为带电危险区。进入上述范围的人员必须穿绝缘靴，接触设备的外壳和架构时，应戴绝缘手套。

⑤ 使用摇表测量绝缘电阻，应遵循下列安全规定：

a. 使用摇表测量高压设备绝缘，应由两人担任；

b. 测量用的导线应使用绝缘导线，其端部应有绝缘套；

c. 测量绝缘时必须将被测设备从各方面断开，验明无电压且无人在设备上工作后，方可进行；

d. 在测量绝缘前后必须将被测设备对地放电。

⑥ 遇有电气设备着火时，应立即将有关设备的电源切断，然后进行灭火。对带电设备应使用干式灭火器、二氧化碳灭火器或四氯化碳灭火器等，不得使用泡沫灭火器灭火。对注油设备可使用泡沫灭火器或干沙等灭火。

⑦ 在屋外变电所和高压室内搬动梯子、管子等长条形物件，应平放搬运，并与带电部分保持足够的安全距离。在带电设备周围严禁使用钢卷尺、皮卷尺或线尺（夹有金属丝者）进行测量工作。

⑧ 旋转机械外露的旋转体应设安全护罩。

426 泵站安全技术规程包括哪些内容?

水泵站都要制订安全技术规程，并要求严格执行。主要内容如下。

① 不允许外人与无关人员进入泵房。禁止非值班人员操作机电设备和有关领导外的任何其他人员的指挥与命令。

② 不允许酒后上班或精神不济及体力不支的病人上班。值班工人不可离开工作岗位。

③ 值班工人要衣冠整齐，穿戴必要的劳保用品，禁止赤膊、赤脚、穿拖鞋、披散衣服。女工人要将发辫盘在帽内，防止被机器轧住。在高压设备和线路附近不许悬挂或存放物品，不许在电动机和出风口烘烤衣服或其他东西。

④ 必须严格按操作规程启动、停止水泵，开启水泵前必须先瞭望机电设备周围及其附属设备周围，确认无人后方可启动。

⑤ 操作高压电气设备，必须严格按照《高压电力用户用电安全》(GB/T 31989) 执行。

⑥ 在运转中打扫设备及其附近的卫生时，要特别注意安全。严禁擦抹正在转动的部分，不得用水冲洗电缆头等带电部分。

⑦ 电动机吸风口、联轴器、电缆头必须设置防护罩，并使其处于良好状态。

⑧ 值班工人必须按规定定时检查水泵运转状况，要随时检查油壶中的油质、油量，油圈必须灵活，轴承必须有良好的润滑，冷却和密封水要畅通无阻。

⑨ 经常检查水压、电压、电流等仪表指示变化情况，指针都要在正常指示位置，滚动轴承与滑动轴承的温升不得超过有关规定。机泵运转中声音应正常，无振动和杂音。

⑩ 突然停电或设备发生事故时，应立即切断电源，马上向调度或值班领导报告。

⑪ 下吸水井工作时，必须至少两人，一人操作一人监护，操作者必须有可靠的安全措施。

⑫ 维修人员检修电机、水泵时，值班工人应了解清楚检修范围，主动配合，可靠地断开检修范围内的各种电源，会同维修人员一起验明无电后，及时装好接地线，悬挂指示牌后方可开始维修。

⑬ 搬运高大设备进入泵房或在泵房内挖掘地面，必须事先经值班工人同意，采取有效措施防止碰损设备、挖坏电缆和人身触电，必要时要有人监护。

⑭ 经常检查室内防火器材是否完整、好用。

⑮ 值班工人必须提高警惕，搞好防火、防洪、防盗、防止人身触电的“四防”工作。

427 泵站安全维修有何要求?

① 将检修设备停电，必须把各方面的电源完全断开。与停电设备有关的变压器和电压互感器，必须从高、低压两侧断开，防止向停电检修设备反送电。

② 当验明设备确已无电压后，应立即将检修设备接地并三相短路。装设接地线必须由两人进行，接地线必须先接接地端，后接导体端。拆接地线的顺序相反。装、拆接地线均应使用绝缘棒或绝缘手套。

③ 在全部停电或部分停电对机械及电气设备进行检修时，必须停电、验电、装设接地

线，并应在相关刀闸和相关地点悬挂标示牌和装设临时遮栏。标示牌的悬挂和拆除应按检修命令执行。严禁在工作中移动或拆除遮拦、接地线和标示牌。标示牌应用绝缘材料制作，标示牌式样应符合规定。

④ 使用喷灯时，火焰与带电部分必须保持一定距离：电压在10kV及以下者，不得小于1.5m；电压在10kV以上者，不得小于3m。不得在带电导线、带电设备、变压器油开关附近喷灯点火。

⑤ 进入高空作业现场应戴安全帽。登高作业人员必须使用安全带。高处工作传递物件不得上下抛掷。

⑥ 雷电时，禁止在室外变电所或室内架空引入线上进行检修和试验。

⑦ 电气绝缘工具应在专用房间存放，由专人管理，并按规定进行试验。

⑧ 电气登高作业安全工具应按规定进行试验。

⑨ 室内电气设备、电力和通信线路应有防火、防鸟、防鼠等措施，并应经常巡视检查。

428 泵站事故处理应遵守哪些要求?

① 处理事故应遵守以下规定：

a. 尽量快速限制事故发展，消除事故根源，并解除对人身和设备的危险；

b. 将事故限制在最小范围内，确保未发生事故的设备继续运行；

c. 及时向调度报告。

② 发生危及人身安全或严重的工程设备事故时，工作人员可采取紧急措施，操作有关设备，事后当事人必须及时向上级领导报告。

③ 根据现场情况，如调度命令直接威胁人身和设备安全时，值班人员可拒绝执行，并申诉理由，同时向主管部门报告。

④ 事故发生在交接班时，应由交班人员处理，接班人员在现场协助。

⑤ 发生事故时，严禁无关人员进入事故现场。

⑥ 泵站工程事故发生后，应按下述规定处理：

a. 工程设施和机电设备发生一般事故，泵站管理单位应立即查明原因，及时处理；

b. 工程设施和机电设备发生重大事故，泵站管理单位应及时报告上级主管部门，并协同调查处理，抢修工程和设备；

c. 发生人身伤亡事故时，泵站管理单位应及时报告上级主管部门，并保护现场，由上级组织有关人员进行事故调查并做处理；

d. 事故发生后应填写事故报告，并报送上级主管部门。

429 给水厂站电气安全管理有何要求?

① 给水厂站电气工作人员在生产现场的相关操作应符合《电业安全工作规程　第1部分：热力和机械》(GB 26164.1) 的规定。

② 变电站、配电室应建立岗位责任、交接班、巡回检查、倒停闸操作、安全用具管理和事故报告等规章制度，并应做好运行、交接、传事、设备缺陷故障、维护检修以及操作

票、工作票等各项原始记录。

③ 变电所、配电室应具备电气线路平面图、布置图、隐蔽工程竣工图以及一、二次系统接线图等有关技术图纸，设置符合一次线路系统状况的操作模拟板（模拟图或微机防误装置、微机监控装置）。

④ 变电所、配电室安全用具必须配备齐全，并保证安全可靠地使用。

⑤ 值班人员应定时进行高压设备的巡视检查，并应由具备一定运行经验的人员进行，其他人员不得单独巡查。

⑥ 操作票应由两人执行，其中一人对设备较为熟悉者作监护；电气设备操作应由监护人命令，受令人复诵无误后执行。

⑦ 高压设备全部或部分停电检修时，必须遵守工作票制度，工作许可制度，工作监护制度，工作间断、转移和终结制度。操作时产生疑问应立即停止操作并向负责人报告，不得擅自更改操作票，不得随意解除闭锁装置。

⑧ 高压设备全部或部分停电检修时，必须按要求在完成停电、验电、装设接地线、悬挂标示牌和装设遮拦等保证安全的技术措施后，方可进行工作。电气设备停电后，即使是事故停电，在未拉开有关隔离开关（刀闸）和做好安全措施以前，不得触及设备，以防突然来电。

⑨ 高压设备和架空线路不得带电作业。带电作业应在良好天气下进行，如遇雷、雨不应带电作业，风力大于 5 级时不宜进行带电作业。

综合管理

430 给水厂机构的设置原则是什么?

目前我国城镇给水厂的规模有大有小，企业性质有民营的，也有国有/集体的，或者混合所有、合资等；领导体制上有委派的，也有承包租赁的；经营方式也多种多样。但不管变化如何，其机构设置的原则有两方面。

① 从本单位的具体情况出发，服从生产经营需要。一切管理工作都是为了完成自来水的生产任务而进行的，建立管理机构必须从本单位的具体情况出发，服从生产经营需要，由本单位自行决定或本单位人员参与充分讨论确定，不强求上下对口。

② 精简机构，提高工作效率。给水厂的管理机构应该是以精干为原则，在满足生产需要的条件下，力求减少层次和管理人员。

431 给水厂机构的设置形式有哪些?

根据设置原则，结合规模大小和生产经营内容，给水厂机构的设置形式主要有两种。

(1) 二级管理的形式

对于公司的业务范围只包含水厂生产，不包含厂外业务，或较小规模的给水厂管理的形式，厂部直接领导生产、财会、采购供应等，厂长直接主管班组生产。设置在乡级、村级中的给水厂一般采取厂部形式，只有几个管理人员分管生产技术、财会、采购供应等，其中厂长主管班组生产。

(2) 三级管理的形式

这种管理方式主要是业务范围包含产—供—销的自来水企业或供水规模较大的市、县级企业，一般采取公司、车间、班组三级管理。公司内设若干职能部门，如行政部、财务部、生产部、水质监测部、采购部、管网管理部和营业部等。水厂为车间级，水厂内按工种岗位分成若干班组。

目前我国县镇内给水厂大都采取分散管理的形式，这是在一定的历史条件下形成的，在有条件的地方应积极采取以县为单位统一管理的形式，而且应该大力提倡横向联系，加强技术交流和技术协作，尤其是对乡村级水厂的技术支持。

432 给水厂的规章制度有哪些?

建立和健全各项规章制度对于保证自来水的生产有着重要的意义。给水厂的规章制度大致可分为三种。

① 基本制度　基本制度是属于根本性质的制度，对给水厂来说，主要指来自国家及上级规定的制度标准规范、厂长负责制工作条例、水厂的部门职责及水厂内的岗位职责等。

② 工作制度　工作制度是指有关政治、技术、管理工作的制度，规定各项工作的内容。

③ 工作标准制度　规定厂内各级组织、各类人员的工作标准、操作规程等，目的是促使每个部门、班组建立起合理、有效、安全的生产秩序。

433 供水企业成本包括哪些方面?

城镇供水成本包括固定资产折旧费、无形资产摊销和运行维护费。

① 固定资产折旧费，指与供水业务相关的固定资产按照规定的折旧方法和年限计提的费用。

② 无形资产摊销，指与供水业务相关的软件、土地使用权等无形资产原值在有效期内的摊销。

③ 运行维护费，指供水企业维持供水正常运行的费用，包括原水费、外购成品水费、动力费、材料费（各种药剂和净化材料消耗、机物料消耗等）、修理费、人工费、其他运营费用。其他运营费用主要包括：生产经营类费用（包括水质检测和监测费、代收手续费、计量器具检定与更换费等）、管理类费用（包括办公费、会议费、水电费、租赁费、物业管理费、差旅费等）、相关税金（包括车船使用税、房产税、土地使用税、印花税）、其他费用（包括低值易耗品摊销、管理信息系统维护费等其他支出）。

434 供水企业供水成本的控制有哪些手段?

供水企业成本管理的中心，就是供水成本的控制问题。供水成本控制可按成本发生的时间先后分为事前控制、事中控制和事后控制三个阶段，也就是供水成本控制循环中的测算阶段、执行阶段和考核阶段。

(1) 供水成本的事前控制——测算阶段

供水成本的控制首先体现在测算阶段。根据自来水公司的实际情况，财务资产管理部门对供水成本进行整体测算，将供水成本进行分解。由于各水厂规模、人员、固定资产新旧程度都不一样，为了能使测算做得更切合实际，可以结合定量定性办法，将制水环节成本进行细化，分为固定成本和变动成本两块。即将不能比较的相对固定的成本费用归结在固定成本中，从而有效剔除了不可比因素，按实际情况进行测算。而将可以比较的原水费、电耗、矾耗、氯耗归结为变动成本，按各水厂选用不同水源来测算出各单位变动成本单价，然后通过盈亏平衡测算来确定制水成本的价格。这样避免了简单地用成本下降百分比来确定的不合理的考核要求，除了按时间纵向比较，各水厂横向间也可以比较，促使各水厂加大了节约变动成本的控制力度，从而使公司的平均制水成本处于较低水平。

在努力节约直接成本的同时，也注重自来水公司管理费用和人工成本的控制。对各项招待费、修理费、通信费、电费以及差旅费等要进行专人负责审核。对科技经费的使用及订立合同内容进行控制。对各项成本支出按预算进行总量控制，确保管理费用有一定幅度的下降。人工成本要控制合理的人员数量和人员结构。

(2) 供水成本的事中控制——执行阶段

供水成本的事中控制体现在执行阶段。有了测算目标值就可以将分解后所涉及的各部门的各项费用、经济指标，以目标责任书的形式下达，并作为执行依据。要求各部门按此来测算安排年度工作计划，将指标予以层层落实。

(3) 供水成本的事后控制——考核阶段

供水成本的控制最后体现在考核阶段。将年度各项成本费用按分步实施、分步考核、分步兑现的方式来实现。首先，公司要求在上半年过后即对各部门的执行情况进行上半年度考核，在一季度、二季度的经济活动分析的基础上撰写各单位上半年经济活动分析总结，明确完成情况、存在问题以及下半年的计划。公司各部门对财务部确认的各项指标加以讨论，并视完成情况予以奖罚，促使各部门内人人有指标并为指标负责。通过考核这一手段，使公司的供水成本在整个循环环节的每一节点上得到控制。

435 城市供水企业有哪些收费模式?

(1) 按收费对象

分为抄总表的收费和“抄表到户”的收费。抄总表的一般为之前建成的小区或给农村的供水，城市新建小区一般都已实现抄表到户收费到户。

(2) 按收费方式

可分为现金方式、银行方式、IC卡预存方式和其他第三方支付的方式。

① 现金方式为用户到自来水公司的营业大厅或指定的其他地点进行现金缴费。随着银行支付尤其是其他第三方支付的迅速发展，目前现金缴费呈现越来越少的趋势。自助缴费机一般可实现现金、银行卡、微信、支付宝等几种缴费方式。

② 银行方式为自来水公司确定合作的银行，用户使用该银行账户可以实现到期自动扣款；或者用户可以使用任何银行账户对自来水公司账户进行对公转账。

③ IC卡预存方式是使用IC卡水表的用户将水费预存到卡中，卡中有余额时可用水，余额为零时自动停水。

④ 其他第三方支付为目前在生活中应用较多的支付宝和微信支付等，现在很多自来水公司为了方便用户缴费，同时实现了支付宝和微信缴纳水费，使用户可以“足不出户，在家缴费”。

436 我国现行水价有哪些类别？什么是阶梯式水价?

(1) 水利部门管理的水利工程供水价格

根据国家发改委2022年发布的《水利工程供水价格管理办法》，水利工程供水价格是指水利工程供水经营者通过拦、蓄、引、提等水利工程设施销售的天然水价格，按照“准许成本加合理收益”的方法核定。水利工程供水实行分类定价，按供水对象分为农业用水价格和非农业用水价格。农业用水是指由水利工程直接供应的粮食作物、经济作物和水产养殖等用水；非农业用水是指由水利工程直接供应的除农业用水外的其他用水，其中供水力发电用水和生态用水价格由供需双方协商确定，生态用水价格参考供水成本协商。

（2）城镇供水价格

根据国家发改委和住建部于2021年发布施行的《城镇供水价格管理办法》规定，城镇供水价格是指城镇公共供水企业（以下称供水企业）通过一定的工程设施，将地表水、地下水进行必要的净化、消毒处理、输送，使水质水压符合国家规定的标准后供给用户使用的水价格。制定城镇供水价格，以成本监审为基础，按照“准许成本加合理收益”的方法，先核定供水企业供水业务的准许收入，再以准许收入为基础分类核定用户用水价格。供水企业供水业务的准许收入由准许成本、准许收益和税金构成。供水企业准许成本包括固定资产折旧费、无形资产摊销和运行维护费，相关费用通过成本监审确定；准许收益按照有效资产乘以准许收益率计算确定；税金包括所得税、城市维护建设税、教育费附加，依据国家现行相关税法规定核定。

城镇供水实行分类水价。根据使用性质分为居民生活用水、非居民用水、特种用水三类。《城镇供水价格管理办法》规定居民生活用水实行阶梯价格制度。居民生活用水阶梯水价设置应当不少于三级，级差按不低于1∶1.5∶3的比例安排。其中，第一阶梯水价原则上应当按照补偿成本的水平确定，并应当考虑本期生产能力利用情况。阶梯水量由各地结合本地实际情况，按照一级满足居民基本生活用水需求、二级体现改善和提高居民生活质量用水需求的原则确定，并根据实施情况实行动态管理。非居民用水及特种用水实行超定额累进加价制度，原则上水量分档不少于三档，二档水价加价标准不低于0.5倍，三档水价加价标准不低于1倍，具体分档水量和加价标准由各地自行确定。缺水地区要根据实际情况加大加价标准，充分反映水资源稀缺程度。

因此针对居民的阶梯式水价，简单来讲就是将水价分为不同的阶梯，在不同的用水量范围内，执行不同的价格。用水量在第一阶梯水量之内，采用第一阶梯水价，如果用水量超过第一阶梯水量，则超出的部分采取另一阶梯的水价标准收费。

阶梯式计量水价＝第一级水价×第一级水量基数＋第二级水价×第二级水量基数＋第三级水价×第三级水量基数。

437 给水厂的资金由哪些部分构成?

水厂作为一个企业实体，其资金除基建资金单独核算以外，包括生产经营资金和专项资金两部分。

（1）生产经营资金

是指企业基本生产经营活动所用的资金，一般分为国拨资金、企业自筹资金、银行借贷等。根据其占用形态，可为固定资金和流动资金，相应的物质形态为固定资产和流动资产。

① 固定资产包括建筑物、构筑物、水厂管道、设备及操作管理用具等。它必须同时具

备两个条件：其一是使用年限在一年以上；其二是单位价值在规定的限额以上（不同单位规定会有不同）。

② 流动资金是指水厂生产过程和销售过程中所占用的周转资金，包括购买原材料及检修备件、支付工资和其他费用的资金。

（2）专项资金

是企业为了适应发展需要，根据国家规定提取的具有特定用途的资金，包括更新改造基金、生产发展基金、职工福利基金、职工资励基金、职工教育基金等。

438 给水厂固定资金的特点和管理要点是什么？

（1）水厂固定资金的特点

固定资金作为固定资产的货币表现，具有以下特点：

① 循环周期较长，不是取决于产品的生产周期，而是取决于固定资产的使用年限；

② 固定资金的价值补偿和实物更新是分别进行的，前者是随着固定资产的折旧逐步完成的，后者是在固定资产不能使用或不宜使用时，用平均积累的折旧基金来实现的；

③ 在购置和建造固定资产时，需要支付相当数量的货币资金，这种投资是一次性的，但投资的回收是通过固定资产折旧分期进行的。

（2）水厂固定资金管理要点

① 正确核定固定资产需要的数量；

② 用好、管好固定资产，充分发挥固定资产的效能，提高其利用效果；

③ 正确地计算固定资产的折旧，并用好、管好折旧资金。

439 给水厂流动资金的特点和管理要点是什么？

（1）水厂流动资金的特点

① 流动资金所代表的物质，在生产过程中不断地变换其实物形态；

② 流动资金经过一个生产周期就能周转一次。

（2）流动资金的范围与分类

① 储备资金，包括储备的材料、设备和备件等；

② 生产资金，包括购买原材料、工资及其他费用等；

③ 产品资金；

④ 其他资金，如库存现金、银行存款、发出商品、应收款等。

（3）水厂流动资金的管理要点

① 应制订合理的流动资金定额，组织流动资金的供应，保证生产经营所需要的流动资金；

② 严格按照国家规定，正确地使用流动资金，不挪用、不浪费；

③ 加速流动资金的周转，减少流动资金的占用，以促进生产的发展。

440 给水厂统计工作的原则和任务是什么?

水厂统计工作的基本原则是坚持客观性、科学性、统一性和群众性，从而保证统计数据具有真实性、准确性、可比性。统计并不限于反映和研究过去，还要能预测未来。

统计工作的主要任务有：

① 为企业编制计划，检查控制计划的执行和为组织生产经营活动提供依据；

② 及时向上级主管部门报送可靠的统计资料，为制定政策和指导工作提供背景材料；

③ 为开展绩效考核、劳动竞赛、总结经验教训、加强企业管理提供手段；

④ 通过研究和分析统计数字，找出事物发展变化的原因，从而更好地解决问题。

441 给水厂统计工作的程序和内容是什么?

水厂统计工作一般可按四个阶段进行，即统计设计、统计调查、统计资料整理和统计资料分析。从整个供水企业的角度，统计指标内容主要有三方面。

(1) 生产方面

① 运行统计，包括水量、运行消耗（电耗、药耗等)、水位、水压等；

② 水质统计，包括原水水质、沉淀、过滤水水质、出厂水水质、管网水水质等；

③ 设备情况统计，包括水泵、电机、净水构筑物或净水器的情况，主要是指上述设备运行参数与检修情况、综合生产能力、效率、设备完好率、利用率等。

(2) 管网方面

① 管网情况统计，包括管道口径、管材、长度、位置、年限等，闸阀、消火栓、窨井等管网附属设备设施；

② 管网维修数量、维修分类、查漏检漏率、维修及时率等；

③ 管网服务压力统计；

④ 管网工程安装等作业的统计。

(3) 营业客服方面

① 售水量、综合水价、用水性质占比统计；

② 接水、换表、修表统计；

③ 客服服务满意度统计；

④ 村镇供水普及率、人均耗水量等统计；

⑤ 水表数量、水表口径统计，抄表到户率统计；

⑥ 抄表准确率、水费收缴率统计。

442 给水厂仓储管理的主要内容是什么?

给水厂的仓储管理主要包括物资的验收入库、保管、出库、盘点等工作。

① 入库为采购人员采购物资到位后通知请购部门及仓库管理人员验收，验收合格后仓库管理人员办理入库，并做好记录。

② 物资的储存保管，原则上应以物资的属性、特点和用途规划设置仓库，并根据仓库的条件考虑划区分工。

③ 物资出库按“推陈储新，先进先出，循规供应，节约用料”的原则，坚持盘底、核对、发料、减数的流程。

④ 物资盘点分为定期盘点与不定期盘点，定期盘点一般每月月底进行一次全面的盘点。

443 给水厂采购管理的主要内容是什么?

给水厂的采购管理包括确定采购的种类和范围，明确不同情况下的采购方式，供应商管理等，流程为请购部门提出采购需求和计划，采购部门按制度规定进行采购。

① 给水厂的采购种类和范围主要包括物资、工程、服务等。物资指各种形态和种类的物品，主要包括原材料、运输工具、设备、办公用品、劳保用品、生活用品、五金等产品。工程指建设工程，包括建筑物、构筑物、管线的新建、改建、扩建及其装修、拆除、修缮等。服务指除物资和工程以外的其他采购对象，包括专业技术服务，信息技术服务、电信和其他信息传输服务、租赁服务、维修和保养服务、会议和展览服务、工程咨询管理服务、金融服务、环境服务、物业服务、交通运输和仓储服务等各类。

② 采购方式主要有公开招标、邀请招标、集中采购、竞争性谈判、单一来源采购、询价比价、零星采购等。集中采购一般是集团化公司对金额大、标准化程度高、采购量大的物资的统筹采购方式。

③ 供应商管理需要经过筛选、入库、使用、评价等环节，是动态管理的过程。

444 给水厂风险管理包含哪些内容?

给水厂的风险按触发来源不同分为合规性风险、经营风险、运行风险、管理风险、危险有害因素风险等。

① 合规性风险管理需做到严格遵守法律法规、国家标准地方标准等，如必需的各类证照齐全（取水许可证、卫生许可证、营业执照等），相关用地、建设、验收等手续齐全，严格按国标地标要求进行水质检测等。

② 经营风险管理包括经营利润、回款率的保障，投融资管理等。

③ 运行风险管理主要指生产、管网输配、营销客服的管理，如水质、水量、水压的保障，设备设施、管网、水表的正常运行等。

④ 管理风险主要包含公司治理结构、组织架构的合理性，另外还包括采购管理、税务管理、制度流程管理、人力资源管理、信息安全管理等。

⑤ 危险有害因素风险主要指影响生产安全的风险，如液氯的运输、存储和使用，有限空间等。

445 给水厂技术管理人员有哪些主要工种?

给水厂的技术管理人员主要有工艺管理人员、设备管理人员、自控管理人员、化验管理人员等。工艺管理人员负责给水厂制水工艺的指导和管理，确保工艺运行合理、水质安全稳定。设备管理人员负责水厂设备维护保养、大修重置计划的制订，计划执行的指导，设备维修的指导，设备运行及状态分析，设备大修重置后评估等工作，确保设备安全稳定经济运行。自控管理人员负责水厂自控硬件与软件的维护、维修、升级等工作，确保自控的正常运行。化验管理人员负责水厂的原水、工艺过程水、出厂水、管网水及净水药剂、材料的检验检测，按照国家、行业、地方及公司内部规定的检测项目和频率进行，为工艺过程提供指导，保障水质合格。

从整个供水公司的层面，还包括工程设计人员、信息技术人员、漏损管控人员等。

446 给水厂行政管理的主要内容有哪些?

给水厂的行政管理是综合性的管理工作，内容主要包括公文管理、会议管理、印信管理、内部信息管理、商务接待管理、办公用品及办公设备管理、办公环境管理、通信管理、文化宣传管理、奖惩管理、督办管理、档案管理、大事记管理等。

① 公文管理　指公文的办理、管理、整理（立卷)、归档等一系列相互关联、衔接有序的工作，分为内部文件和外部文件。包括外来公文的接收、分发、流转、督办、存档工作；内部发文及以公司名义对外发文的核稿、编号、用印及存档工作；负责与综合事务相关的公司对外发文的起草及核稿工作。公文种类有决议、决定、意见、通知、通报、报告、请示、批复、函、纪要等。

② 会议管理　指各种会议的安排、调整与管理，行政管理中的会议主要指公司级会议及公司需要协助配合外部单位组织的会议。会议管理需提前准备会议名称、议题/议程、会议时间/时长、会议地点、拟邀请参会领导及参会人、参会形式等。会务组织包括但不限于会议准备、会议通知、议题管理、会议材料收集和发放、会场布置、会议录音录像摄影、会议记录、会议纪要的整理印发以及会议精神传达等。

③ 印信管理　为保证印章、介绍信使用的合法性、严肃性和可靠性，有效地维护公司利益，明确使用印章的责任和权限，规范印章刻制及使用流程，公司各类印章应由公司负责人指定部门保管，各部门印章由各部门指定专人保管。印信管理主要包括印章的刻制和启用、印章的管理、印章的使用与审批等内容。

④ 内部信息管理　是行政管理作为内部沟通桥梁和进行信息协调统筹的职能，主要目的是为保证公司内部信息沟通及时准确，通道畅通，规范信息管理工作，为公司领导及时掌握情况进行决策和指导工作提供参考。包括工作计划和总结的通知、汇总和提交，会议文件、重要电话和来访的通知和呈报，常规工作报告的汇总呈报，违规违纪情况反馈等。

⑤ 商务接待管理　指因工作业务需要为前来公司的相关领导及工作人员提供预订宾馆、接机/接站、住宿、就餐、参观、预订交通票、送机/送站等与业务相关的接待工作。

⑥ 办公用品及办公设备管理　包括办公用品配置及报销，办公用品的申请、采购、入库和领取，办公用品的使用、保管和盘点，办公用品的损坏、遗失与报废等内容。

⑦ 办公环境管理　指办公环境的统筹布置、卫生管理、用电管理等。

⑧ 通信管理　通信工具主要包括固定电话、传真、移动电话、网络、及时沟通工具、电子邮箱和通信录等，各种通信工具主要是方便与外界沟通、方便开展业务，员工不得将公

司的通信工具用于私人用途。

⑨ 文化宣传管理　公司文化宣传分为对内宣传和对外宣传，对内宣传即在本公司范围内开展宣传工作，对外宣传是在公司范围外开展宣传工作。宣传一般通过宣传栏、报纸刊物、宣传资料、网站、微信公众号等形式开展。

⑩ 奖惩管理　一般奖励的方式分为通报表扬、经济奖励两种；处罚的方式分为通报批评和经济处罚两种。以上奖惩方式可分开施行，也可合并施行。

⑪ 督办管理　督办管理主要针对公司的重大事项，一般设有重大事项专项督办管理体系，用于确保公司各项督办工作安排、重大决策部署和目标任务明确责任和时效，按时保质完成，形成管理闭环。

⑫ 档案管理　包括档案的收集、整理、保管、鉴定、统计和提供利用等活动。

⑬大事记管理　用于及时记录公司发生的重大事件，反映公司基本概况，为信息披露、公司宣传和编纂材料提供重要依据，并为公司全面和持续性发展提供历史依据。

447 给水厂档案如何管理?

给水厂的档案主要分为文书档案、科学技术档案、会计档案、实物档案、音像档案（声像档案）、电子档案等。档案在整理过程中应符合国家法律法规、规范规程和标准，同时还应符合公司档案管理规定。档案的形成、积累和管理应列入工作计划和部门及人员的职责范围、工作标准或岗位责任制，并有相应的检查、控制及考核措施。档案管理一般采用纸质档案和电子档案双轨制管理。档案应确保真实、准确、齐全。对档案进行涂改、伪造、随意损毁、丢失等行为，应按有关规定予以处理，情节严重的依法追究法律责任。

档案管理的内容和要求具体如下：

① 档案管理需明确归档范围和保管期限，制定分类和编码规则，明确保管要求。

② 确定档案集中管理的部门并设置档案室，各部门应有档案管理员（可兼职）负责未移交档案室收录资料的记录、整理、保管工作，并定期移交公司档案室。

③ 按照保管要求保管档案，一般分为纸质档案保管要求、声像档案保管要求及电子档案、纸质档案数字化副本保管要求。

④ 借阅档案须遵守公司的借阅规定，经批准并办理登记手续。

⑤ 档案的鉴定与销毁应符合公司规定。档案保管期满，由档案管理部门与档案所属业务部门组成档案鉴定小组，经过讨论、批准签字后方可销毁，任何人不得擅自剔出、销毁档案。

⑥ 档案人员必须认真执行《档案法》、《保密法》，确保本单位涉密工作的安全。

⑦ 档案室是重点防火部位，需严格做好防火管理。

448 给水厂运营应该取得哪些必要证件?

我国《城市供水条例》规定，城市自来水供水企业和自建设施对外供水的企业，必须经资质审查合格并经工商行政管理机关登记注册后，方可从事经营活动；并应当建立、健全水质检测制度，确保城市供水的水质符合国家规定的饮用水卫生标准。

《生活饮用水卫生监督管理办法》规定，集中式供水单位取得工商行政管理部门颁发的营业执照后，还应当取得县级以上地方人民政府卫生计生主管部门颁发的卫生许可证，方可供水。卫生许可证有效期四年，有效期满前六个月重新提出申请换发新证。直接从事供、管水的人员必须取得体检合格证后方可上岗工作，并每年进行一次健康检查。

根据《中华人民共和国水法》和《取水许可管理办法》等法律法规及办法要求，供水企业还应取得取水许可证。

所以，给水厂必须取得的证件有营业执照、卫生许可证、取水许可证、从业人员健康证等。同时，对于从事安全和生产管理的相关负责人，还应根据需要取得安全资格证、特种作业人员操作证、高压及低压电工证、化验员资格证等。

449 什么是水资源费和水资源税?

征收水资源费的目的是为加强水资源管理和保护，促进水资源的节约与合理开发利用。利用取水工程或者设施直接从江河、湖泊或者地下取用水资源的单位和个人，除《取水许可和水资源费征收管理条例》规定的特殊情形外，都应当申请领取取水许可证，并缴纳水资源费。水资源费全额纳入财政预算管理，缴纳数额根据取水口所在地水资源费征收标准和实际取水量确定。

当前，我国正在开展水资源税改革试点，部分省市将水资源费改为水资源税，并入资源税中由税务机关征收。

我国《地下水管理条例》规定，国务院根据国民经济和社会发展需要，对取用地下水的单位和个人试点征收水资源税。地下水水资源税根据当地地下水资源状况、取用水类型和经济发展等情况实行差别税率，合理提高征收标准。征收水资源税的，停止征收水资源费。

尚未试点征收水资源税的省、自治区、直辖市，对同一类型取用水，地下水的水资源费征收标准应当高于地表水的标准，地下水超采区的水资源费征收标准应当高于非超采区的标准，地下水严重超采区的水资源费征收标准应当大幅高于非超采区的标准。

附录

附录一　生活饮用水卫生标准（GB 5749—2022）

生活饮用水卫生标准
GB 5749—2022

1　范围

本文件规定了生活饮用水水质要求、生活饮用水水源水质要求、集中式供水单位卫生要求、二次供水卫生要求、涉及饮用水卫生安全的产品卫生要求、水质检验方法。

本文件适用于各类生活饮用水。

2　规范性引用文件

下列文件中的内容通过文中的规范性引用而构成本文件必不可少的条款。其中，注日期的引用文件，仅该日期对应的版本适用于本文件；不注日期的引用文件，其最新版本（包括所有的修改单）适用于本文件。

GB 3838　地表水环境质量标准

GB/T 5750.1～GB/T 5750.13　生活饮用水标准检验方法

GB/T 14848—2017　地下水质量标准

GB 17051　二次供水设施卫生规范

GB/T 17218—1998　饮用水化学处理剂卫生安全性评价

GB/T 17219—1998　生活饮用水输配水设备及防护材料的安全性评价标准

3　术语和定义

下列术语和定义适用于本文件。

3.1　生活饮用水 drinking water

供人生活的饮水和用水。

3.2　集中式供水 centralized water supply

自水源集中取水，通过输配水管网送到用户或者公共取水点的供水方式。

3.3　小型集中式供水 small centralized water supply

设计日供水在 1000m^3 以下或供水人口在 1 万人以下的集中式供水。

3.4　分散式供水 decentralized water supply

用户直接从水源取水，未经任何处理或仅有简易设施处理的供水方式。

3.5 出厂水 finished water

集中式供水单位完成处理工艺流程后即将进入输配水管网的水。

3.6 末梢水 tap water

出厂水经输配水管网输送至用户水龙头的水。

3.7 常规指标 regular indices

反映生活饮用水水质基本状况的指标。

3.8 扩展指标 expanded indices

反映地区生活饮用水水质特征及在一定时间内或特殊情况下水质状况的指标。

4 生活饮用水水质要求

4.1 生活饮用水水质应符合下列基本要求，保证用户饮用安全：

a）生活饮用水中不应含有病原微生物；

b）生活饮用水中化学物质不应危害人体健康；

c）生活饮用水中放射性物质不应危害人体健康；

d）生活饮用水的感官性状良好；

e）生活饮用水应经消毒处理。

4.2 生活饮用水水质应符合表1和表3要求。出厂水和末梢水中消毒剂限值、消毒剂余量均应符合表2要求。

注：当生活饮用水中含有附录A所列指标时，可参考表A.1中该指标的限值评价。

表1 生活饮用水水质常规指标及限值

序号	指标	限值
一、微生物指标		
1	总大肠菌群/(MPN/100mL或CFU/100mL)①	不应检出
2	大肠埃希氏菌/(MPN/100mL或CFU/100mL)①	不得检出
3	菌落总数/(MPN/mL或CFU/mL)②	100
二、毒理指标		
4	砷/(mg/L)	0.01
5	镉/(mg/L)	0.005
6	铬(六价)/(mg/L)	0.05
7	铅/(mg/L)	0.01
8	汞/(mg/L)	0.001
9	氰化物/(mg/L)	0.05
10	氟化物/(mg/L)②	1.0
11	硝酸盐(以N计)/(mg/L)②	10
12	三氯甲烷/(mg/L)③	0.06
13	一氯二溴甲烷/(mg/L)③	0.1
14	二氯一溴甲烷/(mg/L)③	0.06
15	三溴甲烷/(mg/L)③	0.1
16	三卤甲烷(三氯甲烷、一氯二溴甲烷、二氯一溴甲烷、三溴甲烷的总和)③	该类化合物中各种化合物的实测浓度与其各自限值的比值之和不超过1
17	二氯乙酸/(mg/L)③	0.05

续表

序号	指标	限值
二、毒理指标		
18	三氯乙酸/(mg/L)③	0.1
19	溴酸盐/(mg/L)③	0.01
20	亚氯酸盐/(mg/L)③	0.7
21	氯酸盐/(mg/L)③	0.7
三、感官性状和一般化学指标④		
22	色度(铂钴色度单位)/度	15
23	浑浊度(散射浑浊度单位)/NTU②	1
24	臭和味	无异臭、异味
25	肉眼可见物	无
26	pH	不小于6.5且不大于8.5
27	铝/(mg/L)	0.2
28	铁/(mg/L)	0.3
29	锰/(mg/L)	0.1
30	铜/(mg/L)	1.0
31	锌/(mg/L)	1.0
32	氯化物/(mg/L)	250
33	硫酸盐/(mg/L)	250
34	溶解性总固体/(mg/L)	1000
35	总硬度(以 $CaCO_3$ 计)/(mg/L)	450
36	高锰酸盐指数(以 O_2 计)/(mg/L)	3
37	氨(以N计)/(mg/L)	0.5
四、放射性指标⑤		
38	总α放射性/(Bq/L)	0.5(指导值)
39	总β放射性/(Bq/L)	1(指导值)

① MPN表示最可能数；CFU表示菌落形成单位。当水样检出总大肠菌群时，应进一步检验大肠埃希氏菌；当水样未检出总大肠菌群时，不必检验大肠埃希氏菌。

② 小型集中式供水和分散式供水因水源与净水技术受限时，菌落总数指标限值按500MPN/mL或500CFU/mL执行，氟化物指标限值按1.2mg/L执行，硝酸盐（以N计）指标限值按20mg/L执行，浑浊度指标限值按3NTU执行。

③ 水处理工艺流程中预氧化或消毒方式：

——采用液氯、次氯酸钙及氯胺时，应测定三氯甲烷、一氯二溴甲烷、二氯一溴甲烷、三溴甲烷、三卤甲烷、二氯乙酸、三氯乙酸；

——采用次氯酸钠时，应测定三氯甲烷、一氯二溴甲烷、二氯一溴甲烷、三溴甲烷、三卤甲烷、二氯乙酸、三氯乙酸、氯酸盐；

——采用臭氧时，应测定溴酸盐；

——采用二氧化氯时，应测定亚氯酸盐；

——采用二氧化氯与氯混合消毒剂发生器时，应测定亚氯酸盐、氯酸盐、三氯甲烷、一氯二溴甲烷、二氯一溴甲烷、三溴甲烷、三卤甲烷、二氯乙酸、三氯乙酸；

——当原水中含有上述污染物，可能导致出厂水和末梢水的超标风险时，无论采用何种预氧化或消毒方式，都应对其进行测定。

④ 当发生影响水质的突发公共事件时，经风险评估，感官性状和一般化学指标可暂时适当放宽。

⑤ 放射性指标超过指导值（总β放射性扣除 ^{40}K 后仍然大于1Bq/L），应进行核素分析和评价，判定能否饮用。

表 2 生活饮用水消毒剂常规指标及要求

序号	指标	与水接触时间/min	出厂水和末梢水限值/(mg/L)	出厂水余量/(mg/L)	末梢水余量/(mg/L)
40	游离氯[①,④]	≥30	≤2	≥0.3	≥0.05
41	总氯[②]	≥120	≤3	≥0.5	≥0.05
42	臭氧[③]	≥12	≤0.3	—	≥0.02 如采用其他协同消毒方式，消毒剂限值及余量应满足相应要求
43	二氧化氯[④]	≥30	≤0.8	≥0.1	≥0.02

① 采用液氯、次氯酸钠、次氯酸钙消毒方式时，应测定游离氯。

② 采用氯胺消毒方式时，应测定总氯。

③ 采用臭氧消毒方式时，应测定臭氧。

④ 采用二氧化氯消毒方式时，应测定二氧化氯；采用二氧化氯与氯混合消毒剂发生器消毒方式时，应测定二氧化氯和游离氯。两项指标均应满足限值要求，至少一项指标应满足余量要求。

表 3 生活饮用水水质扩展指标及限值

序号	指标	限值
一、微生物指标		
44	贾第鞭毛虫/(个/10L)	<1
45	隐孢子虫/(个/10L)	<1
二、毒理指标		
46	锑/(mg/L)	0.005
47	钡/(mg/L)	0.7
48	铍/(mg/L)	0.002
49	硼/(mg/L)	1.0
50	钼/(mg/L)	0.07
51	镍/(mg/L)	0.02
52	银/(mg/L)	0.05
53	铊/(mg/L)	0.0001
54	硒/(mg/L)	0.01
55	高氯酸盐/(mg/L)	0.07
56	二氯甲烷/(mg/L)	0.02
57	1,2-二氯乙烷/(mg/L)	0.03
58	四氯化碳/(mg/L)	0.002
59	氯乙烯/(mg/L)	0.001
60	1,1-二氯乙烯/(mg/L)	0.03
61	1.2-二氯乙烯(总量)/(mg/L)	0.05
62	三氯乙烯/(mg/L)	0.02
63	四氯乙烯/(mg/L)	0.04
64	六氯丁二烯/(mg/L)	0.0006

续表

序号	指标	限值
二、毒理指标		
65	苯/(mg/L)	0.01
66	甲苯/(mg/L)	0.7
67	二甲苯(总量)/(mg/L)	0.5
68	苯乙烯/(mg/L)	0.02
69	氯苯/(mg/L)	0.3
70	1,4-二氯苯/(mg/L)	0.3
71	三氯苯(总量)/(mg/L)	0.02
72	六氯苯/(mg/L)	0.001
73	七氯/(mg/L)	0.0004
74	马拉硫磷/(mg/L)	0.25
75	乐果/(mg/L)	0.006
76	灭草松/(mg/L)	0.3
77	百菌清/(mg/L)	0.01
78	呋喃丹/(mg/L)	0.007
79	毒死蜱/(mg/L)	0.03
80	草甘膦/(mg/L)	0.7
81	敌敌畏/(mg/L)	0.001
82	莠去津/(mg/L)	0.002
83	溴氰菊酯/(mg/L)	0.02
84	2,4-滴/(mg/L)	0.03
85	乙草胺/(mg/L)	0.02
86	五氯酚/(mg/L)	0.009
87	2,4,6-三氯酚/(mg/L)	0.2
88	苯并(a)芘/(mg/L)	0.00001
89	邻苯二甲酸二(2-乙基己基)酯/(mg/L)	0.008
90	丙烯酰胺/(mg/L)	0.0005
91	环氧氯丙烷/(mg/L)	0.0004
92	微囊藻毒素-LR(藻类暴发情况发生时)/(mg/L)	0.001
三、感官性状和一般化学指标①		
93	钠/(mg/L)	200
94	挥发酚类(以苯酚计)/(mg/L)	0.002
95	阴离子合成洗涤剂/(mg/L)	0.3
96	2-甲基异莰醇/(mg/L)	0.00001
97	土臭素/(mg/L)	0.00001

① 当发生影响水质的突发公共事件时，经风险评估，感官性状和一般化学指标可暂时适当放宽。

5 生活饮用水水源水质要求

5.1 采用地表水为生活饮用水水源时，水源水质应符合 GB 3838 要求。

5.2 采用地下水为生活饮用水水源时，水源水质应符合 GB/T 14848—2017 中第 4 章的要求。

5.3 水源水质不能满足 5.1 或 5.2 要求，不宜作为生活饮用水水源。但限于条件限制需加以利用时，应采用相应的净水工艺进行处理，处理后的水质应满足本文件要求。

6 集中式供水单位卫生要求

集中式供水单位卫生要求应符合《生活饮用水集中式供水单位卫生规范》规定。

7 二次供水卫生要求

二次供水的设施和处理要求应符合 GB 17051 规定。

8 涉及饮用水卫生安全的产品卫生要求

8.1 处理生活饮用水采用的絮凝、助凝、消毒、氧化、吸附、pH 调节、防锈、阻垢等化学处理剂不应污染生活饮用水，应符合 GB/T 17218—1998 中第 3 章的规定；消毒剂和消毒设备应符合《生活饮用水消毒剂和消毒设备卫生安全评价规范（试行）》规定。

8.2 生活饮用水的输配水设备、防护材料和水处理材料不应污染生活饮用水，应符合 GB/T 17219—1998 中第 3 章的规定。

9 水质检验方法

各指标水质检验的基本原则和要求按照 GB/T 5750.1 执行，水样的采集与保存按照 GB/T 5750.2 执行，水质分析质量控制按照 GB/T 5750.3 执行，对应的检验方法按照 GB/T 5750.4～GB/T 5750.13 执行。

附录 A

（资料性）

生活饮用水水质参考指标及限值见表 A.1。

表 A.1 生活饮用水水质参考指标及限值

序号	指标	限值
1	肠球菌/(CFU/100mL 或 MPN/100mL)	不应检出
2	产气荚膜梭状芽孢杆菌/(CFU/100mL)	不应检出
3	钒/(mg/L)	0.01
4	氯化乙基汞/(mg/L)	0.0001
5	四乙基铅/(mg/L)	0.0001
6	六六六(总量)/(mg/L)	0.005
7	对硫磷/(mg/L)	0.003
8	甲基对硫磷/(mg/L)	0.009
9	林丹/(mg/L)	0.002
10	滴滴涕/(mg/L)	0.001
11	敌百虫/(mg/L)	0.05
12	甲基硫菌灵/(mg/L)	0.3
13	稻瘟灵/(mg/L)	0.3

续表

序号	指标	限值
14	氟乐灵/(mg/L)	0.02
15	甲霜灵/(mg/L)	0.05
16	西草净/(mg/L)	0.03
17	乙酰甲胺磷/(mg/L)	0.08
18	甲醛/(mg/L)	0.9
19	三氯乙醛/(mg/L)	0.1
20	氯化氰(以 CN^- 计)/(mg/L)	0.07
21	亚硝基二甲胺/(mg/L)	0.0001
22	碘乙酸/(mg/L)	0.02
23	1,1,1-三氯乙烷/(mg/L)	2
24	1,2-二溴乙烷/(mg/L)	0.00005
25	五氯丙烷/(mg/L)	0.03
26	乙苯/(mg/L)	0.3
27	1,2-二氯苯/(mg/L)	1
28	硝基苯/(mg/L)	0.017
29	双酚 A/(mg/L)	0.01
30	丙烯腈/(mg/L)	0.1
31	丙烯醛/(mg/L)	0.1
32	戊二醛/(mg/L)	0.07
33	二(2-乙基己基)己二酸酯/(mg/L)	0.4
34	邻苯二甲酸二乙酯/(mg/L)	0.3
35	邻苯二甲酸二丁酯/(mg/L)	0.003
36	多环芳烃(总量)/(mg/L)	0.002
37	多氯联苯(总量)/(mg/L)	0.0005
38	二噁英(2,3,7,8-四氯二苯并对二噁英)/(mg/L)	0.00000003
39	全氟辛酸/(mg/L)	0.00008
40	全氟辛烷磺酸/(mg/L)	0.00004
41	丙烯酸/(mg/L)	0.5
42	环烷酸/(mg/L)	1.0
43	丁基黄原酸/(mg/L)	0.001
44	β-萘酚/(mg/L)	0.4
45	二甲基二硫醚/(mg/L)	0.00003
46	二甲基三硫醚/(mg/L)	0.00003
47	苯甲醚/(mg/L)	0.05
48	石油类(总量)/(mg/L)	0.05
49	总有机碳/(mg/L)	5
50	碘化物/(mg/L)	0.1

续表

序号	指标	限值
51	硫化物/(mg/L)	0.02
52	亚硝酸盐(以N计)/(mg/L)	1
53	石棉(纤维>10μm)/(万个/L)	700
54	铀/(mg/L)	0.03
55	镭-226/(Bq/L)	1

附录二　城市供水水质标准（CJ/T 206—2005）

城市供水水质标准
CJ/T 206—2005

1　范围

本标准规定了供水水质要求、水源水质要求、水质检验和监测、水质安全规定。

本标准适用于城市公共集中式供水、自建设施供水和二次供水。

城市公共集中式供水企业、自建设施供水和二次供水单位，在其供水和管理范围内的供水水质应达到本标准规定的水质要求。用户受水点的水质也应符合本标准规定的水质要求。

2　规范性引用文件

下列文件中的条款通过本标准的引用而成为本标准的条款。凡是注日期的引用文件，其随后所有的修改单（不包括勘误的内容）或修订版均不适用于本标准，然而，鼓励根据本标准达成协议的各方研究是否可使用这些文件的最新版本。凡是不注日期的引用文件，其最新版本适用于本标准。

GB 3838　地表水环境质量标准

GB 5750　生活饮用水标准检验法

GB/T 14848　地下水质量标准

CJ/T 141　城市供水 二氧化硅的测定 硅钼蓝分光光度法

CJ/T 142　城市供水 锑的测定

CJ/T 143　城市供水 钠、镁、钙的测定 离子色谱法

CJ/T 144　城市供水 有机磷农药的测定 气相色谱法

CJ/T 145　城市供水 挥发性有机物的测定

CJ/T 146　城市供水 酚类化合物的测定 液相色谱法

CJ/T 147　城市供水 多环芳烃的测定 液相色谱法

CJ/T 148　城市供水 粪性链球菌的测定

CJ/T 149　城市供水 亚硫酸盐还原厌氧菌（梭状芽胞杆菌）孢子的测定

CJ/T 150　城市供水 致突变物的测定 鼠伤寒沙门氏菌/哺乳动物微粒体酶试验

3　术语和定义

3.1　城市

国家按行政建制设立的直辖市、市、镇。

3.2　城市供水

城市公共集中式供水企业和自建设施供水单位向城市居民提供的生活饮用水和城市其他用途的水。

3.3　城市公共集中式供水

城市自来水供水企业以公共供水管道及其附属设施向单位和居民的生活、生产和其他活动提供用水。

3.4　自建设施供水

城市的用水单位以其自行建设的供水管道及其附属设施主要向本单位的生活、生产和其他活动提供用水。

3.5　二次供水

供水单位将来自城市公共供水和自建设施的供水，经贮存、加压或经深度处理和消毒后，由供水管道或专用管道向用户供水。

3.6　用户受水点

供水范围内用户的用水点，即水嘴（水龙头）。

4　供水水质要求

4.1　城市供水水质

城市供水水质应符合下列要求。

4.1.1　水中不得含有致病微生物。

4.1.2　水中所含化学物质和放射性物质不得危害人体健康。

4.1.3　水的感官性状良好。

4.2　城市供水水质检验项目

4.2.1　常规检验项目见表1。

表1　城市供水水质常规检验项目及限值

序号	项目		限值
1	微生物学指标	细菌总数	≤80CFU/mL
		总大肠菌群	每100mL水样中不得检出
		耐热大肠菌群	每100mL水样中不得检出
		余氯(加氯消毒时测定)	与水接触30min后出厂游离氯≥0.3mg/L;或与水接触120min后出水总氯≥0.5mg/L;　管网末梢水总氯≥0.05mg/L
		二氧化氯(使用二氧化氯消毒时测定)	与水接触30min后出厂游离氯≥0.1mg/L;　管网末梢水总氯≥0.05mg/L;　或二氧化氯余量≥0.02mg/L
2	感官性状和一般化学指标	色度	15度
		臭和味	无异臭异味,用户可接受
		浑浊度	1NTU(特殊情况≤3NTU)①
		肉眼可见物	无
		氯化物	250mg/L

续表

序号	项目		限值
2	感官性状和一般化学指标	铝	0.2mg/L
		铜	1mg/L
		总硬度(以 $CaCO_3$ 计)	450mg/L
		铁	0.3mg/L
		锰	0.1mg/L
		pH	6.5~8.5
		硫酸盐	250mg/L
		溶解性总固体	1000mg/L
		锌	1.0mg/L
		挥发酚(以苯酚计)	0.002mg/L
		阴离子合成洗涤剂	0.3mg/L
		耗氧量(COD_{Mn},以 O_2 计)	3mg/L(特殊情况≤5mg/L)②
3	毒理学指标	砷	0.01mg/L
		镉	0.003mg/L
		铬(六价)	0.05mg/L
		氰化物	0.05mg/L
		氟化物	1.0mg/L
		铅	0.01mg/L
		汞	0.001mg/L
		硝酸盐(以 N 计)	10mg/L(特殊情况≤20mg/L)③
		硒	0.01mg/L
		四氯化碳	0.002mg/L
		三氯甲烷	0.06mg/L
		敌敌畏(包括敌百虫)	0.001mg/L
		林丹	0.002mg/L
		滴滴涕	0.001mg/L
		丙烯酰胺(使用聚丙烯酰胺时测定)	0.0005mg/L
		亚氯酸盐(使用 ClO_2 时测定)	0.7mg/L
		溴酸盐(使用 O_3 时测定)	0.01mg/L
		甲醛(使用 O_3 时测定)	0.9mg/L
4	放射性指标	总 α 放射性	0.1Bq/L
		总 β 放射性	1.0Bq/L

① 特殊情况为水源水质和净水技术限制等。

② 特殊情况指水源水质超过Ⅲ类即耗氧量>6mg/L。

③ 特殊情况为水源限制，如采取地下水等。

4.2.2 非常规检验项目见表 2。

表 2　城市供水水质非常规检验项目及限值

序号	项目		限值
1	微生物学指标	粪型链球菌群	每 100mL 水样不得检出
		蓝氏贾第鞭毛虫(Giardia lamblio)	<1 个/10L①
		隐孢子虫(Cryptosporidium)	<1 个/10L②
2	感官性状和一般化学指标	氨氮	0.5mg/L
		硫化物	0.02mg/L
		钠	200mg/L
		银	0.05mg/L
3	毒理学指标	锑	0.005mg/L
		钡	0.7mg/L
		铍	0.002mg/L
		硼	0.5mg/L
		镍	0.02mg/L
		钼	0.07mg/L
		铊	0.0001mg/L
		苯	0.01mg/L
		甲苯	0.7mg/L
		乙苯	0.3mg/L
		二甲苯	0.5mg/L
		苯乙烯	0.02mg/L
		1,2-二氯乙烷	0.005mg/L
		三氯乙烯	0.005mg/L
		四氯乙烯	0.005mg/L
		1,2-二氯乙烯	0.05mg/L
		1,1-二氯乙烯	0.007mg/L
		三卤甲烷(总量)	0.1mg/L⑤
		氯酚(总量)	0.010mg/L⑥
		2,4,6-三氯酚	0.010mg/L
		TOC	无异常变化(试行)
		五氯酚	0.009mg/L
		乐果	0.02mg/L
		甲基对硫磷	0.01mg/L
		对硫磷	0.003mg/L
		甲胺磷	0.001mg/L(暂定)
		2,4-滴	0.03mg/L
		溴氰菊酯	0.02mg/L
		二氯甲烷	0.005mg/L.
		1,1,1-三氯乙烷	0.20mg/L

续表

序号	项目		限值
3	毒理学指标	1,1,2-三氯乙烷	0.005mg/L
		氯乙烯	0.005mg/L
		一氯苯	0.3mg/L
		1,2-二氯苯	1.0mg/L
		1,4-二氯苯	0.075mg/L
		三氯苯(总量)	0.02mg/L⑦
		多环芳烃(总量)	0.002mg/L⑧
		苯并[a]芘	0.00001mg/L
		二(2-乙基己基)邻苯二甲酸酯	0.08mg/L
		环氧氯丙烷	0.0004mg/L
		微囊藻毒素-LR	0.001mg/L③
		卤乙酸(总量)	0.06mg/L④⑨
		莠去津(阿特拉津)	0.002mg/L
		六氯苯	0.001mg/L

①、②、③、④从2006年6月起检验。

⑤ 三卤甲烷（总量）包括三氯甲烷、一氯二溴甲烷、二氯一溴甲烷、三溴甲烷。

⑥ 氯酚（总量）包括2-氯酚、2,4-二氯酚、2,4,6-三氯酚三个消毒副产物，不含农药五氯酚。

⑦ 三氯苯（总量）包括1,2,4-三氯苯、1,2,3-三氯苯，1,3,5-三氯苯。

⑧ 多环芳烃（总量）包括苯并［*a*］芘、苯并［*g*，*h*，*i*］芘、苯并［*b*］荧蒽、苯并［*k*］荧蒽、荧蒽、茚并［1,2,3-*c*,*d*］芘。

⑨ 卤乙酸（总量）包括二氯乙酸、三氯乙酸。

5 水源水质要求

5.1 选用地表水作为供水水源时，应符合GB 3838的要求。

选用地下水作为供水水源时，应符合GB/T 14848的要求

5.2 水源水质的放射性指标，应符合表1的规定。

5.3 当水源水质不符合要求时，不宜作为供水水源。若限于条件需加以利用时，水源水质超标项目经自来水厂净化处理后，应达到本标准的要求。

6 水质检验和监测

6.1 水质的检验方法应按GB 5750、CJ/T 141～CJ/T 150等标准执行。未列入上述检验方法标准的项目检验，可采用其他等效分析方法，但应进行适用性检验。

6.2 地表水水源水质监测，应按GB 3838有关规定执行。

6.3 地下水水源水质监测，应按GB/T 14848有关规定执行。

6.4 城市公共集中式供水企业应建立水质检验室，配备与供水规模和水质检验项目相适应的检验人员和仪器设备，并负责检验水源水、净化构筑物出水、出厂水和管网水的水质，必要时应抽样检验用户受水点的水质。

6.5 自建设施供水和二次供水单位应按本标准要求做水质检验。若限于条件，也可将部分项目委托具备相应资质的监测单位检验。

6.6 采样点的选择

采样点的设置要有代表性，应分别设在水源取水口、水厂出水口和居民经常用水点及管网末梢。管网的水质检验采样点数，一般应按供水人口每两万人设一个采样点计算。供水人口在20万以下，100万以上时，可酌量增减。

6.7 水质检验项目和检验频率见表3。

表3 水质检验项目和检验频率

水样类别	检验项目	检验频率
水源水	浑浊度、色度、臭和味、肉眼可见物、COD_{Mn}、氨氮、细菌总数、总大肠菌群、耐热大肠菌群	每日不少于一次
	GB 3838中有关水质检验基本项目和补充项目共29项	每月不少于一次
出厂水	浑浊度、色度、臭和味、肉眼可见物、余氯、细菌总数、总大肠菌群、耐热大肠菌群、COD_{Mn}	每日不少于一次
	表1全部项目，表2中可能含有的有害物质	每月不少于一次
	表2全部项目	以地表水为水源：每半年检测一次 以地下水为水源：每一年检测一次
管网水	浑浊度、色度、臭和味、余氯、细菌总数、总大肠菌群、COD_{Mn}（管网末梢点）	每月不少于两次
管网末梢水	表1全部项目，表2中可能含有的有害物质	每月不少于一次

注：当检验结果超出表1、表2中水质指标限值时，应立即重复测定，并增加检测频率。水质检验结果连续超标时，应查明原因，采取有效措施，防止对人体健康造成危害。

6.8 水质检验项目合格率要求见表4。

表4 水质检验项目合格率

水样检验项目出厂水或管网水	综合	出厂水	管网水	表1项目	表2项目
合格率/%	95	95	95	95	95

注：1. 综合合格率为：表1中42个检验项目的加权平均合格率。

2. 出厂水检验项目合格率：浑浊度、色度、臭和味、肉眼可见物、余氯、细菌总数、总大肠菌群、耐热大肠菌群、COD_{Mn}共9项的合格率。

3. 管网水检验项目合格率：浑浊度、色度、臭和味、余氯、细菌总数、总大肠菌群、COD_{Mn}（管网末梢点）共7项的合格率。

4. 综合合格率按加权平均进行统计。

计算公式：

(1) $$综合合格率(\%)=\frac{管网水7项各单项合格率之和+42项扣除7项后的综合合格率}{7+1}\times100\%$$

(2) $$管网水7项各单项合格率(\%)=\frac{单项检验合格次数}{单项检验总次数}\times100\%$$

(3) $$42项扣除7项后的综合合格率(35项)(\%)=\frac{35项加权后的总检验合格次数}{各水厂出厂水的检验次数\times35\times各该厂供水区分布的取水点数}\times100\%$$

7 水质安全规范

7.1 供水水源地必须依法建立水源保护区。保护区内严禁建任何可能危害水源水质的设施和一切有碍水源水质的行为。

7.2 城市公共集中式供水企业和自建设施供水单位，应依据有关标准，对饮用水源水质定期监测和评价，建立水源水质资料库。

7.3 当供水水质出现异常和污染物质超过有关标准时，要加强水质监测频率。并应及时报告城市供水行政主管部门和卫生监督部门。

7.4 水厂、输配水设施和二次供水设施的管理单位，应根据本标准对供水水质的要求和水质检验的规定，结合本地区的情况建立相应的生产、水质检验和管理制度，确保供水水质符合本标准要求。

7.5 当城市供水水源水质或供水设施发生重大污染事件时，城市公共集中式供水企业或自建设施供水单位，应及时采取有效措施。当发生不明原因的水质突然恶化及水源性疾病暴发事件时，供水企业除立即采取应急措施外，应立即报告当地供水行政主管部门。

7.6 城市公共集中式供水企业、自建设施供水和二次供水单位应依据本标准和国家有关规定，对设施进行维护管理，确保到达用户的供水水质符合本标准要求。

附录三 城市供水条例

城市供水条例

（1994年7月19日中华人民共和国国务院令第158号发布）

根据2018年3月19日《国务院关于修改和废止部分行政法规的决定》第一次修订

根据2020年3月27日《国务院关于修改和废止部分行政法规的决定》第二次修订

第一章 总则

第一条 为了加强城市供水管理，发展城市供水事业，保障城市生活、生产用水和其他各项建设用水，制定本条例。

第二条 本条例所称城市供水，是指城市公共供水和自建设施供水。

本条例所称城市公共供水，是指城市自来水供水企业以公共供水管道及其附属设施向单位和居民的生活、生产和其他各项建设提供用水。

本条例所称自建设施供水，是指城市的用水单位以其自行建设的供水管道及其附属设施主要向本单位的生活、生产和其他各项建设提供用水。

第三条 从事城市供水工作和使用城市供水，必须遵守本条例。

第四条 城市供水工作实行开发水源和计划用水、节约用水相结合的原则。

第五条 县级以上人民政府应当将发展城市供水事业纳入国民经济和社会发展计划。

第六条 国家实行有利于城市供水事业发展的政策，鼓励城市供水科学技术研究，推广先进技术，提高城市供水的现代化水平。

第七条 国务院城市建设行政主管部门主管全国城市供水工作。

省、自治区人民政府城市建设行政主管部门主管本行政区域内的城市供水工作。

县级以上城市人民政府确定的城市供水行政主管部门（以下简称城市供水行政主管部门）主管本行政区域内的城市供水工作。

第八条 对在城市供水工作中作出显著成绩的单位和个人，给予奖励。

第二章 城市供水水源

第九条 县级以上城市人民政府应当组织城市规划行政主管部门、水行政主管部门、城市供水行政主管部门和地质矿产行政主管部门等共同编制城市供水水源开发利用规划，作为城市供水发展规划的组成部分，纳入城市总体规划。

第十条 编制城市供水水源开发利用规划，应当从城市发展的需要出发，并与水资源统筹规划和水长期供求计划相协调。

第十一条 编制城市供水水源开发利用规划，应当根据当地情况，合理安排利用地表水和地下水。

第十二条 编制城市供水水源开发利用规划，应当优先保证城市生活用水，统筹兼顾工业用水和其他各项建设用水。

第十三条 县级以上地方人民政府环境保护部门应当会同城市供水行政主管部门、水行政主管部门和卫生行政主管部门等共同划定饮用水水源保护区，经本级人民政府批准后公布；划定跨省、市、县的饮用水水源保护区，应当由有关人民政府共同商定并经其共同的上级人民政府批准后公布。

第十四条 在饮用水水源保护区内，禁止一切污染水质的活动。

第三章 城市供水工程建设

第十五条 城市供水工程的建设，应当按照城市供水发展规划及其年度建设计划进行。

第十六条 城市供水工程的设计、施工，应当委托持有相应资质证书的设计、施工单位承担，并遵守国家有关技术标准和规范。禁止无证或者超越资质证书规定的经营范围承担城市供水工程的设计、施工任务。

第十七条 城市供水工程竣工后，应当按照国家规定组织验收；未经验收或者验收不合格的，不得投入使用。

第十八条 城市新建、扩建、改建工程项目需要增加用水的，其工程项目总概算应当包括供水工程建设投资；需要增加城市公共供水量的，应当将其供水工程建设投资交付城市供水行政主管部门，由其统一组织城市公共供水工程建设。

第四章 城市供水经营

第十九条 城市自来水供水企业和自建设施对外供水的企业，经工商行政管理机关登记注册后，方可从事经营活动。

第二十条 城市自来水供水企业和自建设施对外供水的企业，应当建立、健全水质检测制度，确保城市供水的水质符合国家规定的饮用水卫生标准。

第二十一条 城市自来水供水企业和自建设施对外供水的企业，应当按照国家有关规定设置管网测压点，做好水压监测工作，确保供水管网的压力符合国家规定的标准。

禁止在城市公共供水管道上直接装泵抽水。

第二十二条 城市自来水供水企业和自建设施对外供水的企业应当保持不间断供水。由于工程施工、设备维修等原因确需停止供水的，应当经城市供水行政主管部门批准并提前24小时通知用水单位和个人；因发生灾害或者紧急事故，不能提前通知的，应当在抢修的同时通知用水单位和个人，尽快恢复正常供水，并报告城市供水行政主管部门。

第二十三条 城市自来水供水企业和自建设施对外供水的企业应当实行职工持证上岗制度。具体办法由国务院城市建设行政主管部门会同人事部门等制定。

第二十四条 用水单位和个人应当按照规定的计量标准和水价标准按时缴纳水费。

第二十五条 禁止盗用或者转供城市公共供水。

第二十六条 城市供水价格应当按照生活用水保本微利、生产和经营用水合理计价的原则制定。

城市供水价格制定办法，由省、自治区、直辖市人民政府规定。

第五章 城市供水设施维护

第二十七条 城市自来水供水企业和自建设施供水的企业对其管理的城市供水的专用水库、引水渠道、取水口、泵站、井群、输（配）水管网、进户总水表、净（配）水厂、公用水站等设施，应当定期检查维修，确保安全运行。

第二十八条 用水单位自行建设的与城市公共供水管道连接的户外管道及其附属设施，必须经城市自来水供水企业验收合格并交其统一管理后，方可使用。

第二十九条 在规定的城市公共供水管道及其附属设施的地面和地下的安全保护范围内，禁止挖坑取土或者修建建筑物、构筑物等危害供水设施安全的活动。

第三十条 因工程建设确需改装、拆除或者迁移城市公共供水设施的，建设单位应当报经县级以上人民政府城市规划行政主管部门和城市供水行政主管部门批准，并采取相应的补救措施。

第三十一条 涉及城市公共供水设施的建设工程开工前，建设单位或者施工单位应当向城市自来水供水企业查明地下供水管网情况。施工影响城市公共供水设施安全的，建设单位或者施工单位应当与城市自来水供水企业商定相应的保护措施，由施工单位负责实施。

第三十二条 禁止擅自将自建设施供水管网系统与城市公共供水管网系统连接；因特殊情况确需连接的，必须经城市自来水供水企业同意，并在管道连接处采取必要的防护措施。

禁止产生或者使用有毒有害物质的单位将其生产用水管网系统与城市公共供水管网系统直接连接。

第六章 罚则

第三十三条 城市自来水供水企业或者自建设施对外供水的企业有下列行为之一的，由城市供水行政主管部门责令改正，可以处以罚款；情节严重的，报经县级以上人民政府批准，可以责令停业整顿；对负有直接责任的主管人员和其他直接责任人员，其所在单位或者上级机关可以给予行政处分：

（一）供水水质、水压不符合国家规定标准的；

（二）擅自停止供水或者未履行停水通知义务的；

（三）未按照规定检修供水设施或者在供水设施发生故障后未及时抢修的。

第三十四条 违反本条例规定，有下列行为之一的，由城市供水行政主管部门责令停止违法行为，可以处以罚款；对负有直接责任的主管人员和其他直接责任人员，其所在单位或者上级机关可以给予行政处分：

（一）无证或者超越资质证书规定的经营范围进行城市供水工程的设计或者施工的；

（二）未按国家规定的技术标准和规范进行城市供水工程的设计或者施工的；

（三）违反城市供水发展规划及其年度建设计划兴建城市供水工程的。

第三十五条 违反本条例规定，有下列行为之一的，由城市供水行政主管部门或者其授权的单位责令限期改正，可以处以罚款：

（一）盗用或者转供城市公共供水的；

（二）在规定的城市公共供水管道及其附属设施的安全保护范围内进行危害供水设施安全活动的；

（三）擅自将自建设施供水管网系统与城市公共供水管网系统连接的；

（四）产生或者使用有毒有害物质的单位将其生产用水管网系统与城市公共供水管网系统直接连接的；

（五）在城市公共供水管道上直接装泵抽水的；

（六）擅自拆除、改装或者迁移城市公共供水设施的。

有前款第（一）项、第（三）项、第（四）项、第（五）项、第（六）项所列行为之一，情节严重的，经县级以上人民政府批准，还可以在一定时间内停止供水。

第三十六条 建设工程施工危害城市公共供水设施的，由城市供水行政主管部门责令停止危害活动；造成损失的，由责任方依法赔偿损失；对负有直接责任的主管人员和其他直接责任人员，其所在单位或者上级机关可以给予行政处分。

第三十七条 城市供水行政主管部门的工作人员玩忽职守、滥用职权、徇私舞弊的，由其所在单位或者上级机关给予行政处分；构成犯罪的，依法追究刑事责任。

第七章 附则

第三十八条 本条例第三十三条、第三十四条、第三十五条规定的罚款数额由省、自治区、直辖市人民政府规定。

第三十九条 本条例自1994年10月1日起施行。

附录四 城镇供水价格管理办法

城镇供水价格管理办法

（中华人民共和国国家发展和改革委员会 中华人民共和国住房和城乡建设部 令 第46号，2021年8月3日发布）

第一章 总则

第一条 为规范城镇供水价格管理，保障供水、用水双方的合法权益，促进城镇供水事业发展，节约和保护水资源，根据《中华人民共和国价格法》《城市供水条例》《政府制定价格行为规则》等法律法规规定，制定本办法。

第二条 本办法适用于中华人民共和国境内制定或者调整城镇供水价格行为。

第三条 城镇供水价格是指城镇公共供水企业（以下称供水企业）通过一定的工程设施，将地表水、地下水进行必要的净化、消毒处理、输送，使水质水压符合国家规定的标准后供给用户使用的水价格。

第四条 县级以上人民政府价格主管部门是城镇供水价格的主管部门。县级以上城镇供水行政主管部门按职责分工，协助政府价格主管部门做好城镇供水价格管理工作。

第五条 城镇供水价格原则上实行政府定价，具体定价权限按地方定价目录的规定执行。

第二章　水价制定和调整

第六条　制定城镇供水价格应当遵循覆盖成本、合理收益、节约用水、公平负担的原则。

第七条　制定城镇供水价格，以成本监审为基础，按照“准许成本加合理收益”的方法，先核定供水企业供水业务的准许收入，再以准许收入为基础分类核定用户用水价格。

供水企业供水业务的准许收入由准许成本、准许收益和税金构成。

第八条　供水企业准许成本包括固定资产折旧费、无形资产摊销和运行维护费，相关费用通过成本监审确定。

第九条　准许收益按照有效资产乘以准许收益率计算确定。其中：

（一）有效资产为供水企业投入、与供水业务相关的可计提收益的资产，包括固定资产净值、无形资产净值和营运资本。可计提收益的有效资产，通过成本监审核定。

（二）准许收益率的计算公式为：准许收益率＝权益资本收益率×（1－资产负债率）＋债务资本收益率×资产负债率。

其中：权益资本收益率，按照监管周期初始年前一年国家10年期国债平均收益率加不超过4个百分点核定；债务资本收益率，参考监管周期初始年前一年贷款市场报价利率（LPR）确定；资产负债率参照监管周期初始年前3年企业实际资产负债率平均值核定，首次核定价格的，以开展成本监审时的前一年度财务数据核定。

第十条　税金。包括所得税、城市维护建设税、教育费附加，依据国家现行相关税法规定核定。

第十一条　核定供水企业平均供水价格，应当考虑本期生产能力利用情况，计算公式为：

当实际供水量不低于设计供水量的65％时，供水企业平均供水价格＝准许收入÷核定供水量。

当实际供水量低于设计供水量的65％时，供水企业平均供水价格＝准许收入÷{核定供水量÷[（实际供水量÷（设计供水量×65％）]}。

平均供水价格、准许收入均不含增值税，含增值税供水价格由各地根据供水企业实际执行税率计算确定；核定供水量＝取水量×（1－自用水率）×（1－漏损率）。取水量、自用水率、漏损率通过成本监审确定。

第十二条　分用户类别供水价格，应当以供水企业平均供水价格、当地用水结构为基础，按照居民生活用水保本微利、其他用水合理盈利的原则，统筹考虑当地供水事业发展需要、促进节约用水、社会承受能力等因素核定。

第十三条　城镇供水价格监管周期原则上为3年，经测算需要调整供水价格的，应及时调整到位，价格调整幅度较大的，可以分步调整到位。建立供水价格与原水价格等上下游联动机制的，监管周期年限可以适当延长。具体价格监管周期年限由定价部门结合当地实际明确。

考虑当地经济社会发展水平和用户承受能力等因素，由于价格调整不到位导致供水企业难以达到准许收入的，当地人民政府应当予以相应补偿。

第十四条　鼓励各地激励供水企业提升供水服务质量。核定供水价格应当充分考虑供水服务质量因素，将水质达标、用水保障、投诉处理情况等作为确定供水企业合理收益的重要因素。

第三章 水价分类及计价方式

第十五条 城镇供水实行分类水价。根据使用性质分为居民生活用水、非居民用水、特种用水三类。

（一）居民生活用水主要指城镇居民住宅家庭的日常生活用水。

（二）非居民用水主要指工业、经营服务用水和行政事业单位用水、市政用水（环卫、绿化）、生态用水、消防用水等。

学校教学和学生生活用水、养老机构和残疾人托养机构等社会福利场所生活用水、宗教场所生活用水、社区组织工作用房和居民公益性服务设施用水等，按照居民生活类用水价格执行。

（三）特种用水主要包括洗车、以自来水为原料的纯净水生产、高尔夫球场用水等。

各类用水具体范围的划分，由省级城镇供水行政主管部门会同同级价格主管部门结合当地实际情况确定。

第十六条 居民生活用水实行阶梯价格制度。居民生活用水阶梯水价设置应当不少于三级，级差按不低于1∶1.5∶3的比例安排。其中，第一阶梯水价原则上应当按照补偿成本的水平确定，并应当考虑本期生产能力利用情况。

阶梯水量由各地结合本地实际情况，按照一级满足居民基本生活用水需求、二级体现改善和提高居民生活质量用水需求的原则确定，并根据实施情况实行动态管理。具体可以参考《城镇居民生活用水量标准》(GB/T 50331)，因地制宜确定用水量分级标准。

各地应当积极推进城镇供水“一户一表”改造，具备条件的应当安装智能水表，为全面实施居民生活用水阶梯水价及非居民用水超定额累进加价制度创造条件。未实行抄表到户的合表户居民和执行居民生活用水价格的非居民用户，供水价格按照不低于第一阶梯价格确定。

第十七条 非居民用水及特种用水实行超定额累进加价制度，原则上水量分档不少于三档，二档水价加价标准不低于0.5倍，三档水价加价标准不低于1倍，具体分档水量和加价标准由各地自行确定。缺水地区要根据实际情况加大加价标准，充分反映水资源稀缺程度。

实行居民生活用水阶梯水价和非居民用水超定额累进加价后增加的收入，应当主要用于管网和户表改造、水质提升、弥补供水成本上涨等。

第十八条 各地可以根据当地实际情况实行容量水价和计量水价相结合的两部制水价。容量水价用于补偿供水固定成本，计量水价用于补偿供水的运行维护费用等。

第十九条 以旅游业为主或季节性消费特点明显的地区可以实行季节性水价。在枯水期实行较高的价格，丰水期实行较低的价格。

第二十条 城镇供水应当装表到户、计量到户、抄表到户、收费到户、服务到户。

第二十一条 供水企业暂未抄表到户由转供水单位收取水费的，终端用户具备表计条件的按照政府规定供水价格执行，供水企业应当尽快抄表到户；终端用户不具备表计条件的可以暂按政府规定供水价格向供水企业交纳供水费用并由终端用户公平分摊。公共部位、共用设施等用水应当计量，相应水费应当通过收取的物业费、租金或公共收益等解决，并建立健全费用分摊相关信息公示制度。

第四章 相关收费

第二十二条 新增建设项目用水必须装表到户。建设项目建筑区划红线内供水管道及设施建设安装费用由建设单位承担，供水管道和用水设备的安装应当坚持建设单位自愿委托的原则。

第二十三条 各地应当加快二次加压调蓄供水设施改造，鼓励依法依规移交给供水企业实行专业运行维护。由供水企业负责运行管理的二次加压调蓄供水设施，其运行维护、修理更新成本计入供水价格，不得另行收费。

第二十四条 供水工程安装及其他延伸服务（用户产权范围内的供水设施修理、维护、更换等），应当加快引入市场竞争机制。除受用户委托开展的建设安装工程费用外，供水企业不得滥用垄断地位收取供水开户费、接入费、增容费等费用。

第二十五条 供水企业或用户自愿委托相关机构对水表进行检定的，按照“谁委托、谁付费”原则，检定费用由委托方支付，但水表经检定不合格的，检定费用由供水企业承担，并免费为用户更换合格的水表。

第五章 定调价程序和信息公开

第二十六条 供水价格由各省、自治区、直辖市定价目录确定的定价部门制定或者调整。消费者、供水企业、供水行政主管部门及有关方面可以向价格主管部门提出定调价建议。

第二十七条 制定居民生活用水价格水平或定价机制应当按照价格听证的有关规定开展听证。

第二十八条 价格主管部门制定供水价格，应当开展成本监审，并实行成本公开。

在价格听证前，供水企业应当公开本企业有关经营情况和成本数据，以及社会关注的其它有关水价调整的信息；定价部门应当公开成本监审结论。依据已经生效实施的定价机制制定具体价格水平的，应当在制定价格的决定实施前公开启动定价机制的依据及理由。

县级以上价格主管部门应当建立定期成本监审制度，定期成本监审核定的定价成本，作为制定或者调整供水价格的基础。

第二十九条 供水企业应当按照定价部门的规定，每年定期如实提供上一年度生产经营情况和成本数据，并对提供资料的真实性、合法性、完整性负责。

无正当理由拒绝、延迟提供相关资料，或者提供虚假资料的，价格主管部门责令限期改正。故意瞒报、虚报相关信息并获得不当收益的，在下一个监管周期进行追溯。

第三十条 定价部门制定或者调整供水价格，应当及时向社会公开制定或者调整价格的决定。

第六章 水价执行与监督

第三十一条 供水企业应当在营业场所醒目位置和企业门户网站公示各类水价、延伸服务价格、代收费标准，以及文件依据、服务咨询电话、举报投诉电话，并每年定期公布上一年度取水量、供水量、售水量、售水收入、水质检测报告等相关信息。

第三十二条 用户应当按照规定的水价和计量标准按时交纳水费。用户逾期不支付水费的，应当按照约定支付违约金。用户承担的水资源税、污水处理费应当在收据中单独列示。

环卫绿化、生态景观、消防等用水应当优先利用再生水，因条件限制需使用城镇供水的，应当按照实际用水量支付水费。

城镇经济困难家庭以及市政等用水，根据相关规定需要减免水费的，当地人民政府应当给予供水企业相应的水费补偿。

第三十三条 供水企业的供水水质、水压应当符合《生活饮用水卫生标准》等要求。供水水质、水压不符合国家规定标准的，用户有权向城镇供水行政主管部门投诉，供水企业应当承担相应的法律和经济责任。

第三十四条 各级城镇供水行政主管部门应当建立健全城镇供水水质监管体系，加强水质管理，保证安全可靠供水。

第三十五条 各级城镇供水行政主管部门应当加强供水服务行为监督，对擅自停止供水、未按照规定检修供水设施或者供水设施故障报修但未及时予以检修的，依法予以处罚。

第七章 附则

第三十六条 各省、自治区、直辖市人民政府价格主管部门应当会同同级城镇供水行政主管部门根据本办法制定城镇供水价格管理实施细则。

第三十七条 本办法由国家发展和改革委员会会同住房和城乡建设部负责解释。

第三十八条 本办法自2021年10月1日起施行。《国家计委、建设部关于印发〈城市供水价格管理办法〉的通知》（计价格〔1998〕1810号）和《国家发展改革委、建设部关于修订〈城市供水价格管理办法〉的通知》（发改价格〔2004〕2708号）同时废止。

参考文献

[1] 吴华勇．给水厂改造与运行管理技术［M］．北京：化学工业出版社，2014.

[2] 上海市政工程设计研究总院（集团）有限公司．给水排水设计手册 第3册 城镇给水［M］．3版．北京：中国建筑工业出版社，2017.

[3] 李振东，洪觉民．城镇供水工程［M］．北京：中国建筑工业出版社，2009.

[4] 钟淳昌，戚盛豪．净水厂设计［M］．2版．北京：中国建筑工业出版社，2019.

[5] 郄燕秋，张金松．净水厂改扩建设计［M］．北京：中国建筑工业出版社，2017.

[6] 严煦世，范瑾初．给水工程［M］．4版．北京：中国建筑工业出版社，1999.

[7] 张悦，张晓健，陈超，等．城市供水系统应急净水技术指导手册［M］．2版．北京：中国建筑工业出版社，2017.

[8] 姜乃昌．泵与泵站［M］．北京：中国建筑工业出版社，2007.

[9] 张晓健，林朋飞，陈超，等．自来水厂应急除锰净水技术研究［J］．给水排水，2013，39（12）：27-31.

[10] 黄慧婷，张明明，王敏，等．紫外/氯消毒在饮用水处理中的应用［J］．净水技术，2018，37（10）：44-48.

[11] 苏子行，陈飒，顾松．实际水厂常规处理工艺中铁锰去除效果的分析［J］．城镇供水，2012，6：23-25.

[12] 苏晓，贾霞珍，胡建坤，等．饮用水中 Geosmin 和 2-MIB 去除技术研究现状及展望［J］．给水排水，2021，57（S1）：517-523.

[13] 王文东，范银萍，刘国旗，等．O_3-颗粒活性炭联用去除对二甲基异莰醇研究［J］．水处理技术，2017，43（5）：33-37，42.

[14] 孙健，刘海燕，陈才高．反渗透技术在我国饮用水行业中的应用［J］．净水技术，2020，39（S2）：1-6.

[15] 于水利．基于纳滤膜分离的健康饮用水处理工艺［J］．给水排水，2019，45（4）：12-14，23.

[16] 成小翔，梁恒．陶瓷膜饮用水处理技术发展与展望［J］．哈尔滨工业大学学报，2016，48（8）：1-10.

[17] 刘彦华，苏锡波，高迎亮，等．城镇自来水厂平流沉淀池改造技术与实践［J］．中国给水排水，2020，36（14）：131-133.

[18] 王胜军，董红，郄燕秋，等．田村山水厂改扩建及实际运行效果分析研究［J］．给水排水，2012，38（增刊）：103-106.

[19] 郑全兴，易成林，朱彬．扬州第四水厂平流式沉淀池技术改造与优化运行［J］．给水排水，2015，41（1）：21-23.

[20] 王文东，杨宏伟，蒋晶，等．水温和 pH 对饮用水中铝形态分布的影响［J］．环境科学，2009，30（8）：2259-2262.